PRÉCIS

DE

BOTANIQUE ET DE PHYSIOLOGIE VÉGÉTALE.

PRÉCIS
DE BOTANIQUE

ET DE

PHYSIOLOGIE VÉGÉTALE

CONTENANT

L'ORGANOGRAPHIE, L'ANATOMIE ET LA PHYSIOLOGIE VÉGÉTALES

LES CARACTÈRES DE TOUTES LES FAMILLES DU RÈGNE VÉGÉTAL.

OUVRAGE

Orné d'un grand nombre de vignettes intercalées dans le texte.

PAR A. RICHARD

MEMBRE DE L'INSTITUT, DE LA SOCIÉTÉ NATIONALE ET CENTRALE D'AGRICULTURE,
PROFESSEUR DE BOTANIQUE A LA FACULTÉ DE MÉDECINE DE PARIS.

DEUXIÈME PARTIE.

CLASSIFICATIONS ET FAMILLES DE PLANTES.

PARIS

BÉCHET JEUNE, LIBRAIRE-ÉDITEUR,

Rue Monsieur-le-Prince, 22.

1852

PRÉCIS

DE

BOTANIQUE & DE PHYSIOLOGIE VÉGÉTALE.

TROISIÈME PARTIE.

TAXONOMIE VÉGÉTALE

ou

DES CLASSIFICATIONS BOTANIQUES EN GÉNÉRAL.

CHAPITRE Iᵉʳ. — DES CLASSIFICATIONS BOTANIQUES EN GÉNÉRAL.

Les classifications, en botanique, comme, au reste, dans les autres branches des sciences naturelles, se partagent en deux catégories, savoir les classifications *empiriques* et les classifications *systématiques*. Les premières sont établies d'après des considérations prises en dehors de l'organisation même des végétaux. Ainsi les classifications par ordre alphabétique, d'après la grandeur des végétaux, d'après leurs propriétés médicales ou économiques, etc., rentrent dans cette première classe. Elles ne peuvent être utiles que quand on veut faire quelques recherches sur une plante dont on connaît le nom ou la taille, ou enfin les propriétés médicales ou économiques. Il n'en est pas de même des classifications systématiques. Les divisions de différents degrés qu'elles comportent, sont tirées de l'organisation même des végétaux, et représentent autant de modifications ou de types que l'on cherche à reconnaître dans la plante que l'on veut classer. Les premières ont été surtout mises en usage dans l'enfance de la science, à une époque où l'organisation végétale était à peu près inconnue. Les secondes, nées avec la science, l'ont en quelque sorte suivie dans ses phases et ses progrès, et en sont l'expression la plus exacte.

On distingue deux sortes de classifications systématiques : les *systèmes* proprement dits et les *méthodes*. Un système est une classification dans laquelle les divisions principales ont été établies d'après les modifications d'un seul et même organe. Ainsi Tournefort a fondé un système d'après les formes variées de la corolle : Linné un autre d'après les caractères des étamines. On appelle *méthode*, au contraire, une classification où les divisions sont fondées non pas d'après un seul organe, comme dans un système, mais d'après l'ensemble des caractères que l'on peut tirer de tous les organes pris séparément. Il résulte de cette différence entre les deux genres de classifications systématiques, que, reposant sur des principes différents, elles ont des avantages qui leur sont propres. Ainsi, par l'emploi d'un système, on arrive avec facilité et promptitude à déterminer à quel groupe appartient un végétal donné, parce que les caractères des divisions sont excessivement tranchés. Dans une méthode, au contraire, où les signes distinctifs des groupes reposent sur des caractères nombreux, il est plus difficile de les apprécier de prime abord : mais quand on y est parvenu, on a acquis une connaissance intime des principaux points d'organisation du végétal que l'on a classé. Ainsi, par exemple, dans le système sexuel de Linné, si l'on a reconnu qu'une plante appartient à la cinquième classe, qu'il nomme *pentandrie*, on sait uniquement qu'elle a cinq étamines, parce que le caractère essentiel de cette classe consiste dans la présence de cinq étamines. Mais on n'a rien appris des autres points de son organisation : de la forme de son calice, de sa corolle, de son fruit, de sa graine, etc. Mais qu'on soit arrivé, en suivant la méthode des familles naturelles, à constater, par exemple, qu'une plante fait partie de la famille des *Crucifères*, par cela seul on sait que son embryon est dicotylédoné ; qu'elle a des feuilles alternes et sans stipules ; qu'elle a des fleurs complètes, que sa corolle est polypétale, régulière, cruciforme ; que ses étamines, au nombre de six, sont tétradynames ; que son fruit est une silique ou une silicule, que son embryon est épispermique. En un mot, on connaît d'une manière générale les points les plus saillants de l'organisation de la plante, puisque chacun de ces points est entré dans la formation des caractères du groupe ou famille dans laquelle elle vient se ranger.

Ce n'est pas ici le lieu de faire une histoire, même abrégée, des innombrables classifications qui ont été successivement introduites dans la science. La plupart de ces classifications n'ont souvent pas survécu aux hommes qui les avaient présentées. Deux seulement de ces classifications attirent notre attention et marquent deux époques bien distinctes dans la botanique, savoir : le système sexuel de Linné et la méthode des familles naturelles de Jussieu. Aussi sont-ce les seules que nous exposerons avec détail, parce que l'une et l'autre ont été ou sont encore universellement adoptées.

Au milieu des hommes éminents dont les travaux et les découvertes ont amené la botanique à l'état où nous la voyons aujourd'hui, trois d'entre eux se distinguent et représentent les trois périodes qui, depuis un siècle et demi, ont marqué les progrès de la science des végétaux. Ces trois hommes sont : *Tournefort*, *Linné* et *Jussieu*.

Tournefort, né à Aix en Provence, le 5 juin 1656, fut nommé professeur de botanique au Jardin des plantes, à Paris, sous Louis XIV. Le premier il eut le mérite, dans son ouvrage intitulé : *Institutiones rei herbariæ*, de tracer avec une admirable précision les caractères de tous les genres connus à son époque, et d'y rapporter toutes les espèces qui appartenaient à chacun d'eux. C'était un immense progrès, car avant Tournefort il n'existait aucune fixité dans les groupes génériques, parce qu'aucun botaniste n'en avait encore déterminé les limites et précisé les caractères.

Linné peut être considéré à juste titre comme le fondateur de la botanique moderne. Né dans un petit village de la Smoland, en Suède, le 23 mai 1707, Linné fit faire à la botanique les progrès les plus grands, et par ses immortels ouvrages, par l'influence puissante qu'exercèrent de son vivant ses exemples et ses leçons, et après lui les élèves qui s'étaient formés à son école, il a acquis une renommée que le temps ne peut affaiblir.

Tournefort avait caractérisé les genres. C'était un pas immense dans la voie du perfectionnement. Linné va plus loin que Tournefort, il crée une *nomenclature botanique* qui aujourd'hui est encore celle que tous les naturalistes ont adoptée. Avant lui, les espèces, rapportées à chaque genre, étaient confuses dans leurs caractères et dans leurs limites. Chacune d'elles ne pouvait être désignée que par une longue phrase résumant les principaux caractères qui la distinguent, phrase ordinairement trop longue pour que la mémoire pût facilement la retenir. Il précise les caractères de ces espèces, et donne non-seulement les moyens de les reconnaître et de les distinguer, mais ceux de les désigner avec une extrême facilité. Ainsi chaque genre a un nom général, commun pour toutes les espèces qui lui appartiennent. Par exemple, toutes les espèces de Chêne, de Rose, etc., ont un nom commun : *Quercus* et *Rosa* : c'est le *nom générique*. Mais chaque espèce de chacun de ces genres, indépendamment de ce nom commun ou générique, en a un particulier ajouté au premier, et que pour cette raison on appelle le *nom spécifique*. Ainsi, dans le genre *Quercus*, le Chêne commun s'appelle *Quercus robur* ; le Chêne liége, *Quercus suber* ; le Chêne vert, *Quercus ilex* : le Chêne a la cochenille, *Quercus coccifera*, etc. Les mots *robur, suber, ilex, coccifera*, ajoutés à *Quercus*, sont autant de noms spécifiques désignant spécialement une espèce en particulier. Ces noms spécifiques sont généralement des adjectifs ajoutés au nom substantif du genre, comme *Rosa canina, centifolia, bengalensis, arvensis*, etc. Quelquefois aussi c'est un second nom substantif rappelant en général soit un nom vulgaire sous lequel l'espèce est connue, soit une qualité ou un produit de cette espèce.

Le célèbre botaniste suédois, profitant de la découverte que l'on venait de faire de la sexualité des plantes, emploie les caractères tirés de ces organes, pour établir les diverses divisions d'un système de classification dont toutes les divisions sont établies avec une admirable précision.

Enfin, Jussieu, ou plutôt Bernard de Jussieu et Antoine Laurent de Jussieu, fondent la méthode des familles naturelles sur une connaissance approfondie de l'organisation végétale ; méthode qui aujourd'hui est la seule qu'on applique, non-seulement à la botanique, mais à toutes les branches des sciences naturelles.

Avant d'exposer avec détail les deux classifications de Linné et de Jussieu, comme exemples d'un *système* et d'une *méthode*, nous devons d'abord définir quelques mots employés comme divisions dans toutes les classifications, et dont il est important que l'élève ait une idée précise : ces mots sont ceux d'*individus*, *espèces*, *variétés*, *races, genres, ordres, classes*.

Individu. Le nom d'*individu* s'applique à chaque être distinct formant un tout, que l'on ne peut diviser sans lui faire perdre une partie de ses caractères ou de ses propriétés. Ainsi, dans un champ de blé, dans un troupeau de moutons ou une réunion d'hommes, chaque pied de blé, chaque mouton ou chaque homme est un individu de l'espèce blé, mouton ou homme. Tous les individus doivent donc posséder absolument les mêmes caractères.

Espèce. Si l'on réunit ensemble tous les individus qui sont la représentation exacte les uns des autres, on peut en former un groupe abstrait qu'on appelle une *espèce*. L'espèce est donc l'ensemble de tous les individus qui ont absolument les mêmes caractères. Dans le règne organique, on doit ajouter un signe important de l'espèce, c'est que tous les individus qui la composent peuvent se féconder mutuellement et donner naissance à une suite d'individus se reproduisant avec les mêmes caractères. Cependant il arrive quelquefois que des individus appartenant à deux espèces différentes, mais voisines, peuvent se féconder accidentellement. Il en résulte des individus inter-médiaires, rappelant à la fois quelques-uns des caractères des deux espèces. C'est ce qu'on appelle des *hybrides* ou des *mulets*. Ces hy-brides ne se propagent pas d'une manière continue par la génération, ils sont ordinairement stériles. Il existe des hybrides ou des mulets aussi bien dans le règne végétal que dans le règne animal.

Les individus qui composent une espèce présentent ordinairement les mêmes caractères essentiels. Cependant il en est qui offrent dans l'un de leurs organes ou dans leur ensemble quelques différences ac-cidentelles qui tiennent communément aux circonstances extérieures sous l'influence desquelles ils se sont développés. Ainsi, la hauteur plus ou moins grande de la tige, la grandeur des feuilles, les poils plus ou moins abondants qui les recouvrent, la coloration des fleurs, etc., etc., sont autant de caractères accidentels qui distin-guent ces individus, mais qui, étant passagers et n'altérant pas les caractères essentiels, en constituent de simples variétés. Ainsi, dans les plantes que l'on cultive abondamment, comme les Tulipes, les Jacinthes, les OEillets, etc., il existe un grand nombre de *variétés*. Ce qui les distingue des vraies espèces, c'est que ces variétés ne sont pas permanentes, et qu'en général elles ne se propagent pas par le moyen des graines.

Cependant certaines variétés se perpétuent par leurs semences, mais seulement en ayant soin de les maintenir dans les conditions sous lesquelles elles se sont produites. On donne à ces variétés le nom de *races*. Ainsi, dans les Céréales, dans les Crucifères, comme les Choux et les Navets, dans les arbres à fruit, il existe des *races* variées et nombreuses qui se maintiennent et se propagent avec les mêmes caractères, mais qui quelquefois dégénèrent ou plutôt revien-nent à leur type primitif sous certaines influences.

GENRES. De même que la réunion des individus semblables, et même des races et des variétés, forme l'espèce, de même la réunion des espèces qui ont entre elles une ressemblance évidente dans leurs caractères intérieurs et leurs formes extérieures constitue le *genre*. Les caractères sur lesquels les genres sont fondés sont tirés de con-sidérations d'un ordre supérieur à celles d'après lesquelles on établit les espèces. Elles tiennent à l'organisation de quelque partie essen-tielle. Ainsi, dans le règne végétal, c'est principalement dans la forme ou dans la disposition des diverses parties de la fructification que les botanistes puisent les caractères par lesquels ils distinguent les genres. Mais le nombre et la valeur de ces caractères sont loin d'être les mêmes pour toutes les familles. Un caractère qui, dans cer-tain groupe, serait de la plus haute importance, devient presque nul dans un autre. Ainsi, dans les familles très-naturelles, comme, par exemple, dans les Graminées, les Labiées, les Ombellifères, les Crucifères, etc., les différences d'après lesquelles on établit les genres sont souvent si peu considérables que, dans d'autres familles, elles serviraient à peine à distinguer les espèces entre elles. Nous reviendrons plus en détail sur cet objet important, lorsque nous parlerons de la valeur des caractères, en traitant plus spécialement, dans la suite de cet article, de la méthode des familles naturelles appliquée à la botanique.

Chaque genre est désigné, ainsi que nous l'avons dit, par un nom particulier qui reste le même pour toutes les espèces qu'il réunit. Seulement chaque espèce d'un genre se distingue par un second nom ajouté au nom du genre : ainsi, par exemple, dans le genre *Veronica*, nous trouvons les espèces *Veronica arvensis*, *Veronica spicata*, *Veronica chamædrys*, etc. L'origine de ces noms *génériques* et *spécifiques* est très-variée. Pour ceux des genres, ce sont très-souvent les noms mêmes que les végétaux qu'ils réunissent portent dans la langue latine. Tels sont, par exemple, les noms *Quercus*, *Pinus*, *Malus*, *Prunus*, *Rosa*, *Triticum*, etc. D'autres fois ce sont des noms inventés, fabriqués par les auteurs qui les premiers ont établi ces genres. Empruntés en général à la langue grecque, ces noms expriment souvent un des caractères les plus saillants du genre, par exemple, *Pappophorum*, *Andropogon*, *Chrysophyllum*, *Gynopogon*, *Ophioxylon*, etc. Quelquefois, enfin, les noms génériques sont consacrés à perpétuer la mémoire des hommes éminents qui, dans les sciences, les lettres ou même la politique, ont rendu des services et bien mérité de leur patrie, *Tournefortia*, *Linnæa*, *Jussiæa*, *Boerrhavia*, *Cuviera*, *Humboldtia*, *Gustavia*, *Napoleona*, etc.

Ordres. En opérant pour les genres comme on a fait pour les espèces, c'est-à-dire, en rapprochant ceux qui conservent encore des caractères communs, on établit des *ordres*, si l'on n'a égard qu'à un seul caractère; des *familles* ou *ordres naturels*, si on rapproche les genres d'après les caractères offerts par toutes les parties de leur organisation. Ainsi, dans le système sexuel de Linné, en réunissant dans les treize premières classes les genres qui ont le même nombre de styles ou de stigmates, on en forme des ordres. Mais si, au contraire, on a examiné chacun des genres en particulier, et si on a rapproché les uns des autres tous ceux qui ont la même organisation dans leurs graines, leur fruit, les diverses parties de leurs fleurs, et la même disposition dans leurs organes de la végétation, alors on a formé une *famille naturelle*.

Famille. Chaque famille est désignée par un nom propre à la distinguer. Ce nom est le plus souvent celui de l'un des genres principaux de la famille dont on a modifié la désinence, et que l'on considère en général comme étant le type de la famille : ainsi, *Liliacées*, *Colchicacées*, *Cypéracées*, *Solanacées*, *Rubiacées*. etc. : quelquefois, cependant, les noms des familles ont une autre origine ; ils rappellent, soit un caractère remarquable du groupe, *Ombellifères*, *Crucifères*, *Légumineuses*, *Conifères*, etc., soit un nom ancien qu'on n'a pas cru devoir changer, *Graminées*, *Filices*, *Fungi*, etc.

CLASSES. Enfin les *classes*, qui sont le premier degré de division dans une classification, se composent d'un certain nombre d'ordres ou de familles naturelles, réunis par un caractère plus général et plus large, mais toujours propre à chaque être qui se trouve contenu dans la classe. Par exemple, Linné, dans son système sexuel des plantes, a formé une classe de tous les genres qui ont cinq étamines ; cette classe se divise en un certain nombre d'ordres, suivant que les genres qui y sont réunis ont un, deux, trois, quatre, cinq, ou un grand nombre de stigmates. De même Jussieu a formé, dans sa méthode des familles naturelles, quinze classes. dont le caractère essentiel est fondé sur le mode d'insertion des étamines ou de la corolle gamopétale staminifère.

En suivant une marche inverse de celle qui vient d'être établie, nous dirons donc que, dans une classification quelconque, les premières divisions portent le nom de *classes* ; que les classes se divisent en *ordres* dans les systèmes artificiels, en *familles* dans les méthodes naturelles ; que les ordres ou familles se partagent en *genres* ; que les genres sont des réunions d'*espèces*, qui, elles-mêmes enfin, sont des collections d'*individus*.

CHAPITRE II. — SYSTÈME SEXUEL DE LINNÉ.

Le système sexuel de Linné a été publié en 1735. Il est essentiellement fondé sur les modifications variées que peuvent présenter les organes sexuels, étamines et carpelles. Les *classes* ou divisions primaires sont établies d'après les étamines ou organes sexuels mâles ; les *ordres* ou divisions secondaires, d'après les carpelles ou organes sexuels femelles.

Les classes sont au nombre de vingt-quatre. Leurs caractères sont tirés : 1° du nombre des étamines ; 2° de leur proportion relative ; 3° de la soudure des étamines par les filets ; 4° de la soudure des étamines par les anthères ; 5° de la soudure des étamines avec les carpelles ; 6° de la séparation des fleurs mâles d'avec les fleurs femelles ; 7° de l'absence des organes sexuels ou des formes insolites sous lesquelles ils se présentent.

1° Le *nombre des étamines* a servi pour établir les treize premières classes du système sexuel. Linné place dans les dix premières classes toutes les plantes à fleurs hermaphrodites, suivant qu'elles ont une, deux, trois, quatre, cinq étamines, et ainsi successivement jusqu'à dix.

La 1re classe, la *Monandrie*, contient toutes les plantes dont les fleurs ont une seule étamine. Exemple : l'*Hippuris*, le *Canna*.

La 2e classe, ou la *Diandrie*, les plantes à deux étamines. Exemple : la Véronique, la Gratiole.

La 3e classe, ou la *Triandrie*, les plantes à trois étamines : les Iris, les Glayeuls, le Blé, l'Orge, l'Avoine, etc.

La 4e classe, *Tétrandrie*, quatre étamines : les Scabieuses, les Aspérules.

La 5e classe, la *Pentandrie*, cinq étamines : la Belladone, la Bourache, la Carotte.

La 6e classe, l'*Hexandrie*, six étamines : la Jacinthe, la Tulipe.

La 7e classe, l'*Heptandrie*, sept étamines : le Marronnier d'Inde.

La 8e classe, l'*Octandrie*, huit étamines : l'Oseille, les Bruyères.

La 9e classe, l'*Ennéandrie*, neuf étamines : les Lauriers, les Rhubarbes.

La 10e classe, ou la *Décandrie*, dix étamines : l'Œillet, les Silènes.

La 11e classe, la *Dodécandrie*, de onze à vingt étamines : la Joubarbe, le Réséda.

La 12e classe, *Icosandrie*, plus de vingt étamines insérées sur le calice : le Poirier, le Pêcher, la Rose.

La 13e classe, la *Polyandrie*, plus de vingt étamines insérées sous l'ovaire : le Pavot, la Pivoine, la Renoncule.

2° La *proportion des étamines* entre elles a fourni les caractères de deux classes, les étamines pouvant être au nombre de quatre, ou *didynames*, ou au nombre de six, ou *tétradynames*. De là :

La 14e classe, ou la *Didynamie*, quatre étamines dont deux plus longues que les deux autres : la Lavande, les *Lamium*, la Gueule-de-loup, la Digitale, etc.

La 15e classe, ou la *Tétradynamie*, six étamines, quatre plus grandes et deux plus petites. Exemple : toutes les Crucifères, le Chou, la Giroflée, le Cresson.

3° La *soudure des étamines par les filets* peut offrir trois modifications. Les étamines sont *monadelphes*, *diadelphes*, ou *polyadelphes*. De là :

La 16e classe, *Monadelphie*, étamines en nombre variable, réunies et soudées ensemble en un seul tube par leurs filets. Exemple : la Mauve, la Guimauve, etc.

La 17e classe, *Diadelphie*, étamines en nombre variable, soudées par leurs filets en deux corps distincts. Tels sont la Fumeterre, le Polygala et la plupart des Légumineuses, comme l'Acacia, le Cytise, la Réglisse, le Mélilot, etc.

La 18e classe, *Polyadelphie*, étamines réunies par leurs filets en trois ou en un plus grand nombre de faisceaux; par exemple : les *Hypericum*, l'Oranger, les *Melaleuca*, etc.

4° La *soudure des étamines seulement par les anthères* forme le caractère distinctif de la 19e classe.

La 19e classe, ou la *Syngénésie*, renferme toutes les plantes qui ont leurs anthères soudées en un tube, les filets restant distincts. Exemple : les Chardons, l'Artichaut, en un mot toutes les plantes synanthérées.

5° La *soudure des étamines avec le pistil* forme le caractère distinctif de la 20e classe.

La 20e classe, la *Gynandrie*, contient les plantes dont les étamines sont soudées en un seul corps avec le pistil; par exemple : les Orchidées, les Aristoloches.

6° Les *plantes à fleurs unisexuées* présentent trois combinaisons : elles sont *monoïques*, *dioïques* ou *polygames*, ce qui établit autant de classes distinctes, savoir :

La 21e classe, ou la *Monœcie*, fleurs mâles et fleurs femelles distinctes, mais réunies sur le même individu. Exemples : les Carex, le Chêne, le Buis, le Maïs, la Sagittaire, le Ricin, etc.

La 22e classe, ou la *Diœcie*, fleurs mâles et fleurs femelles existant sur deux individus séparés : la Mercuriale, le Dattier, le Gui, les Saules, le Pistachier, etc.

La 23e classe, ou la *Polygamie*, fleurs hermaphrodites, fleurs mâles et fleurs femelles réunies sur un même individu ou sur des pieds différents : par exemple, le Frêne, la Pariétaire, la Croisette, le Micocoulier, etc.

Enfin, la 24e et dernière classe, la *Cryptogamie*, renferme toutes les plantes dont les organes reproducteurs s'éloignent du type des plantes à fleurs proprement dites, tels sont les Champignons, les Algues, les Mousses, les Fougères.

Les caractères de ces vingt-quatre classes sont parfaitement distincts, et il est facile d'y rapporter une plante quelconque qu'on a l'intention de classer. Mais ce qui n'est pas moins remarquable, c'est que non-seulement tous les genres connus à l'époque où Linné l'établit y trouvèrent leur place, mais tous ceux qui ont été découvert depuis viennent tout naturellement s'y placer. C'est là ce qui montre combien les bases de ce système avaient été solidement établies; c'est ce qui justifie le succès étonnant qu'il a eu pendant près d'un siècle. On peut le dire, le système sexuel de Linné est la meilleure des classifications artificielles qui ait été introduite dans la science.

Les *classes* du système sexuel ont ensuite été partagées en *ordres* ou divisions secondaires. Dans les treize premières classes, dont les caractères sont tirés du nombre des étamines, ceux des ordres ou divisions des classes ont été puisés dans le nombre des styles ou des stigmates distincts. Ainsi une plante de la Pentandrie, telle que le Panais ou toute autre Ombellifère qui aura deux styles ou deux stigmates distincts, sera du second ordre. Elle serait du troisième ordre si elle en présentait trois, etc. Voyons les noms qui ont été donnés à ces différents ordres.

1er ordre. *Monogynie*, un seul style ou un seul stigmate sessile.

2e ordre. *Digynie*, deux styles.

3e ordre. *Trigynie*, trois styles.

4e ordre. *Tétragynie*, quatre styles.

5e ordre. *Pentagynie*, cinq styles.

6e ordre. *Hexagynie*, six styles.

7e ordre. *Heptagynie*, sept styles.

8e ordre. *Décagynie*, dix styles.

9e ordre. *Polygynie*, un grand nombre de styles.

Remarquons qu'il y a des classes dans lesquelles on n'observe point cette série tout entière d'ordres. Dans la Monandrie, par exemple, on ne trouve que deux ordres : la *Monogynie*, comme dans l'*Hippuris*, et la *Digynie*, comme dans le *Blitum*.

Dans la Tétrandrie, il y a trois ordres, savoir : la *Monogynie*, la *Digynie* et la *Tétragynie*. Il y en a six dans la Pentandrie, etc., etc.

Dans la quatorzième classe, ou la Didynamie, Linné a fondé les caractères des deux ordres qu'il y a établis, d'après la structure de l'ovaire. En effet, le fruit est tantôt formé de quatre petits akènes situés au fond du calice, et qu'il regardait comme quatre graines nues ; tantôt, au contraire, c'est une capsule qui renferme un nombre plus ou moins considérable de graines. Le premier de ces ordres porte le nom de *Gymnospermie* (graines nues) ; il contient toutes les véritables Labiées, telles que le Marrube, les *Pholmis*, les *Nepeta*, le *Scutellaria*, etc.

Le second ordre, que l'on appelle *Angiospermie* (graines enveloppées), et qui a pour caractère d'avoir un fruit capsulaire, réunit toutes les Personnées de Tournefort, telles que les *Rhinanthus*, les *Linaires*, les *Melampyrum*, les *Orobanches*, etc.

La Tétradynamie, ou la quinzième classe, offre également deux ordres tirés de la forme du fruit, qui est une silique ou une silicule. De là on distingue la Tétradynamie en *siliculeuse*, ou celle qui renferme les plantes dont le fruit est une silicule, telles que le Pastel, le Cochléaria, le Thlaspi, etc., et en *siliqueuse*, c'est-à-dire celle dans laquelle sont rangés les végétaux ayant une silique pour fruit, comme la Giroflée, le Chou, etc.

Les seizième, dix-septième et dix-huitième classes, c'est-à-dire la Monadelphie, la Diadelphie et la Polyadelphie, ont été établies, d'après la réunion des filets staminaux, en un, deux, ou un plus grand nombre de faisceaux distincts, abstraction faite du nombre des étamines qui les composent. Linné a, dans ce cas, employé les caractères tirés du nombre des étamines pour former les ordres de ces trois classes. Ainsi on dit des plantes monadelphes qu'elles sont *triandres*, *tétrandres*, *pentandres*, *décandres*, *polyandres*, suivant qu'elles renferment trois, quatre, cinq, dix ou un grand nombre d'étamines soudées et réunies par leurs filets en un seul corps. Il en est de même dans la Diadelphie et la Polyadelphie, c'est-à-dire que les noms des ordres sont les mêmes que ceux des premières classes du système.

La Syngénésie, ou la dix-neuvième classe du système sexuel, est une de celles qui renferment le plus grand nombre d'espèces. En effet, les Synanthérées forment à peu près la douzième partie de tous les végétaux connus. Il était donc très-important d'y multiplier les ordres, afin de faciliter la recherche des différentes espèces. C'est ce que Linné a tâché de faire en partageant cette classe en six ordres. Mais ici, comme le nombre presque constant des étamines est cinq, ce nombre n'a pu offrir assez de caractères pour devenir la base de ces divisions ; Linné l'a prise dans la structure même de chacune des petites fleurs qui constituent les assemblages connus sous le nom de *fleurs composées*. En effet, par suite d'avortements constants, on trouve avec les fleurs hermaphrodites des fleurs mâles et des fleurs femelles, souvent même des fleurs entièrement neutres. Linné, dont le génie poétique se faisait remarquer dans tous les noms qu'il donnait aux différentes classes et aux différents ordres de son système, voyait dans ces réunions et ces mélanges de fleurs une sorte de *polygamie*. Aussi est-ce le nom qu'il a donné aux cinq premiers ordres de la Syngénésie ; le sixième prenant, par opposition, le nom de *monogamie*. A chacun des cinq premiers ordres est attachée une épithète particulière. Voici leurs caractères :

1ᵉʳ ordre. *Polygamie égale*. Toutes les fleurs sont hermaphrodites, et par conséquent toutes également fécondes, comme on le voit dans les Chardons, les Salsifis, etc.

2ᵉ ordre. *Polygamie superflue*. Les fleurs du disque sont hermaphrodites ; celles de la circonférence sont femelles ; mais les unes et les autres donnent de bonnes graines : par exemple, l'Armoise, l'Absinthe.

3ᵉ ordre. *Polygamie frustranée*. Les fleurs du disque sont hermaphrodites et fécondes ; celles de la circonférence sont neutres ou femelles, mais stériles par l'imperfection de leurs stigmates : elles sont tout à fait *inutiles*; dans l'ordre précédent, elles étaient seulement *superflues*. Exemple : les Centaurées, les *Helianthus*, etc.

4ᵉ ordre. *Polygamie nécessaire.* Les fleurs du disque sont hermaphrodites, mais stériles par un vice de conformation des stigmates; celles de la circonférence sont femelles, et fécondées par le pollen des premières : dans ce cas, elles sont donc *nécessaires* pour la conservation de l'espèce, comme dans le Souci, etc.

5ᵉ ordre. *Polygamie séparée.* Toutes les fleurs sont hermaphrodites, rapprochées les unes des autres, mais cependant contenues chacune dans un petit involucre particulier, comme dans l'*Echinops*.

6ᵉ ordre. *Monogamie.* Les fleurs sont toutes hermaphrodites; mais elles sont simples et isolées les unes des autres, comme dans la Violette, les *Lobelia*, la Balsamine, etc.

Ce dernier ordre, comme il est facile de le voir, n'a aucune affinité avec les précédents. Il n'a de commun avec eux que la réunion des étamines par les anthères, qui quelquefois ne sont que rapprochées.

Dans la Gynandrie, ou la vingtième classe du système sexuel, il y a quatre ordres qui sont tirés du nombre des étamines. Ainsi on dit : Gynandrie-*monandrie*, comme dans l'*Orchis*, l'*Ophrys*; Gynandrie-*diandrie*, comme dans le *Cypripedium*; Gynandrie-*hexandrie*, comme dans l'Aristoloche; Gynandrie-*polyandrie*, les *Arum*.

La Monœcie et la Diœcie présentent en quelque sorte réunies toutes les modifications que nous avons remarquées dans les autres classes. Ainsi la Monœcie renferme des plantes monandres, triandres, décandres, polyandres, monadelphes et gynandres. Chacune de ces modifications sert à établir autant d'ordres distincts dans cette classe.

La Diœcie en renferme encore un plus grand nombre, dont les caractères, se rapportant à ceux de quelqu'une des classes précédemment établies, sont alors employés comme caractères d'ordres.

La vingt-troisième classe ou la Polygamie, qui contient les plantes à fleurs hermaphrodites et à fleurs unisexuées mélangées, soit sur le même individu, soit sur deux ou trois individus distincts, a été, pour cette raison, divisée en trois ordres : 1° la Polygamie-*monœcie*, dans laquelle le même individu porte des fleurs monoclines et des fleurs diclines ; 2° la Polygamie-*diœcie*, dans laquelle on trouve sur un individu des fleurs hermaphrodites, et sur l'autre des fleurs unisexuées; 3° enfin la Polygamie-*triœcie*, dans laquelle l'espèce se compose de trois individus : un portant des fleurs hermaphrodites, un second des fleurs mâles, et le troisième des fleurs femelles.

La Cryptogamie, qui forme la vingt-quatrième et dernière classe, est partagée en quatre ordres : 1° les Fougères; 2° les Mousses; 3° les Algues; 4° les Champignons.

TABLEAU DU SYSTÈME SEXUEL DE LINNÉ.

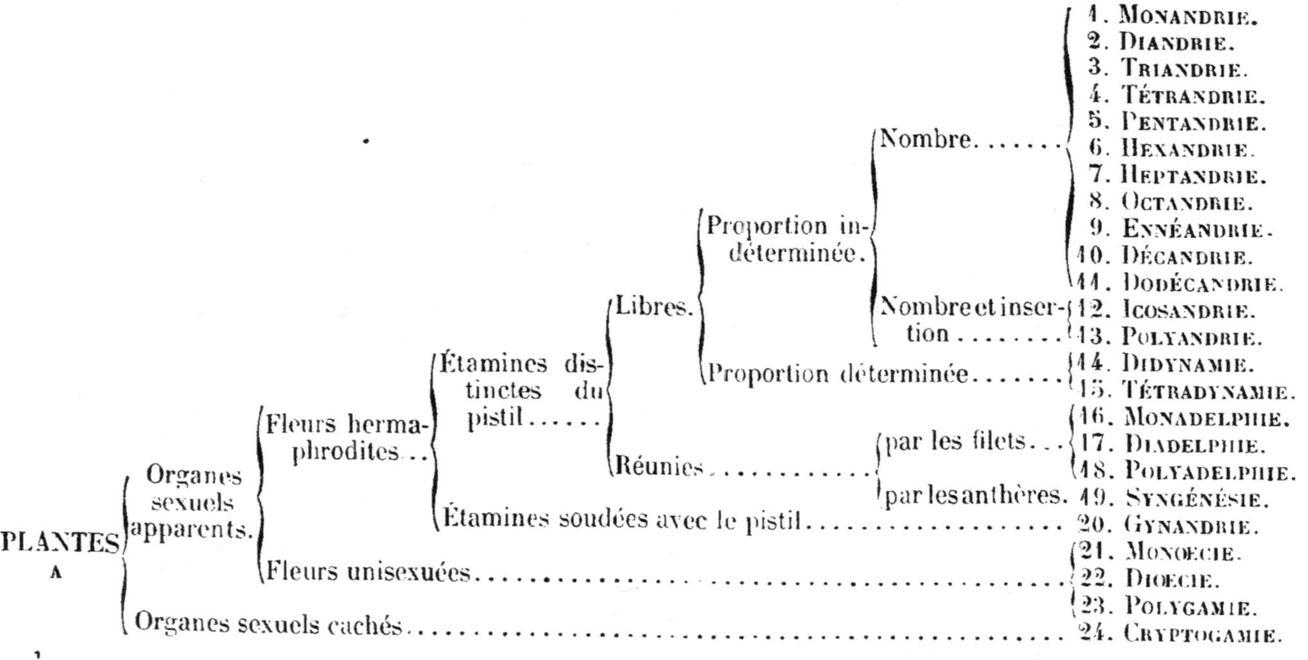

CHAPITRE III. — MÉTHODE NATURELLE

OU PLUTÒT MÉTHODE DES FAMILLES NATURELLES.

Les grandes découvertes qui dans les sciences en changent la face et y causent une révolution profonde, ne se produisent pas ordinairement tout d'un coup. Elles sont le fruit du temps, de l'observation, de l'expérience qui chaque jour exercent, souvent à notre insu, leur influence lente mais toujours agissante. Elles ont été en quelque sorte préparées petit à petit jusqu'au moment où un homme de génie s'en empare, fixe, réalise, matérialise en quelque sorte ce qui était vague et indécis et les lance dans le monde, après en avoir formulé les lois. Tels ont été l'origine et le sort de la méthode des familles naturelles. En effet, quoiqu'il soit juste de reconnaître que c'est Antoine-Laurent de Jussieu qui le premier en a exposé les véritables principes, et qui, faisant l'application de ces principes, les a réalisés dans son immortel *Genera plantarum* ; cependant on ne saurait nier que beaucoup d'autres avant lui avaient ouvert cette voie nouvelle, dans laquelle seul il a su atteindre le but.

En effet déjà *Magnol*, professeur de botanique à Montpellier, avait, dans la préface de son *Prodromus historiæ generalis plantarum*, publié à Montpellier en 1689, reconnu qu'il existe dans le règne végétal des groupes, offrant une organisation commune, et groupes que pour la première fois il désigne sous le nom de *familles*. C'est là, il faut en convenir, le point de départ de la classification des genres en familles naturelles. Mais cette idée ingénieuse avait été presque perdue de vue, quand Linné, en 1738, dans son ouvrage intitulé *Classes plantarum*, revint aux vues de Magnol et proposa une classification des genres en soixante-sept familles naturelles. Mais nulle part le célèbre naturaliste suédois n'a exposé les principes qui l'avaient guidé dans la recherche des affinités naturelles, et de même que Magnol il donne un tableau des genres qui composent chacune de ces familles, mais sans tracer les caractères généraux de ces familles.

Ce fut en 1759 que Bernard de Jussieu, en établissant pour Louis XV un jardin botanique à Trianon, y fonda sa série des ordres naturels. Ces ordres ou familles, dont il n'a nulle part tracé les caractères, réunissent des végétaux qui ont entre eux beaucoup plus de rapports et d'affinité ; ils sont, comme on dit, plus naturels que ceux de Linné. Mais Bernard de Jussieu n'a pas fait connaître les principes qui lui avaient servi de base pour les établir.

En 1763, Adanson publia, à Paris, son livre sur les *familles natu-*

relles des végétaux. Il partit de cette idée qu'en établissant le plus grand nombre possible de systèmes, d'après tous les points de vue sous lesquels on pouvait considérer les plantes, celles qui se trouveraient rapprochées dans le plus grand nombre de ces systèmes, devaient être celles qui auraient entre elles les plus grands rapports, et par conséquent devraient former un même ordre naturel : de là l'idée de sa *méthode universelle* ou de *comparaison générale*. Il fonda sur tous les organes des plantes un ou plusieurs systèmes, en les envisageant chacun sous tous les points de vue possibles, et arriva ainsi à la création de soixante-cinq systèmes artificiels. Comparant ensuite ces différentes classifications entre elles, il réunit ensemble les genres qui se trouvaient rapprochés dans le plus grand nombre de systèmes, et en forma ses cinquante-huit familles. Adanson est le premier qui ait donné des caractères détaillés de toutes les familles qu'il a établies, et, sous ce rapport, son travail a un avantage marqué sur ceux de ses prédécesseurs. Ces caractères sont tracés avec beaucoup de soin et de détails, et pris dans tous les organes des végétaux, depuis la racine jusqu'à la graine. Cependant on ne peut se dissimuler que les familles d'Adanson soient souvent bien peu naturelles, et que leur groupement général offre un grand nombre de rapprochements peu d'accord avec les véritables affinités. Aussi les familles telles qu'elles ont été établies par Adanson n'ont-elles été adoptées par aucun botaniste.

Mais ce ne fut qu'en 1789 que l'on eut véritablement un ouvrage complet sur la méthode des familles naturelles. Le *Genera plantarum* d'Antoine-Laurent de Jussieu présenta la science des végétaux sous un point de vue si nouveau par la précision et l'élégance qui y règnent, par la profondeur et la justesse des principes généraux qui y sont exposés pour la première fois, que c'est depuis cette époque seulement que la méthode des familles naturelles a été véritablement créée, et que date la nouvelle ère de la science des végétaux. Jusqu'alors chaque auteur n'avait cherché qu'à former des familles, sans établir les principes qui devaient servir de base et de guide dans cet important travail. L'auteur du *Genera plantarum* posa le premier les bases de la science, en faisant voir quelle était l'importance relative des différents organes entre eux, et par conséquent leur valeur dans la classification. Le premier, il établit une méthode ou classification régulière pour disposer ces familles en classes ; et non-seulement il traça le caractère de chacune des cent familles qu'il établit, mais il caractérisa tous les genres alors connus, et qu'il avait ainsi groupés dans ses ordres naturels.

Exposons maintenant les principes qui servent de base à la coordination des genres en familles naturelles. Et d'abord qu'entend-on par une famille naturelle ? C'est la réunion des genres qui, présentant une organisation commune, forment un groupe dont tous les individus offrent dans leur structure intérieure et dans leurs caractères extérieurs une similitude que l'œil discerne facilement. Par exemple, qui n'a pas été frappé des rapports qui existent entre le blé, le seigle, l'orge, l'avoine, le maïs et cette foule de plantes analogues à celles-ci qui croissent partout dans nos bois et nos prairies, et qui forment la famille des Graminées? N'en est-il pas de même des végétaux qui, comme le pois, le haricot, la fève, l'acacia, etc., constituent la famille des Légumineuses ? Qui n'a remarqué l'analogie de forme générale, de structure des fleurs et du fruit, du chou, du radis, du cresson, de la giroflée formant la famille des Crucifères? Est-ce qu'on ne reconnaît pas entre les plantes qui constituent chacune de ces familles une analogie frappante, un air de parenté et de famille? Le but de la méthode des familles naturelles a donc été de chercher dans tous les genres les caractères qui les rapprochent afin d'en former des groupes réunissant ainsi les genres qui offrent entre eux la plus grande somme de rapports communs et d'analogie.

C'est en étudiant avec soin un certain nombre de familles dont les plantes offrent une ressemblance tellement frappante que de tout temps leur analogie avait été reconnue par tous les botanistes, qu'Antoine-Laurent de Jussieu a pu apprécier la valeur relative de chacun des organes dans la formation des groupes. Les familles qu'il a choisies pour procéder à cet examen, sont celles des Graminées, des Liliacées, des Composées ou Synanthérées, des Ombellifères, des Crucifères et des Légumineuses. C'est en elles qu'il a étudié non-seulement la *valeur des caractères*, mais leur *corrélation* et leur *subordination*, de manière à formuler les principes qui doivent servir de base pour la formation des familles naturelles.

En examinant avec attention ces groupes, il a vu que parmi les caractères qu'ils présentent, il y en a qui sont *constants* et *invariables* ; d'autres qui sont *généralement constants*, c'est-à-dire qui existent dans le plus grand nombre des genres de ces familles ; quelques-uns qui, constants dans un certain nombre de genres, manquent toujours dans d'autres ; certains enfin qui n'ont aucune fixité et varient dans chaque ordre. Nous avons ainsi quatre degrés de caractères relativement à leur constance. On conçoit que l'importance de ces caractères est en raison directe de leur plus grande invariabilité, et que, dans la formation des groupes, on ne doit pas *compter* les caractères, mais *peser* leur valeur relative. Ainsi, un caractère invariable du premier degré doit en quelque sorte équivaloir à deux caractères du second degré, et ainsi successivement. Or, nous voyons que cette invariabilité plus ou moins grande des caractères est en raison de l'importance plus ou moins grande de l'organe auquel ils sont empruntés. Ainsi, comme il y a deux fonctions essentielles dans la vie végétale, la nutrition et la reproduction, ce sont les organes les plus indispensables à l'exercice de ces deux fonctions qui sont aussi les plus invariables, et qui, par conséquent, jouent le rôle le plus important dans la coordination des végétaux. Dans la reproduction, l'embryon est l'organe le plus important dans la série de ceux qui appartiennent à cette fonction. Mais de l'embryon, comme de toute autre partie, on peut tirer plusieurs sortes de caractères qui n'auront pas une égale valeur. Ainsi, on conçoit que les plus importants sont ceux qui tiennent d'abord et essentiellement à son *existence* ou à son *absence*, puisqu'il y a des végétaux qui en sont dépourvus ; à son *organisation* propre, ou à son mode de *développement*, qui est une conséquence nécessaire de celle-ci. Nous pouvons donc tirer de l'embryon deux séries de caractères du premier degré, savoir : 1° les plantes avec ou sans embryon : plantes *embryonnées* ou *inembryonnées* ; 2° plantes embryonnées avec un seul ou avec deux cotylédons : plantes *monocotylédones* ou *dicotylédones*.

Les organes sexuels fournissent aussi quelques caractères du premier degré. Nous ne parlerons pas de leur présence ou de leur absence, qui sont en corrélation d'existence avec la présence ou l'absence de l'embryon, puique toutes les plantes qui ont un embryon ont nécessairement des organes sexuels, *et vice versa*. Le seul caractère constant, et qu'on puisse ranger parmi ceux du premier degré, est la position relative des deux organes, c'est-à-dire leur *mode d'insertion*. Les caractères que l'on peut tirer de cette considération, sans avoir la même valeur que ceux que fournit l'embryon, sont néanmoins placés au rang des plus importants.

Mais tous les organes des plantes n'offrent pas dans leurs caractères la même constance que l'embryon, et, sous ce rapport, nous avons encore à examiner trois ordres de caractères. Les caractères du second degré, avons-nous dit, sont ceux qui sont généralement constants dans toute une famille, ou qui ne souffrent qu'un petit nombre d'exceptions. A cette classe se rapportent les caractères que l'on peut tirer de la *corolle gamopétale*, *polypétale* ou *nulle* ; ceux que fournissent la *présence* ou l'*absence de l'endosperme*, sa nature charnue, cornée, amylacée ; ceux que l'on tire de la *position de l'embryon* relativement à la graine, et de celle-ci relativement au péricarpe. Parmi les caractères du troisième ordre, les uns sont constants dans quelques familles, les autres sont inconstants : par exemple, le nombre et la proportion des étamines, leur réunion par les filets en un, deux ou plusieurs corps ou faisceaux : l'organisation intérieure du fruit, le nombre de ses loges, leur mode de déhiscence ; la position des feuilles alternes ou opposées, la présence des stipules, etc. Enfin, on rejette parmi les caractères tout à fait variables et par conséquent de quatrième ordre, comme peu importants, les différents modes d'inflorescence, la forme des feuilles, celle de la tige, la grandeur des fleurs, etc.

Tels sont les différents degrés d'importance des caractères que fournissent les végétaux pour leur coordination en familles naturelles. Cette importance, nous le répétons, est surtout fondée sur leur invariabilité ; mais néanmoins ceux même que nous rangeons dans le premier degré, c'est-à-dire parmi les plus fixes, peuvent souffrir quelques exceptions, mais qui confirment la règle générale plutôt qu'elles n'y portent atteinte. Ainsi, l'embryon n'est pas uniquement à un seul ou à deux cotylédons ; plusieurs plantes de la famille des Conifères offrent un embryon polycotylédoné. L'insertion des étamines est également rangée parmi les caractères du premier ordre : néanmoins cette insertion est variable dans les différents genres qui forment les familles des Légumineuses, des Violariées, etc. Mais ces exceptions sont tellement rares qu'elles n'altèrent en rien la valeur de ces caractères. Cependant on doit en conclure qu'en histoire naturelle les caractères que nous regardons comme les plus fixes peuvent néanmoins offrir quelques exceptions.

La valeur des caractères n'est pas la même dans toutes les familles, c'est-à-dire qu'il y a certains caractères qui, peu importants dans quelques cas, acquièrent dans d'autres une très-grande valeur. Ainsi, rien de moins important en général que les caractères qu'on tire des feuilles entières ou dentées. Cependant ce signe devient d'une valeur très-grande dans les Rubiacées, à tel point qu'il est peut-être le seul vraiment général, et qui s'observe dans tous les genres de cette famille, lesquels ont des feuilles parfaitement entières. Il en est de même de la forme de la tige, qui est constamment carrée dans toutes les Labiées. Aussi voyons-nous que, dans quelques familles, les caractères de la végétation sont plus fixes, et par conséquent ont plus de valeur que les caractères de la fructification. Mais seuls ils ne peuvent jamais servir à caractériser une famille naturelle.

C'est d'après les principes que nous venons d'exposer précédemment, c'est-à-dire en comparant attentivement tous les organes des végétaux, en étudiant les caractères qu'ils peuvent fournir, et en groupant ces caractères, que l'on est parvenu à réunir tous les genres connus en familles naturelles. Les caractères du premier ordre, c'est-à-dire la structure de l'embryon et l'organisation intérieure des tiges, l'insertion relative des organes sexuels, doivent rigoureusement être les mêmes dans tous les genres d'une même famille. Il en est de même de ceux du second ordre dont quelqu'un pourra néanmoins manquer. Les caractères du troisième degré devront en général se trouver réunis dans tous les groupes génériques du même ordre naturel ; mais cependant leur présence à tous n'est pas indispensable. Car remarquons ici que, comme le caractère général d'une famille n'est pas un caractère simple, mais résulte de la réunion des caractères de tous les genres, quelques-uns de ces caractères peuvent ne pas exister dans le caractère général, surtout quand ils ne sont que du troisième degré. Ainsi, quoique dans un grand nombre de Solanacées le fruit soit charnu, cependant plusieurs genres à fruit sec appartiennent également à cette famille, etc., etc.

Nous venons d'étudier le mécanisme de la formation des familles, il nous reste à parler de la coordination de ces familles entre elles.

Le célèbre auteur du *Genera plantarum* a adopté la classification suivante. Les caractères des classes ont été pris successivement dans les organes les plus importants. Or, nous avons dit que c'était en première ligne la structure de l'embryon, et ensuite la position relative des organes sexuels entre eux, c'est-à-dire leur insertion. Les végétaux ont donc d'abord été divisés en trois grands embranchements, suivant qu'ils manquent d'embryon, suivant que leur embryon offre un seul, ou suivant qu'il offre deux cotylédons. Les premiers ont reçu le nom d'*Acotylédonés*, parce que, n'ayant pas d'embryon, ils sont nécessairement sans cotylédons ; les seconds, celui de *Monocotylédonés*, et enfin les derniers celui de *Dicotylédonés*. On a donc d'abord réuni les familles dans ces trois grandes divisions primordiales. La seconde série de caractères, celle qui sert vraiment à établir les classes proprement dites, est fondée sur l'insertion relative des étamines, ou de la corolle toutes les fois qu'elle est gamopétale et qu'elle porte les étamines. Or, on sait qu'il y a trois modes principaux d'insertion, l'*hypogynique*, la *périgynique* et l'*épigynique*. Ils ont servi à former autant de classes.

Les Acotylédons, qui sont non-seulement sans embryon, mais sans fleurs proprement dites, n'ont pu être divisés d'après cette considération. On en a formé la première classe. Les Monocotylédons ont été divisés en trois classes d'après leur insertion, et l'on a eu les Monocotylédons *hypogynes*, les Monocotylédons *périgynes*, et les Monocotylédons *épigynes*.

Les familles des plantes dicotylédonées étant beaucoup plus nombreuses, on a dû chercher à y multiplier le nombre des divisions ; car dans tout système, plus le nombre des divisions est grand, plus sa facilité augmente dans la pratique. Or, nous avons vu que, dans l'ordre d'importance des organes, la corolle considérée en tant que gamopétale, polypétale ou nulle, était, après l'embryon et l'insertion, l'organe qui fournissait les caractères de la plus grande valeur; c'est donc à la corolle que Jussieu a emprunté une nouvelle source de caractères classiques. En examinant les familles de plantes dicotylédones, on en trouve un certain nombre qui sont entièrement privées de corolle, c'est-à-dire qui n'ont qu'un périanthe simple ou calice; d'autres qui ont leur corolle gamopétale; d'autres enfin qui offrent une corolle polypétale ou dialypétale. On a donc formé parmi les Dicotylédons trois groupes secondaires, savoir : les *Dicotylédons apétales* ou sans corolle; les *Dicotylédons gamopétales*, et les *Dicotylédons polypétales* ou *dialypétales*. C'est alors qu'on a employé l'insertion pour diviser chacun de ces groupes en classes. Ainsi, on a partagé les Dicotylédons *apétales* en trois classes, savoir : les Apétales *épigynes*, les Apétales *périgynes*, et les Apétales *hypogynes*. Quant aux Dicotylédons gamopétales, on a eu recours non pas à l'insertion immédiate des étamines, qui sont toujours attachées à la corolle, mais à celle de la corolle staminifère offrant les trois modes particuliers d'insertion hypogynique, périgynique et épigynique, et l'on a eu ainsi les Gamopétales hypogynes, les Gamopétales périgynes, et les Gamopétales épigynes. Ces derniers ont été subdivisés en deux classes, suivant qu'ils ont les anthères soudées entre elles et formant un tube, ou suivant que ces anthères sont libres et distinctes, ce qui a fait quatre classes pour les Dicotylédons gamopétales. Les Dicotylédons polypétales ont été partagés en trois classes, qui sont les Dicotylédons polypétales épigynes, les Polypétales périgynes, et les Polypétales hypogynes. Enfin, on a formé une dernière classe pour les plantes dicotylédonées à fleurs véritablement unisexuées et *diclines*. Jussieu est ainsi arrivé à la formation de quinze classes, savoir : une pour les Acotylédons, trois pour les Monocotylédons, et onze pour les Dicotylédons. Il n'avait d'abord pas donné de nom à ces classes; mais plus tard il a senti la nécessité de pouvoir désigner chacune d'elles par un nom simple, et il les a dénommées ainsi qu'on va le voir dans le tableau ci-joint.

Toutes les familles connues ont été rangées dans chacune de ces classes, mais elles n'y ont pas été placées au hasard. Commençant les Acotylédons par la famille des Champignons où l'organisation est la plus simple, et la famille des Champignons par le genre *Mucor,* qui ne consiste qu'en de petits filaments, l'auteur du *Genera,* suivant comme pas à pas la marche même de la création, s'est graduellement élevé du plus simple au plus composé; et chaque genre, chaque famille, ont été placés de manière qu'ils soient précédés et suivis de ceux avec lesquels ils avaient le plus de rapports. C'est en suivant cette marche que l'on a cherché à conserver l'ordre des affinités entre les genres et les familles, autant que le permet la disposition en série linéaire.

Voici le tableau synoptique de la classification des familles dans la méthode d'Antoine-Laurent de Jussieu.

TABEAU DE LA MÉTHODE DES FAMILLES NATURELLES

D'A. L. DE JUSSIEU.

			Classes.
ACOTYLÉDONÉS............			I. Acotylédonie.
MONOCOTYLÉDONÉS........	Étamines hypogynes....................		II. Monohypogynie.
	——— périgynes....................		III. Monopérigynie.
	——— épigynes....................		IV. Monoépigynie.
DICOTYLÉDONÉS..	Apétales, Apétalie....	Étamines épigynes....................	V. Épistaminie.
		——— périgynes....................	VI. Péristaminie.
		——— hypogynes....................	VII. Hypostaminie.
	Monopétales, Monopétalie.	Corolle hypogyne....................	VIII. Hypocorollie.
		——— périgyne....................	IX. Péricorollie.
		——— épigyne. | Épicorollie. { Anthères réunies.	X. Synanthérie.
		——— distinctes.	XI. Corysanthérie.
	Polypétales, Polypétalie..	Étamines épigynes....................	XII. Épipétalie.
		——— hypogynes....................	XIII. Hypopétalie.
		——— périgynes....................	XIV. Péripétalie.
	Diclines irrégulières....................		XV. Diclinie.

Telle est la marche suivie par Jussieu. Mais des modifications importantes ont été introduites, sinon dans les principes qui servent de base à la méthode des familles naturelles, du moins dans l'arrangement, dans la classification de ces familles, car nous ferons remarquer ici qu'il y a deux parties bien distinctes dans la méthode de Jussieu. L'une en quelque sorte presque artificielle, qu'on peut faire varier sans inconvénient : c'est celle qui a pour objet la classification des familles en classes. L'autre, au contraire, c'est la plus importante et celle qui constitue réellement cette méthode et l'élève si fort au-dessus des autres classifications, consiste essentiellement dans la recherche des rapports, des analogies qui existent entre les divers végétaux pour réunir en groupes ou *familles naturelles* ceux où ces rapports sont les plus grands et les plus sensibles. C'est dans cette partie surtout que le *Genera plantarum* d'A. L. de Jussieu s'est montré si supérieur aux ouvrages qui l'avaient précédé, comme depuis il n'a pu être, à notre avis, surpassé par aucun de ceux qui ont été publiés plus récemment.

Indiquons ici sommairement les modifications principales qui ont été introduites dans la classification des familles naturelles.

De Candolle avait pris pour base des divisions premières du règne végétal, l'organisation intérieure des tiges. Il partageait tous les végétaux en trois groupes primaires : Les végétaux *cellulaires*, uniquement formés de tissu utriculaire ; les végétaux *vasculaires*, contenant à la fois des utricules et des vaisseaux. Les végétaux vasculaires étaient ensuite divisés en *endogènes* et en *exogènes*, suivant que l'accroissement des tiges avait lieu par la formation de nouveaux vaisseaux à leur intérieur ou à la surface du corps ligneux. Il avait donc les trois divisions suivantes : 1° Vég. *Cellulaires*; 2° Vég. *Endogènes*; 3° Vég. *Exogènes*. Or, ces trois divisions correspondent exactement aux trois embranchements de Jussieu, savoir : les *Cellulaires* aux *Acotylédonés*, les *Endogènes* aux *Monocotylédonés*, les *Exogènes* aux *Dicotylédonés*. C'est dans ces trois groupes primordiaux que de Candolle rangeait toutes les familles. Mais il partait d'un point différent de Jussieu. Le savant auteur du *Genera* avait commencé la série des familles par les plantes dont l'organisation est la plus simple, par la famille des *Champignons*, et il avait ensuite suivi cette organisation dans ses développements et ses complications successives, passant des Acotylédons aux Monocotylédons; de ceux-ci aux Dicotylédons; commençant les Dicotylédons par les Apétales, privés de corolle, passant aux Monopétales et finissant par les Polypétales dont tous les organes sont libres et distincts. De Candolle suit une marche inverse. Il prend les végétaux les plus complets, ceux dont les organes sont non-seulement les plus nombreux, mais distincts les uns des autres. Et puis il passe aux groupes où ces organes se soudent, descend à ceux où quelques-uns disparaissent pour finir par ceux où l'organisation de plus en plus simplifiée se trouve réduite aux conditions indispensables à la vie. En un mot, il étudie successivement les Exogènes polypétales; les monopétales, les apétales, les endogènes et les cellulaires rangés dans les divisions suivantes :

A. Les EXOGÈNES *bichlamydés*, ou pourvus d'un calice et d'une corolle; comprenant :

1° Les *Thalamiflores*, qui ont les pétales distincts insérés sur le réceptacle;

2° Les *Calyciflores*, qui ont les pétales libres ou plus ou moins soudés, toujours périgyniques ou insérés sur le calice;

3° Les *Corolliflores*, ayant les pétales soudés en une corolle gamopétale hypogyne, ou non attachée au calice.

B. Les Exogènes à *périanthe simple* forment un seul groupe :

4° Les *Monochlamydés*.

Les ENDOGÈNES ou Monocotylédonés sont divisés en :

5° *Endogènes phanérogames*, dont la fructification est visible et régulière;

6° *Endogènes cryptogames*, dont la fructification est cachée, inconnue ou irrégulière.

Enfin, les végétaux CELLULAIRES ou Acotylédonés, c'est-à-dire ceux qui n'ont que du tissu cellulaire, sans vaisseaux, se subdivisent en :

7° *Foliacés*, ayant des expansions foliacées et des sexes connus;

8° *Aphylles*, n'ayant pas d'expansions foliacées ni de sexes connus.

Le nombre des familles qui, en 1789 était de cent dans le *Genera plantarum* de Jussieu, s'est successivement accru d'une manière remarquable. Les découvertes dont les voyages dans les différentes parties du globe ont successivement enrichi la botanique, et les recherches plus approfondies auxquelles ont été soumises les plantes déjà connues, ont amené les botanistes à établir un grand nombre de familles nouvelles. Le *Genera plantarum* d'Endlicher, publié à Vienne en 1840, porte le nombre des familles du règne végétal à deux cent soixante et quatorze. Un si grand nombre d'ordres naturels a suggéré l'idée à plusieurs botanistes célèbres, MM. Bartling, J. Lindley, Martius, Endlicher, Brongniart, de grouper ensemble les familles qui ont entre elles le plus d'analogie, et d'en former des espèces de tribus. C'est une heureuse idée, et qui probablement portera ses fruits, mais qui malheureusement n'a pas jusqu'à présent reçu une exécution assez satisfaisante pour trouver sa place dans un ouvrage élémentaire.

Selon nous il ne faut pas attacher une importance trop grande à la partie en quelque sorte artificielle de la méthode des familles naturelles, l'arrangement ou l'ordination des familles entre elles. Quel que soit le soin qu'on apporte dans le choix des caractères servant de base à cette classification, il est impossible, quand on la suit avec rigueur, que l'on ne soit entraîné à rompre en quelque sorte les affinités qui peuvent exister entre deux familles, en les éloignant l'une de l'autre lorsqu'elles n'offrent pas identité dans le caractère qui sert de base à la classification. C'est ce qu'on avait reproché à l'*insertion* des étamines considérée comme fournissant les caractères des classes dans la méthode de Jussieu. Le même reproche pourrait s'appliquer également à toutes les autres modifications organiques qu'on a substituées à l'insertion. Aussi croyons-nous devoir suivre en général la classification de Jussieu, en la modifiant dans les points où les progrès incessants de la science sont venus lui apporter quelque perfectionnement.

Voici en peu de mots la marche que nous suivons dans l'exposition des caractères des familles.

Nous avons adopté les trois grands embranchements du règne végétal : 1° les Inembryonés ou Acotylédons; 2° les Monocotylédons; 3° les Dicotylédons.

Nous divisons les Inembryonés en deux grandes classes, savoir : 1° les *Amphigènes*, privés en général d'axe et s'accroissant par toute leur phériphérie; 2° les *Acrogènes*, pourvus d'un axe et s'accrois-ant par leurs deux extrémités.

Les Monocotylédons nous présenteront d'abord deux grandes séries, celle dont les graines sont privées d'endosperme et celle qui, au contraire, en sont pourvues. Nous aurons ainsi les Monocotylédons *endospermés* et les Monocotylédons *exendospermés*.

Chacune de ces deux divisions est ensuite partagée en deux classes, suivant que *l'ovaire est libre* ou suivant qu'il est *adhérent*. Ce dernier caractère est beaucoup moins important que le précédent; néanmoins il peut être employé sans trop rompre les rapports des familles monocotylédonées.

Dans le troisième embranchement, celui des Dicotylédonés, j'admets aussi les trois grandes divisions établies par Jussieu : 1° les *Apétales*; 2° les *Gamopétales*; 3° les *Polypétales* ou *Dialypétales*.

Dans ces derniers temps, plusieurs botanistes très-habiles, et plus particulièrement M. Ad. Brongniard, ont réuni les familles apétales aux polypétales, dont elles ne seraient qu'un état imparfait. Cette opinion peut facilement être défendue. On ne peut nier les rapports qui existent entre un grand nombre de familles apétales avec certaines polypétales; par exemple, entre les *Chénopo-*

diacées, les *Amarantacées* et les *Dianthacées* ou *Caryophyllées*. De plus, un certain nombre d'espèces ou même de genres, rangés dans des familles polypétales, sont cependant apétales. Néanmoins il est impossible de ne pas reconnaître aussi que la plus grande partie des familles apétales forment un groupe bien tranché, et qu'il y a en conséquence quelque avantage à les conserver à part. Nous maintenons donc la division des *Apétales*, auxquels nous réunissons, comme nous l'avions déjà fait, il y a plus de vingt ans, les *Diclines* d'A. L. de Jussieu.

Nous partageons les Apétales en deux divisions principales : 1° les Apétales diclines ; 2° les Apétales hermaphrodites.

Les Apétales diclines sont ensuite divisées en : 1° Diclines *amentifères ;* 2° Diclines *sans chatons*, et chacune de ces grandes tribus se partage en deux classes, suivant que l'ovaire est libre ou adhérent.

Pour les familles gamopétales, nous avons d'abord formé deux groupes principaux : les *Supérovariées* et les *Inférovariées*. Ce caractère offre ici beaucoup moins d'anomalies que parmi les Polypétales. Puis les Supérovariées ont été partagées en quatre classes : 1° Supérovariées isostémonées, à corolle régulière, à étamines alternes ; 2° Supérovariées anisostémonées, à corolle irrégulière ; 3° Supérovariées isostémonées, à corolle régulière, à étamines opposées ; 4° Supérovariées anisostémonées, à corolle régulière. Enfin, les Gamopétales *inférovariées* constituent une cinquième classe.

La classification des Polypétales, ou plutôt leur arrangement en groupes ou classes, nous paraît un des points les plus difficiles de la classification végétale. Nous avons adopté en grande partie l'ordre indiqué par mon ami M. Ad. de Jussieu, en donnant une grande importance à la position des trophospermes axiles, pariétaux ou centraux.

Nous commençons d'abord par former deux groupes primordiaux : le premier comprend toutes les familles polypétales à insertion vraiment *hypogynique*, le second celles où elle est *périgynique*, en y réunissant le petit nombre de familles où l'ovaire étant infère, l'insertion est en réalité épigynique. Cependant, comme il y a en quelque sorte un passage presque insensible entre les familles à ovaire libre et celles à ovaire infère, et que quelquefois dans une même famille on trouve réunis des genres à ovaire libre avec d'autres à ovaire semi-infère ou tout à fait infère, nous avons jugé qu'il était préférable de ne former qu'un seul groupe de toutes les familles dont l'insertion n'est pas manifestement hypogynique. Maintenant chacun de ces deux groupes primaires a été divisé en trois classes d'après la position *axile*, *pariétale* ou *centrale* des trophospermes.

Le tableau suivant indique les vingt classes que nous établissons dans le règne végétal :

1er EMBRANCHEMENT. — ACOTYLÉDONÉS. — CLASSES.

A. *Végétaux s'accroissant par la périphérie*.... ..... I. AMPHIGÈNES.
B. *Végétaux s'accroissant par le sommet des axes*..... II. ACROGÈNES.

2e EMBRANCHEMENT. — MONOCOTYLÉDONÉS.

A. ENDOSPERMÉS.
    Ovaire libre.................... III.
    Ovaire infère.................... IV.
B. EXENDOSPERMÉS.
    Ovaire libre.................... V.
    Ovaire infère .... VI.

3e EMBRANCHEMENT. — DICOTYLÉDONÉS.

A. APÉTALES.

    1. FLEURS DICLINES.
        En chatons... .... VII.
        Non en chatons .... VIII.
    2. FLEURS HERMAPHRODITES .... IX.

B. GAMOPÉTALES

    1. SUPÉROVARIÉS.
    a. Isostémonés à cor. régulière, à étamines alternes. X.
    b. Anisostémonés à cor. irrégulière.............. XI.
    c. Isostémonés à cor. régulière, étamines opposées.. XII.
    d. Anisostémonés à cor. régulière .... XIII.
    2. INFÉROVARIÉS................................. XIV.

C. POLYPÉTALES.

    1. PÉRIGYNES.
    a. Trophospermes axiles...... : .... XV.
    b. Trophospermes pariétaux..................... XVI.
    c. Trophosperme central .... XVII.
    2. HYPOGYNES.
    a. Trophosperme central.... .... XVIII.
    b. Trophospermes pariétaux. .... XIX.
    c. Trophospermes axiles..................... XX.

La classification dont nous venons d'exposer les bases, offre, nous devons en convenir, de graves inconvénients. Le plus marqué, sans aucun doute, c'est le peu d'uniformité des caractères que nous avons pris pour base des classes dans les deux grands embranchements des végétaux embryonés. Ainsi, dans les Monocotylédonés, c'est la présence ou l'absence de l'endosperme; dans les Apétales, ce sont les fleurs diclines ou hermaphrodites; dans les Gamopétales, c'est l'ovaire libre ou adhérent. Enfin, dans les Polypétales, c'est l'insertion périgynique ou hypogynique que nous avons employée pour former les divisions secondaires dans chacun de ces groupes primaires. C'est un inconvénient, nous le répétons, mais nous n'avons pu l'éviter. A mesure que l'on étudie plus profondément les genres et les familles, on reconnaît combien les caractères, même les plus importants, peuvent offrir de variations et perdre par conséquent de leur valeur, quand on les applique indistinctement à tous les groupes du règne végétal. On acquiert bientôt la conviction que les mêmes organes, les mêmes caractères ne peuvent pas être employés pour toutes les classes, ainsi que le célèbre auteur du *Genera plantarum* l'avait fait pour l'insertion des étamines. On arrive donc de toute nécessité à l'emploi de caractères différents, suivant les groupes primordiaux. Seulement, il faut s'efforcer de choisir ceux qui présentent dans chacun d'eux la plus grande fixité, en conservant autant que possible les rapports naturels qui unissent entre elles les diverses familles du règne végétal.

QUATRIÈME PARTIE.

PHYTOGRAPHIE.

CLASSIFICATION ET CARACTÈRES

DES PRINCIPALES FAMILLES DU RÈGNE VÉGÉTAL.

Ier EMBRANCHEMENT.

VÉGÉTAUX INEMBRYONÉS.

(CRYPTOGAMES L., ACOTYLÉDONÉS JUSS., AGAMES Neck., ARHIZES Rich.,
CELLULAIRES DC., ACROGÈNES Lindl.

Les plantes inembryonées commencent la série végétale. En parcourant la suite des végétaux de ce premier embranchement, on voit l'organisation passer par tous les degrés, depuis la forme la plus simple que nous puissions imaginer, *l'utricule sphérique*, jusqu'à celles que nous trouvons dans les végétaux pourvus d'un embryon. Ainsi, les *Protococcus* sont des êtres végétaux uniquement composés d'une simple vésicule remplie de granulations de couleurs variées. C'est dans ce point que le règne végétal se rapproche le plus du règne animal, qui a aussi pour point de départ un être vésiculaire simple, ne différant de la vésicule végétale que par la propriété de se mouvoir. Les deux séries animale et végétale commencent donc de la même manière ; mais s'éloignent d'autant plus l'une de l'autre, qu'elles se compliquent et se perfectionnent davantage. Aussi n'est-ce pas dans les végétaux les plus parfaits ; mais, au contraire, dans ceux qui sont les plus simples qu'il faut chercher des analogies avec le règne animal.

Envisagées dans leur ensemble, les plantes inembryonées ont une structure plus simple que les plantes munies d'embryon. Ainsi un grand nombre ne sont composées que de tissu utriculaire. De là le nom de plantes *cellulaires* qui leur a été donné par de Candolle ; mais dans un certain nombre de ces végétaux on trouve des vaisseaux tout à fait semblables à ceux des plantes phanérogames. telles sont, par exemple, les Lycopodiacées, les Equisétacées et les Fougères.

La structure anatomique des plantes que nous étudions ici peut offrir les nuances suivantes :

1° Elles peuvent être uniquement formées par des utricules distinctes, isolées, représentant chacune un individu complet : par exemple, dans le genre *Protococcus* de la famille des Algues, dans les *Lepra*, etc.

2° Ces utricules peuvent se juxtaposer les unes à la suite des autres, et représenter des cordons en forme de chapelets enveloppés d'une matière gélatiniforme et amorphe, comme dans les Nostochs.

3° Les utricules s'allongent, s'ajustent bout à bout, et forment des filaments cloisonnés, simples ou rameux. Plusieurs Conferves, et entre autres la *Conferva fluviatilis* si commune dans nos ruisseaux, offrent ce mode de structure.

4° Un grand nombre d'autres plantes également de la tribu des Conferves se composent de grands tubes simples ou rameux, continus ou cloisonnés intérieurement.

5° Les utricules en se réunissant constituent des lames ou membranes de formes excessivement variées, ordinairement formées de plusieurs couches superposées ; par exemple, dans les Ulves.

6° Dans les Fucus, les Champignons, les Lichens et les Mousses on trouve non-seulement du tissu utriculaire ordinaire, mais des filaments plus ou moins allongés, première ébauche du tissu vasculaire, dont ils occupent la place en formant quelquefois de légères saillies analogues aux nervures dans les plantes phanérogames.

7° Enfin, de véritables vaisseaux conformés comme les fausses trachées et même les véritables trachées se montrent dans les Fougères, les Lycopodiacées, les Équisétacées, et s'y combinent avec les différentes formes du tissu utriculaire.

Les Inembryonées sont des plantes excessivement variables et polymorphes. Aussi est-il à peu près impossible de les comprendre tous dans un caractère ou même dans une description générale et abrégée. Nous nous contenterons donc de jeter un coup d'œil rapide sur leurs organes de la nutrition et sur ceux de la reproduction, en insistant davantage sur ces derniers, dont l'étude est sans contredit beaucoup plus intéressante.

§ 1er. *Organes de la nutrition.* Ils présentent deux formes générales bien distinctes : 1° tantôt ces organes sont irrégulièrement disposés ; ils consistent en lames ou filaments irréguliers. On a appelé *Amphigènes* les végétaux qui offrent cette organisation, parce que chez eux l'accroissement se fait indistinctement par tous les points de la périphérie ; 2° tantôt ils se composent d'un axe et d'organes appendiculaires, et l'accroissement de l'axe a lieu seulement par son sommet : de là le nom d'*Acrogènes* donné à ces végétaux.

Dans le premier cas, toute la plante consiste souvent en une expansion membraneuse de consistance variée, simple ou irrégulièrement lobée, plane ou cylindracée ; qui a reçu les noms de *fronde* dans les Algues, la plupart des Hépatiques, et de *thalle* (*thallus*), dans la famille des Lichénées.

Lorsqu'il y a un axe et des organes appendiculaires, l'axe se partage en deux portions : l'une aérienne, c'est la tige proprement dite ; l'autre est la souche, qui peut être perpendiculaire ou horizontale et rampante. La tige peut acquérir des dimensions considérables, devenir dure et ligneuse comme on l'observe dans les fougères arborescentes (voy. fig. 41, p. 70, t. Ier). Quant à sa structure intime, elle varie beaucoup selon les familles où on l'étudie. Ainsi, par exemple, dans les Mousses, les Characées, elle se compose uniquement de tissu cellulaire allongé ou de tubes courts : dans les Lycopodiacées, les Fougères, etc., elle offre des faisceaux de véritables vaisseaux, placés au milieu du tissu utriculaire.

De la partie souterraine de l'axe naissent des fibres simples ou rameuses qui représentent la racine. Dans les espèces qui n'ont pas d'axe, comme les Algues, les Lichens les Champignons, on trouve des espèces de filaments ou de suçoirs qui, comme les racines, servent à fixer le végétal, mais ne contribuent en rien à sa nutrition.

Les feuilles, c'est-à-dire les organes appendiculaires de la tige, existent dans les Mousses, les Lycopodiacées, certaines Hépatiques ; les organes foliacés des Fougères, qu'on nomme souvent aussi les *frondes*, nous paraissent beaucoup plus analogues à des rameaux élargis en feuilles (ainsi que nous l'avons observé déjà dans les *Ruscus*, les *Phyllanthus* parmi les Dicotylédonés), que des feuilles proprement dites.

§ 2. *Organes de la reproduction.* Ainsi que nous l'avons déjà dit précédemment, les plantes inembryonées ne sont jamais tout à fait dépourvues d'organes ou plutôt de moyens de reproduction. Seulement dans quelques cas, ces organes ne sont pas distincts des organes de la nutrition.

On peut rapporter à quatre types principaux, la disposition des organes de la génération dans les végétaux inembryonés.

1° Il n'y a pas d'organes spéciaux pour la reproduction. Chaque partie peut en quelque sorte servir à donner naissance à de nouveaux individus. Ici les organes de la reproduction se confondent avec ceux de la nutrition. C'est ainsi que se reproduisent les *Protococcus* et un grand nombre de Conferves, dont chaque cellule allongée et la matière organique qu'elle contient peut devenir le siége du développement d'un nouvel individu.

2° La matière organique d'abord éparse dans toutes les parties de la plante, finit par se concentrer en certains points, où elle forme des corps particuliers ayant chacun une enveloppe spéciale, et donnant naissance, en se développant, à des individus semblables. Ces corps, analogues dans leurs fonctions aux graines des Phanérogames, portent les noms de *Spores*, *Sporules* ou *Gongyles*. Ils sont tantôt épars dans la masse générale de l'individu, tantôt placés dans quelques points limités de sa surface.

3° Dans un troisième type de disposition, les spores se réunissent dans des conceptacles de formes et de structure très-variées, qui portent des noms différents suivant les familles où on les examine. Ainsi on les nomme *Sporanges* dans les *Fucus* et autres Thalassiophytes; *Apothécions* et *Scutelles* dans les Lichens, *Urnes* dans les Mousses et *Capsules* ou *Théques* dans les Fougères et les Champignons.

Ces organes peuvent être, dans beaucoup de cas, comparés aux pistils ou organes sexuels femelles des végétaux phanérogames.

Quelquefois ils existent seuls dans certains végétaux qui n'ont aucune trace d'organes propres à contenir la matière fécondante, en un mot, des organes mâles. C'est ce que montrent la plupart des Algues, des Équisétacées, des Fougères. Ainsi donc, dans le règne végétal comme parmi les animaux, ce sont les organes sexuels femelles, c'est-à-dire, ceux destinés à contenir les germes, qui se présentent les premiers.

4° Enfin nous voyons bientôt apparaître un second organe de génération, celui dont la fonction est de sécréter la matière fécondante, en un mot, l'organe sexuel mâle; quelle que soit sa forme, on lui donne le nom général d'*Anthéridie*. Ici évidemment la reproduction se fait par des moyens, par des organes tout à fait semblables à ceux des plantes phanérogames; les *conceptacles* représentent les pistils, les *anthéridies* sont les analogues des étamines.

Nous ferons remarquer ici, en passant, que le développement des organes de la nutrition n'est pas toujours en rapport avec celui des organes sexuels. Ainsi, par exemple, les Mousses, les Characées, un certain nombre d'Algues, qui sont pourvues des deux sortes d'organes de reproduction mâles et femelles, sont uniquement composées de tissu cellulaire, soit simple, soit allongé, sans aucune trace de vaisseaux : tandis que les Équisétacées et les Fougères, qui ont des vaisseaux organisés comme ceux des plantes embryonées, n'ont en réalité que des conceptacles contenant des sporules, et dans un grand nombre de cas, pas d'organe propre à les féconder. Les Lycopodiacées et les Marsiléacées sont à notre avis les cryptogames les plus complètes, puisqu'elles ont avec des vaisseaux les deux sortes d'organes sexuels mâles et femelles.

Quelle est l'organisation d'une *spore?*

Les spores ont une structure excessivement simple. En général, ce sont des utricules remplies de matière organique amorphe. Ces utricules sont très-petites, souvent d'une forme ovoïde ou globuleuse. Quelques-unes présentent ce phénomène remarquable qu'elles sont mobiles et paraissent par conséquent avec tous les caractères de l'animalité. C'est ce qu'on observe dans la tribu des Algues que pour cette raison on a nommée les *Zoosporées.* Cette faculté dure pendant un certain temps, puis elle disparait ensuite, et la spore redevenant en quelque sorte végétal, se développe et donne naissance à un individu nouveau. M. Thuret nous a parfaitement fait connaître les organes de locomotion de ces spores animées: ce sont des cils vibratiles disposés de diverses manières et qui font de ces spores de véritables animaux infusoires.

Quelques spores commencent d'abord par être simples, mais petit à petit la masse organique qu'elles renferment se partage en quatre parties qui chacune se revêtent d'une membrane spéciale. En même temps la membrane générale et commune se résorbe, et les quatre spores finissent par se séparer les unes des autres; c'est ce qu'on observe encore dans certaines Algues formant la tribu des Chorizosporées de M. Decaisne. Il en est de même dans les Lycopodiacées.

Les spores sont quelquefois réunies plusieurs ensemble dans une utricule générale qui en contient un nombre variable. On nomme *sporidies (sporidia)* ces utricules ordinairement transparentes. On les voit dans la famille des Lichénées, par exemple où, dans l'intérieur d'un conceptacle, on en trouve un nombre plus ou moins considérable. Elles sont souvent entremêlées de filaments simples ou articulés nommés *paraphyses.*

Les organes mâles et femelles peuvent être portés sur des individus distincts, comme dans les Mousses, par exemple; d'autres fois ils sont réunis sur un seul pied, comme dans les Characées. Les plantes inembryonées peuvent donc être monoïques ou dioïques comme les plantes phanérogames.

Nous avons déjà dit qu'on donne le nom général d'*anthéridies* aux organes qui représentent les étamines dans les plantes cryptogames. Leur forme est trop variable pour qu'il soit possible de la décrire d'une manière générale. Tantôt ce corps est comme globuleux et sessile, d'autres fois il est ovoïde et pédicellé. Il se compose en général d'une masse de tissu utriculaire dont les utricules, variables dans leur forme, contiennent fréquemment chacune un corps filiforme susceptible de mouvement, et par conséquent un véritable animalcule qu'on peut comparer à ceux qu'on observe dans la liqueur séminale des animaux. Sous ce point de vue il existe plus d'analogie entre la matière fécondante des inembryonés et celle des animaux, qu'entre cette dernière et celle des plantes phanérogames. En effet, nous avons fait voir que les corpuscules si fins qui existent dans la fovilla des plantes embryonées, et qui sont doués du mouvement brownien, ne sont que des molécules de fécule qui bleuissent par l'iode. Ce ne sont donc pas des animalcules spermatiques, ainsi qu'un grand nombre d'auteurs l'avaient admis.

En résumé, les plantes inembryonées, considérées en masse, ont en réalité des organes de reproduction qu'on peut comparer aux organes sexuels des plantes embryonées. Mais ces organes sont en général moins développés que dans ces dernières. Chez elles aussi, comme chez les animaux inférieurs, on ne trouve quelquefois qu'un seul des deux organes propres à la reproduction, celui qui contient les germes qu'on désigne sous le nom de *spores*. Mais, dans un certain nombre de familles inembryonées, on voit, comme chez les phanérogames, deux organes propres à la reproduction, par conséquent analogues aux étamines et aux carpelles. Dans les végétaux de ce premier embranchement, la nécessité de la fécondation des germes n'est pas une condition indispensable de leur faculté germinative. En effet, quand il n'existe qu'un seul organe sexuel, que des conceptacles contenant des spores, ces dernières n'en sont pas moins aptes à donner naissance à de nouveaux individus, et cependant ici il est probable qu'elles n'ont pas été fécondées. Aussi ces spores ne peuvent-elles être entièrement comparées aux embryons. C'est un organe propre, spécial aux plantes de ce grand embranchement, dont la structure est beaucoup plus simple que celle de l'embryon proprement dit. En effet, ainsi que nous l'avons dit, la spore n'est communément qu'une simple utricule remplie de matière organique. Les organes qu'elle développe en germant se forment, se créent en quelque sorte à mesure qu'ils apparaissent, tandis que dans le véritable embryon ces parties préexistent et ne font que s'accroître par l'acte de la germination. Néanmoins, nous ferons remarquer ici une analogie frappante entre la spore et l'embryon, analogie qui nous parait avoir échappé à la plupart des observateurs : la spore est un embryon arrêté à la première période de son développement. En effet, au moment où la fécondation s'opère, la vésicule embryonaire consiste en une utricule simple remplie de matière organique. C'est dans cette utricule, portée par le filet suspenseur, que l'embryon va s'organiser par suite de la fécondation. N'est-ce pas là justement la structure de la spore, une vésicule remplie de matière organique? Mais, dans l'embryon, cet état n'est que passager, il ne dure qu'un instant. Bientôt la matière organique se condense en tissu cellulaire, et petit à petit l'embryon s'organise en un corps complexe dans lequel s'ébauche l'organisation propre au végétal qu'il est destiné un jour à représenter. Dans la spore, au contraire, cet état est souvent définitif et durable. La fécondation n'est pas venue lui imprimer ce mouvement organique qui, dans la vésicule embryonnaire, a amené de si notables changements. Aussi dans ces végétaux, peut-il y avoir formation de spores ou de corpuscules reproducteurs, sans qu'il y ait eu action des organes mâles sur les organes femelles, les premiers de ces organes pouvant même manquer complétement.

Les familles de plantes inembryonées ne sont pas très-nombreuses. Elles forment deux classes, les *Amphigènes* et les *Acrogènes*.

1° Les Amphigènes, dont la structure est uniquement celluleuse, c'est-à-dire qui sont complétement dépourvus de vaisseaux, qui n'ont ni axe, ni organes appendiculaires, mais qui consistent en filaments, en tubes, en lames diversement découpées s'accroissant par toute leur circonférence : tels sont les Algues, les Champignons et les Lichens.

2° Les Acrogènes, dont la structure peut être encore celluleuse, ou cellulo-vasculaire, qui ont en général leurs organes disposés en un axe et en appendices latéraux, et dont l'accroissement se fait par l'extrémité des axes : telles sont les Mousses, les Hépatiques, les Characées, les Rhizocarpées, les Équisétacées, les Lycopodiacées et les Fougères.

Premier embranchement : végétaux inembryonés.

Première classe. Amphigènes : Structure celluleuse ; accroissement par toute la périphérie.

A. Fronde membraneuse, tuberculeuse ou filamenteuse. *Familles.*
  1. Plantes aquatiques......................... ... Algues.
  2. Plantes terrestres ou parasites................ Lichénacées.

B. Pas de fronde : réceptacles des organes de la reproduction constituant toute la plante ou développés sur une réunion de filaments (*mycelium*)....... Champignons.

Deuxième classe. Acrogènes : Structure celluleuse ou cellulo-vasculaire, axe et appendices distincts ; accroissement par l'extrémité des axes.

A. Structure celluleuse.
  1. Tige feuillée, rarement une fronde.
    Capsules operculées, avec columelle.......... Mousses.

    ** Pas d'opercule ni de columelle............... Hépatiques.
  2. Tige sans feuilles........................ Characées.
B. Stucture cellulo-vasculaire.
  1. Tige sans feuilles, spores munies de filets élas-
    tiques.............................. Équisétacées.
  2. Tige feuillée.
    * Capsules axillaires ou terminales............ Lycopodiacées.
    ** Capsules placées à la face inférieure des feuil-
    les ou dans leur épaisseur....... .... Fougères.
    *** Capsules sous forme de péricarpes, placées
    à la base des feuilles.................. Marsiléacées.

Première classe: AMPHIGÈNES : structure celluleuse ; accroissement périphérique.

1re famille. ALGUES, _Algæ_.

Algæ, Agardh. _Disp. alg. suec._ Lund. 1811. Decaisne, _Arch. du mus._ t. II. — _Thalassiophytes_, Lamouroux.

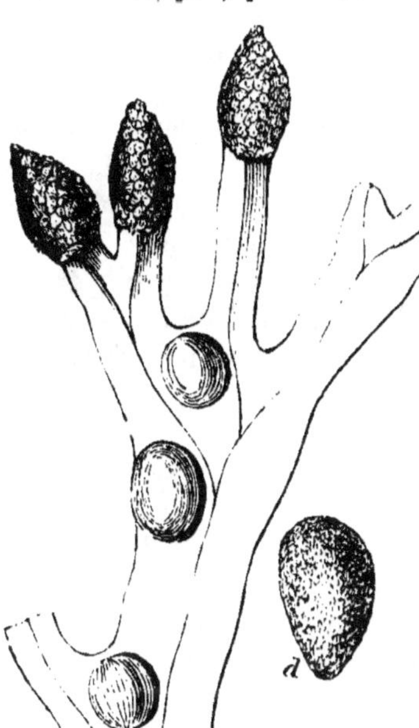

Plantes (_fig._ 1) qui croissent habituellement dans les lieux humides et principalement dans les eaux douces ou salées. Quelques-unes (genre _Protococcus_) se composent de vésicules isolées qui, chacune, forment un individu complet. D'autres fois elles se présentent sous la forme d'utricules réunies en chapelets et engagées dans une sorte de membrane gélatiniforme amorphe (_Nostoch_). Plus souvent ce sont des filaments simples ou rameux, continus ou articulés, des

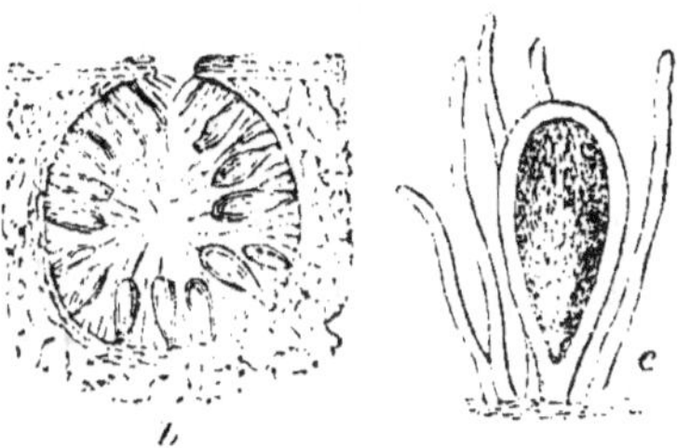

Fig. 1.

Fig. 1. _Fucus vesiculosus._ a, Fronde fructifère. b, Sporange coupée longitudinalement. c, Spore détachée, accompagnée de paraphyse. d, Spore nue.

lanières variées dans leurs formes, leur consistance et leur coloration, ou des expansions membraneuses simples ou lobées. Quelques-unes ont à leur base une sorte d'empâtement divisé en branches étroites que l'on a considéré comme une racine. Dans quelques-unes (*Sargassum*) les organes sont disposés de manière à représenter une tige simple ou rameuse, portant des feuilles alternes. Toutes les Algues sont formées d'utricules. Dans quelques-unes on trouve du tissu allongé, mais jamais de véritables vaisseaux. Les organes de la reproduction sont assez variés : tantôt ils ne sont pas distincts et sont formés par la manière organique qui, dans certains points, se condense en corpuscules reproducteurs ; tantôt les *spores* sont contenues dans des *sporidies*, ou espèces d'utricules, réunies en grand nombre dans des *conceptacles* creux ou saillants, sur la paroi interne desquels elles sont attachées, entremêlées de filaments articulés (*b, c*) : ces spores sont assez souvent au nombre de quatre ou de huit dans chaque sporidie. Dans certains conceptacles, on trouve quelquefois réunies avec les sporidies, de véritables *anthéridies* simples ou groupées en bouquets ramifiés, dont la nature a été parfaitement précisée tout récemment par MM. Decaisne et Thuret (*Ann. sc. nat.*, 1845, page 4). D'autres fois les conceptacles ne contiennent qu'un seul des deux organes reproducteurs, ils sont donc unisexués ou hermaphrodites.

On a groupé les genres nombreux de la famille des Algues de plusieurs manières différentes, suivant le point de vue spécial sous lequel on les a tour à tour considérées. Ainsi une des plus anciennes divisions est celle qui les partage en deux groupes d'après la nature du milieu dans lequel elles végètent, savoir 1° *les Algues d'eau douce*, comprenant les Ulves et les Conferves; 2° *les Algues marines* ou Thalassiophytes, comprenant les *Fucus* ou *Varechs*.

Une classification plus généralement adoptée partage les Algues, d'après leur forme générale et la disposition de leurs organes reproducteurs, en cinq tribus :

1° Les *Nostochinées*, formées d'utricules ou de filaments contenus dans une masse gélatiniforme : *Protococcus*, *Nostoch*, *Palmella*, etc.

2° Les *Confervacées* : tubes capillaires simples, continus ou articulés, spores contenues dans l'intérieur des tubes : *Oscillaria*, *Zygnema*, *Thorea*, *Ectocarpus*, etc.

3° Les *Ulvacées* : expansions membraneuses ou tubuliformes; spores répandues dans la masse : *Caulerpa*, *Bryopsis*, *Ulva*, etc.

4° Les *Floridées* : Algues marines, ordinairement de couleur purpurine, à fronde excessivement variée, ayant les organes reproducteurs réunis dans des conceptacles tuberculiformes saillants ou contenus dans la fronde et dont les sporidies renferment quatre spores : *Rhodomela, Chondria, Sphærococcus, Delesseria.*

5° les *Fucacées* : Algues marines de couleur vert olivâtre, à corps reproducteurs contenus dans des conceptacles concaves et dont les spores sont simples. *Laminaria, Fucus, Sargassum*, etc.

La famille des Algues est une des plus intéressantes de tout le règne végétal. Elle commence la série végétale, contenant les plantes les plus simples dans leur organisation, en même temps que l'on voit petit à petit cette organisation se compliquer graduellement. C'est parmi les Algues qu'on observe ce curieux phénomène de spores mobiles, jouissant véritablement de la vie animale au moment où elles sortent des tubes qui les contenaient, pour germer ensuite et se développer en un végétal tout à fait immobile (voy. Thuret, *Ann. sc. nat.*, t. XIX, pag. 266). Ces spores sont donc pendant une partie de leur vie de vrais animaux infusoires offrant des cils ou organes de locomotion tantôt au nombre de deux seulement

Fig. 2.

(*fig. 2, a*), tantôt réunis en bouquet à l'une de leurs extrémités (*fig. 2, b*), ou enfin (*fig. 2, c*) disposés circulairement à leur surface.

2ᵉ famille. CHAMPIGNONS, *Fungi.*

Bulliard, *Champ. de Fr.* Paris, 1791. Persoon, *Syn. fung.* Gotting. 1801. Fries, *Syst. mycolog.* 1821.

Rien n'est plus varié dans la forme, dans la couleur, le volume, la consistance, que les végétaux connus sous le nom de Champignons (*fig. 3.*) Ce sont des filaments, des tubercules, des corps en forme de branches ramifiées, des coupes, des parasols, etc. Ils sont tantôt nus, tantôt enveloppés dans une bourse complète ou incomplète, nommée *volva* (*a*). Dans la plupart on ne connaît qu'un seul organe de reproduction, les *spores*, qui sont ou nues, ou plus rarement contenues dans des thèques (*asci*). Un Champignon se compose en général de deux parties bien distinctes, l'une végétative, l'autre de reproduction. La première, ou le *mycelium*, qui paraît être l'origine, l'état primitif de tout Champignon, puisqu'elle résulte du développement des spores, est formée de filaments grêles,

Fig. 2. *a*, Spore du *Conferva glomerata. b*, Id. du *Prolifera rivularis. c*, Id. du *Vaucheria Ungerii* (d'après M. Thuret).

simples ou ramifiés, à nu ou engagés dans la substance même du corps sur lequel le Champignon vit en parasite ; quand ces filaments se condensent en convergeant vers un même point, ils constituent une sorte de membrane feutrée qui porte le nom de *stroma*. La se-

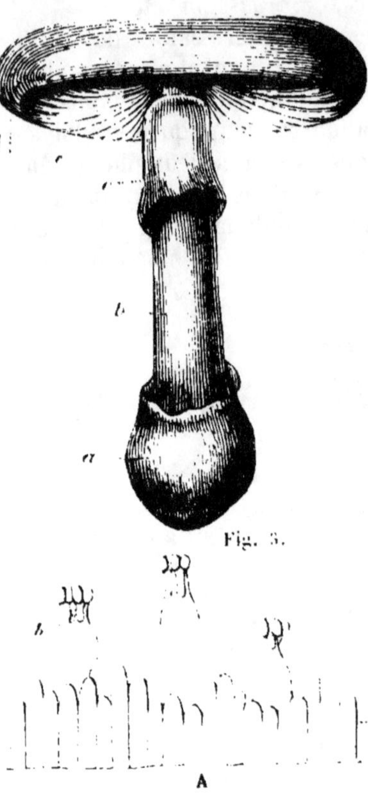

conde, qui naît de la première dont elle est en quelque sorte une dépendance, se compose des spores nues, ou contenues dans un réceptacle de forme et de grandeur très-variées, nommé *peridium* dans les Champignons de forme arrondie. C'est cette dernière partie, quelquefois la seule visible à l'extérieur, qui est communément regardée comme le Champignon proprement dit, par exemple dans le Champignon cultivé. Une forme très-fréquente dans les Champignons, c'est celle d'un parasol. On y distingue alors un pied ou stipe (*b*), quelquefois renflé à sa base (*a*), un chapeau (*pileus*) (*d*), ou partie supérieure ordinairement convexe, quelquefois concave, ayant sa face inférieure garnie de lames perpendiculaires (*e*) ou de tubes étroits soudés intimement entre eux, ou d'un réseau, etc. Entre le bord circulaire du chapeau, inférieurement, et la partie supérieure du stipe, est étendue une membrane, qui dans le jeune âge cache complétement la face inférieure du chapeau ; on la nomme le voile (*velum*) ; en se détachant de la circonférence du chapeau et restant adhérente au stipe, cette membrane constitue l'anneau (*annulus*) (*c*).

Les spores sont tantôt simples et à nu, naissant immédiatement du *mycelium*, et le remplaçant quelquefois complétement, tantôt réunies plusieurs ensemble dans une enveloppe commune excessi-

Fig. 3. 1. *Amanita venenosa*. *a*, Le volva. *b*. Le stipe. *c*. Le collier. *d*. Le chapeau. *e*. Les feuillets.

A. Portion de l'hymenium très-grossie. *a*. Paraphyses. *b*. Basidies ou sporophores.

vement mince et formant une *sporidie* ou *thèque*. Quant à la position des spores, sporidies ou thèques, elle est fort variable. Tantôt elles sont éparses sur les filaments du mycelium, tantôt elles terminent ses filaments, tantôt elles sont réunies dans un peridium, ou placées sur la surface d'une membrane proligère, nommée *hymenium*. Cette membrane (A), dont la position varie, est formée d'utricules; à sa surface, elle présente, 1° les *paraphyses* (A. *a*), cellules allongées placées parallèlement les unes contre les autres et formant des espèces de villosités; 2° les *basidies* ou *sporophores* (A, *b*), placées entre les paraphyses, plus longues qu'elles; ce sont des utricules renflées, terminées à leur sommet par quatre tubes portant chacun une spore ovoïde ou globuleuse; les spores sont donc nues; 3° les *cystidies* ou *anthéridies*, qu'on observe dans l'hymenium de quelques Champignons, sont des utricules grêles, transparentes, cylindracées, ordinairement remplies d'un suc limpide ou coloré par des corpuscules organiques. Le liquide finit par sortir de la vésicule et se montre à son sommet sous la forme de gouttelettes arrondies. Ces corps sont-ils en effet les représentants des organes mâles ou fécondateurs? Si cet usage est réel, il y aurait dans quelques Champignons existence des deux organes propres à la reproduction.

Les Champignons sont des êtres fugaces dont la croissance, la durée, la mort sont souvent renfermées dans des limites extrêmement courtes. Ils se montrent sur les corps végétaux et animaux morts ou vivants, dans les lieux humides, ombragés, soustraits même complétement à l'influence de la lumière, sur les matières végétales ou animales en état de décomposition, ou parasites sur les racines d'autres végétaux. Ils sont composés de tissu utriculaire de forme variée, sans épiderme et par conséquent sans stomates. Dans quelques-uns on croit avoir aperçu de véritables vaisseaux laticifères.

Les spores des Champignons en se développant donnent naissance à des tubes d'abord simples, qui se ramifient bientôt et forment le *mycelium*. C'est de ces filaments que naîtront les spores, soit nues et isolées, soit réunies en nombre plus ou moins considérable, dans des réceptacles qui peuvent prendre toutes les formes imaginables. L'état primitif de tout champignon est l'état filamenteux. Quelques-uns le conservent toujours (les moisissures ou Hyphomycètes par exemple); chez d'autres, à ces filaments succèdent ces corps de formes si variées, simples réceptacles des organes de la reproduction, et que l'on a crus longtemps constituer exclusivement le Champignon. Ainsi le Champignon de couche (*Agaricus campestris*) que nous cultivons pour l'usage de nos tables, succède à des amas de filaments blancs (*mycelium*) connus de tout le monde sous le nom de *blanc de champignon*.

Nous avons déjà dit que les Champignons pouvaient se développer sur des animaux vivants. Selon plusieurs observateurs habiles, quelques maladies seraient dues au développement de certains Champignons filamenteux , tels sont entre autres la muscardine, qui fait de si grands ravages sur les vers à soie , la teigne tondante, la phytoalopécie, le muguet, etc., dans lesquelles on a cru observer le développement de Champignons des genres *Microsporum*, et *Trichosporum*, etc.

La famille des Champignons a été divisée en cinq grandes tribus, que quelques botanistes considèrent comme des familles.

1re tribu : les GYMNOMYCÈTES ou CONYOMYCÈTES. Mycelium filamenteux, rarement celluleux, placé sous l'épiderme des plantes sur lesquelles végètent ces Champignons ; sporidies simples ou à plusieurs loges, d'abord recouvertes, puis nues et semblant constituer à elles seules toute la plante. Ces Champignons sont épiphytes ou entophytes, selon qu'ils se développent sur ou sous l'épiderme. C'est à ce groupe qu'appartiennent ces petits Champignons qui attaquent quelquefois les graines des céréales sous les noms de *carie*, de *charbon*, etc.

Exemple : *Papularia, Uredo, Æcidium, Puccinia, Torula*, etc.

2e tribu : HYPHOMYCÈTES. Mycelium filamenteux, libre et distinct, composé de filaments, les uns couchés et stériles, les autres dressés portant les sporidies, tantôt nues , tantôt renfermées dans le sommet renflé des tubes, qui se déchirent pour les laisser à nu.

Tous les corps filamenteux formant les moisissures et dont on a fait un si grand nombre de genres viennent se ranger dans cette tribu.

Exemple : *Monilia , Penicillium, Botrytis, Aspergillus, Mucor*, etc.

3e tribu les GASTÉROMYCÈTES. Champignons de formes variées, assez souvent globuleux, consistant en un peridium charnu, membraneux ou floconneux, d'abord clos, puis s'ouvrant ou se déchirant irrégulièrement, contenant dans son intérieur simple ou multiple des sporanges ou thèques ou des sporidies quelquefois placées sur des filaments et réunies en une masse charnue ou mucilagineuse qui se sépare en particules pulvérulentes.

La Truffe (*Tuber*), les *Lycoperdon* ou Vesses-de-loup appartiennent aux Gastéromycètes.

4e tribu : les PYRÉNOMYCÈTES ou HYPOXYLÉES. D'abord placées dans la famille des Lichénées, puis distinguées comme une famille distincte, les Hypoxylées ont été réunies par Fries à la famille des Champignons ; ce sont de petits êtres qui apparaissent sous l'apparence de taches noires sur les autres végétaux. Ils représentent des espèces de petits tubercules s'ouvrant par un pore à leur sommet, ordinairement réunis en grand nombre et contenant un *nucleus* mucilagineux déliquescent formé d'utricules convergentes entremêlées de filaments cloisonnés et contenant les sporidies.

Exemple : *Hypoxylum, Excipula, Hysterium, Dothidea, Vermicularia*.

5e tribu : les HYMÉNOMYCÈTES. Champignons charnus, subéreux ou ligneux, excessivement variés dans leur forme, dont les sporidies ou les spores sont placées à la surface d'une membrane proligère (*hymenium*) recouvrant une partie spéciale de leur surface.

Exemple : *Clavaria, Geoglossum, Peziza, Morchella, Hydnum, Merulius, Polyporus, Boletus, Agaricus, Amanita*.

La famille des Champignons a des rapports intimes avec les Algues et avec les Lichénées. Elle se distingue de ces deux groupes par son mode de développement, par sa première forme filamenteuse, et par la disposition de ses organes de reproduction.

Les Champignons par leur composition chimique se rapprochent des matières animales, c'est-à-dire qu'ils contiennent une quantité notable d'azote et de principes azotés, un grand nombre peuvent servir d'aliment pour l'homme ; quoiqu'en général assez difficiles à digérer, ils sont très-recherchés sur nos tables, la Truffe par exemple. Mais beaucoup d'entre eux sont fort dangereux et peuvent même occasionner la mort. En médecine on emploie le *bolet blanc* ou du mélèze comme purgatif drastique ; l'*agaric des chirurgiens*, pour arrêter le sang des petits vaisseaux. C'est la même substance qu'on connaît dans nos ménages sous le nom d'*amadou*.

3e famille. LICHÉNACÉES, *Lichenaceæ*.

Lichenes, Acharius, *Meth. Lichen.* Hamb. 1803. Ibid. *Lichenograph. univers.* Gotting. 1810. Ibid. *Syn. Lichen.* Lund. 1814. Fries, *Lichenogr. reform.* Lund. 1831.

Les Lichénacées sont tantôt sous la forme d'expansions membraneuses foliacées ou plus souvent crustacées, simples ou ramifiées, tantôt sous celle de tiges cylindriques ou planes, simples ou divisées comme celles des végétaux phanérogames. Cette partie, qui représente tous les organes de la végétation, porte le nom de *thallus*. Les organes reproducteurs sont contenus dans des apothécions (*apothecia*), réceptacles de formes variées, tantôt convexes et en forme de tête (*fig. 4*), tantôt sous celle d'écussons, de fentes, etc. Quand les

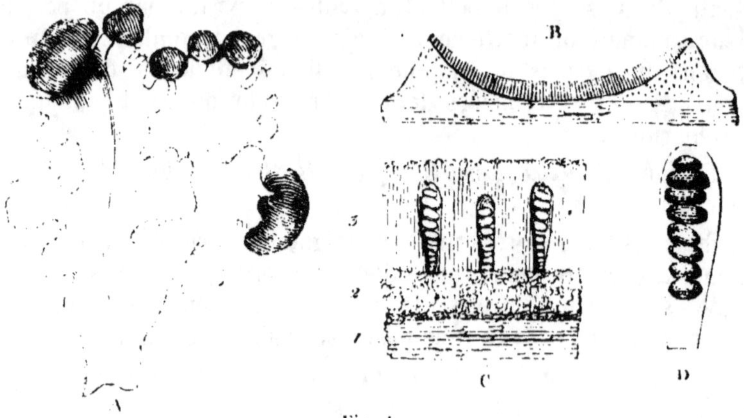

Fig. 4.

réceptacles sont manifestement planes, on les nomme *scutelles*, et *lyrelles* s'ils ont la forme de fentes plus ou moins allongées. Dans un apothecium on distingue : 1° l'*excipulum* ou base (C, 2), tantôt formé par le thallus lui-même, tantôt par une couche celluleuse qui en est distincte ; 2° le *thalamium* (C, 3), formé par des cellules allongées nommées *thèques* (*theca*, *asci*) (D), contenant dans leur intérieur des *sporidies* simples ou se divisant en deux, quatre ou un plus grand nombre (multiple de deux) de *spores*. Ces thèques sont placées au milieu de cellules allongées et articulées nommées *paraphyses* (C, 3). La partie des apothécions qui contient les thèques porte aussi le nom de noyau (*nucleus*) dans les espèces où les apothécions sont clos et globuleux. Elle est ou globuleuse ou étendue et discoïde.

Les Lichens sont en général des plantes parasites, vivant soit sur la tige des arbres en pleine végétation, ou sur la terre, les murs, les rochers, mais jamais dans l'eau. Ils sont vivaces, de nuances très-variées et souvent vives, très-rarement vertes.

Le thallus des Lichénées, quand il est sous forme de membrane, se compose de trois couches superposées, une supérieure et *corticale* formée d'utricules sphériques, contenant intérieurement des granules ; ces utricules portent le nom de *Gonidies*. Elles sont dans cer-

Fig. 4. A, *Physcia islandica*. B, Coupe longit. d'un scutelle. C, Portion de scutelle très-grossie. 1, Hypothalle. 2, Couche médullaire. 3, Thalamium. D, Une thèque contenant huit spores.

tains cas susceptibles de se développer à la manière des bourgeons pour reproduire de nouveaux individus. La couche moyenne ou *médullaire* se compose d'utricules allongées filamenteuses, serrées ou lâchement unies. Enfin la face inférieure du thallus est souvent occupée par une seconde couche nommée *Hypothalle,* composée de cellules allongées, cylindriques, qui se prolongent parfois en filaments confervoïdes remplaçant les racines.

Les Lichénacées se distinguent surtout des Champignons par leur consistance crustacée, par la présence d'une fronde ou thallus sur lequel se montrent les conceptacles, par leurs spores jamais nues, toujours contenues dans des thèques, et enfin par la propriété qu'ils ont de se reproduire aussi au moyen de *gonidies,* ou utricules distinctes des spores et répandues dans tous les points de la fronde.

Toutes les Lichénées formaient du temps de Linné un genre unique nommé *Lichen.* Aujourd'hui on compte environ une soixantaine de genres dans cette famille, divisée de la manière suivante par Fries :

1re tribu. LICHÉNÉES CONIOTHALAMÉES : apothécions ouverts contenant des sporidies réunies en un noyau : thallus fugace : *Arthronia, Pulveraria, Coniocarpon, Calycium,* etc.

2e tribu. LICHÉNÉES IDIOTHALAMÉES : apothécions d'abord clos, puis déhiscents, laissant échapper un noyau d'abord gélatineux, devenant dur : *Opegrapha, Graphis, Urceolaria, Thelotrema, Umbilicaria,* etc.

3e tribu. LICHÉNÉES GASTÉROTHALAMÉES : apothécions toujours clos, ou s'ouvrant irrégulièrement par la rupture de leur base, noyau intérieur déliquescent ou résistant : *Verrucaria, Euglocarpon, Sphærophoron,* etc.

4e tribu. LICHÉNÉES HYMÉNOTHALAMÉES : apothécions ouverts scutelliformes, noyau sous forme d'un disque persistant : *Lecidea, Patellaria, Cladonia, Stereocaulon, Parmelia, Sticta, Cetraria, Roccella.*

DEUXIÈME CLASSE : ACROGÈNES : STUCTURE CELLULEUSE OU CELLULO-VASCULAIRE ; ACCROISSEMENT PAR L'EXTRÉMITÉ DES AXES.

4e famille. HÉPATIQUES, *Hepaticæ.*

Hepaticæ, Schwaegrichen, *Hist. musc. hepat.* Lipz. 1814. Nees, *Hepat. Javan.* Wratis. 1831. Bischoff, *Lebermose,* 1828.

Plantes intermédiaires entre les Lichénées et les Mousses, tantôt étendues en membranes vertes, simples ou lobées, parcourues par une nervure médiane et considérées comme une tige dont les feuilles sont soudées en membrane ; tantôt munies d'une tige distincte, simple ou ramifiée, portant de véritables feuilles souvent distiques, entières ou dentées (*fig.* 5). Les organes reproducteurs sont de deux sortes : les uns mâles, les autres femelles. Les organes mâles (*anthéridies*) sont de petits corps celluleux, libres et quelquefois entremêlés de paraphyses, à l'aisselle des feuilles réunies en involucre (*Jungermannia*); d'autres fois ces corps engagés dans la substance même de la fronde (*Riccia*), ou réunis dans des réceptacles pédicellés en forme de parasols, à la surface supérieure desquels ils s'ouvrent par un petit orifice en forme de goulot. Les organes femelles, à leur premier état de développement, consis-

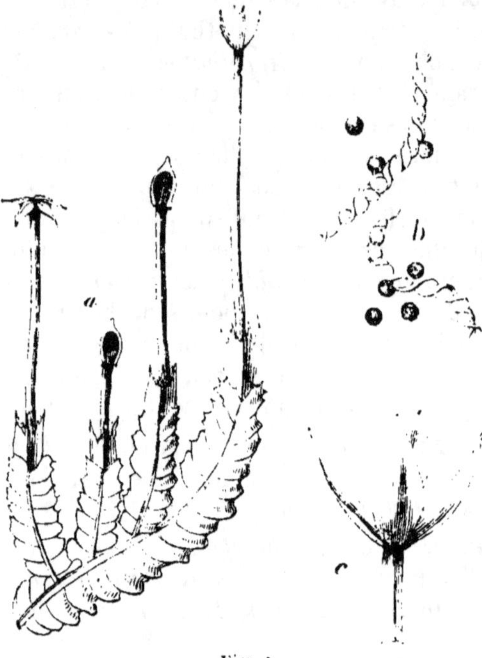

Fig. 5.

tent en espèce de pistils, réunis en nombre variable dans des involucres spéciaux ; ils offrent une forme qui rappelle un peu celle d'une bouteille : la partie inférieure renflée représente l'ovaire; la partie tubuleuse, le style; et la partie évasée et inégale, le stigmate. Chaque pistil est contenu dans un involucre propre qui le recouvre en grande partie. Tantôt le pistil se change immédiatement en capsule ou sporidie (*Marchantia, Targionia*), qui est en général sessile ou à peu près sessile; tantôt, de la base de sa cavité intérieure naît un pédicelle qui soulève la partie centrale et, après avoir déchiré circulairement et par sa base la paroi du pistil, élève à une certaine hauteur cette partie centrale transformée en capsule (*a*) ou sporidie (*Jungermannia*). Celle-ci s'ouvre de diverses manières et laisse échapper les spores, qui sont accompagnées de filaments roulés en hélice et qu'on nomme des *élatères* (*b*).

Il est extrêmement facile de distinguer les Hépatiques : 1° des

Fig. 5. *Jungermannia. a*, La plante entière. *b*, Les élatères et les spores. *c*, Capsule s'ouvrant en quatre valves.

Lichénées, par leur coloration verte, la présence d'organes mâles et d'organes femelles, les élatères au milieu des spores ; 2° des Mousses par leur capsule, s'ouvrant soit par une fente, soit en quatre valves ou en dents irrégulières, et par la présence des élatères.

Les Hépatiques, uniquement composées de tissu utriculaire, présentent à leur surface de véritables stomates. Indépendamment des organes de la génération, elles offrent encore quelquefois des espèces de bulbilles contenus dans des réceptacles en forme de corbeille, et qui peuvent reproduire de nouveaux individus. Il existe dans les anthéridies de quelques Hépatiques, particulièrement dans le genre *Marchantia*, des animalcules infusoires, filiformes, doués de mouvements très-manifestes.

Cette famille se divise en quatre tribus :

1re tribu. JONGERMANNIÉES : capsule solitaire longuement pédicellée, 4-valve : *Jungermannia, Lejeunia, Frullana*, etc.

2e tribu. MARCHANTIÉES : capsules souvent agrégées, presque sessiles, s'ouvrant circulairement ou par des dents irrégulières : *Marchantia, Lunularia, Fimbriaria, Targionia, Monoclea*, etc.

3e tribu. ANTHOCÉROTÉES : capsule solitaire allongée, siliquiforme, bivalve, à réceptacle filiforme et central : *Anthoceros*.

4e tribu. RICCIÉES : fruits indéhiscents plongés dans la substance de la fronde ; pas d'élatères : *Duriœa, Sphærocarpos, Riccia*, etc.

5e famille. MOUSSES , *Musci*.

Musci, Hedwig. *Fund. Hist. mus.* Ibid. *Descrip. musc.* Schwaegr. *Species muscor.* 1804. Bridel, *Muscolog. Gœtting.* Ibid., *Bryologia univers.* Lipz. 1826.

Les Mousses sont de petites plantes qui aiment les lieux humides et ombragés ; elles se réunissent en général en touffes plus ou moins volumineuses, soit sur la terre ou les rochers, soit sur le tronc des arbres ou sur les toits et les murailles de nos vieilles habitations (*fig.* 6). Par leur port elles ressemblent à de petites plantes phanérogames en miniature, c'est-à-dire qu'elles se composent d'un organe central ou axile, et d'organes appendiculaires, feuilles et libres radicales. Elles ont des *anthéridies* et des organes femelles, tantôt séparés sur deux individus distincts (Mousses dioïques), tantôt réunis sur un même individu (Mousses monoïques), ou placés dans un même involucre (Mousses hermaphrodites). Les anthéridies (*f*, 4) sont pédicellées, ovoïdes, allongées, celluleuses, laissant échapper par leur sommet la matière visqueuse (*g*) qu'elles contiennent ; elles sont accompagnées de paraphyses dans une *rosette* ou involucre nommé *périgone*. Les fleurs femelles se composent de pistils nombreux lagéniformes (*f*, 2), de l'intérieur desquels naît un

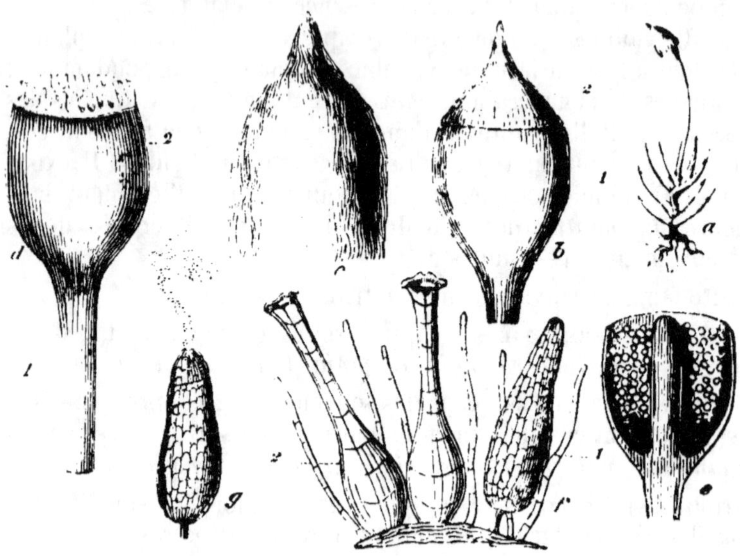

Fig. 6.

pédicelle ou *soie*, qui se termine par un sporange nommé *urne* (*b*). Les parois du pistil se séparent circulairement en deux parties : l'une inférieure, qui environne la base de la soie (*vaginule*); l'autre supérieure, qui recouvre l'urne (*coiffe*) (*c*). L'urne elle-même présente intérieurement un axe central et celluleux nommé *columelle*(*e*), autour duquel sont agglomérées les spores. Elle s'ouvre au moyen d'un *opercule* (*b*, 2) circulaire convexe. Le contour de l'ouverture de l'urne se nomme *péristome* (*d*, 3), distingué en *interne* et en *externe*; il peut être garni de *dents*, de *cils*, bouché par une *membrane* ou tout à fait à *nu*.

La famille des Mousses est excessivement naturelle et se distingue de suite des autres groupes de végétaux cryptogames par son port, et surtout par la structure de ses urnes. Uniquement composées de tissu utriculaire, elles n'offrent pas les stomates qui existent déjà dans les Hépatiques.

On a trouvé dans les anthéridies de quelques Mousses des genres

Fig. 6. *Polytrichum aloifolium*. *a*, Plante entière. *b*, 1. Urne; 2. Opercule. *c*, Coiffe. *d*, Urne dont l'opercule est enlevé. 3. Péristome. *e*, Coupe longit. d'une urne. *f*, Fleurs femelles 2 et mâle 1 entremêlées de paraphyses. *g*, Anthéridie laissant échapper la matière fécondante.

Sphagnum, *Funaria*, *Tortula*, *Polytrichum*, des animalcules filiformes et infusoires analogues à ceux qui existent dans les animaux
supérieurs.

Les genres de cette famille sont excessivement nombreux. Nous
citerons ici les suivants : *Bryum*, *Sphagnum*, *Gymnostomum*, *Funaria*, *Polytrichum*, *Mnium*, *Hypnum*, etc.

6e famille. CHARACÉES, Characeæ.

Characeæ, Agardh, *in Nov. Act. N. C.* XIII, 87. Vaucher, *Mem. soc. Gen.* I, 168.

Famille uniquement composée du genre *Chara* de Linné. Les végétaux qui la constituent vivent au fond des eaux dormantes, dans les
lacs et les étangs. Leur tige est cylindrique ou anguleuse, articulée :
chaque article est formé d'un grand tube cylindrique, simple ou
entouré d'un certain nombre de tubes plus petits, ordinairement cinq,
soudés intimement avec lui et se contournant en spirale. De chaque
articulation naissent des rameaux verticillés dont la structure est
la même que celle de la tige. Ces tiges, en général grêles et peu
élevées, sont fixées en terre par des filaments radicaux simples.
Les organes reproducteurs mâles et femelles sont réunis sur le
même individu. Les organes femelles sont de petits corps ovoïdes
de couleur verte, offrant cinq stries ou côtes, tordues en spirale et
terminées à leur sommet par cinq petites dents. Ils ressemblent en
quelque sorte à des rameaux très-contractés. Sous leur enveloppe
extérieure, se trouve une grande vésicule transparente, remplie de
grains de fécule. Cette vésicule est la *spore*, et l'enveloppe extérieure en est la *sporidie*. Les grains de fécule qu'elle contient ont
été pris pour des spores par un grand nombre de botanistes; mais la
germination prouve que c'est toute la vésicule qui s'accroît, et qui par
conséquent représente la spore. Les organes mâles sont sous la forme
de tubercules sphériques, sessiles, de couleur rouge orangé, placés
au-dessous des verticiles de rameaux. Ils se composent d'un tégument extérieur assez épais et transparent, d'une seconde enveloppe
colorée en rouge, formée de six ou huit pièces triangulaires unies
entre elles par leurs bords dentés; ce tégument interne est formé
d'utricules cunéiformes allongées, partant en rayonnant du centre
de chaque plaque et contenant des granules rouges : du milieu de
la face interne de chacune de ces plaques naît une utricule oblon-
gue, dirigée vers le centre de l'organe, et qui y est attachée à une
masse celluleuse centrale. A une certaine époque, ces plaques se
séparent les unes des autres par une sorte de déhiscence. Cette
masse centrale porte aussi des tubes filamenteux très-grêles, vermi-

formes, simples, coupés par des diaphragmes en cellules très-petites. Dans chacune de ces cellules existe un petit corps filiforme transparent, replié sur lui-même en forme de spirale. Ce petit corps est un véritable animalcule qui finit par sortir de la cellule qui le contient et qui s'agite dans le liquide où l'on a plongé les filaments. Ces animalcules sont complétement analogues à ceux qu'on observe dans les pollinides ou organes mâles des Mousses.

Le genre *Chara* a été divisé en deux genres par quelques botanistes, et entre autres par Agardh, savoir : les vraies *Chara* qui ont leurs articles formés d'un tube central entouré de petits tubes tordus en spirale, et le genre *Nitella* qui comprend les espèces dont les articles sont uniquement constitués par le tube central. Mais cette distinction est peu fondée, car certaines espèces offrent ces deux modes de structure à diverses époques de leur existence.

La famille des Characées, si l'on n'examine que la forme et la structure de sa tige, est excessivement rapprochée de celle des Algues. Mais le développement de ses organes de reproduction, représentant les deux sexes, la place dans le voisinage des Mousses et des Lycopodiacées.

Nous avons déjà précédemment fait connaître avec détail la structure des entre-nœufs des *Chara* et les phénomènes de circulation qu'ils présentent, circulation qu'on a désignée sous le nom de *giration*.

On doit à M. Gust. Thuret des observations très-précises sur la structure des organes mâles de ces plantes et sur les animalcules qu'ils renferment (*Ann. Sc. nat.*, XIV, 65).

On a beaucoup varié sur la place à assigner à cette famille. Quelques auteurs l'avaient rangée parmi les Monocotylédons, d'autres dans les Dicotylédons. Il est évident, aujourd'hui qu'on connaît mieux sa structure, qu'elle appartient à l'embranchement des Acotylédons.

7ᵉ famille. LYCOPODIACÉES, *Lycopodiaceæ*.

Lycopodinæ, Swartz. Syn. 87. R. Brown, *Prod.* 164. — *Lycopodianæ*, D C.

Le genre *Lycopodium*, qui forme le type de cette petite famille, tient le milieu par son port entre les Fougères et les Mousses (*fig.* 7). Les Lycopodiacées sont des plantes à tiges rampantes et étalées sur le sol ou élevées et perpendiculaires à sa surface. Ces tiges sont ramifiées et très-souvent dichotomes, par suite du développement de deux bourgeons placés à leurs extrémités. Les feuilles sont petites, éparses, et très-rapprochées les unes des autres :

d'autres fois elles forment des séries longitudinales. Les organes reproducteurs sont de deux sortes : les uns plus nombreux et qui fréquemment existent seuls, sont des espèces de capsules globuleuses (*b*), ovoïdes ou réniformes, s'ouvrant par une fente transversale et contenant une très-grande quantité de granules extrêmement fins, souvent agglutinés par quatre. On a nommé ces capsules *anthéridies*, parce qu'on

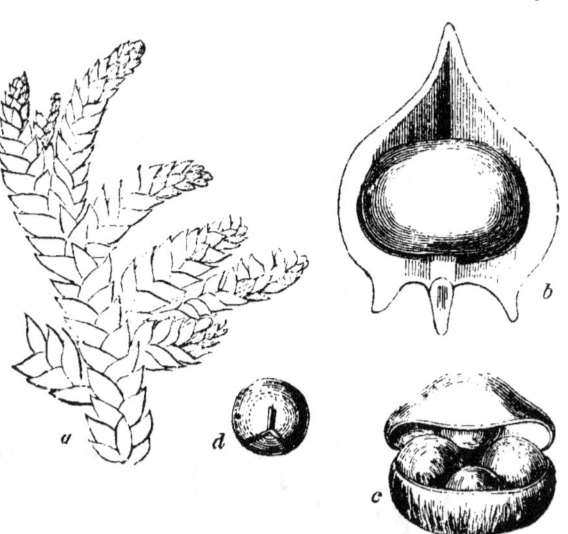

Fig. 7.

croit généralement qu'elles représentent les organes mâles. Elles existent à l'aisselle des feuilles supérieures modifiées un peu dans leurs formes et constituent des espèces de chatons. Les autres moins nombreux, placés au-dessous des précédents (*c*), sont également des capsules sessiles ; on les appelle *ovophoridies* ; elles sont ovoïdes ou réniformes, s'ouvrant en deux ou en quatre valves et contenant de deux à quatre spores globuleuses (*d*).

Ainsi que nous l'avons dit précédemment, cette famille se compose du seul genre *Lycopodium* et des genres qui ont été formés par suite du démembrement de ses nombreuses espèces.

Les Lycopodiacées offrent une tige dans la structure de laquelle commencent à apparaître de véritables vaisseaux. Ces vaisseaux qui ont les caractères des vaisseaux rayés forment un faisceau au centre de la tige, qu'environne une masse de tissu utriculaire dans laquelle sont épars quelques faisceaux plus petits qui communiquent avec les feuilles, celles-ci ont un épiderme percé de véritables stomates.

La distinction établie par plusieurs auteurs en *anthéridies* ou organes mâles et *ovophoridies* ou organes femelles, n'est pas à l'abri de tout reproche. En effet il y a un très-grand nombre de Lycopodes

Fig. 7. *Selaginella imbricata*. *a*, Rameau fructifère. *b*, Une écaille portant à sa face interne une capsule ou anthéridie. *c*, Ovophoridie s'ouvrant. *d*, Une spore.

qui n'offrent que les premiers de ces organes, et qui néanmoins (quoiqu'ils sembleraient être privés d'organes femelles) se reproduisent parfaitement.

Les Lycopodiacées diffèrent des Mousses par la forme de leurs conceptacles qui sont de simples capsules sessiles, placées à l'aisselle des feuilles et n'ayant rien qui rappelle la forme et la structure des urnes, organe caractéristique des Mousses. On les distingue des Fougères par leur tige garnie de petites feuilles très-rapprochées et par la position axillaire de leurs capsules.

8ᵉ famille. ÉQUISÉTACÉES, *Equisetaceæ*.

Equisetaceæ, Vauch. Mem. soc. Gen. I, 320.

Cette petite famille ne comprend que le seul genre *Equisetum*, connu en français sous le nom de Prêle (*fig.* 8). Toutes les espèces qui composent ce groupe sont des plantes herbacées, vivaces. Leurs tiges, simples ou rameuses, sont en général creuses, striées longitudinalement, et offrant de distance en distance des nœuds d'où naissent des gaînes fendues en un grand nombre de languettes, et semblant être des feuilles verticillées soudées entre elles; quelquefois de ces nœuds naissent des rameaux verticillés. Les

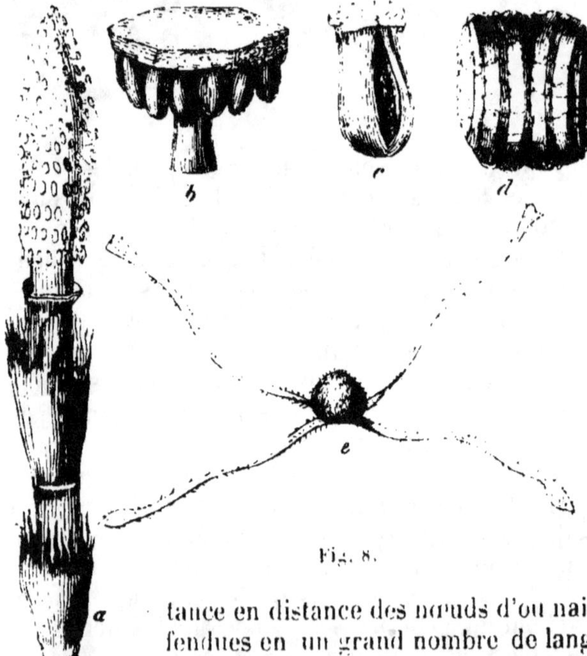

Fig. 8.

Fig. 8. *Equisetum Thelmateya*. *a*, Rameau fructifère. *b*, Écaille portant des capsules à sa base interne. *c*, Capsule s'ouvrant. *d*, Spore dont les filaments sont encore enroulés. *e*, Spore dont les filaments sont étalés.

fructifications forment des épis terminaux. Ces épis se composent d'écailles épaisses et peltées semblables à celles que l'on remarque dans les fleurs mâles de plusieurs Conifères (b), et entre autres de l'if. A la face inférieure de ces écailles naissent des espèces de capsules disposées sur une seule rangée, et s'ouvrant (c) par une fente longitudinale qui regarde du côté de l'axe. Ces capsules sont remplies de granules extrêmement petits, qui se composent d'une partie globuleuse (e) de la base de laquelle naissent quatre longs filaments articulés, renflés à leur partie supérieure, et roulés en spirale autour du corps globuleux (d) qui est une véritable sporule.

Entraîné par l'analogie de forme qui existe entre les organes reproducteurs des Équisétacées et les étamines de quelques Conifères, Linné nommait ces organes des étamines, sans indiquer ceux qu'il regardait comme des pistils. Hedwig, au contraire, considérait chaque granule comme une fleur hermaphrodite : la partie globuleuse était le pistil et les filaments étaient quatre étamines dont le pollen était situé extérieurement. Mais ces filaments sont certainement analogues à ceux que l'on trouve dans les Jongermanes, les *Marchantia*, *Targionia*, etc.

M. Lindley (*Nat. syst. of bot.*, 317) place cette famille auprès des Conifères, dans sa grande classe des Gymnospermes. Nous ne pensons pas que ce rapprochement soit définitif, et il nous semble que jusqu'à nouvel ordre les Équisétacées peuvent sans inconvénient rester parmi les plantes Acotylédones ou Cryptogames.

La tige des Équisétacées se compose d'utricules de diverses grandeurs, dont les plus extérieures ressemblent en quelque sorte à des lacunes à cause de leur grand développement. Au milieu de ce tissu utriculaire se voient des tubes annulaires peu nombreux. Dans tous les points de la tige qui offrent une coloration verte, on aperçoit des stomates rangées par lignes longitudinales.

M. Thuret, à qui l'on doit tant d'observations curieuses sur les anthéridies des plantes acotylédonées, vient de découvrir ces organes dans les *Equisetum* (*Ann. sc. nat.*, *janvier* 1849, p. 9). Comme dans les Fougères, elles ne se montrent que sur la plantule résultant du développement d'une spore. En germant, les spores forment une touffe de petites expansions vertes et lobées ; c'est à leur sommet que naissent les anthéridies, sous forme de grandes cellules plongées en partie dans leur tissu. Leurs spermatozoaires, d'abord sous la forme de petites vésicules, se déroulent en un petit corps linéaire roulé en tire-bouchon et nageant avec rapidité. C'est une structure très-analogue à celle que nous montrerons dans les Fougères.

9ᵉ famille. FOUGÈRES. *Filices*.

Filices, Swartz, *Syn. filicum Kitw*. 1808. Kaulfuss, *Enum. filic*. Lipz. 1824. Schott, *genera filicum*. Vindob. 1835. Hooker, *species filicum*, Lond. 1845.

L'une des familles les plus vastes et les plus naturelles de ce premier embranchement du règne végétal. Les Fougères sont en général des plantes herbacées vivaces, à tige horizontale et couchée à la surface du sol, courte et dressée; plus rarement elle devient ligneuse dans les régions tropicales, et s'élève à une hauteur plus ou moins grande, et les Fougères arborescentes (*fig.* 9), à la manière des Palmiers, offrent un stipe simple couronné par un

Fig. 9.

bouquet terminal de grandes frondes divisées. Les feuilles, ou plutôt les frondes, qui ont une grande analogie avec les rameaux, sont sessiles ou pétiolées, simples ou lobées, ou enfin divisées quelquefois presque jusqu'à l'infini en segments de formes variées. Toujours ces frondes sont roulées en crosse ou en volute au moment où elles naissent de la tige. Les spores sont contenues dans des espèces de petites capsules ou *thèques* (*fig.* 9, *c*), ovoïdes ou comprimées, sessiles ou pédicellées, déhiscentes, ordinairement munies d'un bourrelet circulaire complet ou incomplet, formant une sorte d'*anneau* élastique qui favorise la déhiscence de la capsule. Très-rarement cet anneau manque. Il est quelquefois remplacé par une sorte d'opercule à stries rayonnantes. Ces capsules se groupent ordinairement en amas de formes variées, nommés *sores* (*sori*) (*a*, *b*), et qu'on observe à la face inférieure des frondes. Ces sores sont recouverts par une membrane ou *indusium*, dont l'origine et le mode

Fig. 9. *Polypodium thelipteris*. *a*, Fragment de fronde fructifère. *b*, Sore composé d'une écaille et d'un grand nombre de capsules. *c*, Capsule entière. *d*, Capsule ouverte.

de déhiscence varient beaucoup et servent à caractériser les genres nombreux de cette famille. Plus rarement ces capsules forment soit des espèces d'épis, de grappes ramifiées, ou sont enchâssées et soudées dans la substance même de la fronde. Les spores (*e*), ordinairement très-petites, sont libres dans l'intérieur des capsules à toutes les époques de leur développement.

Les Fougères sont les végétaux inembryonés dans lesquels la structure anatomique offre les développements les plus grands. On y trouve réunies presque toutes les espèces de vaisseaux. Nous avons déjà fait connaître cette structure avec détail dans la première partie de cet ouvrage (voy. p. 139).

Jusqu'en ces derniers temps on ne connaissait que les organes femelles des Fougères ; depuis quelques années MM. Naegeli, en Allemagne ; et Thuret, en France, ont reconnu l'existence des organes mâles dans les Fougères. Quand une spore de Fougère germe, elle se développe en une petite expansion verte, qui a reçu les noms de *prothalium*, *proembryon* ou *pseudocotylédon*. C'est à la face inférieure de cet organe que se montrent les anthéridies. Elles forment des mamelons celluleux et saillants, composés de trois cellules transparentes et superposées. Leur centre est occupé par une cavité renfermant les spermatozoïdes. Ceux-ci finissent par se dégager de la cavité et sortent avec la forme de vésicules sphériques, se mouvant au moyen de cils vibratiles.

Les spores des Fougères varient en grosseur. Elles se composent d'un tégument externe recouvrant une vésicule celluleuse, en grande partie remplie de fécule et d'huile. Au moment de la germination la membrane externe se déchire ; à l'extrémité de la vésicule interne mise à nu se montrent quelques utricules qui se remplissent de chlorophylle et bientôt s'organisent en une sorte de petite fronde étalée et souvent échancrée ; de l'autre extrémité naissent quelques fibres radicales : enfin un bourgeon ou plutôt une espèce de bulbille se forme sur le bord de la fronde primitive ou *prothalium*, et bientôt se développent successivement les feuilles et l'axe qui les supporte.

La disposition des nervures dans les feuilles des Fougères, offre des caractères très-tranchés. Elles naissent sous des angles plus ou moins ouverts de la côte ou nervure médiane, très-souvent elles se bifurquent et en s'anastomosant elles forment un réseau à mailles plus ou moins régulières. C'est toujours ou à l'extrémité ou sur les côtés d'une nervure que naissent les sores ou groupes de capsules.

La famille des Fougères a été subdivisée de la manière suivante :

1re tribu. POLYPODIACÉES : capsules entourées d'un anneau élastique qui fait suite au pédicelle, et est interrompu dans un point par lequel a lieu la déhiscence. Cette tribu est de beaucoup la plus nombreuse en genres : *Acrostichum, Polybotrya, Ceterach, Asplenium, Polypodium, Aspidium, Nephrodium, Adianthum, Pteris, Davallia*, etc.

2e tribu. CYATHÉACÉES : capsules entourées obliquement d'un anneau ne faisant pas suite au pédicelle, qui manque quelquefois : *Cyathea, Alsophila, Hemithelia,* etc.

3e tribu. HYMÉNOPHYLLÉES : capsules presque globuleuses contenues dans une sorte d'involucre saillant au delà du bord de la feuille ; anneau perpendiculaire au point d'attache : *Hymenophyllum, Trichomanes, Feea, Hymenostachys.*

4e tribu. CÉRATOPTÉRIDÉES : capsules entourées d'un anneau à peine distinct, placé vers leur base. Plantes aquatiques : *Ceratopteris, Parkeria.*

5e tribu. GLEICHÉNIÉES : capsules solitaires ou réunies en nombre défini ; anneau large et oblique relativement à la base des capsules : *Gleichenia, Mertensia, Platyzoma.*

6e tribu. OSMONDÉES : capsules pédicellées ou sessiles, s'ouvrant par une fente longitudinale, anneau incomplet : *Todea, Osmunda.*

7e tribu. SCHIZÉACÉES : capsules sessiles ovoïdes ou turbinées, s'ouvrant par une sorte d'opercule à stries rayonnantes : *Anemia, Lygodium, Schizæa,* etc.

8e tribu. MARATTIÉES : capsules rapprochées par lignes, libres ou soudées et s'ouvrant chacune par une fente longitudinale : *Marattia, Danœa, Angiopteris.*

9e tribu. OPHIOGLOSSÉES : capsules épaisses, bivalves, plongées de chaque côté dans la substance de la fronde avortée et formant une sorte d'épi : *Ophioglossum, Botrychium, Helmintostachys.*

10e famille. MARSILÉACÉES, *Marsileaceæ.*

Rhizospermæ, DC. — *Rhizocarpa*, Agardh. — *Marsileaceæ*, R. Brown. — *Hydropterides*, Willd. Endlich.

Petites plantes aquatiques, fixées au fond de l'eau ou nageant à sa surface, avec ou sans tige apparente. Leurs feuilles sont sétacées ou élargies, quelquefois composées de quatre folioles digitées au sommet d'un long pétiole. Les organes reproducteurs contenus dans des involucres coriaces ou membraneux, solitaires ou groupés, déhiscents ou indéhiscents, sont de deux sortes, regardés comme mâles et comme femelles, tantôt réunis dans un même involucre capsuliforme, à plusieurs loges séparées par des cloisons longitudinales (*pilularia*), ou transversales (*marsilea*), ou bien chaque sorte d'organes placés dans des involucres particuliers (*salvinia, azolla*). Les corps reproducteurs mâles et femelles (ou du moins qu'on désigne ainsi) ont une forme et une structure presque identiques : les derniers sont en général un peu plus volumineux ; ils contiennent, sous une enveloppe celluleuse, une masse de tissu utriculaire, une sorte de *nucleus* qui est la véritable spore.

Cette famille est fort singulière et laisse encore quelques doutes sur la nature des corps contenus dans ses involucres. Quelques observations récentes, principalement dues à M. Agardh fils, semblent démontrer que ces corps, bien qu'assez différents, ne représentent pas cependant les deux sexes. Ainsi, dans le genre *Salvinia*, M. Agardh a fait développer en un nouvel individu les corps regardés comme mâles, aussi bien que ceux que l'on considère comme les femelles.

On a divisé les cinq genres de cette famille en deux tribus :

1re tribu. MARSILÉÉES : Involucres capsuliformes, pluriloculaires, contenant les deux sortes d'organes reproducteurs : *Marsilea*, *Pilularia* et *Isoetes*. Ce dernier genre a été rapproché des Lycopodiacées par quelques auteurs.

2e tribu. SALVINIÉES : Involucres membraneux, contenant chacun un seul des deux organes reproducteurs : *Salvinia, Azolla*.

Comme les plantes aquatiques en général, les Rhizocarpées sont dépourvues de stomates et de véritables vaisseaux.

IIe EMBRANCHEMENT.

VÉGÉTAUX MONOCOTYLÉDONÉS.

Les Monocotylédonés commencent la série des phanérogames ou plantes pourvues de véritables fleurs, c'est-à-dire d'organes mâles et femelles bien développés et propres à la reproduction, et se propageant au moyen de véritables embryons ou de corps d'une structure plus ou moins complexe.

La structure de l'embryon forme le caractère essentiel qui distingue les végétaux composant cet embranchement. Ses deux extrémités sont simples et sans aucune division apparente. La supérieure ou le cotylédon présente ordinairement, sur l'un de ses côtés et vers sa base, une fente, une cavité ou une dépression dans l'intérieur de laquelle est logée la gemmule. Cette fente est considérée comme formée par les deux bords de la gaine de la feuille cotylédonaire. L'extrémité radiculaire offre intérieurement un ou plusieurs mamelons qui s'allongent en fibres radicales après avoir percé la partie qui les recouvre.

La tige des Monocotylédonés est simple ou ramifiée; herbacée ou ligneuse; quand elle est ligneuse, elle est généralement simple, et les feuilles naissent toutes de son sommet. Si on examine sa structure interne, on voit qu'elle se compose de faisceaux de fibres vasculaires épars dans un tissu utriculaire qui en constitue la masse.

Les appendices souterrains ou fibres radicales naissent de la base tronquée de la tige qui ne se prolonge jamais en un pivot.

Les feuilles ordinairement alternes, souvent engainantes, offrent des nervures presque simples, rapprochées, parallèles entre elles, tantôt transversales, tantôt obliques, tantôt parallèles à la côte ou nervure moyenne. Ces feuilles sont généralement entières. A leur aisselle existent des bourgeons à l'état rudimentaire qui ne se développent pas ou du moins que très-rarement : de là la non-ramification de la tige.

Une fleur de Monocotylédoné à son état parfait se compose d'un périanthe formé de six sépales, trois externes et trois internes, regardés par quelques botanistes comme représentant un calice et une corolle; trois ou six étamines (rarement plus ou moins) disposées aussi sur deux rangées et opposées aux sépales : quand il n'y en a que trois, ce sont tantôt les trois plus extérieures, c'est-à-dire celles qui alternent avec les sépales intérieurs, qui se montrent; tantôt le contraire a lieu. Les carpelles sont au nombre de trois, plus rarement de six; au nombre de trois, ils sont ordinairement opposés avec les sépales externes et alternant avec les sépales internes.

Dans la méthode d'Antoine-Laurent de Jussieu, les Monocotylédonés étaient divisés en trois classes: 1° la *Monohypogynie*, 2° la *Monopérigynie*, 3° la *Monoépigynie.* Cette division a été généralement abandonnée comme reposant sur un caractère trop variable dans ce groupe de végétaux.

A l'exemple de quelques botanistes modernes, nous partageons les Monocotylédonés en deux groupes, suivant que leurs graines manquent d'endosperme ou qu'elles en sont pourvues. Chacun de ces groupes est ensuite divisé en deux classes d'après l'ovaire libre ou adhérent, de la manière suivante :

		Classes.
A. Graines exendospermées	Ovaire libre................	III.
	Ovaire adhérent............	IV.
B. Graines endospermées	Ovaire libre	V.
	Ovaire adhérent............	VI.

TROISIÈME CLASSE. **MONOCOTYLÉDONÉS** : GRAINES SANS ENDOSPERME, OVAIRE LIBRE.

1. Périanthe nul, remplacé par une écaille ou une spathe.. NAIADACÉES.
2. Périanthe formé de six sépales............ .... ALISMACÉES.

11e famille. NAIADACÉES, *Naiadaceæ*.

Naiades, Juss. — *Fluviales*, Venten. — *Naiadeæ*, A. Rich. Endlich. *gen.* 209.

Les Naïades, ainsi que l'indique leur nom mythologique, sont des plantes qui croissent dans l'eau ou nagent à sa surface (*fig.* 10).

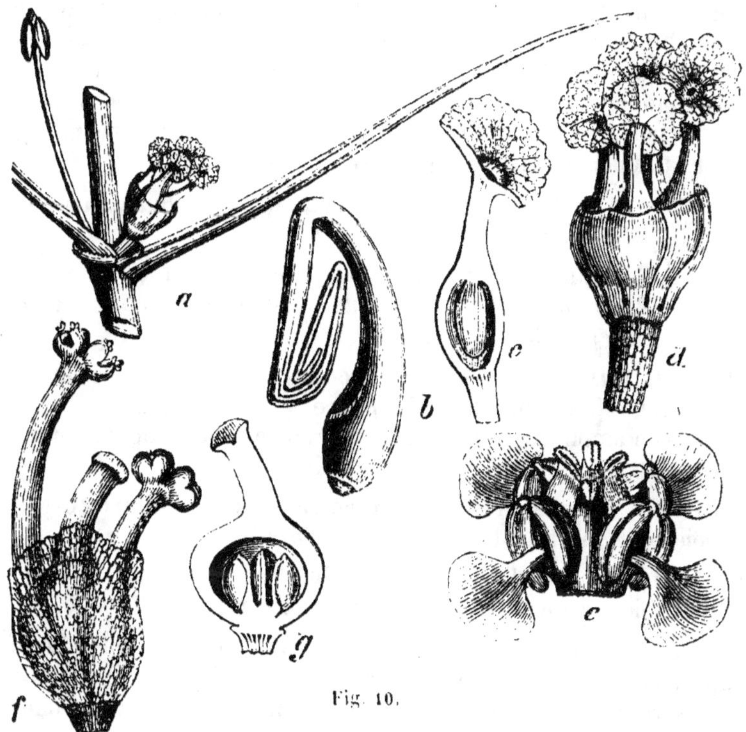

Fig. 10.

Leurs feuilles sont alternes, souvent embrassantes à leur base ; leurs fleurs très-petites sont quelquefois hermaphrodites, plus souvent unisexuées, monoïques ou plus rarement dioïques. Les fleurs

Fig. 10. *a, Zanichellia palustris*. Fleur mâle et fleur femelle. *b*, Son embryon. *d*, La fleur femelle séparée. *c*, Un des carpelles ouvert montrant la position de l'ovule. *e*, Fleur du *Potamogeton natans*. *f*, Fleur du *Lemna gibba*. *g*, Le pistil ouvert montrant la position des ovules.

mâles consistent quelquefois en une étamine nue (*a*) ou accompagnée d'une écaille, ou enfin renfermée dans une spathe qui contient deux ou un plus grand nombre de fleurs. Les fleurs femelles se composent d'un pistil nu ou renfermé dans une spathe (*d*): elles sont tantôt solitaires, tantôt géminées ou réunies en plus grand nombre, et quelquefois environnées de fleurs mâles dans une enveloppe commune, de manière que leur réunion semble représenter une fleur hermaphrodite (*e. f*). L'ovaire est libre, à une seule loge contenant un seul ovule pendant (*c*), très-rarement deux ou quatre ovules dressés comme dans les genres *Ouvirandra* et *Lemna* (*g*). (Dans le genre *Naias*, il est latéral et presque basilaire.) Le style est généralement court, terminé par un stigmate tantôt simple, discoïde, plane et membraneux (*Zanichellia*); tantôt à deux ou trois divisions longues et linéaires. Le fruit est sec, monosperme, rarement tétrasperme, indéhiscent; la graine renferme sous son tégument propre un embryon épispermique le plus souvent recourbé sur lui-même (*b*), ayant sa radicule souvent très-grosse et opposée au hile.

Ces genres peuvent être groupés de la manière suivante en plusieurs tribus, savoir:

1re tribu. NAIADÉES : fleurs unisexuées; périanthe nul ou immédiatement appliqué sur l'organe sexuel, 3 stigmates; embryon antitrope [1]. macropode : *Naias*.

2e tribu. RUPPIACÉES : fleurs hermaphrodites ou unisexuées; périanthe nul, vaginiforme ou formé de quatre écailles; stigmate simple, embryon amphitrope, macropode, rarement homotrope : *Potamogeton, Ruppia, Zanichellia, Ouvirandra*.

3e tribu. ZOSTÉRACÉES : fleurs unisexuées, nues; 2 stigmates; embryon *homotrope*. macropode : *Zostera, Caulinia*.

4e tribu. LEMNACÉES : fleurs hermaphrodites; périanthe vaginiforme; ovaire biquadriovulé; stigmate simple : *Lemna*.

La famille des Naïadées est très-voisine des Aracées, dont elle se rapproche et par son port et par ses caractères : les Aracées en diffèrent surtout par leurs ovules dressés et leur embryon contenu dans un endosperme charnu.

---

[1] L'embryon est véritablement antitrope : le point d'attache de la graine étant placé près du sommet de la loge lors de la maturité.

12ᵉ famille. ALISMACÉES, *Alismaceæ*.

Alismaceæ, R. Brown, *Prodr.* 342. — *Alismoides*, Vent. — *Juncorum pars*, Juss. — *Alismaceæ*, *Juncagineæ*, *Butomeæ*, Rich. *Mém. Muséum*, I, 365. — Lindl. *Nat. syst.* 355. — Endlich. *gen.* 127. — Kunth. *Enum.* III, 141.

Plantes herbacées annuelles ou vivaces, croissant, pour le plus grand nombre dans les lieux humides et sur le bord des étangs ou

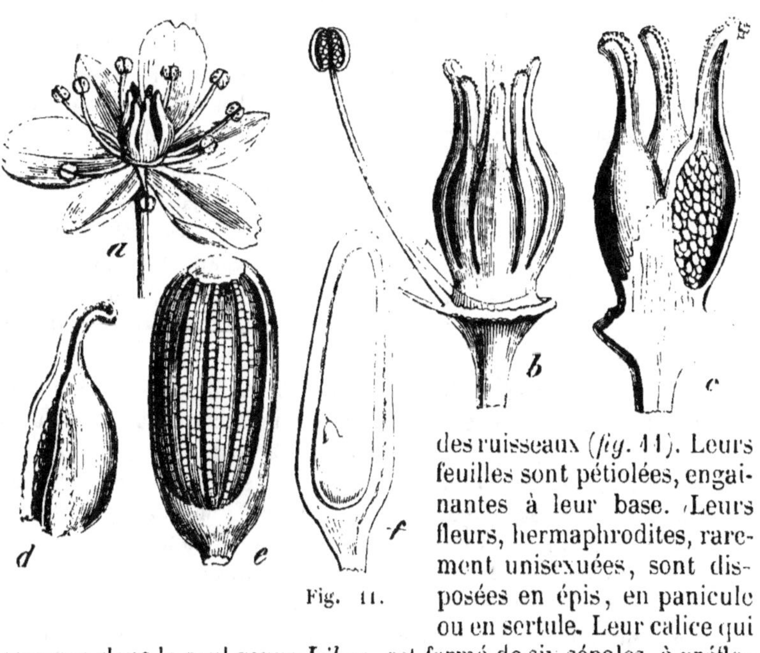

Fig. 11.

des ruisseaux (*fig. 11*). Leurs feuilles sont pétiolées, engainantes à leur base. Leurs fleurs, hermaphrodites, rarement unisexuées, sont disposées en épis, en panicule ou en sertule. Leur calice qui manque dans le seul genre *Lilæa*, est formé de six sépales, à préfloraison imbriquée, dont les trois plus intérieurs sont généralement colorés et pétaloïdes (*a*). Les étamines varient en nombre de six à trente, à insertion hypogynique. Les carpelles sont réunis plusieurs ensemble dans chaque fleur (*b*), et restent distincts ou se soudent plus ou moins entre eux. Leur ovaire (*c*), qui est uniloculaire, contient un, deux ou un très-grand nombre d'ovules dressés, pendants, fixés au côté interne ou répandus en quelque sorte sur toute la face interne de l'ovaire. Les fruits sont de petits carpelles secs généralement indéhiscents, ou s'ouvrant par une suture lon-

Fig. 11. *Butomus umbellatus*. *a*, Fleur entière. *b*, Les six carpelles avec une étamine. *c*, L'un des carpelles fendu, pour faire voir ses nombreux ovules. *d*, Un fruit mûr et s'ouvrant par une fente longitudinale. *e*, Graine très-grossie. *f*, Graine fendue longitudinalement et montrant l'embryon.

gitudinale (*d*) et inférieure. Leurs graines, ascendantes ou renversées, se composent d'un tégument propre (*d*) qui recouvre immédiatement un gros embryon (*f*) droit ou recourbé en forme de fer à cheval.

Nous réunissons ici en une seule les trois familles que mon père avait établies sous les noms d'*Alismacées*, de *Juncaginées* et de *Butomées*, mais que lui-même cependant n'était pas éloigné de considérer comme trois sections naturelles d'une même famille. Il est le premier qui ait bien fait connaître la structure de l'ovaire et de l'embryon dans ces trois groupes, qui deviennent ici des sections d'une même famille. Ainsi nous diviserons les Alismacées en trois tribus, savoir :

1re tribu. Les Juncaginées, qui ont le calice uniforme, nul dans le genre *Lilæa*, une seule graine ou deux, dressées, et un embryon droit : tels sont les genres *Lilæa, Triglochin*, et *Scheuchzeria*.

2e tribu. Les Alismées, qui ont le calice semipétaloïde, une ou deux graines suturales, dressées ou ascendantes, et un embryon droit ou recourbé en forme de fer à cheval : *Sagittaria, Alisma, Damasonium*.

3e tribu. Les Butomées, dont le calice est semipétaloïde, les graines nombreuses, attachées à des veines qui adhèrent à l'intérieur de chaque loge, et l'embryon droit ou recourbé en forme de fer à cheval. Le mode d'adnexion des graines est fort singulier dans cette tribu, et se rencontre fort rarement. Plusieurs genres de la famille des Flacourtianées, dans les Dicotylédones, en offrent un second exemple. Les genres qui forment les Butomées, sont : *Butomus, Hydrocleis* et *Limnocharis*.

La famille des Alismacées a beaucoup de rapport avec les Naïades, surtout par son embryon dépourvu d'endosperme. Mais la graine des Naïades est renversée, et celle des Alismacées est dressée : la radicule tournée vers le hile dans celles-ci, lui est opposée dans celles-là. D'ailleurs la structure des fleurs offre aussi de très-grandes différences. Quant aux Joncées, dont les Alismacées faisaient primitivement partie, ces dernières en diffèrent surtout par leur embryon sans endosperme, tandis que les Joncées en ont constamment un.

On a dit aussi que cette famille avait quelques rapports avec celle des Renonculacées, surtout à cause de ses carpelles assez nombreux et distincts, ses étamines souvent en grand nombre, etc. Mais ces rapports sont plus apparents que réels.

QUATRIÈME CLASSE. **MONOCOTYLÉDONÉS** : GRAINES SANS ENDOSPERME,
OVAIRE ADHÉRENT.

1. Étamines non soudées au style. . . . . HYDROCHARIDACÉES.
2. Étamines gynandres.
   * Ovaire à une seule loge . . . . ORCHIDACÉES.
   ** Ovaire à trois loges. . . . . APOSTASIACÉES.

NOTA. En suivant rigoureusement l'ordre systématique, les familles des
Orchidacées et des *Apostasiacées* devraient trouver place dans cette classe,
mais leurs rapports évidents avec les familles monocotylédonées endospermées à ovaire adhérent, nous engagent à les rapprocher de cette dernière
classe.

13ᵉ famille. HYDROCHARIDACÉES, *Hydrocharidaceæ*.

Hydrocharides, Juss. — *Hydrocharideæ*, Rich. *Mém. Inst.* 1811, p. 55.

Herbes aquatiques, ayant les feuilles caulinaires entières ou fine-
ment dentées, quelquefois étalées à la surface de l'eau (*fig. 12*).
Les fleurs, renfermées dans des spathes, sont en général dioïques,

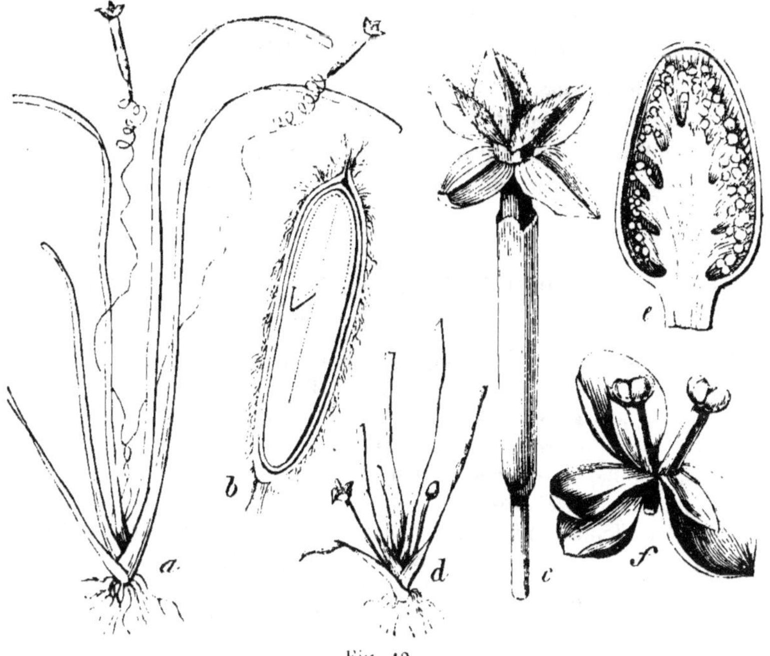

Fig. 12.

Fig. 12. *Vallisneria spiralis*. *a*, Individu femelle. *c*, Fleur femelle. *b*, Graine
fendue longitudinalement. *d*, Individu mâle. *e*, Spathe contenant les fleurs mâles,
fendue dans sa longueur. *f*, Une fleur mâle ouverte.

très-rarement hermaphrodites. Les fleurs mâles, réunies plusieurs ensemble, sont tantôt sessiles, tantôt pédicellées. Quant aux fleurs femelles et aux fleurs hermaphrodites, elles sont toujours sessiles et renfermées dans une spathe uniflore. Le calice est toujours à six divisions : trois internes pétaloïdes souvent chiffonnées avant leur épanouissement, et trois externes à préfloraison imbriquée. Le nombre des étamines varie d'une à treize. L'ovaire est infère, quelquefois atténué à sa partie supérieure en un prolongement filiforme, qui s'élève au-dessus de la spathe et tient lieu de style. Les stigmates sont au nombre de trois à six, bifides ou bipartis, rarement simples. Le fruit est charnu intérieurement, offrant une cavité simple, ou divisée par des cloisons membraneuses en autant de loges qu'il y a de stigmates. Les graines, qui sont nombreuses et enveloppées d'une sorte de pulpe, sont dressées, ayant un tégument propre membraneux très-mince, recouvrant immédiatement l'embryon qui est droit et cylindracé (b).

On peut diviser en deux tribus les genres de cette famille :

1re tribu. VALLISNÉRIÉES, ovaire à une ou à trois loges, trois stigmates : *Udora, Anacharis, Hydrilla, *Vallisneria, Blyxa.*

2e tribu. STRATIOTÉES, ovaire pluriloculaire; six stigmates : *Stratiotes, Enhalus, Ottelia, Bootia, Limnobium, *Hydrocharis.*

Cette famille est bien caractérisée par son ovaire infère, ses stigmates divisés, l'organisation intérieure de son fruit et son embryon droit, privé d'endosperme.

CINQUIÈME CLASSE. MONOCOTYLÉDONÉS : GRAINES POURVUES D'ENDO-
SPERME, OVAIRE LIBRE.

† Périanthe nul ou formé de sépales squammiformes.
  I. Un seul stigmate pour chaque loge de l'ovaire.
    1. Feuilles à nervures irrégulièrement ramifiées,
      spathe ordinairement enveloppante....... ARACÉES.
    2. Feuilles à nervures parallèles, spathe nulle ou
      non enveloppante.
       a. Feuilles bifides ou palmatifides .... CYCLANTHACÉES.
       b. Feuilles entières {
         Embryon cylindrique axile .... TYPHACÉES.
         Embryon discoïde, extraire ... . RESTIACÉES.
  II. Deux ou trois stigmates pour un ovaire uniloculaire.
    * Une seule écaille pour chaque fleur; gaine
      des feuilles entière.................... CYPÉRACÉES.
    ** Au moins deux écailles pour chaque fleur;
      gaine des feuilles fendue .... GRAMINÉES.

᛭ Périanthe de six sépales, trois extérieurs et trois intérieurs.
  A. Carpelles distincts ou soudés par les ovaires; styles distincts.
      1. Tige ligneuse; loges monospermes........ PALMIERS.
      2. Tige herbacée; loges polyspermes.. .... COLCHICACÉES.
  B. Carpelles soudés complétement.
      1. Trois stigmates distincts :
          a. Embryon antitrope................. ... XYRIDACÉES.
          b. Embryon homotrope ⎰ Cal. glumacé.... JONCACÉES.
                               ⎱ Cal. pétaloïde ... TILLANDSIACÉES.
      2. Un stigmate simple :
          a. Embryon homotrope................. PONTÉDÉRIACÉES.
          b. Embryon antitrope,................. COMMÉLYNACÉES.
      3. Un seul stigmate trilobé :
          a. Loges multiovulées; fruit sec........... LILIACÉES.
          b. Loges pauciovulées; fruit charnu....... ASPARAGACÉES.

14ᵉ famille. ARACÉES, *Aracea*.

Aroïdæ, Juss. — *Araceæ*, Schott, *Melet.* 16.

Plantes vivaces, quelquefois sarmenteuses et parasites, à souche souvent tubéreuse. à feuilles radicales ou alternes sur la tige (*fig.* 13);

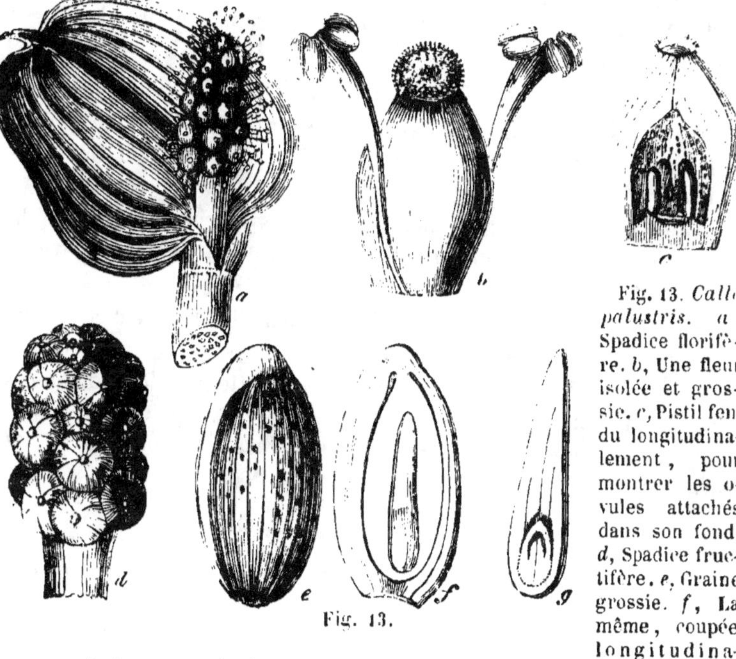

Fig. 13. *Calla palustris.* a, Spadice florifère. b, Une fleur isolée et grossie. c, Pistil fendu longitudinalement, pour montrer les ovules attachés dans son fond. d, Spadice fructifère. e, Graine grossie. f, La même, coupée longitudinalement. g, Embryon coupé suivant sa longueur et montrant la gemmule placée dans une fossette de la base du cotylédon.

à fleurs disposées en spadices environnés en général d'un spathe de forme variable (*a*): unisexuées, monoïques, dépourvues d'enveloppes florales, ou hermaphrodites et entourées d'un calice à quatre, cinq ou six sépales. Dans le premier cas, les carpelles occupent en général la partie inférieure du spadice (A), et doivent être considérés chacun comme une fleur femelle, et les étamines comme autant de fleurs mâles ; rarement les étamines et les pistils sont mélangés (*a*). Dans le second cas, les fleurs, au lieu d'être considérées comme des fleurs hermaphrodites, peuvent être décrites comme une réunion de fleurs unisexuées; ainsi chaque étamine et son écaille constituent une fleur mâle, et le pistil central une fleur femelle. L'ovaire est en général à une seule loge (*c*) contenant plusieurs ovules attachés à sa paroi inférieure, ou à trois loges : le stigmate est quelquefois sessile (*b*), plus rarement porté sur un style assez court. Le fruit est une baie, ou plus rarement une capsule qui quelquefois est monosperme par avortement. La graine (*e*) se compose, outre son tégument propre, d'un endosperme charnu et farineux, dans lequel est placé un embryon cylindrique et antitrope (*f*), ou quelquefois homotrope.

On doit à M. Schott, de Vienne, un travail fort important sur cette famille, dans laquelle il a établi un grand nombre de genres ou de tribus nouvelles (voy. *Meletemata*, p. 16).

La famille des Aracées se divise en trois tribus, savoir :

1ᵉ tribu. Les AROÏDÉES VRAIES, fleurs nues sans écailles, fruit charnu : **Arum, *Arisarum, Caladium, Culcasia, *Calla, Richardia.*

2ᵉ tribu. Les ORONTIACÉES, fleurs entourées d'écailles en forme de calice, fruit charnu ou coriace : *Dracontium, Pothos, Orontium, *Acorus.*

3ᵉ tribu. Les PISTIACÉES, une seule fleur femelle ; fruit sec et capsulaire : *Pistia, *Ambrosinia.*

Voisine des Naïadées et des Typhacées, cette famille se distingue surtout par son port, la disposition de ses fleurs, son embryon contenu dans un endosperme charnu et amylacé, et plusieurs autres caractères.

15ᵉ famille. TYPHACÉES, *Typhaceæ.*

Typhæ, Juss. — *Typhaceæ*, A. Rich. *Arch. Bot.* I. 198. — *Typhæ* et *Pandaneæ*, R. Brown, *Prodr.*

Plantes aquatiques ou arborescentes et terrestres, à feuilles alternes, engaînantes à leur base, à fleurs unisexuées, monoïques.

Les fleurs mâles forment des chatons cylindriques ou globuleux, composés d'étamines nombreuses, souvent réunies plusieurs ensemble par leurs filets, et entremêlées de poils ou de petites écailles, mais sans ordre et sans calice propre. Les fleurs femelles, disposées de la même manière, ont quelquefois les écailles réunies au nombre de trois à six autour du pistil, et formant ainsi une espèce de calice sessile ou stipité, à une, plus rarement à deux loges, contenant chacune un ovule pendant. Le style, distinct du sommet de l'ovaire, se termine par un stigmate élargi, comme membraneux et marqué d'un sillon longitudinal. La graine se compose d'un endosperme farineux ou charnu, contenant dans son centre un embryon cylindrique dont la radicule est supérieure, c'est-à-dire offre la même direction que la graine.

Cette petite famille ne se compose que des deux genres *Typha* et *Sparganium*. M. Robert Brown l'a réunie à la famille des Aracées, avec laquelle elle a en effet des rapports; mais néanmoins elle en diffère par plusieurs caractères, et entre autres par son port, par ses graines renversées et la structure de ses fleurs. Cependant ces deux familles mériteraient peut-être d'être réunies. Faut-il placer dans cette famille le genre *Pandanus*, qui ressemble tellement au genre *Sparganium*, qu'il paraît en être en quelque sorte une espèce arborescente? ou faut-il, à l'exemple de Rob. Brown, en former une famille particulière sous le nom de *Pandanées?*

16ᵉ famille. CYCLANTHACÉES, *Cyclanthaceæ.*

Cyclantheæ, Poit. *Mém. Mus.* IX, 34. — Schott. et Endl. *Meletemata*, p. 15.

Ce sont, en général, des arbrisseaux à tige ligneuse rarement acaules, ordinairement volubiles, à feuilles pétiolées, bifides ou palmatifides, et à chatons ou spadices axillaires. Les fleurs sont monoïques ou polygames, disposées en spirale sur le même spadice, et formant alternativement une spirale de fleurs mâles et une autre de fleurs femelles. Les fleurs mâles se composent de deux étamines libres ayant leurs anthères à quatre loges, s'ouvrant par autant de sillons longitudinaux. Dans les fleurs femelles, les ovaires, ordinairement soudés et environnés d'écailles, ont leurs trophospermes pariétaux. Les fruits, souvent soudés, sont charnus et environnés par les écailles.

Les genres *Phytelephas*, *Carludovica* et *Cyclanthus* forment cette petite famille qui, pour le port et plusieurs caractère, rappelle le groupe des Pandanées, que nous avons réuni aux Typhacées.

On connaît encore assez incomplétement la structure du petit

nombre de genres qui composent ce groupe. La structure de la
graine n'a pas encore été décrite.

M. Endlicher réunit cette famille à celle des Pandanées, dont elle
diffère cependant par le port et par ses feuilles bifides ou palmatifides.

17ᵉ famille. RESTIACÉES, *Restiaceæ*.

Restiaceæ, R. Brown.

Plantes ayant le port des Joncs ou de quelques Cypéracées, vivaces, rarement annuelles ou sous-frutescentes (*fig.* 14). Leur

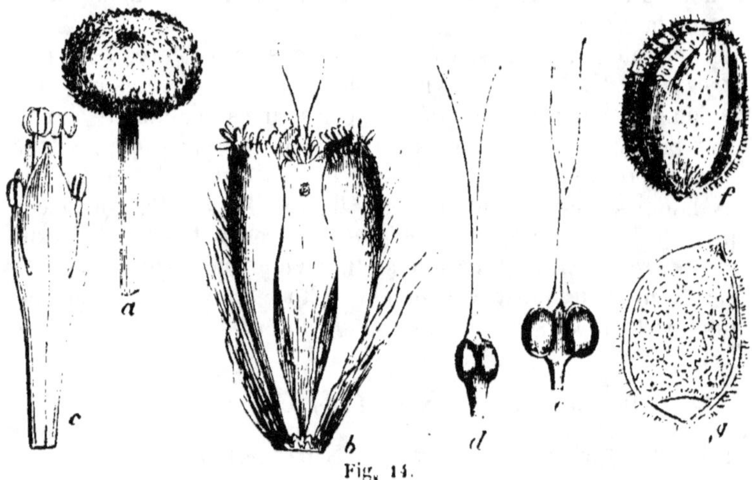

Fig. 14.

chaume est nu ou couvert d'écailles engainantes, à gaine fendue
longitudinalement (caractère qui les distingue de suite des Cypéracées). Leurs fleurs, petites et de peu d'apparence, sont ordinairement unisexuées, monoïques ou dioïques, formant soit des espèces d'épis ou de fascicules simples ou composés, soit des capitules (*a*),
accompagnés d'écailles en forme de spathe. Chaque fleur est elle-
même accompagnée d'une bractée squammiforme. Les fleurs mâles
se composent de deux, trois ou six? écailles formant une sorte de
périanthe régulier, et d'une à six étamines libres ou à filets élargis,
charnus, soudés (*c*) ensemble et disposés sur deux rangs. Les an-

Fig. 14. *Eriocaulon decangulare*. *a*. Capitule de fleurs. *b*, Une fleur femelle entière, accompagnée de quatre écailles opposées deux par deux. *c*, Fleur mâle dont
on a enlevé les deux écailles ; il reste les quatre étamines soudées et opposées deux
par deux. *d*, Pistil. *e*, Fruit. *f*, Graine. *g*, La même, coupée suivant sa longueur et
montrant la position de l'embryon.

thères sont biloculaires, introrses, plus rarement à une seule loge. Dans les fleurs femelles, on trouve d'une à trois écailles ou six écailles (*b*) représentant un périanthe, quelquefois disposées sur deux rangs (quand il y a quatre ou six écailles). Le nombre des carpelles est ordinairement d'un à trois, plus rarement en plus grand nombre. Leur ovaire est à une seule loge contenant un ovule pendant. Le style, qui manque quelquefois, se termine par un stigmate subulé, cylindrique ou poilu. Tantôt ces carpelles restent distincts : le plus souvent ils se soudent de manière à former un ovaire à deux (*d*, *e*) ou à trois loges, surmonté d'autant de stigmates. Les fruits sont secs, s'ouvrant par une fente longitudinale externe; plus rarement ils sont indéhiscents. La graine (*f*) est renversée. L'endosperme est farineux, et l'embryon, sous la forme d'un disque (*g*), est externe et appliqué sur l'extrémité de l'endosperme opposée au hile.

Les genres de cette famille, établie par R. Brown, ont été divisés par quelques botanistes en trois tribus que l'on a considérées comme des familles distinctes, savoir :

1re tribu. CENTROLÉPIDÉES : ordinairement une seule écaille, une seule étamine; carpelles plus ou moins nombreux, attachés à un axe commun, souvent soudés entre eux. *Centrolepis, Aphelia, Alepyrum.*

2e tribu. ERIOCAULONÉES : deux ou trois écailles pour chaque fleur formant une sorte de périanthe : trois à six étamines, à filaments pétaloïdes soudés par leur base. Carpelles, deux à trois : *Eriocaulon, Tonina.*

3e tribu. RESTIONÉES : quatre à six écailles, disposées sur deux rangs et formant un périanthe régulier. Trois étamines opposées aux trois écailles internes du périanthe; trois carpelles soudés en un seul pistil : *Leptocarpus, Loxocarya, Hypolœna, Willdenowia, Ligina, Elegia, Restio.*

Si l'on étudie avec quelque attention la structure des genres qui forment ces trois tribus, on verra qu'on passe par des nuances presque insensibles de l'une à l'autre, et qu'il est impossible d'en former des familles distinctes. Tous les points fondamentaux d'organisation sont les mêmes; seulement, cette organisation se complète et se régularise à partir des *Centrolépidées* pour arriver aux *Restionées*. La fleur, dans la première de ces tribus, est réduite à sa plus grande simplicité. Dans quelques espèces du genre *Centrolepis*, elle consiste en une écaille et une étamine, ou un carpelle. Dans le genre *Elegia*, de la tribu des Restionées, la fleur atteint son dernier degré de composition ; elle est formée de six écailles disposées sur deux rangs (calice hexasépale), de trois étamines ou de trois carpelles soudés. Entre ces deux types, on trouve tous les intermédiaires possibles.

Cette famille a des rappports avec les Joncacées, les Xyridacées et les Cypéracées. Elle diffère des premières par ses trois étamines opposées aux trois sépales intérieurs ; par son embryon extraire, placé dans un point opposé au hile ; des secondes, par ses loges uniovulées et son périanthe jamais pétaloïde : enfin des Cypéracées, par la gaîne de ses feuilles, fendue et non entière, par ses fruits déhiscents, par son embryon extraire, dans une position opposée au hile, tandis que dans les Cypéracées il est intraire et correspondant au hile.

18e famille. CYPÉRACÉES, *Cyperaceæ*.

Cyperoides, Juss. — *Cyperaceæ*, Lestiboudois, *Essai sur les Cypér.* Paris, 1833.

Végétaux herbacés croissant en général dans les lieux humides et sur le bord des eaux (*fig.* 15). Leur tige est un chaume cylin-

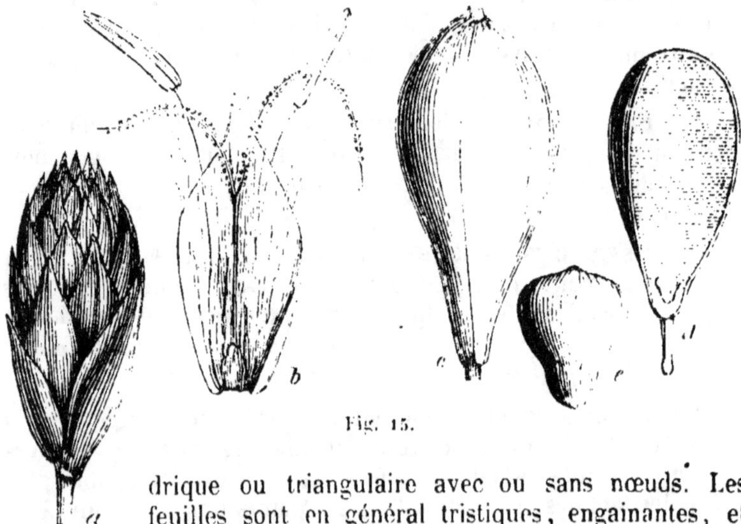

Fig. 15.

drique ou triangulaire avec ou sans nœuds. Les feuilles sont en général tristiques, engaînantes, et leur gaîne est entière et non fendue, assez souvent garnie à son orifice d'un petit rebord membraneux nommé *ligule*. Les fleurs, hermaphrodites ou unisexuées, forment de petits épis ou épillets écailleux composés d'un nombre variable de fleurs ;

Fig. 15. *Eriophorum polystachium*. *a*, Épi de fleurs grossi et non développé. *b*, Une fleur vue par sa face interne. *c*, Fruit. *d*, Graine coupée longitudinalement pour faire voir l'embryon. *e*, Embryon.

chaque fleur se compose d'une seule écaille à l'aisselle de laquelle
on trouve généralement deux ou trois étamines (*b*), un pistil formé
d'un ovaire uniloculaire et monosperme à ovule dressé, surmonté
d'un style simple à sa base, portant en général trois, plus rarement
deux stigmates filiformes et velus. Les étamines ont leur filet
capillaire, leur anthère terminée en pointe à son sommet, bifide
seulement à sa base. On trouve souvent en dehors de l'ovaire des
soies hypogynes (*b*) ou des écailles en nombre variable, quelquefois
imitant dans quelques genres une sorte de périanthe régulier, ou un
disque hypogyne et trilobé embrassant la base de l'ovaire, quelquefois même un utricule qui le recouvre en totalité (Ex. : *Carex*.) Le
fruit est un akène globuleux comprimé ou triangulaire, nu ou enveloppé
dans l'utricule qui le recouvre complétement. L'embryon est petit,
discoïde ou turbiné (*e*), placé vers la base d'un endosperme farineux (*d*) qui le recouvre par une lame très-mince.

Cette famille est très-naturelle, et le nombre des genres qui la
composent est très-considérable. Les fleurs sont unisexuées ou hermaphrodites, et les étamines varient beaucoup en nombre. Elle a
beaucoup d'analogie avec celle des Graminées, mais en diffère par
quelques caractères, que nous exposerons à la suite de cette dernière
famille (voy. Graminées).

Quelques auteurs considèrent comme analogues au périanthe les
soies hypogynes et les écailles qu'on trouve à la base de l'ovaire ou
entremêlées aux étamines dans beaucoup de genres de cette famille.
Pour notre compte, nous sommes beaucoup plus tenté de les regarder comme une dépendance du système staminal, analogue aux paléoles de la glumelle dans la famille des Graminées. En effet, on a
vu quelquefois l'utricule qui environne l'ovaire des *Carex* porter des
anthères à son sommet.

Kunth (*Cyperog. synoptica*) a partagé la famille des Cypéracées
en six tribus de la manière suivante :

1re tribu. CYPÉRÉES : épis multiflores, composés d'écailles distiques:
fleurs hermaphrodites, sans écailles ni soies hypogynes ; fruit sans
bec au sommet : *Cyperus, Mariscus, Kyllingia.*

2e tribu. SCIRPÉES : épis multiflores, composés d'écailles imbriquées en tous sens ; fleurs hermaphrodites : écailles ou soies
hypogynes en nombre variable : fruit mucroné au sommet :
**Eleocharis*, **Scirpus*, **Eriophorum*, *Fuirena*, **Isolepis*, **Fim-
bristylis.*

3e tribu. HYPOLYTHRÉES : épis multiflores ; écailles imbriquées en
tous sens ; fleurs hermaphrodites accompagnées d'écailles en nombre variable : pas de soies hypogynes ; fruit mutique ou apiculé

au sommet ; genres peu nombreux, tous exotiques : *Lipocarpha,
Platylepis, Hypolythrum, Diplasia, Mapania, Lepironia.*

4e tribu. Rhynchosporées : épis pauciflores à écailles distiques ou imbriquées en tous sens : fleurs généralement polygames ; soies hypogynes de six à dix, quelquefois nulles ; de trois à six étamines ;
fruit apiculé : *Dichromena, Pleurostachys, * Rhynchospora, * Cla-
dium, Lepidosperma, * Chœtospora, Schœnus.*

5e tribu. Sclériées : épis monoïques ou androgyns ; pas de soies
ni d'écailles hypogynes ; étamines de une à trois ; style trifide ;
akène dur, osseux, souvent accompagné d'un disque hypogyne
trilobé : *Scleria, Becquerelia, Chrysythrix.*

6e tribu. Caricinées : fleurs diclines à épis androgyns ou unisexués ;
écailles imbriquées en tous sens ; pas de soies hypogynes ; fruit
ordinairement contenu dans un utricule persistant : ** Carex, * Un-
cinia.*

19e famille. Graminées, Gramineæ.

Palissot de Beauvais, *Agrostographie*, Paris, 1812. Trinius, *Fundamenta agros-
tographiæ*, Vienne, 1830. Nees ab Esenbeck, *Agrostog. brasiliensis*, Stuttg.
1829. Kunth, *Enum.* I, Stuttg. 1833. Ib. *Agrostog. synoptica*, 1835.

Plantes herbacées, annuelles ou vivaces, plus rarement ligneuses
et pouvant alors acquérir de très-grandes dimensions (Bambou) ;
ayant une souche souterraine de laquelle naissent des rameaux aé-
riens ou tiges nommés *chaumes*, ordinairement simples, fistuleuses
marquées de distance en distance de nœuds pleins d'où naissent
des feuilles alternes et distiques, offrant une gaîne qui embrasse
la tige et qui est fendue dans toute sa longueur ; à la réunion
de la gaîne avec la lame de la feuille, on trouve un bord saillant
sous la forme d'une lame membraneuse ou d'une rangée de poils
nommée la *ligule*. Une fleur de graminée (*fig.* 16), offre ordinairement la structure suivante : 1° au centre, un pistil composé d'un
ovaire à une seule loge contenant un ovule attaché à toute la longueur de la partie interne de la loge ou à son fond , deux styles
distincts ou plus ou moins soudés par leur base, deux stigmates allongés formés de poils simples ou rameux couverts de glandules ; très-
rarement on observe trois stigmates ou un seul ; 2° trois étamines,
plus rarement une, deux, quatre ou six, quelquefois même un grand
nombre, à insertion hypogynique, ayant les filets grêles et capillaires,
les anthères à deux loges opposées, un peu écartées l'une de l'autre
à leurs deux extrémités ; 3° deux petites écailles ou *paléoles* placées
l'une près de l'autre du côté antérieur de la fleur, membraneuses ou
charnues , quelquefois soudées en une seule , plus rarement au nom-

bre de trois, formant un verticille complet ou enfin manquant quelquefois complétement; 4° deux paillettes ou écailles distiques, l'une

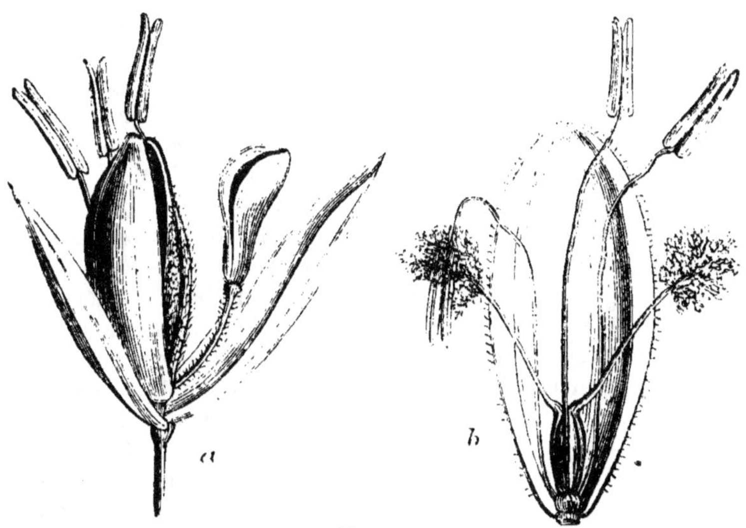

Fig. 16.

inférieure ou externe, marquée d'un nombre impair de nervures, quelquefois munie d'une *soie* ou d'une *arête;* l'autre interne et supérieure, souvent bifide au sommet, marquée de deux ou d'un nombre pair de nervures; ces deux écailles constituent la *glume*. Les fleurs des Graminées sont ordinairement hermaphrodites, plus rarement unisexuées, solitaires ou réunies plusieurs ensemble sur un axe court, et formant de petits assemblages qu'on nomme *épillets*. Ces épillets sont uniflores, biflores ou multiflores. Tout à fait à leur base on trouve deux écailles, l'une externe ou inférieure, l'autre interne et supérieure formant la *lépicène*. Ces épillets sont ou sessiles, alternes et distiques sur un axe simple, et formant ce que l'on a appelé improprement son épi, ou portés sur de longs pédoncules grêles, simples ou rameux, et constituant une panicule. Le fruit est une cariopse nue ou enveloppée dans les deux valves de la glume qui persistent, plus rarement c'est un akène. La graine se compose d'un gros endosperme farineux, sur la face inférieure et externe de laquelle est appliqué un embryon extraire et discoïde, dont la radicule est inférieure et le cotylédon supérieur.

Les Graminées ont-elles des fleurs nues, c'est-à-dire seulement

Fig. 16. *Melica uniflora.* *a*, Épillet composé de deux fleurs, l'une inférieure, fertile et sessile ; l'autre pédicellée et rudimentaire. *b*, Fleur fertile dont on a enlevé la valve interne de la glume pour faire voir le pistil et les trois étamines.

enveloppées par des bractées ou munies d'un véritable périanthe ? Cette première opinion a été adoptée par plusieurs botanistes, et, entre autres, par mon père, M. Turpin, etc., qui ne considéraient les écailles distiques, placées en dehors des organes sexuels, que comme des bractées ou des spathes. Cependant plusieurs auteurs, parmi lesquels il nous suffira de citer Linné, Jussieu, R. Brown, regardent ces écailles comme appartenant aux enveloppes florales. Nous exposerons ici en peu de mots la manière dont M. R. Brown envisage la structure de la fleur des Graminées. Pour ce célèbre botaniste, les paléoles de la glumelle, au nombre de deux seulement mais quelquefois de trois, représentent les trois sépales du périanthe intérieur des autres Monocotylédonés ; les deux écailles de la glume constituent le périanthe externe. En effet, la valve interne et supérieure, offrant constamment un nombre pair de nervures, résulte de la soudure de deux écailles, et dès lors ce périanthe externe serait également formé de trois sépales qui alternent avec les intérieurs. Les trois étamines alternant avec les trois sépales internes appartiennent au périanthe externe, aux sépales duquel elles sont opposées : ce sont donc les trois étamines internes qui avortent dans l'immense majorité des cas.

Il y a une objection très-grande à faire contre cette manière d'envisager la glume : c'est que la valve interne ou parinervée, que l'on considère comme formée de deux sépales soudés, appartient à un verticille plus intérieur ou plus supérieur que l'externe, et par conséquent il est bien difficile de la regarder comme formant le calice extérieur avec la valve externe.

Dans les genres à trois étamines, c'est l'étaminé placée entre les deux paléoles de la glumelle qui se montre la première ; elle est généralement plus grande que les deux autres ; dans les fleurs à deux étamines, c'est celle-là qui avorte ; dans les fleurs monandres, c'est elle seule qui se développe.

Les genres de la famille des Graminées sont excessivement nombreux. Notre excellent et regrettable ami M. Kunth (de Berlin), à qui l'on doit tant de travaux importants sur cette famille, les a groupés en treize tribus, de la manière suivante :

1re tribu. ORYZÉES : épillets contenant d'une à trois fleurs, dont une ou deux inférieures sont neutres et unipaléacées, la terminale fertile ; paillettes de la glume roides et chartacées ; fleurs souvent diclines et à six étamines : *Leerzia*, *Oryza*, *Zizania*, *Luziola*, etc.

2e tribu. PHALARIDÉES : épillets hermaphrodites polygames ou monoïques, tantôt uniflores avec ou sans rudiment d'une autre fleur

supérieure, tantôt biflores ; les deux fleurs hermaphrodites ou
mâles, tantôt 2-3-flores ; la fleur terminale fertile, les autres incomplètes ; valves de la lépicène souvent égales ; écailles de la
glume souvent luisantes et endurcies avec le fruit : *Zea*, *Ly-
geum*, *Coix*, *Cornucopiæ*, *Crypsis*, *Alopecurus*, *Phleum*,
Phalaris, *Holcus*, etc.

3ᵉ tribu. PANICÉES : épillets biflores ; fleur inférieure incomplète ;
lépicène membraneuse, quelquefois réduite à une seule écaille ou
nulle ; valves de la glume coriaces, ordinairement mutiques, l'inférieure concave ; cariopse comprimée parallèlement à l'embryon :
Paspalum, *Milium*, *Panicum*, *Cenchrus*, *Lappago*, etc.

4ᵉ tribu. STIPACÉES : épillets uniflores ; valve inférieure de la glume
involutée, aristée au sommet, et souvent soudée avec le fruit ;
arête simple ou trifide, souvent tordue et articulée à sa base ;
ovaire stipité, quelquefois trois paléoles à la glumelle : *Oryzopsis*,
Stipa, *Streptachne*, *Aristida*.

5ᵉ tribu. AGROSTIDÉES : épillets uniflores, très-rarement avec une
seconde fleur rudimentaire sous forme subulée ; lépicène et glume
membraneuses ; valve externe de la lépicène souvent aristée :
Cinna, *Sporobolus*, *Agrostis*, *Gastridium*, *Polypogon*.

6ᵉ tribu. ARUNDINACÉES : épillets uniflores ou multiflores ; fleurs
entourées de poils soyeux ; lépicène et glume membraneuses ; lépicène souvent plus longue que les fleurs ; valve inférieure de la
glume souvent aristée : *Calamagrostis* *Deyeuxia*, *Arundo*,
Ammophila, *Phragmites*.

7ᵉ tribu. PAPPOPHORÉES : épillets contenant deux ou plusieurs fleurs ;
les supérieures souvent neutres ; lépicène et glume membraneuses ; valve inférieure de la glume, 3-multifide, à divisions aristées : *Amphipogon*, *Pappophorum*, *Echinaria*.

8ᵉ tribu. CHLORIDÉES : épillets réunis en épis unilatéraux 1-multi-
flores ; fleurs supérieures avortées ; lépicène et glume membraneuses, aristées ou mutiques ; épis digités ou paniculés ; leur axe
non articulé : *Cynodon*, *Dactyloctenium*, *Chloris*, *Eleusine*,
Gymnopogon.

9ᵉ tribu. AVÉNACÉES : épillets 2-multiflores ; la fleur terminale le plus
souvent rudimentaire ; lépicène et glume membraneuses ; valve
inférieure de la glume souvent aristée, à arête dorsale et tordue :
Deschampsia, *Aira*, *Airopsis*, *Lagurus*, *Avena*.

10ᵉ tribu. FESTUCACÉES : épillets multiflores ; lépicène et glume
membraneuses, rarement coriaces ; valve infère de la glume le
plus souvent aristée ; arête non tordue ; fleurs généralement en

panicule : *Sesleria, *Poa, *Briza, *Melica, *Dactylis, *Bromus, Bambusa.

11e tribu. HORDÉACÉES: épillets 3-multiflores, rarement uniflores, souvent aristés ; fleur terminale rudimentaire ; lépicène et glume herbacées ; inflorescence en épi : *Lolium, *Hordeum, *Secale. *Triticum, *Ægylops, *Elymus.

12e tribu. ROTTBOELLACÉES : épillets 1-2-3-flores, logés dans une excavation du rachis, solitaires ou géminés, l'un rudimentaire ; l'une des fleurs incomplète ; lépicène ordinairement coriace: inflorescence en épi: axe le plus souvent articulé : *Rottboella. *Nardus, *Lepturus, Tripsacum, Manisuris.

13e tribu. ANDROPOGONÉES : épillets à deux fleurs, l'inférieure incomplète ; valves de la glume plus minces que la lépicène: Perotis, *Saccharum, *Imperata, *Andropogon, Erianthus, Anthistiria, etc.

La famille des Graminées est certainement l'une des mieux caractérisées du règne végétal. Les plantes qu'elle réunit offrent un ensemble de caractères qui ne permet jamais de les méconnaître. Elles diffèrent des Cypéracées, dont elles sont très-rapprochées, par leur chaume cylindrique, jamais triangulaire ; par leurs feuilles distiques à gaîne fendue, et enfin par la complication plus grande de leurs fleurs et de leur embryon.

20e famille. PALMIERS, Palmæ.

Palmæ, Juss. Mart. *Palmarum. fam. Monac.* 1824. Ibid. *Palmæ brasil.* 1837.

Les Palmiers sont en général de grands arbres à tige simple, cylindrique, nue, et qu'on désigne sous le nom de stipe ou tige à colonne. A son sommet elle est couronnée par un faisceau de feuilles très-grandes, pétiolées, persistantes, digitées, pinnées, ou décomposées en un nombre plus ou moins considérable de folioles de formes variées. Leurs fleurs sont hermaphrodites ou plus souvent unisexuées, dioïques ou polygames, formant des chatons ou une vaste grappe nommée *régime*, enveloppée avant son épanouissement dans une spathe coriace et quelquefois ligneuse. Le périanthe est à six divisions, dont trois internes et trois externes, de manière à simuler un calice et une corolle; dans les fleurs mâles, les sépales ont la préfloraison ordinairement valvaire (*fig.* 17, *a*); elle est au contraire imbriquée et tordue (*b*) dans les fleurs femelles. Les étamines sont au nombre de six, rarement de trois. Le pistil se compose de trois carpelles (*c*) distincts ou soudés : chaque carpelle

offre une loge contenant un seul ovule ; et se termine par un style
que surmonte un stigmate plus ou moins allongé. Le fruit sec ou

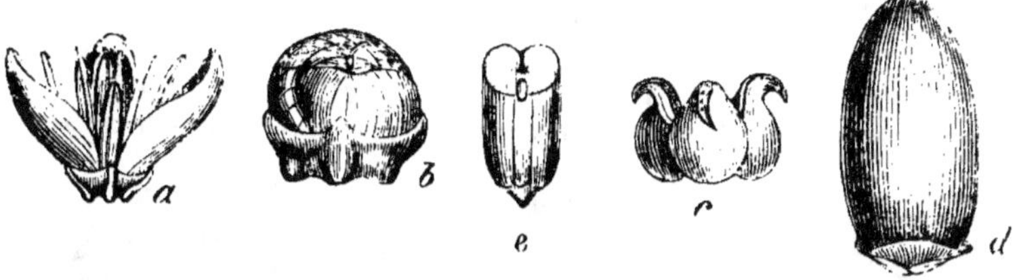

Fig. 17.

charnu est le plus souvent une drupe charnue ou fibreuse contenant
un noyau osseux et très-dur, à une ou à trois loges monospermes,
plus rarement, les trois carpelles restant distincts, on observe trois
fruits séparés dans un même calice qui presque toujours est persistant. La graine, outre son tégument propre, se compose d'un endosperme charnu, cartilagineux ou osseux, offrant quelquefois une
cavité centrale ou latérale ; l'embryon très-petit, est cylindrique,
placé horizontalement (e) dans une petite fossette latérale de l'endosperme.

A l'exception du Palmier éventail (*Chamærops humilis*), tous les
autres Palmiers sont exotiques. Ils habitent surtout dans les régions
intertropicales du nouveau et de l'ancien continent. Ces arbres ne
sont pas seulement remarquables par l'élégance de leurs formes et la
hauteur prodigieuse à laquelle plusieurs peuvent s'élever, mais ils
sont aussi d'une très-grande importance par les services nombreux
qu'ils rendent aux habitants des contrées où ils croissent naturellement. Les fruits d'un grand nombre d'espèces, comme le Cocotier,
le Dattier, le bourgeon terminal du chou palmiste, sont des ali-
ments pour les habitants de l'Afrique, de l'Amérique et de l'Inde.
Plusieurs espèces fournissent une fécule amylacée nommée sagou ;
d'autres un principe astringent analogue au sang-dragon ; quelques-
uns donnent une huile grasse, comme l'*Elais Guineensis*, qui
fournit l'huile de palme.

Les genres principaux de cette famille sont : *Cocos*, *Phœnix*,
Chamærops, *Ælais*, *Areca*, *Sagus*, etc.

Fig. 17. *Phœnix dactylifera*. *a*, Fleur mâle. *b*, Fleur femelle. *c*, Les trois carpelles distincts. *d*, Fruit simple. *e*, Graine coupée transversalement pour montrer
la place de l'embryon dans l'endosperme corné.

21ᵉ famille. COLCHICACÉES, *Colchicaceæ.*

Colchicaceæ, DC. — *Melanthaceæ*, R. Brown. *Prodr.* 272. Lindl. *Nat syst.* 347. Endlich. *gen.* 133.

Plantes herbacées, à racine fibreuse ou bulbifère ; à tige simple ou rameuse, portant des feuilles alternes et engainantes (*fig.* 18).

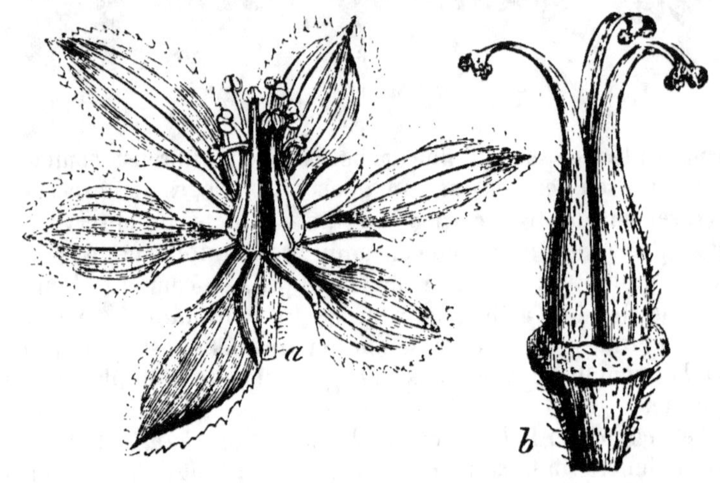

Fig. 18.

Les fleurs sont terminales, hermaphrodites ou unisexuées ; leur calice est coloré, formé de six sépales distincts, ou un peu cohérents par leur base, ou soudés en un tube plus ou moins long; les sépales externes ont ordinairement la préfloraison valvaire, les internes sont souvent involutés. Les étamines, au nombre de six (*a*), sont opposées aux divisions du calice. On compte trois carpelles dans chaque fleur, tantôt libres (*b*), tantôt plus ou moins soudés, de manière à représenter un pistil triloculaire : chacun d'eux contient un grand nombre d'ovules attachés à leur angle interne. Le sommet de chaque ovaire porte un style quelquefois très-long, terminé par un stigmate glanduleux. Le fruit se compose de trois carpelles distincts, s'ouvrant par une fente longitudinale et intérieure : tantôt ces trois

Fig. 18. *Veratrum album.* a, Fleur étalée. b, Les trois carpelles. c, Graine de *Colchicum autumnale.* d, La même, coupée longitudinalement et montrant l'embryon dans un endosperme charnu.

carpelles se soudent et forment une capsule à trois loges, mais finissent par se séparer de nouveau à l'époque de la maturité, et s'ouvrent chacun par une suture placée à leur angle interne. Les graines se composent d'un tégument, membraneux ou réticulé, surmonté quelquefois vers le hile d'un tubercule plus ou moins volumineux (c), d'un endosperme charnu, qui contient un embryon cylindrique placé vers le point opposé au hile (d).

Cette famille tient en quelque sorte le milieu entre les Joncées, dont elle faisait autrefois partie, et les Liliacées. Elle se distingue des premières par son calice coloré, ses capsules distinctes ou se séparant à la maturité. Ce dernier caractère, joint aux trois styles et au tégument de la graine, membraneux et jamais crustacé, distingue les Colchicacées des Liliacées.

Les genres principaux de cette famille se groupent en deux tribus:

1re tribu. VÉRATRÉES : sépales libres ou légèrement cohérents par leur base : *Tofieldia, Pleea, Nolina, Helonias, *Veratrum, *Melanthium, Asagræa.

2e tribu. COLCHICÉES : sépales réunis en un long tube : *Colchicum, *Bulbocodium, Monocaryum.

22e famille. XYRIDACÉES, *Xyridaceæ*.

Xyrideæ, Kunth *in* Humb. *Nov. gen.* I, 255. Endlich. *gen.* 123. — *Xyridaceæ*, Lindl. *Nat. syst.* 388.

Fleurs hermaphrodites, ordinairement en épis denses. Sépales extérieurs herbacés, persistants ; sépales internes, pétaloïdes, longuement onguiculés, libres, ou quelquefois soudés en tube par leur base. Étamines au nombre de six, dont trois avortent complétement ou sont rudimentaires ; les trois fertiles opposées aux sépales internes et souvent attachées sur eux ; leur anthère est extrorse et à deux loges. L'ovaire est libre et sessile, composé de trois carpelles soudés, tantôt seulement par leurs bords, et alors il est uniloculaire, tantôt par une portion plus ou moins considérable de leurs côtés, et alors il paraît plus ou moins complétement à trois loges. Les ovules sont orthotropes, nombreux, tantôt sessiles, tantôt portés sur des funicules plus ou moins allongés. Le style simple se termine par trois stigmates simples, bifides ou même multifides. Capsule généralement mince, offrant d'une à trois loges et s'ouvrant en trois valves, portant les cloisons sur le milieu de leur face interne. Les graines sont nombreuses, dressées, sessiles ou pédicellées ; leur embryon, lenticulaire et très-petit, est antitrope, c'est-à-dire placé dans un point d'un endosperme charnu opposé au hile.

Deux genres seulement composent cette famille : *Xyris*, placé d'abord par Jussieu dans les Joncées et par quelques auteurs parmi les Restiacées et *Abolboda*. Ils contiennent des plantes vivaces et sans tige, vivant ordinairement dans les lieux humides et ayant un peu, par leurs feuilles surtout, le port des Iridées.

Cette petite famille est très-voisine des Restiacées, surtout par la structure de ses graines et la position de son embryon. Elle en diffère par son périanthe complet et à six sépales et par son ovaire dont chaque loge contient un grand nombre d'ovules. Elle offre aussi beaucoup de rapports avec la famille des Commélynacées ; mais son port est tout à fait différent ; ses graines sont plus nombreuses dans chaque loge de l'ovaire ; son style se termine par trois stigmates, tandis qu'il n'y en a qu'un seul dans les Commélynacées.

23ᵉ famille. COMMÉLYNACÉES , *Commelynaceæ*.

Commelyneæ, R. Brown. — *Commelynaceæ*, Lindl. *Nat. syst.* 854.

Petite famille formée des genres *Commelyna* et *Tradescantia*, auparavant placés dans les Joncées , et de quelques autres nouveaux qui y ont été réunis (*fig.* 19). Les fleurs ont un calice à six divisions

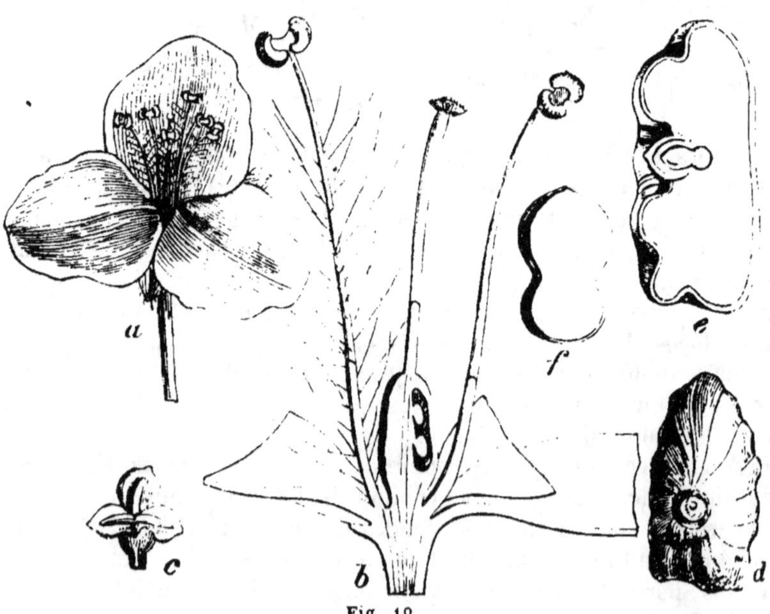

Fig. 19.

Fig. 19. *Tradescantia virginica*. *a*, Fleur entière. *b*, Coupe longitudinale. *c*, Capsule ouverte. *d*, Graine. *e*, Coupe longitudinale. *f*, Embryon.

profondes (*a*) disposées sur deux rangs, trois extérieures sont vertes et calicinales ; trois intérieures, colorées et pétaloïdes. Les étamines, au nombre de six , rarement moins , sont libres , hypogynes ; leur anthère a ses deux loges écartées par un connectif très-développé. L'ovaire offre trois loges opposées aux trois sépales externes, contenant chacune un petit nombre d'ovules orthotropes (*b*) insérés à leur angle interne ; il est surmonté d'un style et d'un stigmate simple (*b*). Le fruit est une capsule globuleuse ou à trois angles comprimés, à trois loges, s'ouvrant en trois valves (*c*) qui portent chacune une cloison sur le milieu de leur face interne. Les graines sont rarement au delà de deux dans chaque loge. L'embryon (*f*), en forme de toupie, est opposé au hile, par conséquent antitrope, et placé dans une petite cavité d'un endosperme dur et charnu (*e*).

Les plantes qui composent cette famille sont herbacées, annuelles ou vivaces. Leur racine est fibreuse ou formée de tubercules charnus ; leurs feuilles alternes simples ou engainantes ; leurs fleurs nues ou enveloppées d'une spathe foliacée.

Cette famille se distingue 1° des Joncées par son port, par son calice, dont les trois sépales intérieurs sont colorés, par la forme de son embryon ; 2° des Restiacées également par son calice, par la structure de sa capsule à loges dispermes , et surtout par son port qui est si différent.

<h3 style="text-align:center">24e famille. JONCACÉES , Juncaceæ.</h3>

Junceæ, DC. fl. fr. Junceæ, Lindl. Nat. syst. 356. Endlich. gen. 130.

Plantes herbacées vivaces, rarement annuelles, ayant leur tige ou chaume cylindrique, nu ou feuillé, simple: leurs feuilles, engainantes à leur base, avec une gaîne tantôt entière, tantôt fendue dans toute sa longueur. Les fleurs sont hermaphrodites, terminales, disposées en panicule ou en cime, renfermées avant leur épanouissement dans la gaîne de la dernière feuille, qui leur forme une sorte de spathe. Le calice est formé de six sépales glumacés disposés sur deux rangs. Les étamines, au nombre de six ou seulement de trois, sont insérées à la base des sépales internes : quand il n'y a que trois étamines, elles correspondent aux sépales extérieurs. L'ovaire est uniloculaire, ou triloculaire, plus ou moins triangulaire, contenant tantôt trois ovules anatropes, dressés, ou plusieurs ovules attachés à l'angle interne de chaque loge. Le style est simple, surmonté de trois stigmates. Le fruit est une capsule à une ou à trois loges incomplètes, contenant trois ou plusieurs graines, et s'ouvrant en trois valves portant chacune une cloison sur le milieu de leur face interne.

Les graines sont ascendantes; leur tégument est double, l'endosperme dur et farineux, contenant vers sa base un petit embryon arrondi et homotrope.

Les genres qui composent aujourd'hui cette famille sont : *Juncus*, *Luzula* et *Abama*. Jussieu avait réuni dans sa famille des Joncées un grand nombre de genres fort différents entre eux. Ces genres, mieux étudiés, sont devenus les types d'un grand nombre de familles distinctes, sous les noms de Restiacées, Commélynacées, Alismacées, Pontédériacées, Colchicacées.

Telle qu'elle a été limitée par M. de La Harpe (*Monograph. des Joncées*, *Mém. soc. hist. nat.*, Paris, vol. III), la famille des Joncées a quelques rapports avec les Cypéracées, dont elle diffère par sa fleur formée de six sépales et de six étamines, et avec les Restiacées ; mais celles-ci ont leurs graines pendantes et leur embryon extraire et opposé au hile.

Le genre * *Aphyllanthes*, autrefois placé parmi les Joncées, a été transporté par M. Endlicher à la suite des Liliacées où il forme une petite tribu à part qui contient aussi quelques genres exotiques : *Alania, Borya, Laxmannia,* etc.

25ᵉ famille. PONTÉDÉRIACÉES, *Pontederiaceæ.*

Pontedereæ, Kunth *in Humb. Nov. gen.* I, 211. — *Pontederiaceæ*, Lindl.

Plantes vivant dans l'eau ou dans le voisinage des eaux, à feuilles alternes pétiolées, engainantes à leur base, à fleurs solitaires ou disposées en épis ou en ombelle, et naissant de la gaine des feuilles qui est fendue. Le calice est formé de six sépales souvent inégaux, soudés ensemble à leur base et constituant un tube plus ou moins allongé. Les étamines, au nombre de trois à six, sont insérées au tube du calice; leurs filets sont égaux ou inégaux. L'ovaire est libre ou semi-infère, à trois loges, contenant chacune un grand nombre d'ovules anatropes attachés à des trophospermes axiles longitudinaux et bilobés. Le style et le stigmate sont simples. Le fruit est une capsule quelquefois légèrement charnue, à trois, rarement à une seule loge, contenant une ou plusieurs graines attachées à l'angle interne : cette capsule s'ouvre en trois valves septifères sur le milieu de leur face interne. Le hile est ponctiforme; l'endosperme farineux contient un embryon dressé placé dans sa partie centrale, et ayant la même direction que la graine.

Cette petite famille ne se compose que des genres *Pontederia, Heteranthera,* et de quelques genres formés à leurs dépens. Elle a les rapports les plus grands, d'une part, avec les Commélynacées, et, d'autre part, avec les Liliacées. Elle diffère des premières par son embryon ayant la même direction que la graine, ce qui est le contraire dans les Commélynacées, par sa graine, dont le hile est ponctiforme, tandis qu'il en occupe tout un côté dans celles-ci ; elle en diffère aussi par son calice tubuleux et les loges polyspermes de sa capsule. Quant aux Liliacées, leurs rapports nous paraissent encore plus intimes. Mais le port des Pontédériacées est différent : ce sont des plantes aquatiques à racines fibreuses ; leur stigmate est simple.

26ᵉ famille. TILLANDSIACÉES, *Tillandsiaceæ*.

Tillandsiaceæ, A. Rich. *Élém.*

Plantes herbacées ou frutescentes, à tige quelquefois rampante et parasite, et à racine fibreuse, à feuilles étroites ou ensiformes, dilatées à la base, souvent réunies en touffes à la base des rameaux, ordinairement roides et persistantes. Les fleurs forment des grappes simples ou rameuses ; très-rarement elles sont solitaires, toujours accompagnées de bractées qui les recouvrent en grande partie. Les six sépales du calice sont libres ou soudées ensemble par leur base ; trois sont tout à fait extérieurs et trois intérieurs plus longs. Les six étamines sont insérées tout à fait à la base des sépales ; elles sont quelquefois rapprochées comme en un tube. Le style est simple, terminé par trois stigmates rapprochés. Le fruit est une capsule membraneuse à trois loges polyspermes, s'ouvrant en trois valves (déhiscence loculicide). Les graines, comprimées ou linéaires, contiennent un petit embryon dressé dans la partie inférieure d'un endosperme farineux.

Cette famille se compose de genres tous américains : *Tillandsia*, *Guzmannia*, *Bonapartea*, *Dyckia*, *Pourretia*. Ces genres faisaient partie de la famille des Broméliacées dont ils diffèrent surtout par leur ovaire libre et non infère. Ils se distinguent des Liliacées par leur port si différent, par la disposition des sépales formant deux rangées distinctes, par leurs trois stigmates, etc. Les genres composant cette famille pourraient sans inconvénient être réunis de nouveau aux Broméliacées.

27ᵉ famille. LILIACÉES, *Liliaceæ*.

Lilia et *Asphodeli*, Juss. — *Hemerocallidæ* et *Asphodeleæ*, R. Brown.

Les Liliacées (*fig.* 20) sont des plantes à racine bulbifère ou fibreuse, quelquefois des arbrisseaux ou même des arbres. Leurs feuilles, souvent toutes radicales, sont planes, ou cylindriques et creuses, ou épaisses et charnues. La tige ou hampe est en général

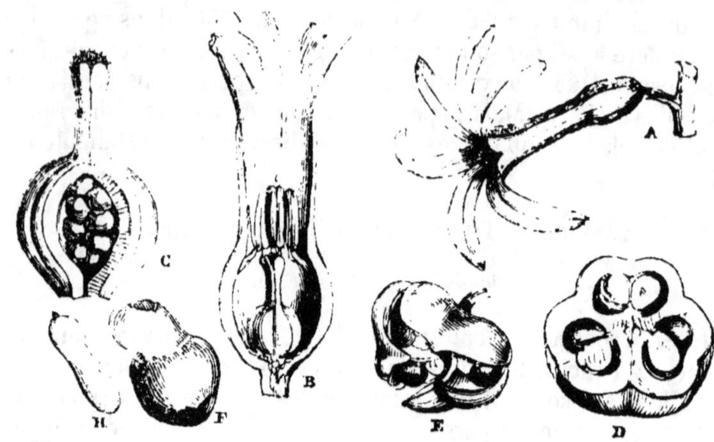

Fig. 20.

nue; rarement elle porte des feuilles. Les fleurs sont tantôt solitaires et terminales, tantôt en épis simples, en grappes rameuses ou en sertules; elles sont quelquefois accompagnées d'une spathe qui les enveloppait avant leur épanouissement. Le calice est coloré et pétaloïde, formé de six sépales distincts ou unis par leur base, et formant quelquefois un calice tubuleux (A). Ces six sépales sont disposés sur deux rangs, trois étant plus intérieurs et trois plus extérieurs. Les étamines sont au nombre de six, insérées à la base des sépales quand ceux-ci sont distincts, ou au haut du tube quand ils sont soudés. L'ovaire est à trois loges (D), chacune d'elles contient un nombre variable d'ovules attachés à leur angle interne (C) et disposés sur deux rangs. Le style est simple ou nul, terminé par un stigmate trilobé (C). Le fruit est une capsule à trois loges (E) s'ouvrant en trois valves septifères sur le milieu de leur face interne; très-rarement il devient charnu. Leurs graines sont recouvertes d'un tégument tantôt noir et crustacé, tantôt simplement membraneux. Leur endosperme est charnu (G), et contient un embryon cylindrique (H), axile, dont la radicule est tournée vers le hile; rarement cet embryon est contourné sur lui-même.

Fig. 20. *Hyacinthus orientalis.* A, Fleur entière. B, Fleur fendue montrant le pistil. C, Pistil dont une des loges est ouverte pour montrer les ovules. D, Ovaire coupé transversalement. E, Capsule mûre. F, Graine entière. G, La même, coupée longitudinalement. H, Embryon.

Nous réunissons ici en un seul groupe les deux familles établies par Jussieu sous les noms de Liliacées et d'Asphodélées, et les Hémérocallidées de M. Brown. En effet, ces deux premières familles offraient absolument la même organisation dans toutes leurs parties, et la seule différence qui existait entre elles consistait uniquement dans leur mode de germination. Ainsi, dans les Asphodèles, le cotylédon reste engagé dans l'intérieur de la graine par une de ses extrémités, et forme un prolongement filiforme qui éloigne la gemmule. Ce caractère, joint à quelques différences dans le port, différences que l'habitude seule peut faire apprécier, sont les seuls signes qui distinguaient les Asphodèles des Liliacées ; nous avons donc cru devoir les réunir.

Quant aux HÉMÉROCALLIDÉES de Robert Brown, elles ne peuvent former une famille distincte, puisque leur seul caractère essentiel consisterait dans un calice tubuleux à sa base. Ce groupe avait été établi par le célèbre botaniste anglais pour les genres à ovaire libre de la famille des Narcissées de M. de Jussieu ; tels sont *Hemerocallis*, *Tubalgia*, *Blandfortia*.

L'insertion présente quelques différences dans les genres qui composent les Liliacées. Ainsi, tandis que les étamines sont attachées au calice dans un grand nombre de genres, et en particulier dans la Jacinthe, le *Lachenalia*, l'Asphodèle, etc., et par conséquent périgynes, elles sont certainement hypogynes dans les Lis, les Aulx, les Aloès, le *Tritoma*, etc.

M. Lindley a établi pour les deux genres *Gilliesia* et *Miersia* une petite famille qu'il nomme GILLIESIACEÆ, et qui diffère seulement par son périanthe irrégulier, ses six étamines dont trois avortent souvent, par ses graines attachées par un large prolongement en forme de col, et contenant un embryon recourbé dans le milieu d'un endosperme charnu.

Les genres de Liliacées, qui renferment des plantes extrêmement remarquables par l'éclat et la grandeur de leurs fleurs, sont fort nombreux. On les a classés en quatre tribus de la manière suivante :

1re tribu. TULIPACÉES : racine bulbifère ; sépales distincts ou à peine soudés par leur base ; épisperme membraneux et pâle : *Gloriosa*. *Lilium*, *Fritillaria*, *Gagea*, *Tulipa*, *Erythronium*.

2e tribu. HÉMÉROCALLIDÉES : racine fibreuse ; sépales soudés en tube ; tégument membraneux et pâle : *Hemerocallis*, *Agapanthus*, *Polyanthes*.

3e tribu. SCILLÉES : racine bulbifère ; sépales distincts ou soudés ; tégument de la graine noir et crustacé : *Allium*, *Scilla*, *Ornithogalum*, *Albucca*, *Hyacinthus*, *Muscari*.

4ᵉ tribu. **Aloinées** : plantes généralement grasses et charnues, quelquefois arborescentes ; sépales ordinairement soudés en tube : *Aloe, Yucca*.

28ᵉ famille. **Asparagacées**, *Asparagaceæ*.

Asparagorum pars, Juss. — *Smilaceæ*, R. Brown, *Prodr.* 292. Lindl. *Nat. syst.* 359. Endlich. *gen.* 152.

Plantes herbacées vivaces, frutescentes ou arborescentes, à racine fibreuse, à feuilles alternes, opposées ou verticillées, quelquefois très-petites et sous la forme d'écailles. Fleurs hermaphrodites (*fig.* 21) ou unisexuées, diversement disposées. Leur calice, souvent

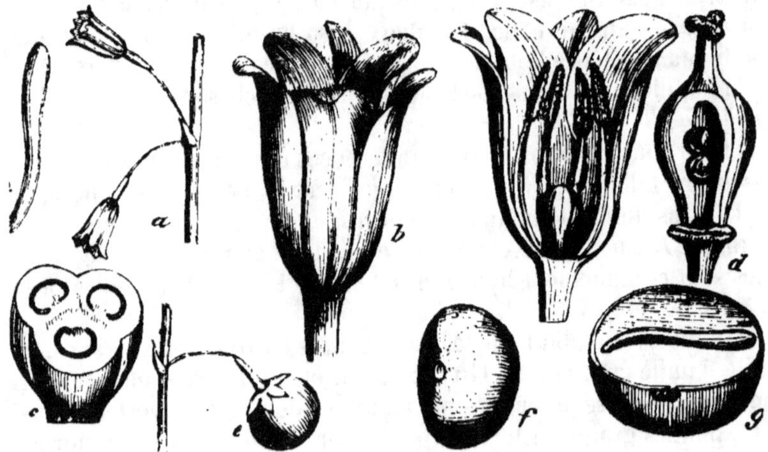

Fig. 21.

coloré et pétaloïde, offre six (*b*) ou huit divisions plus ou moins profondes, étalées ou dressées ; des étamines en même nombre que les divisions calicinales à la base desquelles elles sont attachées. Leurs filets sont libres, rarement monadelphes. L'ovaire est libre (*d. e*), à trois, rarement à une seule loge, contenant chacune un ou plusieurs ovules insérés à leur angle interne (*d*). Le style est tantôt simple, surmonté d'un stigmate trilobé (*d*), ou bien il est triparti, et chaque division porte un stigmate. Le fruit est une baie globuleuse (*e*), ou une capsule triloculaire quelquefois à une seule loge et

Fig. 21. *Asparagus officinalis*. *a*, Fleurs de grandeur naturelle *b*, Fleur grossie. *c*, Ovaire coupé en travers. *d*, Pistil dont on a ouvert une loge. *e*, Fruit. *f*, Graine grossie. *g*, Graine coupée pour montrer la position de l'embryon dans l'endosperme. *h*, Embryon.

à une seule graine par suite d'avortement. Les graines, outre leur tégument propre, se composent d'un endosperme (*g*) charnu ou corné, contenant dans une cavité quelquefois assez grande, placée dans le voisinage de leur hile, un embryon cylindrique (*h*) quelquefois très-petit.

La famille des Asparagacées, telle que nous venons d'en tracer les caractères, diffère de celle que Jussieu avait établie dans son *Genera plantarum*. M. R. Brown, avec juste raison, a retiré de ce groupe les genres à ovaire infère, dont il a fait une famille distincte sous le nom de Dioscorées. Le même botaniste réunit aux Asphodélées un grand nombre de genres des Asparaginées, ne laissant plus dans cette famille, qu'il nomme *Smilacées*, que les genres dont le style est profondément trifide, ou qui portent trois ou quatre styles distincts.

Telle que nous l'avons caractérisée plus haut, *la famille des Asparagacées* forme trois sections ou tribus :

1re tribu. Asparaginées vraies : stigmate simple ou trilobé : *Dracœna, Cordyline, Dianella, *Asparagus, Callixene, * Convallaria, * Polygonatum, *Maianthemum, *Ruscus, *Smilax*, etc.

2e tribu. Paridées : trois ou quatre stigmates distincts : *Paris, Trillium, Medeola*, etc.

3e tribu. Roxburghiacées. Wallich : péricarpe uniloculaire, bivalve ou indéhiscent : *Roxburghia, Philesia, Lapageria*. Cette dernière tribu a été considérée comme une famille distincte par MM. Wallich et Lindley.

Sixième classe. MONOCOTYLÉDONES : graines endospermées, ovaire adhérent.

A. Six étamines, rarement cinq.
  1. Périanthe ordinairement régulier.

* Endosperme corné	Calice étalé	Dioscoréacées.
	Calice tubuleux......	Hœmodoracées.
** Endosp. charnu	Capsule à trois loges.	Amaryllidacées.
	Fruit charnu uniloculaire	Taccacées.
*** Endosperme farineux..............		Broméliacées.

  2. Périanthe toujours irrégulier, cinq étamines, rarement six.. .... Musacées.

B. Trois étamines.
    * Opposées aux sépales internes .... Burmanniacées.
    ** Opposées aux sépales externes........ .. Iridacées.

C. Une seule étamine fertile, rarement deux.
    * Pollen pulvérulent; appendices pétaloïdes en dedans du périanthe...... .... Amomacées.

** Pollen solide { Ovaire uniloculaire........ ORCHIDACÉES[1].
{ Ovaire triloculaire........ APOSTASIACÉES.

29e famille. DIOSCORÉACÉES, *Dioscoreaceæ*.

Dioscoreæ. R. Brown, *Prodr.* 294. Endlich. *gen.* 157. — *Dioscoreaceæ*, Lindl. *Nat. syst*, 359.

Les Dioscoréacées sont des plantes souvent sarmenteuses et grimpantes, à racine généralement tubériforme et charnue. Leurs feuilles sont alternes ou quelquefois opposées, à nervures irrégulièrement ramifiées. Leurs fleurs sont hermaphrodites, plus souvent unisexuées. Leur ovaire infère est adhérent avec un calice dont le limbe est divisé en six lobes égaux. Les étamines, au nombre de six, sont libres ou rarement monadelphes, ayant leurs anthères introrses. L'ovaire est à trois loges contenant chacune un, deux ou un plus grand nombre d'ovules anatropes, tantôt ascendants, tantôt renversés. Le fruit est une capsule mince et comprimée, quelquefois à trois ailes ou une baie globuleuse, quelquefois allongée, couronnée par le limbe calicinal, et offrant d'une à trois loges. Les graines contiennent un embryon très-petit, homotrope, placé vers le hile dans l'intérieur d'un endosperme presque corné.

Cette petite famille a été établie par Robert Brown pour placer les genres de la famille des Asparagacées de Jussieu, dont l'ovaire est infère ; tels sont *Dioscorea*, *Tamus*, *Rajania*, *Peliosanthes*, *Fluggea*, etc.

30e famille. AMARILLYDACÉES, *Amaryllydaceæ*.

Amaryllideæ, R. Brown, *Prodr.* 296. Endlich. *gen.* 174. — *Amaryllidaceæ*, Lindl. *Nat. syst.* 328. — *Narcissorum genera*, Juss.

Plantes à racine bulbifère ou fibreuse, à feuilles radicales, à fleurs souvent très-grandes, solitaires, ou disposées en sertules ou ombelles simples, enveloppées avant leur épanouissement dans des spathes scarieuses (*fig.* 22). Le calice est gamosépale, tubuleux, adhérent par sa base avec l'ovaire, à six divisions égales ou inégales. Les étamines, au nombre de six, ont leurs filets libres ou réunis au moyen d'une membrane. L'ovaire est à trois loges contenant chacune un grand nombre d'ovules anatropes ; le style est simple et le stigmate trilobé. Le fruit est une capsule à trois loges et à trois valves septifères ; quelquefois c'est une baie qui, par avortement,

[1] Les Orchidacées et les Apostasiacées n'ont pas d'endosperme.

ne contient qu'une à trois graines. Celles-ci qui offrent assez souvent une caroncule celluleuse, présentent dans un endosperme

Fig. 22.

charnu un embryon cylindrique et homotrope, plus court que la graine.

Robert Brown a partagé la famille des Narcisses de Jussieu en deux ordres naturels : les *Hémérocallidées*, où il a placé les genres à ovaire libre, et les *Amaryllidées*, qui sont les véritables *Narcissées* à ovaire infère. Nous avons précédemment réuni les Hémérocallidées aux Liliacées. Le même botaniste célèbre a aussi retiré des Narcisses de M. de Jussieu les genres *Hypoxis* et *Curculigo*, dont il a fait un groupe sous le nom d'HYPOXIDÉES, qui nous paraît peu différent des vraies Amaryllidées. M. Kunth a également distrait de cette famille le genre *Pontederia*, qui, avec l'*Heteranthera*, forme la famille des PONTÉDÉRIACÉES, dont nous avons tracé précédemment les caractères.

On peut classer en quatre tribus de la manière suivante les genres qui composent cette famille :

1re tribu. AMARYLLÉES : racine bulbifère ; pas de tige, pas d'étamines stériles : * *Galanthus*, * *Leucoium*, *Strumaria*, * *Amaryllis*, *Crinum*, *Hæmanthus*.

2e tribu. NARCISSÉES : racine bulbifère, pas de tige ; étamines stériles

Fig. 22. *Galanthus nivalis*. *a*, Fleur entière. *b*, La même, dont on a enlevé trois des sépales pour montrer la position des étamines. *c*, Capsule. *d*, Graine fendue longitudinalement pour montrer la position de l'embryon dans l'endosperme.

libres ou soudées en une sorte de couronne : *Pancratium, *Narcissus, Gethylis.

3e tribu. ALSTRŒMÉRIÉES : racine fibreuse ou bulbifère, portant une tige feuillée : *Campynema, Alstrœmeria, Agave, Furcræa.

4e tribu. HYPOXIDÉES : racine fibreuse ou tubéreuse ; feuilles toutes radicales ; tégument de la graine dur et crustacé : *Hypoxis, Curculigo.

31e famille. HÉMODORACÉES, *Hæmodoraceæ*.

Hæmodoraceæ, R. Brown, *Prodr.* 299. Lindl. *Nat. syst.* 330. Endlich. *gen.* 170.

Les Hémodoracées sont des plantes herbacées, vivaces, quelquefois sans tige, ayant les feuilles distiques simples, engainantes à leur base ; des fleurs disposées en corymbes ou en épis. Leur calice est monosépale, à six divisions profondes, adhérant par sa base avec l'ovaire infère, excepté dans le seul genre *Wachendorfia*. Les étamines insérées au calice sont au nombre de six ou de trois : dans ce dernier cas, elles sont opposées aux divisions intérieures. L'ovaire est à trois loges, qui contiennent chacune un, deux ou plusieurs ovules. Le style et le stigmate sont simples. Le fruit est une capsule quelquefois indéhiscente, ou s'ouvrant soit par son sommet, soit par le moyen de valves. Les graines contiennent un très-petit embryon dans un endosperme assez dur.

Cette petite famille, par son port, se rapproche beaucoup des Iridacées, mais elle en diffère par ses étamines au nombre de six, ou, quand il n'y en a que trois, par ses étamines opposées aux divisions intérieures du calice, et non aux extérieures, comme dans les Iridacées. Elle en diffère encore par son stigmate constamment simple. On la distingue des Amaryllidées par son calice longuement tubuleux dont les six divisions sont sur le même plan, par le test de ses graines coriace et non membraneux et charnu, et par ses feuilles distiques et comprimées à la manière de celles des Iris. Les genres *Dilatris, Lanaria, Heritieria, Wachendorfia, Hæmodorum, Conostylis, Anigozanthos* et *Phlebocarya* composent cette famille.

32e famille. TACCACÉES, *Taccaceæ*.

Tacceæ, Presl. *Reliq. Hœnk.* I, 149. — *Taccaceæ*, Lindl. *Nat. syst.* 331. Endlich. *gen.* 159.

Petite famille qui renferme le genre *Tacca*, et offre pour caractères distinctifs : un calice adhérent, à limbe pétaloïde, persistant, à six divisions égales ou inégales : six étamines attachées à la base du calice, à filets dilatés, pétaloïdes, et en forme de capuchon à leur sommet ; à anthères biloculaires attachées dans la partie concave des filets au-dessous de leur sommet : ovaire composé de trois carpelles, soudés bords à bords et formant une seule loge, avec trois trophospermes pariétaux polyspermes ou imparfaitement triloculaire par la prolongation des trophospermes vers l'axe ; ovules anatropes ou amphitropes : trois styles soudés, stigmates soudés rayonnants et bifides. Fruit charnu, indéhiscent, uniloculaire, ou incomplétement triloculaire et polysperme. Graines composées d'un petit embryon placé à la base d'un endosperme charnu.

Les deux genres exotiques *Tacca* Forster et *Ataccia* Presl., qui composent cette famille, sont des plantes herbacées, à racine tubériforme, à feuilles radicales, pédalées et à segments pinnatifides ou simples. Les fleurs sont hermaphrodites régulières, disposées en une sorte d'ombelle au sommet d'une hampe assez courte.

Jussieu avait placé le genre *Tacca* à la fin des Narcissées, dont il diffère par son fruit charnu et son embryon extraire. M. R. Brown l'a rapproché des Aroïdées, et pense qu'il tient le milieu entre cette famille et celle des Aristolochiées. Enfin M. Lindley considère les Taccacées comme ayant des rapports avec les Hémodoracées et les Burmanniacées.

33ᵉ famille. BROMÉLIACÉES, *Bromeliaceæ*.

Bromeliæ, Juss. gen. — *Bromeliaceæ*, Lindl. *Nat. syst.* 334. Endlich. *gen.* 181.

Les Broméliacées sont des plantes toutes exotiques, vivaces et quelquefois parasites. Leurs feuilles sont alternes, et en général réunies en faisceaux à la base de la tige ; elles sont allongés, étroites, épaisses, roides, souvent dentelées et épineuses sur les bords. Dans un grand nombre d'espèces, toute la plante est couverte d'une sorte de duvet ferrugineux. Les fleurs forment des épis écailleux, des grappes rameuses ou des capitules, dans lesquels elles sont quelquefois tellement rapprochées qu'elles finissent par se souder ensemble. Dans un petit nombre d'espèces, les fleurs sont terminales et solitaires. Leur calice est tubuleux, adhérent par sa partie inférieure avec le tube du calice. Le limbe présente six divisions plus ou moins profondes, sur deux rangs, dont les trois intérieures sont plus grandes, plus colorées et pétaloïdes. Les étamines sont en général au nombre de six, rarement en plus grand nombre. L'ovaire est à trois loges dans chacune desquelles sont insérés un grand nombre d'ovules anatropes. Le style se termine par un stigmate à trois divisions planes ou subulées. Le fruit est généralement une baie couronnée par les lobes du calice, à trois loges polyspermes. Quelquefois toutes les baies d'un même épi se soudent ensemble et forment un fruit unique, comme dans l'ananas. Plus rarement le fruit est sec et déhiscent. Les graines se composent d'un endosperme farineux à la partie inférieure duquel est placé un embryon allongé, droit ou recourbé, homotrope.

Nous avons dit précédemment qu'on avait retiré de cette famille les genres à ovaire libre pour en former la famille des Tillandsiées (voy. p. 84).

La famille des Broméliacées a de grand rapports avec celle des Amaryllidacées; mais elle en diffère par son calice, dont les divisions sont disposées sur deux rangs, par ses fruits charnus, par son endosperme farineux et non corné ou charnu, et surtout par le port des végétaux qui la composent.

1re tribu. ANANASSÉES : fruit charnu : *Ananassa, Bromelia, Æchmea, Bielbergia.*

2e tribu. PITCAIRNIÉES : fruit capsulaire : *Brochinia, Pitcairnia.*

34e famille. MUSACÉES, *Musaceæ.*

Musæ, Juss. *gen.*—*Musaceæ,* Rich. *de Musaceis,* Bonn. 1831. Lindl. *Nat. syst.* 326. Endlich. *gen.* 227.

Plantes herbacées ou vivaces dépourvues de tiges, ou quelquefois munies d'un bulbe allongé, cylindrique en forme de tige, offrant plus rarement un stipe ligneux et simple ; feuilles longuement pétiolées, embrassantes à la base, très-entières; fleurs fort grandes, souvent peintes des couleurs les plus vives, réunies en grand nombre et renfermées dans des spathes. Leur calice est irrégulier (*fig.* **23**), coloré, pétaloïde, adhérent par sa base avec l'ovaire. Son limbe est à six divisions, dont trois extérieures et trois internes. (Dans le genre *Musa,* cinq des divisions sont externes, et forment en quelque sorte une lèvre supérieure; une seule est interne, et constitue la lèvre inférieure.) Les étamines, au nombre de six, dont une avorte presque constamment et est représentée par une sorte de sépale interne beaucoup plus petit, concave et fort différent des autres. Ces étamines sont insérées à la partie interne des divisions calicinales. Les anthères sont à deux loges linéaires introrses, surmontées en général par un appendice membraneux coloré pétaloïde, qui est la terminaison du filet. L'ovaire infère est à trois loges contenant chacune un grand nombre d'ovules insérés à leur angle interne. Dans le genre *Heliconia*, il n'y a qu'un seul ovule dans chaque loge. Le style simple se termine par un stigmate quelquefois concave, mais plus souvent à trois lobes ou à trois lanières. Le fruit est ou une capsule à trois loges polyspermes, à trois valves portant l'une des cloisons sur le milieu de leur face interne, ou un fruit charnu et indéhiscent. Les graines, quelquefois portées sur un podosperme et environnées de poils disposés circulairement, se composent d'un tégument quelquefois crustacé, d'un endosperme farineux contenant un embryon axile orthotrope, allongé et dressé.

Cette famille se compose des genres *Musa*, *Heliconia*, *Strelitzia* et *Urania*. Intermédiaire entre les Narcissées et les Amomées, elle diffère des premières par son calice constamment irrégulier, et des secondes par ses étamines, toujours au nombre de cinq à six.

Ces genres forment deux tribus :

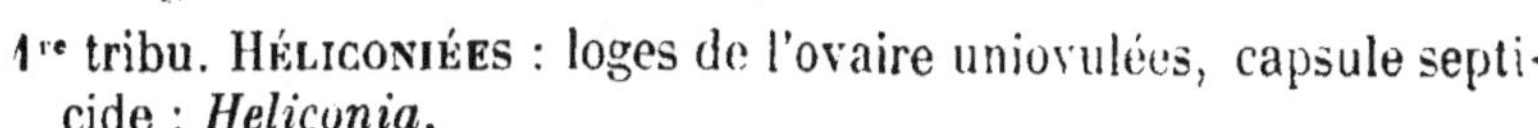

Fig. 23.

1re tribu. HÉLICONIÉES : loges de l'ovaire uniovulées, capsule septicide : *Heliconia*.

2e tribu. Loges de l'ovaire multiovulées.
a Fruit charnu : *Musa*.
b. Fruit sec, déhiscence loculicide : *Ravenala*. *Strelitzia*.

35e famille. BURMANNIACÉES, *Burmanniaceæ*.

Burmanniæ, Spreng. *Syst. I.* 123. — *Burmanniaceæ*, Blum. *Enum. pl. Jav.* I, 27. Lindl. *Nat. syst.* 330. Endlich. *gen.* 163.

Les fleurs sont hermaphrodites. Le limbe du calice est tubuleux, mince, pétaloïde, à six divisions, dont trois externes plus grandes, plus larges, offrant quelquefois extérieurement un appendice en forme d'aile, et trois internes plus courtes et souvent ex-

Fig. 23. *Heliconia bihai* : fleur entière.

trèmement petites. Les étamines, au nombre de trois, sont attachées à la face interne du tube calicinal et opposées à ses sépales internes; leurs anthères introrses sont composées de deux loges s'ouvrant transversalement et séparées l'une de l'autre par un connectif très-marqué. Trois étamines stériles et rudimentaires alternent quelquefois avec les trois étamines fertiles. L'ovaire infère est à trois loges multiovulées, plus rarement à une seule loge. Le style simple se termine par un stigmate à trois lobes, quelquefois membraneux et pétaloïde. La capsule est à une ou à trois loges s'ouvrant irrégulièrement. Les graines sont très-petites. L'embryon, selon M. Blume, est très-petit et renfermé dans un endosperme charnu.

Les Burmanniacées sont de petites plantes herbacées, toutes exotiques, ayant des feuilles étroites aiguës, réunies en touffe à la base d'une tige ou hampe terminée par des fleurs bleues ou jaunes ordinairement disposées en un double épi.

Genres : *Burmannia, Tripterella, Gonyanthes, Apteria.*

Le genre *Burmannia*, qui sert de type à cette petite famille, avait été placé par Jussieu dans la famille des Broméliacées. Brown l'avait transporté à la suite des Joncées, et M. Martius parmi les Hydrocharidées. Cette petite famille diffère des Broméliacées par ses étamines au nombre de trois seulement, et par son endosperme charnu et non farineux. Elle se rapproche des Hémodoracées, dont on la distingue par ses graines excessivement petites et nombreuses, par son stigmate à trois lobes et non simple.

36ᵉ famille. IRIDACÉES, *Iridaceæ.*

Irideæ, Juss. *gen.* Ker. *Iridear. gen.* 1827. — *Iridaceæ,* Lindl. *Nat. syst* 332. Endlich. *gen.* 164.

Famille très-naturelle composée de végétaux ordinairement herbacés, à racine ou souche tubéreuse et charnue, rarement fibreuse. Leur tige est cylindrique ou comprimée, portant des feuilles alternes planes, ensiformes, souvent distiques et équitantes (*fig.* 24). Leurs fleurs, qui sont souvent très-grandes, sont enveloppées avant leur épanouissement dans une spathe membraneuse, mince ou scarieuse. Ces fleurs sont solitaires ou diversement groupées. Leur calice est coloré (*a*), tubuleux, à six divisions profondes disposées sur deux rangées et souvent inégales. Les étamines, constamment au nombre de trois sont libres ou monadelphes, opposées aux divisions externes du calice, leurs anthères sont extrorses. L'ovaire à trois loges multiovulées : les ovules sont anatropes. Le style est simple, terminé par trois stigmates simples bifides ou découpés, et en lames minces et pétaloïdes, opposés ou alternes avec les étamines. Le fruit (*b, d*) est une capsule à trois loges s'ouvrant

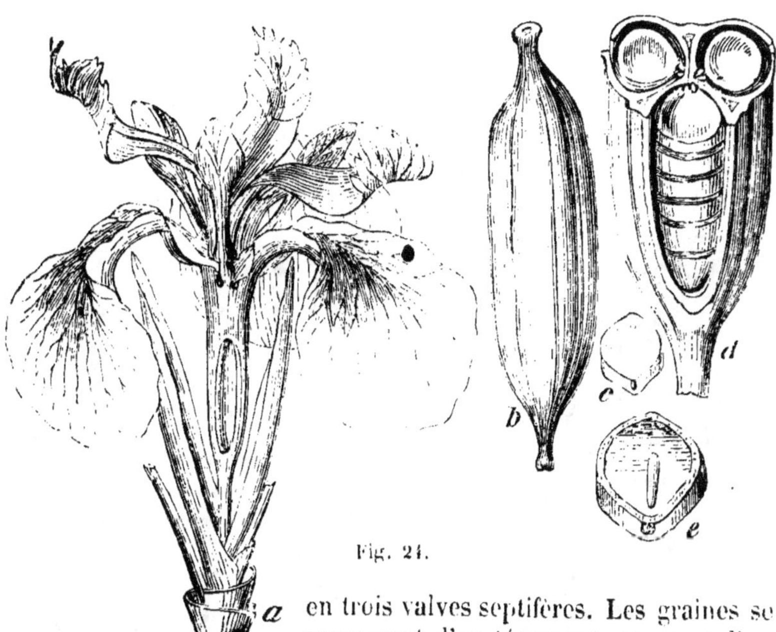

Fig. 24.

en trois valves septifères. Les graines se composent d'un tégument propre et d'un embryon cylindrique (*e*) homotrope placé dans un endosperme charnu ou corné.

Cette famille, composée d'un grand nombre de genres, se divise en deux sections, suivant que ces genres ont les étamines libres ou monadelphes.

1re tribu. GLADIOLÉES : étamines libres : * *Iris*, * *Ixia*, * *Gladiolus*, * *Crocus*, *Antholiza*, *Wattsonia*.

2e tribu. GALAXIÉES : étamines monadelphes : *Sisyrinchium*, *Galaxia*, *Tigridia*, *Vieusseuxia*, *Ferraria*, etc.

On distingue facilement les Iridacées à leur ovaire infère et à leurs étamines constamment au nombre de trois, opposées aux sépales externes, et ayant leurs anthères extrorses. Elles diffèrent des Burmanniacées par ces deux caractères et la nature de leurs stigmates et des Hæmodoracées par le nombre constamment ternaire de leurs étamines et leur position devant les sépales externes.

Fig. 24. *Iris pseudo-acorus*. *a*, Fleur entière. *b*, Capsule. *d*, La même, coupée pour montrer la position des graines. *c*, Graine entière. *e*, La même, coupée en travers et montrant la position de l'embryon.

37ᵉ famille. AMOMACÉES, *Amomaceæ.*

Cannæ, Juss. — *Scitaminæ* et *Cannæ*, R. Brown, Roscoe, *Monog.* Lestib. *Mem. Ann. Sc. nat.* — *Zingiberaceæ*, Rich. *Anal. fr.* — *Scitamineæ* et *Marantheæ*, Lindl. — *Zingiberaceæ* et *Cannaceæ*, Endlich. *gen.* 221.

Plantes vivaces d'un port tout particulier qui les rapproche un peu des Orchidées : racine ordinairement tubéreuse et charnue ; feuilles engainantes à leur base, à nervures latérales et parallèles (*fig.* 25). Les fleurs souvent très-grandes, rarement soli-

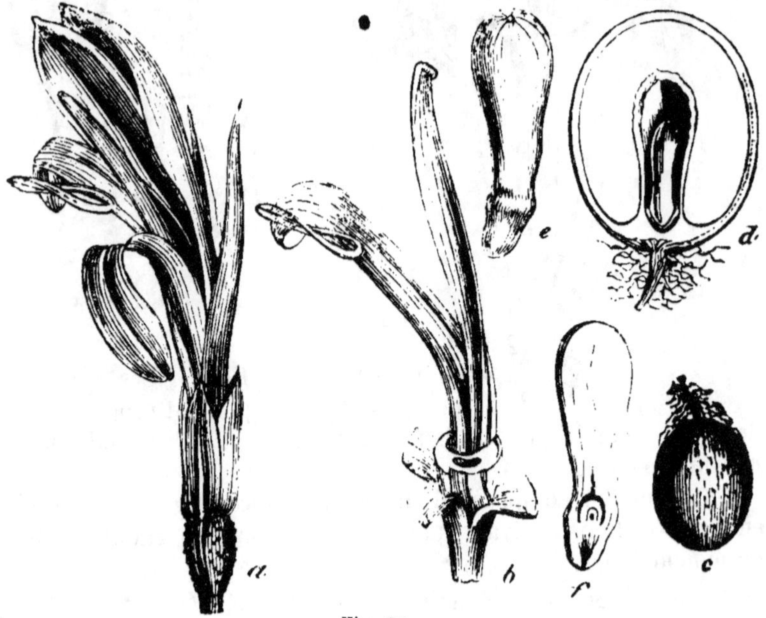

Fig. 25.

taires, sont disposées en épis, quelquefois imbriqués, en grappes ou en panicules. Leur calice est double (*a*), l'extérieur plus court que l'intérieur, l'un et l'autre formés de trois sépales ordinairement réguliers. En dedans du calice intérieur sont des appendices pétaloïdes, plus grands que les sépales, inégaux ; au nombre de trois à quatre, dont un quelquefois beaucoup plus grand représente en quelque sorte le labelle des Orchidées (*a*). Ces appendices sont autant d'étamines avortées. Étamines fertiles, une ou deux, compo-

Fig. 25. *Canna lutea. a*, Fleur entière. *b*, La fleur dont on a enlevé les sépales, et réduite au style, au stigmate et à l'étamine fertile. *c*, Graine. *d*, La même, coupée longitudinalement. *e*, Embryon. *f*, Le même, coupé longitudinalement.

sées d'une anthère uniloculaire (*b*); quand il y en a deux, elles se soudent et semblent en former une seule dont l'anthère serait simplement biloculaire; filet cylindrique ou plane. Style grêle, cylindrique ou plane, stigmate latéral ou terminal et concave, et en forme de coupe. Ovaire à trois loges pluriovulées, portant souvent un petit disque épigyne et unilatéral, qui doit aussi être compté comme une étamine avortée. Le fruit est communément une capsule triloculaire, trivalve, polysperme et loculicide, plus rarement il est légèrement charnu et bacciforme, uniloculaire et monosperme par avortement. Les graines (*c*) contiennent un embryon cylindracé (*e, f*), placé dans un endosperme simple (*d*) ou double. L'endosperme interne a été décrit sous le nom de *vitellus* par Gærtner.

M. Lestiboudois est le premier qui ait commencé à nous faire bien connaître la structure de la fleur des plantes de cette famille, en considérant les appendices pétaloïdes placés en dedans du second calice comme des étamines transformées. Ces appendices sont en nombre variable. Ils complètent avec l'étamine unique ou les deux étamines fertiles, en y joignant le disque épigyne, les six étamines qui caractérisent cette famille.

M. R. Brown a proposé de partager les genres rapportés à ce groupe en deux familles distinctes, l'une qu'il nomme *Cannées*, l'autre *Scitaminées*. Dans la première, l'étamine fertile est toujours latérale et fait partie de la rangée externe des étamines, tandis que dans les Scitaminées cette étamine fertile (qui pour nous représente deux étamines soudées) correspond au labelle et appartient à la rangée intérieure des étamines. Dans les premières, il n'y a qu'un seul endosperme, tandis qu'on en trouve deux dans les Scitaminées. Malgré ces différences, qui sont cependant fort importantes, nous avons cru devoir conserver comme une seule famille le groupe des Cannées de Jussieu, en subdivisant les genres en deux tribus :

1re tribu. CANNACÉES ou MARANTACÉES, étamine fertile simple, unilolaire, appartenant à la rangée extérieure, et placée en face d'une des divisions latérales du périanthe interne. Embryon placé dans un endosperme simple : *Canna, Myrosma, Thalia, Maranta,* etc.

2e tribu. ZINGIBERACÉES ou SCITAMINÉES, deux étamines fertiles soudées en une seule, appartenant à la rangée interne et opposée au labelle. Embryon placé dans un double endosperme : *Zingiber, Curcuma, Kœmpferia, Amomum, Alpinia, Costus.*

38ᵉ famille. ORCHIDACÉES, *Orchidaceæ*.

Orchideæ, Juss. *gen.* Swartz. *Orch. in Act. Holm.* 1801. R. Brown. *Prodr.* I, p 309. L. C. Rich. *de Orch. Europ.* 1818. Lindl. *gen. and sp. Orch.* 1826, etc. Ibid. *Nat. syst.* p. 336. Endlich. *gen.* p. 185.

Plantes vivaces, quelquefois parasites sur les autres végétaux, ayant une racine composée de fibres simples et cylindriques, souvent accompagnée d'un ou de deux tubercules charnus, ovoïdes ou globuleux, entiers ou digités. Les feuilles sont toujours simples, alternes, engainantes. Elles naissent immédiatement de la tige ou de rameaux courts, renflés, charnus, nommés *pseudobulbes*, qu'on n'observe que dans les espèces exotiques et parasites (*fig.* 26, *a*).

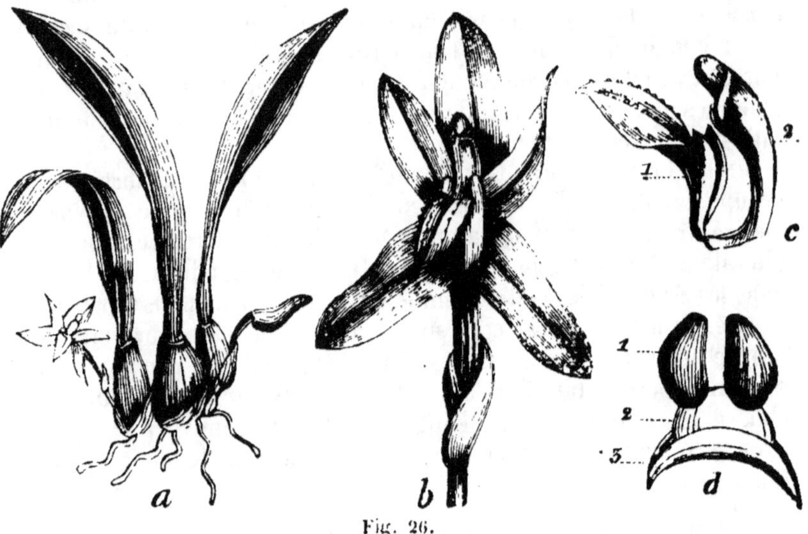

Fig. 26.

Les fleurs, souvent très-grandes et d'une forme particulière, sont solitaires, fasciculées, en épis ou en panicule. Leur calice est à six divisions profondes, dont trois intérieures et trois externes (*b*). Celles-ci, assez souvent semblables entre elles, sont étalées, ou rapprochées les unes contre les autres à la partie supérieure de la fleur où elles forment une sorte de casque (*calyx galeatus*) (*fig.* 27). Des trois divisions internes deux sont latérales, supé-

Fig. 26. *Marillaria vanillæodora*. *a*, Plante entière. *b*, Fleur. *c*, Gynostème et labelle. *d*, Les deux masses polliniques (1) portées sur une caudicule (2) et terminées par une glande (3) ou rétinacle.

rieures et semblables entre elles : l'une est inférieure, d'une figure toute particulière, et porte le nom de *labelle* ou *tablier* (*fig.* 27, *a*) ; il présente quelquefois à sa base un prolongement creux nommé éperon (*labellum calcaratum*). Du centre de la fleur (*fig.* 26, *c*), s'élève sur le sommet de l'ovaire une sorte de colonne nommée *gynostème* (*c*, 2), qui est formée par le style et les trois filets staminaux soudés, et qui porte à sa face antérieure et supérieure une fossette glanduleuse qui est le stigmate, et à son sommet une anthère à deux loges, s'ouvrant soit par deux sutures longitudinales, soit par un opercule, qui en forme toute la partie supérieure.

Fig. 27.

Le pollen, contenu dans chaque loge de l'anthère, est réuni en une ou plusieurs masses ayant la même forme que la cavité qui les renferme. Au sommet du gynostème, sur les parties latérales de l'anthère, on trouve deux petits tubercules qui sont deux étamines avortées, et qu'on nomme *staminodes*. Ces deux étamines sont, au contraire, développées dans le genre *Cypripedium*, tandis que celle du milieu avorte. Ainsi c'est l'étamine, placée dans un sens diamétralement opposé au labelle, qui se développe dans tous les genres de cette famille, moins le genre *Cypripedium*. Le fruit est une capsule à une seule loge, plus rarement un peu charnue, s'ouvrant dans le premier cas en trois valves, qui, semblables à des panneaux, s'enlèvent en laissant les trois trophospermes unis et rapprochés au sommet et à la base, et formant une sorte de châssis, contenant un très-grand nombre de graines très-petites, attachées à trois trophospermes pariétaux, saillants et bifurqués du côté interne. Ces graines ont leur tégument extérieur formé d'un réseau léger, et se composent d'un embryon ovoïde très-renflé, offrant une petite fossette, dans laquelle se trouve placée la gemmule qui est presque nue. La masse de l'embryon a été considérée à tort par beaucoup d'auteurs comme un endosperme, et la gemmule comme étant l'embryon.

Cette famille, qui peut être regardée comme une des plus naturelles du règne végétal, offre des particularités si remarquables dans l'organisation de sa fleur, qu'elle ne peut être confondue avec nulle autre. La soudure des étamines avec le style et le stigmate, et surtout l'organisation du pollen réuni en masse (caractère qui ne s'observe que dans les Asclépiadées et dans quelques Mimeuses parmi les Dicotylédons), sont les caractères distinctifs les plus saillants de cette famille. Les masses polliniques (*pollinia*) offrent dans leur composition des modifications qui ont servi à établir trois tribus principales dans la famille des Orchidées. Tantôt elles sont formées de granules assez gros, cohérents entre eux au moyen d'une matière visqueuse qui, lorsqu'on tend à les séparer, s'allonge sous forme de filaments élastiques : on donne à ces masses polliniques le nom de masses *sectiles*. Tantôt les masses polliniques sont *pulvérulentes*, c'est-à-dire formées d'une matière comme pultacée ou de granules qu'on isole facilement les uns des autres, ce qui s'observe dans les genres *Limodorum*, *Epipactis*, etc. Enfin, chaque masse pollinique peut être formée de granules tellement cohérents et confondus entre eux, qu'elle semble composée de cire; on dit qu'elle est *solide*.

Les masses polliniques se prolongent quelquefois à leur partie inférieure en un appendice nommé *caudicule*, qui souvent se termine par une glande visqueuse de forme variée, et qu'on nomme *rétinacle*. Le nombre de ces masses polliniques varie d'un à quatre pour chaque loge de l'anthère. Celle-ci est tantôt placée à la face antérieure et supérieure du gynostème, dont elle n'est pas distincte, comme dans la tribu des Ophrydées; tantôt elle est placée dans une espèce de fossette qui termine le gynostème à son sommet, et qu'on nomme *clinandre*, et elle s'ouvre et s'enlève comme une sorte d'opercule (*anthera operculiformis*), comme dans presque tous les genres des Épidendrées, des Malaxidées.

Dans son grand travail sur les Orchidées, M. Lindley groupe les genres nombreux de cette famille en huit tribus : 1° Malaxidées; 2° Épidendrées; 3° Vandées; 4° Ophrydées; 5° Gastrodiées; 6° Aréthusées; 7° Néottiées; 8° Cypripédiées. Nous pensons qu'on pourrait sans inconvénient réduire ces tribus de la manière suivante :

1re tribu. MALAXIDÉES, masses polliniques solides, sans caudicule ni rétinacle; espèces ordinairement épidendres : *Malaxis, Pleurothallis, Octomeria, Stelis*.

2e tribu. ÉPIDENDRÉES, masses polliniques pulvéracées offrant une caudicule également pulvéracée repliée en dessous; espèces épidendres : *Epidendrum, Isochilus, Brassavola, Lælia, Cattleya*.

3e tribu. VANDÉES, masses polliniques solides, munies d'une caudicule et d'un rétinacle; espèces parasites : *Maxillaria, Govenia, Catasetum, Peristeria*.

4e tribu. OPHRYDÉES, masses polliniques sectiles; caudicule et rétinacle; espèces terrestres : *Orchis, *Ophrys, Habenaria, *Aceras, *Anacamptis, *Gymnadenia, *Horminium, *Serapias*.

5e tribu. NÉOTTIÉES, masses polliniques pulvérulentes ou granuleuses; espèces terrestres : *Limodorum, *Spiranthes, *Neottia, *Listera, *Goodyera*.

6e tribu. CYPRIPÉDIÉES, deux étamines fertiles : *Cypripedium*.

39ᵉ famille. APOSTASIACÉES, *Apostasiaceæ*.

Apostasiæ, R. Brown, *in Wallich, pl. As. rar.* I, 74. Endlich. *gen.* 220. — *Apostasiaceæ*, Lindl. *Nat. syst.* 342.

Petite famille très-voisine des Orchidées, dont elle diffère seulement par son fruit à trois loges, à déhiscence loculicide, par son style en grande partie distinct des étamines. Elle se compose des deux genres *Apostasia* et *Neuwiedia* de M. Blume, dont les espèces originaires de l'Inde sont des plantes herbacées et vivaces, à tige simple ou rameuse, à feuilles engainantes et à fleurs disposées en épis ou en grappes.

IIIᵉ EMBRANCHEMENT.

VÉGÉTAUX DICOTYLÉDONÉS.

Les caractères de ce grand embranchement du règne végétal sont trop tranchés, trop bien établis, pour que nous nous arrêtions ici à les exposer avec détails. Un embryon dont le corps cotylédonnaire présente deux, plus rarement un plus grand nombre de cotylédons, une radicule nue, une gemmule placée à la base et entre les deux cotylédons qui la recouvrent complétement; une tige, ordinairement rameuse, composée de faisceaux vasculaires réunis en couches concentriques autour d'un canal médullaire ; le nombre cinq dominant dans les organes constituant la fleur, forment un ensemble qu'il est impossible de méconnaître.

Les Dicotylédonés se partagent en trois grandes divisions secondaires : 1ᵒ les *Apétales*, 2ᵒ les *Gamopétales*, 3ᵒ les *Polypétales* ou *Dialypétales*. C'est suivant cet ordre que nous avons rangé les diverses familles de végétaux dicotylédonés.

PREMIÈRE DIVISION : APÉTALES.

A. FLEURS DICLINES.

SEPTIÈME CLASSE. DICOTYLÉDONÉS : FLEURS APÉTALES DICLINES, DISPOSÉES EN CHATONS.

† Ovaire adhérent :
   * A une seule loge.

       a. Feuilles alternes { Stipe simple..... CYCADACÉES.
                                     { Tronc rameux . . CONIFÈRES.

    b. Feuilles opposées............ .... GNÉTACÉES.
  ** A deux ou à plusieurs loges............ .. CUPULIFÈRES.
  || Ovaire libre :
    * Embryon épispermique.
      a. Ovaire monosperme.
        Ovule dressé; fruit simple.......... ... MYRICACÉES.
        Ovule pendant; fruits en cône...... BÉTULACÉES.
      b. Ovaire polysperme............... SALICACÉES.
    ** Embryon endospermique..... .... PIPÉRACÉES.

40ᵉ famille. CYCADACÉES, *Cycadaceæ.*

Cycadeæ, L. C. Rich. *Comm. de Cycadeis*, in-fol. fig. Stuttg. 1826. Brongn.
Ann. Sc. nat. XVI, p. 589. Lehm. *Pugill.* VI. Miquel. *Cycad. Monog.* Ibid.
Ann. Sc. nat. 3ᵉ série, III, p. 193. — *Cycadeaceæ*, Lindl. *Nat. syst.* 312. End-
lich *gen.* 70.

Les Cycadacées, composées des genres *Cycas*, *Zamia* et *Ence-
phalartos*, sont des végétaux exotiques, ayant le port des Palmiers.
Leurs feuilles, réunies au sommet du stipe, sont pinnées et roulées
en crosse avant leur développement, comme dans les Fougères. Les
fleurs sont constamment dioïques. Les fleurs mâles constituent des
chatons ou cônes quelquefois très-grands, composés d'écailles spa-
thulées, recouvertes à leur face inférieure d'un très-grand nombre
d'étamines qui doivent être considérées chacune comme une fleur
mâle. L'inflorescence des fleurs femelles n'est pas la même dans les
deux genres *Cycas* et *Zamia*. Dans le premier, un long spadice
spathuliforme, aigu, denté sur ses côtés, porte à chaque dent une
fleur femelle, enfoncée dans une petite fossette. Le *Zamia* a ses
fleurs femelles également en cône, et ses écailles, qui sont épaisses
et peltées, portent chacune à leur face inférieure deux fleurs femelles renversées. Ces fleurs se composent d'un calice globuleux,
percé d'une très-petite ouverture à son sommet, et appliqué sur
l'ovaire avec lequel il est en partie adhérent à sa base. Cet ovaire
est uniloculaire et contient un seul ovule; il se termine à son sommet par un stigmate en forme de mamelon. Le fruit est une sorte de
noix recouverte par le calice, qui quelquefois est légèrement charnu.
Le péricarpe est, en général, mince, crustacé et indéhiscent,
adhérent avec le tégument propre de la graine. L'amande se compose d'un endosperme charnu, contenant un embryon à deux cotylédons inégaux, et quelquefois cohérents entre eux, et dont la
radicule est soudée avec l'endosperme.

Pour peu qu'on compare la structure des fleurs mâles, et surtout
des fleurs femelles des Cycadées avec celles des Conifères, on sera

frappé de l'extrême ressemblance qui existe entre ces deux familles, et l'on devra adopter l'opinion de mon père, qui les place l'une à côté de l'autre. En effet, dans toutes les deux, les fleurs mâles consistent chacune dans une seule anthère uniloculaire; les fleurs femelles se composent d'un périanthe gamosépale, d'un ovaire semi-infère, à une seule loge et à un seul ovule. Le fruit et la graine offrent la même organisation; il est vrai que le port est tout à fait différent dans ces deux familles, puisque les Cycadées ressemblent entièrement aux Palmiers. Mais doit-on sacrifier à ce caractère les analogies si importantes qui existent dans l'organisation des fleurs des Cycadées et des Conifères? Doit-on placer parmi les Monocotylédons une famille dont l'embryon est évidemment à deux cotylédons? En admettant cette supposition, à côté de quelle famille monocotylédone placera-t-on les Cycadées? Elles n'ont de rapport avec aucune de ces familles; elles devront rester isolées, tandis que si l'on donne la préférence à la stucture de l'embryon et à celle des fleurs, et qu'on place les Cycadées parmi les Dicotylédons, il ne reste aucun doute sur la place qu'elles doivent occuper. Elles viennent tout naturellement se classer à côté des Conifères. Nous exposerons en parlant de cette dernière famille, l'opinion que beaucoup de botanistes se sont formée de la structure de leurs fleurs femelles, qui se composeraient uniquement d'un ovule nu.

41ᵉ famille. *Conifères, *Conifera*.

Coniferæ, Juss. *gen.* L. C. Rich. *de Coniferis et Cycadeis*, comm. in-fol. fig. Stuttg. 1826, Lindl. *Nat. syst.* 313. Endlich. *gen.* 258.

Cette famille se compose de tous ces arbrisseaux et grands arbres ayant de l'analogie avec le pin et le sapin, et que l'on désigne communément sous le nom d'*arbres verts et résineux* (*fig.* 28). Leurs feuilles, coriaces et roides, persistent dans toutes les espèces, excepté dans le Mélèze et le Gingo. Ces feuilles sont tantôt élargies, tantôt linéaires, solitaires ou réunies en faisceaux au nombre de deux à cinq, et accompagnées à leur base d'une petite gaîne scarieuse; ou bien elles sont en forme d'écailles imbriquées ou lancéolées, etc. Les fleurs sont constamment unisexuées et en général disposées en cônes ou chatons (*a*, 2, 3). Les fleurs mâles consistent essentiellement chacune dans une étamine, tantôt nue (*d*), tantôt accompagnée d'une écaille à l'aisselle ou à la face inférieure de laquelle elle est placée; assez souvent plusieurs étamines s'entre-greffent ensemble par leurs filets et leurs anthères, qui sont uniloculaires ou biloculaires, restent distinctes ou se soudent. L'inflorescence des fleurs.

femelles est très-variable, quoique généralement elles forment des
cônes ou chatons écailleux ; ainsi, elles sont quelquefois solitaires,

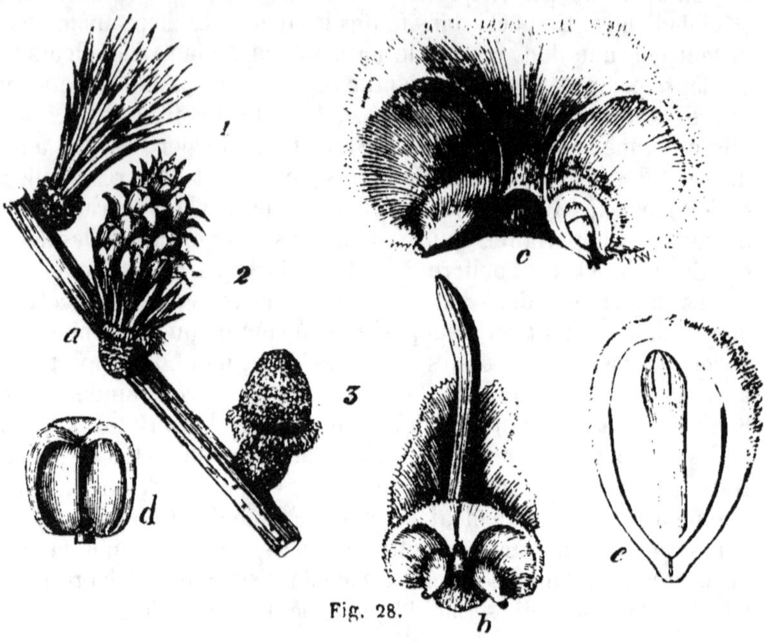

Fig. 28.

terminales ou axillaires, ou bien réunies dans un involucre charnu
ou sec. Chacune de ces fleurs présente un calice gamosépale, adhérent avec l'ovaire, qui est en partie ou en totalité infère. Son limbe,
quelquefois tubuleux, est tantôt entier et tantôt à deux lobes diva-
riqués, glanduleux sur leur face interne, et que l'on a généralement
considérés comme deux stigmates. L'ovaire est à une seule loge
et contient un seul ovule. A son sommet il présente communément
une petite cicatrice qui est le véritable stigmate. Tantôt ces fleurs
femelles sont dressées à l'aisselle des écailles ou dans l'involucre
où elles sont placées ; tantôt elles sont renversées et soudées deux
à deux par un de leurs côtés, à la face interne et vers la base
des écailles qui forment le cône. Le fruit est généralement un
cône écailleux (*fig.* 29) ou bien un galbule, dont les écailles,
quelquefois charnues, se soudent et représentent une sorte de baie,
comme dans les Genévriers par exemple. Chaque fruit en par-

Fig. 28. *Larix europæa.* *a*, Rameau portant un faisceau de feuilles (1) ; un
cône de fleurs femelles (2) ; un cône de fleurs mâles 3 . *b*, Une écaille du cône femelle portant deux fleurs renversées, adhérentes à sa face supérieure. *c*, Les deux
fleurs femelles dont une a été ouverte. *d*, Une étamine. *e*, Fruit fendu et montrant
l'embryon polycotylédoné.

ticulier, c'est-à-dire chaque pistil fécondé, a un péricarpe souvent crustacé, osseux ou mem-
braneux, quelquefois muni d'une
aile membraneuse (*fig.* 29, A, 1)
et marginale, à une seule loge
contenant une seule graine et
restant parfaitement indéhiscent.
Le tégument propre de la graine est adhérent avec le péricarpe
(*fig.* 28, *e*), et recouvre une
amande composée d'un endosperme charnu, contenant un embryon axile et cylindrique, dont
la radicule finit par se souder
avec l'endosperme, et dont l'extrémité cotylédonnaire se divise
en deux, trois, quatre, et jusqu'à
dix cotylédons.

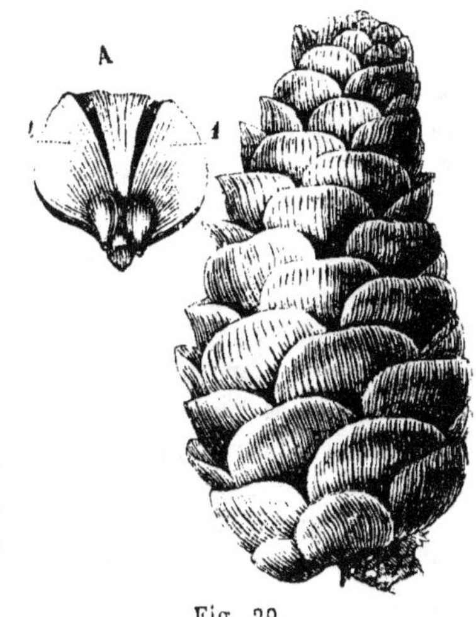

Fig. 29.

La famille des Conifères, sur
laquelle mon père a publié un si beau travail (*Commentatio botanica de Coniferis*, in-fol., fig., Stuttgard. 1826), peut se diviser en
trois tribus :

1re tribu. TAXINÉES : fleurs femelles distinctes les unes des autres,
attachées à une écaille ou dans une cupule quelquefois charnue

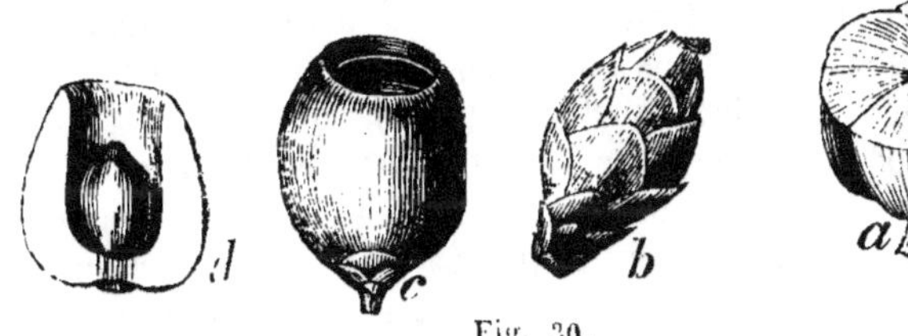

Fig. 30.

(*fig.* 30, c, d). Fruit simple. Ex.: *Podocarpus, Dacrydium. Taxus,
Salisburia, Phyllocladus.*

2e tribu. CUPRESSINÉES : fleurs femelles dressées, réunies plusieurs

Fig. 29. Cône du mélèze ; A une écaille portant deux samares.
Fig. 30. *Taxus baccata. a,* Une écaille peltée du cône mâle portant plusieurs
étamines à sa face infér. *b,* Une fleur femelle environnée d'écailles. *c,* Fruit mûr,
environné par une cupule charnue formée par l'écaille interne. *d,* La cupule fendue
pour montrer le véritable fruit.

ensemble à l'aisselle d'écailles (*fig.* 31), peu nombreuses, formant un galbule quelquefois charnu. Ex.: *Juniperus, Thuya, Callitrix, Cupressus, Taxodium.*

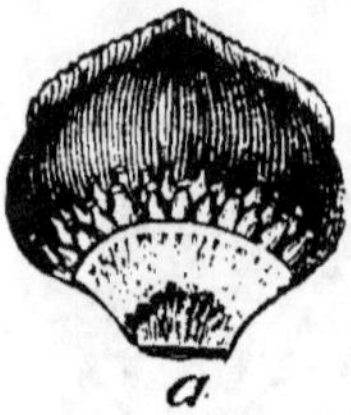

3ᵉ tribu. ABIÉTINÉES. Ici se trouvent réunis tous les genres qui ont les fleurs femelles renversées et pour fruit un véritable cône écailleux. Ex.: *Pinus, Abies, Cunninghamia, Araucaria.*

Le célèbre botaniste R. Brown a le premier émis l'opinion que les carpelles des Conifères n'étaient que des *ovules nus*, c'est-à-dire privés de péricarpe. Cette opinion a été adoptée par un grand nombre de botanistes du premier mérite ; cependant nous ne saurions la partager. Nous continuons à voir dans les fleurs femelles des Conifères et des Cycadées la structure habituelle des autres végétaux dicotylédonés, seulement avec quelques modifications qui sont propres à ces deux familles et à celle des *Gnétacées* avec lesquelles on a formé une classe désignée sous le nom de dicotylédonés *Gymnospermes*. L'une des particularités les plus remarquables de ces prétendus dicotylédonés gymnospermes, c'est que leur ovaire forme ordinairement à leur sommet un tube perforé. C'est en effet une structure singulière, mais qui existe encore dans d'autres végétaux dicotylédonés, et entre autres dans les Berbéridées. Nous avons discuté avec détail l'opinion de notre illustre ami, M. R. Brown, dans une note placée à la fin de l'ouvrage de mon père, déjà cité (p. 203), à laquelle nous renvoyons les personnes qui voudraient approfondir ce sujet.

Les Conifères présentent plusieurs particularités dans leur structure anatomique : nous avons fait connaître celle de leur tige (voy. Iʳᵉ part., p. 73), qui diffère surtout du tronc des autres végétaux dicotylédonés par l'absence des fausses trachées dans les couches de bois, et par les ponctuations singulières de leur tubes ligneux.

Les Conifères et les Cycadées sont au nombre des végétaux dans lesquels plusieurs embryons se montrent souvent dans un même ovule (voy. Mirbel et Spach, *Ann. sc. nat.*, 1843, vol. XX, p. 257).

42ᵉ famille. GNÉTACÉES, *Gnetaceæ.*

Gnetaceæ, Blume, *nov. fam. exp.* 23. Lindley, *Nat. syst.* 311. Brongn. *Dict. univ.* VI, p. 249. Endlich. *gen.* 262.

Grands arbres ou arbrisseaux à feuilles opposées simples, entières ou réduites à des écailles. Fleurs monoïques ou dioïques, formant

Fig. 31 *Cupressus sempervirens. a.* Une écaille du cône femelle vue par sa face interne et montrant un grand nombre de fleurs femelles dressées.

des espèces de chatons ou de capitules. Les fleurs mâles ont un périanthe tubuleux s'ouvrant transversalement à son sommet et contenant une ou plusieurs étamines soudées par leurs filets. Les fleurs femelles sont nues ou accompagnées de bractées, quelquefois opposées par deux. Leur ovaire est sessile, ouvert à son sommet, contenant un seul ovule dressé, orthotrope. Le fruit est une drupe charnue extérieurement, osseuse en dedans, contenant une seule graine. Celle-ci renferme un endosperme charnu dans l'axe duquel est un embryon cylindrique dicotylédoné et antitrope.

Cette famille, indiquée pour la première fois par R. Brown dans son mémoire sur le *Kingia*, a été établie par E. Blume. Elle se compose des deux genres *Gnetum* et *Ephedra*. Ce dernier avait été placé parmi les Conifères ; mon excellent ami, M. Ad. Brongniart, a fait connaître d'une manière plus exacte la structure du genre *Gnetum* (botanique du voyage de *la Coquille*), qui, par sa structure anatomique et celle de ses fleurs femelles, se rapproche singulièrement des Conifères et rentre avec eux dans le groupe des végétaux dicotylédonés gymnospermes.

Cette petite famille diffère surtout des Conifères par ses feuilles opposées et par le port des végétaux qui la composent.

43ᵉ famille. CUPULIFÈRES, *Cupuliferæ*.

Amentacearum gen. Juss. *gen. Cupuliferæ*, Rich. *Anal. fr.* 32 Lindl. *Nat. syst.* 170. Endlich. *gen.* 273.

Ce sont des arbres à feuilles alternes, simples, munies de deux stipules caduques à leur base. Les fleurs sont constamment unisexuées et presque toujours monoïques. Les mâles forment des chatons cylindriques et écailleux. Chaque fleur offre une écaille simple, trilobée ou caliciforme, sur la face supérieure de laquelle sont attachées de six à un grand nombre d'étamines, sans indice de pistil. Les fleurs femelles sont généralement axillaires, tantôt solitaires, tantôt groupées en capitules ou en chatons. Dans tous les cas, chacune d'elles est recouverte, en partie ou en totalité, par une cupule, et offre un ovaire infère ayant son limbe peu saillant, et formant un petit rebord irrégulièrement denté. Du sommet de l'ovaire naît un style court qui se termine par deux ou trois stigmates subulés ou planes. Cet ovaire présente deux, trois ou un plus grand nombre de loges contenant chacune un ou deux ovules suspendus et anatropes. Le fruit est constamment un gland généralement uniloculaire, souvent monosperme par avortement, toujours accompagné d'une cupule qui quelquefois recouvre le fruit en totalité à la manière d'un péricarpe, comme dans le châtaignier et le hêtre. La graine se compose d'un très-gros embryon orthotrope dépourvu d'endosperme.

Cette famille, composée de genres d'abord placés dans l'ancienne famille des Amentacées, comprend les genres *Quercus*, *Corylus*, *Carpinus*, *Castanea* et *Fagus*. Elle a quelques rapports avec les Conifères et les Bétulacées ; mais les premières, par leur port, la structure de leurs fleurs femelles, leur embryon muni d'un endosperme ; les secondes, par leurs fleurs femelles disposées en cône, leur ovaire simple et libre, etc., s'en distinguent suffisamment. Quant aux autres familles également formées aux dépens des Amentacées, comme les Salicacées, les Myricacées, leur ovaire libre est le caractère le plus saillant qui les éloigne des Cupulifères.

44e famille. MYRICACÉES, Myricaceæ.

Myriceæ, Rich. *Anal. fr.* 193. Endlich. *gen.* 271. — *Myricaceæ*, Lindl. *Nat. syst.* 179. — *Casuarineæ*, Mirbel.

Si l'on en excepte le genre *Casuarina*, qui, par son port, ressemble à une prêle gigantesque (*equisetum*), les Myricacées sont des

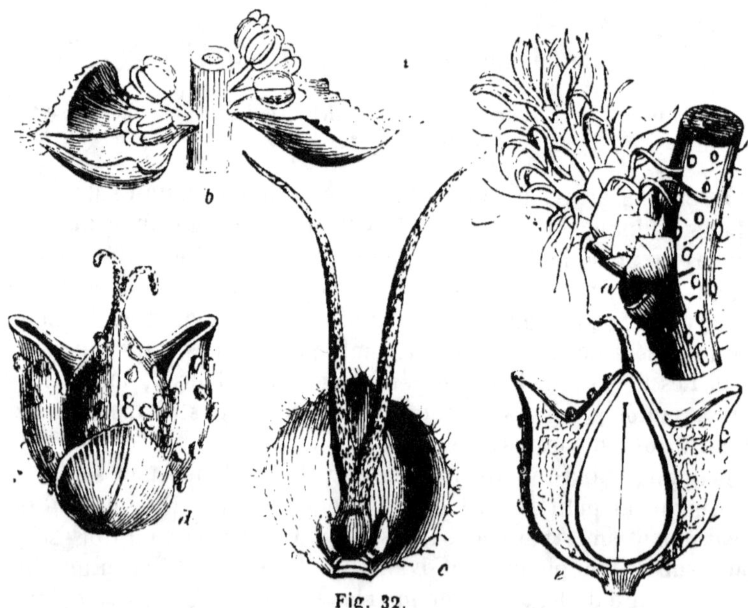

Fig. 32.

Fig. 32. *Myrica gale*. *a*, Chaton de fleurs femelles. *b*, Portion de chaton mâle. *c*, Fleur femelle vue par la face interne de l'écaille. *d*, Fruit. *e*, Le même, coupé et montrant l'embryon dépourvu d'endosperme.

arbres ou des arbrisseaux à feuilles alternes ou éparses, avec ou sans stipules. Leurs fleurs sont constamment unisexuées et le plus souvent dioïques (*fig.* 32). Les fleurs mâles, disposées en chatons (*a*), se composent d'une ou de plusieurs étamines souvent réunies ensemble sur un androphore rameux et placé à l'aisselle d'une bractée (*b*). Les fleurs femelles, également en chatons, sont solitaires et sessiles à l'aisselle d'une bractée plus longue qu'elles. Chaque fleur se compose d'un ovaire lenticulaire (*c*) contenant un seul ovule dressé et orthotrope. Le style, très-court, est surmonté de deux longs stigmates subulés et glanduleux. En dehors de l'ovaire on trouve deux, trois ou un plus grand nombre d'écailles hypogynes et persistantes, se soudant quelquefois avec le fruit. Celui-ci est une sorte de petite noix monosperme et indéhiscente (*d*), quelquefois membraneuse et ailée sur ses bords. La graine qu'il renferme est dressée ; son tégument recouvre immédiatement un gros embryon (*e*) ayant une direction entièrement opposée à celle de la graine.

Les genres de cette famille sont : *Myrica*, *Comptonia* et *Putranjiva*. Le genre *Casuarina*, par les principaux points de son organisation, se rapporte à cette famille. Cependant M. Lindley, à l'exemple de M. de Mirbel, l'en a séparé pour en former une famille qu'il a nommée CASUARACEÆ.

On peut également rapprocher de cette famille le genre *Liquidambar*, dont M. Blume a proposé de faire une famille distincte sous le nom de BALSAMIFLUÆ, ou de le placer à la suite des Bétulacées.

Formée de genres auparavant placés dans le groupe polymorphe des Amentacées, cette famille est voisine des Bétulacées ; mais elle en diffère par son ovaire uniloculaire et son ovule dressé.

45e famille. BÉTULACÉES, *Betulaceæ*.

Betulineæ, Rich. *Elém.* — *Betulaceæ*, Lindl. *Nat. syst.* 171. Endlich. *gen.* 272.

Arbres à feuilles simples, alternes, accompagnées à leur base de deux stipules ; fleurs unisexuées, disposées en chatons écailleux. Dans les chatons mâles, chaque écaille, qui est quelquefois formée de plusieurs écailles soudées, porte deux ou trois fleurs nues, ou ayant un calice à trois ou quatre divisions profondes. Le nombre des étamines est très-variable dans chaque fleur. Les chatons femelles sont ovoïdes ou cylindriques, écailleux ; à la base interne de chaque écaille on trouve d'une à trois fleurs sessiles, nues, présentant un ovaire libre, comprimé, à deux loges, contenant chacune un seul ovule attaché vers la partie supérieure de la cloison, et surmonté de deux longs stigmates allongés, cylindriques et glanduleux. Le fruit est un cône écailleux, dont les écailles ligneuses ou simplement cartilagineuses portent à leur base un ou deux petits akènes uniloculaires, monospermes par avortement, et membraneux sur les bords. Leur graine se compose d'un gros embryon sans endosperme, ayant la radicule supérieure.

Les deux genres Aune et Bouleau (*Alnus* et *Betula*) forment cette famille, qui diffère des Salicacées par son ovaire à deux loges monospermes, par ses fruits indéhiscents, et ses graines dépourvues des longs poils qui recouvrent celles des Salicacées. Les Myricacées ont aussi beaucoup d'analogie avec les Bétulacées ; mais leur ovaire toujours uniloculaire, libre, et leur ovule dressé sont les signes distinctifs qui existent entre cette famille et celle des Bétulacées.

46ᵉ famille. SALICACÉES, *Salicaceæ*.

Salicineæ, Rich. *Elém.* Lindl. *Nat. syst.* 186. Endlich. *gen.* 290.

Famille composée des deux genres Saule (*Salix*), et Peuplier (*Populus*). Ce sont de grands arbres à feuilles alternes, simples, munies de stipules caduques. Leurs fleurs sont unisexuées (v. Iʳᵉ part., *fig.* 95) et disposées en chatons cylindriques ou ovoïdes. Les fleurs mâles se composent de deux à vingt étamines placées à l'aisselle d'une écaille, ou sur sa face supérieure. Les fleurs femelles consistent en un pistil fusiforme, terminé par deux stigmates bipartis, situés à l'aisselle d'une écaille, et quelquefois accompagnés à leur base d'un calice en forme de cupule. Cet ovaire est à une ou à deux loges contenant un assez grand nombre d'ovules dressés, attachés au fond de la loge et à la base de deux trophospermes pariétaux. Le fruit est une petite capsule allongée, à une ou à deux loges, contenant plusieurs graines environnées de longs poils soyeux, et s'ouvrant en deux valves. L'embryon est dressé, homotrope, sans endosperme.

Formées aux dépens de la famille des Amentacées, les Salicacées constituent un groupe très-distinct par la structure de leur fruit polysperme et à deux loges.

47ᵉ famille. PIPÉRACÉES, *Piperaceæ*.

Piperaceæ, L. C. Rich. *in* Humb. et Bonpl. et Kunth, *nov. gen.* I, p. 30. Lindl. *Nat. syst.* 185. Endlich. *gen.* 265.

Petite famille qui a pour type le genre *Piper*. Elle se compose de végétaux herbacés ou frutescents et sarmenteux, ayant des feuilles alternes, quelquefois opposées ou verticillées, souvent embrassantes à leur base, et munies d'une stipule caduque opposée à la feuille dans les espèces à feuilles alternes. Les fleurs fort petites constituent des chatons grêles, cylindriques, ordinairement opposés aux feuilles. Ces chatons se composent de fleurs mâles et de fleurs femelles, mélangées sans ordre et souvent entremêlées d'écailles. Chaque étamine, qui est à deux loges, représente pour nous une fleur mâle, et chaque pistil une fleur femelle. Celle-ci se compose d'un ovaire libre à une seule loge contenant un ovule dressé, et portant à son sommet tantôt un stigmate simple, tantôt trois petits stigmates en forme de mamelons et très-rapprochés. Assez souvent les étamines se groupent autour du pistil en nombre très-variable, et semblent alors constituer autant de fleurs hermaphrodites qu'il y a d'écailles. Le fruit est une espèce de petite baie très-peu succulente et monosperme. La graine se compose d'un endosperme assez dur, offrant à son sommet un petit corps discoïde qui est un second endosperme formé par le sac amniotique, et contenant dans son intérieur un très-petit embryon dicotylédoné et antitrope.

La famille des Pipéracées a été tour à tour placée dans les Monocotylédonés et les Dicotylédonés. La véritable structure de son embryon n'a été parfaitement connue que depuis le mémoire de R. Brown sur la structure de l'ovule. Ce que mon père et les autres botanistes qui plaçaient le *Piper* dans les Monocotylédonés, prenaient pour l'embryon était le second endosperme, l'endosperme amniotique contenant le véritable embryon. Cette structure de l'embryon est, comme on le voit, la même que celle qu'on observe dans les Nymphéacées et les Saururées.

Plusieurs auteurs considèrent les Pipéracées comme formant une simple tribu de la famille des Urticacées ; mais leurs fleurs en chatons et surtout la présence d'un double endosperme distinguent suffisamment les Pipéracées des Urticacées.

HUITIÈME CLASSE. DICOTYLÉDONÉS : FLEURS APÉTALES DICLINES, NON EN CHATONS.

A. Ovaire libre.
  † Embryon endospermique.
    1. Fruit unilocul. monosperme, indéhiscent.
      Feuilles alternes et stipulées .... URTICACÉES.
      Feuilles opposées sans stipules .... MONIMIACÉES.
    2. Fruit à 3 coques 1–2 spermes .... EUPHORBIACÉES.
    3. Fruit charnu 1-sperme, déhiscent.......... MYRISTICACÉES.
  †† Embryon épispermique.
    1. Fruit 1-sperme, indéhiscent.
      Étamines s'ouvrant par des valves .... LAURACÉES.
      Étamines s'ouvrant par des fentes .... HERNANDIACÉES.

    2. Fruit capsulaire polysperme .... PODOSTÉMACÉES.
B. Ovaire adhérent (*plantes parasites*).
    † Ovaire uniloculaire monosperme............. .... BALANOPHORÉES.
    †† Ovaire polysperme.
        Anthères s'ouvrant par un pore............. RAFFLÉSIACÉES.
        Anthères s'ouvrant par une fente .... CYTINACÉES.

48ᵉ famille. URTICACÉES, *Urticaceæ.*

Urticeæ, Juss. *gen.* — *Celtideæ*, Rich. — *Urticaceæ*, Lindl. *Nat. syst.* 175. — *Ulmaceæ, Celtideæ, Moreæ, Artocarpeæ, Urticaceæ, Cannabineæ*, Endlich. *gen.* 275.

Plantes herbacées, arbrisseaux, ou grands arbres, quelquefois lactescents, à feuilles alternes, en général munies de stipules, ayant des fleurs unisexuées (*fig.* 33), très-rarement hermaphrodites,

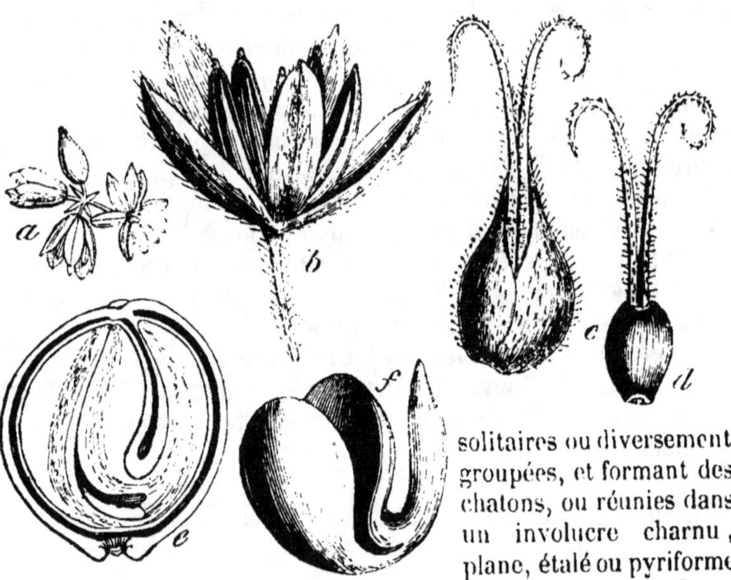

Fig. 33.

solitaires ou diversement groupées, et formant des chatons, ou réunies dans un involucre charnu, plane, étalé ou pyriforme et clos. Dans les fleurs mâles, on trouve un calice formé de quatre à cinq sépales (*b*), ou une simple écaille, à l'aisselle de laquelle elles sont placées. L'ovaire est libre, à une

Fig. 33. *Cannabis sativa.* *a*, Groupe de fleurs mâles. *b*, Une fleur mâle grossie. *c*, Fleur femelle grossie. *d*, Pistil découvert. *e*, Fruit coupé longitudinalement et montrant l'embryon recourbé sur lui-même, entouré d'un endosperme mince. *f*, Embryon isolé.

seule loge, contenant un seul ovule pendant, et surmonté soit de deux longs stigmates sessiles (*c*, *d*), soit d'un seul stigmate porté quelquefois sur un style plus ou moins long. Le fruit se compose toujours d'un akène crustacé enveloppé par le calice, qui quelquefois devient charnu; d'autres fois, l'involucre, qui renfermait les fleurs femelles, prend de l'accroissement, ainsi qu'on le remarque dans le figuier, le *dorstenia*, etc. La graine, outre son tégument propre, se compose d'un embryon en général recourbé (*f*), souvent renfermé dans l'intérieur d'un endosperme charnu plus ou moins mince (*e*).

Cette famille a été divisée en un grand nombre de groupes que plusieurs botanistes considèrent comme des familles distinctes. Nous ne partageons pas complétement cette opinion, et nous pensons que la famille des Urticacées, telle qu'elle avait été établie par Ant. Laur. de Jussieu, constitue une famille unique dans laquelle on peut établir des groupes secondaires, tous réunis par un ensemble de caractères communs. On a surtout cherché à tirer les signes distinctifs entre ces groupes secondaires, de la position de l'embryon, de la présence ou de l'absence de l'endosperme. Mais ces caractères ne nous paraissent pas avoir été suffisamment étudiés. En effet, la famille des *Cannabinées*, comprenant les genres *Cannabis* et *Humulus*, établie par M. Endlicher (*Gen.*, 286), serait caractérisée par l'absence de l'endosperme et un embryon hétérotrope. L'embryon est certainement homotrope ou, si l'on veut, amphitrope dans le *Cannabis*, qui a de plus un endosperme mince, mais très-évident.

Nous pensons, en conséquence, qu'on peut établir comme simples tribus les divisions suivantes dans la famille des Urticacées :

1re tribu. ULMACÉES : fleurs souvent hermaphrodites; embryon sans endosperme : * *Ulmus*, *Celtis*, *Planera*.

2e tribu. URTICÉES : fleurs unisexuées; fruits distincts ; embryon renfermé dans un endosperme charnu, quelquefois très-mince : * *Urtica*, * *Parietaria*, * *Cannabis*, * *Humulus*, * *Morus*, *Broussonelia*.

3e tribu. FICÉES : fleurs unisexuées ; fruits soudés ou réunis dans un involucre commun qui devient charnu; embryon dans un endosperme charnu : *Ficus*, *Dorstenia*.

Le genre *Platanus*, autrefois placé dans la famille des Amentacées, a été érigé comme type de famille, d'abord par M. Lestiboudois, de Lille, et ensuite par M. Lindley. Ce genre nous paraît en effet former un petit groupe assez distinct ; mais qu'on peut, sans inconvénient, rapprocher des Urticacées où il formerait une tribu, sous le nom de PLATANÉES.

49ᵉ famille. MONIMIACÉES, *Monimiaceæ*.

Monimiæ, Juss. *Ann. Mus*. XIV. 115. — *Atherospermeæ*, R. Brown, *in Flind. voy*. II, 553. — *Monimiaceæ* et *Atherospermaceæ*, Lindl *Nat. syst*. 188. — *Monimiaceæ*, Endlich. *gen*. 313.

Arbres ou arbrisseaux, à feuilles opposées, dépourvues de stipules, à fleurs unisexuées. Ces fleurs offrent un involucre globuleux ou caliciforme, dont les divisions sont disposées sur deux rangées. Dans le premier cas, cet involucre a seulement quelques petites dents à son sommet, et dans les fleurs mâles il se rompt et s'ouvre en quatre lobes profonds et assez réguliers, dont toute la face supérieure est chargée d'étamines à filaments courts, et formant chacune une fleur mâle. Dans le second cas (*Ruizia*), les étamines tapissent seulement la partie inférieure et tubuleuse de l'involucre ; les filaments sont plus longs, et vers leur partie inférieure ils portent de chaque côté un tubercule pédicellé analogue à celui qu'on observe à la même place dans les Lauracées. Les fleurs femelles se composent d'un involucre absolument semblable à celui des fleurs mâles. Dans les genres *Monimia* et *Ruizia*, on trouve au fond de cet involucre huit à dix pistils dressés, entièrement distincts les uns des autres et entremêlés de poils. Dans l'*Ambora*, ces pistils sont fort nombreux, entièrement plongés dans l'épaisseur des parois de l'involucre, n'ayant de libre et de visible que leur sommet, qui est un petit mamelon conoïde, et forme le véritable stigmate. Chacun de ces pistils est uniloculaire, et contient un seul ovule pendant du sommet de la loge ou dressé. Dans les genres *Ambora* et *Monimia*, l'involucre est persistant ; il prend même beaucoup d'accroissement, et devient charnu dans le premier de ces genres. Les fruits, qui dans l'*Ambora* sont contenus dans l'épaisseur même des parois de l'involucre, sont autant de petites drupes uniloculaires et monospermes. La graine tantôt dressée, tantôt renversée, se compose d'un tégument propre assez mince, recouvrant un très-gros endosperme charnu, dans la partie supérieure ou inférieure duquel est placé un embryon offrant la même direction que la graine.

Cette famille, établie par Ant. Laur. de Jussieu, avait été divisée en deux familles distinctes par Robert Brown ; nous croyons que ces deux familles pourraient être rétablies, car elles offrent des caractères qui les séparent assez nettement.

1ʳᵉ tribu. AMBORÉES : anthères s'ouvrant par un sillon longitudinal ;

graines renversées ; embryon à cotylédons souvent écartés : *Ambora*, *Monimia*, *Ruizia*, *Citrosma*.

2ᵉ tribu. ATHÉROSPERMÉES : anthères s'ouvrant de la base au sommet par le moyen d'une valvule ; graines dressées : *Pavonia*, *Atherosperma*.

Les Monimiacées ont beaucoup de rapports avec les Urticacées, auxquelles plusieurs des genres qui les composent étaient d'abord réunis ; mais elles en diffèrent surtout par leurs graines munies d'un très-gros endosperme, leur embryon très-petit, homotrope, placé à la base de l'endosperme, et par leurs feuilles opposées et sans stipules. Leurs fleurs unisexuées, contenues dans un involucre commun et persistant, les distinguent des Lauracées, dont elles se rapprochent par la structure de leurs étamines dans la tribu des Athérospermées.

50ᵉ famille. EUPHORBIACÉES, *Euphorbiaceæ*.

Euphorbiæ, Juss. *gen.* — *Euphorbiaceæ*, Ad. de Juss. *Monog.* Paris, 1824. Lindl. *Nat. syst.* 112. Endlich. *gen.* 1107.

Les Euphorbiacées sont des herbes, des arbustes ou de très-grands arbres qui croissent en général dans toutes les régions du globe ; la plupart contiennent un suc laiteux et très-irritant. Les feuilles, communément alternes, sont quelquefois opposées, accompagnées de stipules qui manquent quelquefois. Les fleurs sont unisexuées, généralement très-petites, et offrent une inflorescence très-variée. Leur calice est gamosépale, à trois, quatre, cinq ou six divisions profondes, munies intérieurement d'appendices écailleux et glanduleux. La corolle manque dans le plus grand nombre des genres, ou se compose de pétales tantôt distincts, tantôt réunis en une corolle gamopétale ; mais cette corolle ne paraît formée que par des étamines avortées et stériles. Dans les fleurs mâles, on compte un assez grand nombre d'étamines ; plus rarement ce nombre est limité, ou même chaque étamine peut être considérée comme une fleur mâle ainsi qu'on l'admet pour le genre Euphorbe : ces étamines sont libres ou monadelphes. Les fleurs femelles se composent d'un ovaire libre, sessile ou stipité, quelquefois accompagné d'un disque hypogyne. L'ovaire est en général à trois loges contenant chacune un ou deux ovules suspendus à leur angle interne. Du sommet de l'ovaire naissent trois stigmates généralement sessiles et allongés, bifides ou même multifides. Le fruit est sec ou légèrement charnu ; il se compose d'autant de coques contenant une ou deux graines qu'il y avait de loges au fruit : ces coques, qui sont osseuses intérieurement, s'ouvrent par leur angle interne en deux valves et avec élasticité ; elles s'appuient par leur angle interne sur une columelle centrale, qui souvent persiste après leur dispersion. Les graines, qui sont crustacées extérieurement, et présentent une petite caroncule charnue dans le voisinage de leur point d'attache, offrent un endosperme charnu dans lequel est renfermé un embryon axile et homotrope.

On doit à M. Adrien de Jussieu une excellente *Monographie* des genres de cette famille, qui y sont au nombre de quatre-vingt-six contenant environ mille quarante espèces. Ce nombre s'est encore accru depuis sa publication.

La famille des Euphorbiacées est extrèmement distincte par la structure de son fruit. Elle a quelques rapports avec certaines Térébinthacées, Malvacées et Rhamnées. Aussi plusieurs auteurs ont-ils proposé de placer cette famille parmi les Dicotylédones polypétales, non loin des Malvacées et des Rutacées avec lesquelles elle a de notables rapports. Néanmoins, comme c'est la majeure partie de ses genres qui sont incomplets et dépourvus de pétales, nous pensons que cette famille doit être plutôt laissée parmi les Apétales non loin des Urticacées, dont elle se rapproche par plusieurs caractères. Mais la structure du fruit, composé dans l'immense majorité des cas de trois coques, et celle de ses graines à gros endosperme charnu et huileux, la distinguent facilement des familles avec lesquelles elle a de l'analogie.

M. Adrien de Jussieu partage en six tribus les genres formant cette famille :

1re tribu. EUPHORBIÉES : loges 1-ovulées ; fleurs des deux sexes, réunies dans un involucre commun, une seule fleur femelle au centre avec plusieurs fleurs mâles monandres : *Pedilanthus*, **Euphorbia*, *Anthostemma*.

2e tribu. STILLINGIÉES : loges 1-ovulées ; fleurs nues ou apétalées ; une ou plusieurs à l'aisselle d'une bractée ; les mâles 2-10-andres : *Maprounea*, *Styloceras*, *Hippomane*, **Stillingia*, *Cælobogyne*.

3e tribu. ACALYPHÉES : loges 1-ovulées ; fleurs apétalées, calice à préfloraison valvaire, disposées en épis ou en grappes : *Tragia*, *Dalechampia*, *Mercurialis*, *Acalypha*, *Alchornea*.

4e tribu. CROTONÉES : loges 1-ovulées ; fleurs apétalées ou pétalées ; calice à préfloraison valvaire ou imbriquée, épis, fascicules, grappes : *Mabea*, *Croton*, *Aleurites*, *Adelia*, *Jatropha*, *Crozophora*.

5e tribu. PHYLLANTHÉES : loges 2-ovulées ; fleurs ordinairement apétalées; calice à préfloraison imbriquée; fleurs solitaires ou en fascicules axillaires : *Cluytia, Andrachne, Phyllanthus, Xylophylla.*

6ᵉ tribu. BUXÉES : loges 2-ovulées; fleurs apétalées, à préfloraison imbriquée, disposées en faisceaux axillaires, plus rarement en grappes ou en épis : *Amanoa, *Buxus, Drypetes.*

51ᵉ famille. PODOSTÉMACÉES, *Podostemaceæ.*

Podostemeæ, Richard, *in Humb. nov. gen.—Podostemaceæ*, Lindl. *Nat. syst.* 190. Endlich. *gen.* p. 268.

Fleurs hermaphrodites ou unisexuées, sans enveloppe florale ou avec un calice imparfait ; étamines très-variables en nombre, depuis une jusqu'à un nombre indéfini, hypogynes, dans les fleurs hermaphrodites, situées autour de l'ovaire ou réunies d'un seul côté; à filets distincts ou soudés et à anthères biloculaires s'ouvrant par un sillon longitudinal. Ovaire offrant d'une à trois loges, à placentaire pariétal quand il n'y a qu'une seule loge, axile lorsqu'il y en a plusieurs ; deux à trois stigmates sessiles ou portés sur autant de styles. Fruit capsulaire s'ouvrant en deux ou trois valves. Graines nombreuses à épisperme mince et recouvert d'un enduit mucilagineux. Embryon dicotylédoné homotrope dépourvu d'endosperme. Herbes aquatiques offrant quelquefois le port des Mousses et des Jongermannes ; à feuilles alternes simples ou partagées en lanières ou lobes, qui peuvent devenir assez nombreux pour simuler une feuille composée ou un rameau chargé de feuilles. Fleurs axillaires ou terminales, solitaires ou en épi.

Il n'est pas très-aisé de déterminer exactement la place que cette petite famille doit occuper dans la série des ordres naturels, parce que ses affinités sont assez obscures. Par son port elle se rapproche beaucoup des Monocotylédonés, et en particulier des Naïades, mais l'embryon est bien certainement dicotylédoné. Il faut donc la rapprocher des genres dicotylédonés apétales, comme les Urticacées et les Monimiacées, ainsi que l'ont proposé plusieurs botanistes, tout en convenant qu'elle n'a que de bien faibles affinités avec ces familles. Les genres qui la composent sont : *Podostemum, Mourera, Lacis, Philocrene, Mniopsis, Hydrostachys, Tristicha*, tous genres exotiques.

32ᵉ famille. LAURACÉES. *Lauraceæ*.

Lauri, Juss. *gen.* — *Laurineæ*, Rich. Nees ab Esenb. *Syst. Laurin. Berol.* 1836.
Endlich. *gen.* 315. — *Lauraceæ* Lindl. *Nat. syst.* 200.

Arbres et arbrisseaux à feuilles alternes, rarement opposées, entières ou lobées, très-souvent coriaces, persistantes et ponctuées.
Leurs fleurs (*fig.* 34), quelquefois unisexuées, sont disposées en

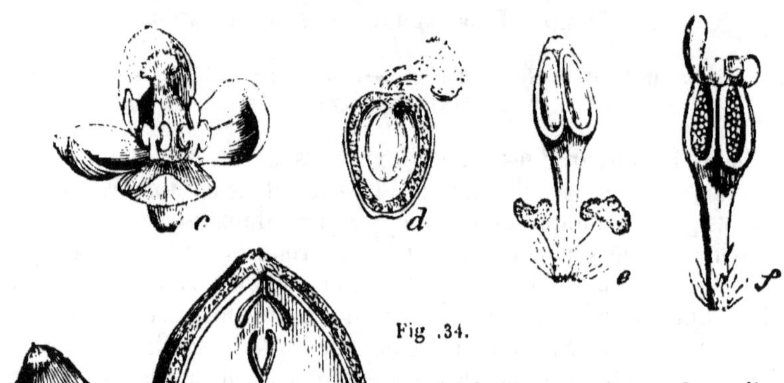

Fig. 34.

panicules ou en cimes. Le calice
est gamosépale, à quatre (*c*) ou six
divisions profondes, imbriquées
par leurs bords avant leur épanouissement. Les étamines sont
au nombre de quatre, huit ou
douze, insérées à la base du calice
et disposées sur deux rangs ; les intérieures ont leurs anthères extrorses ; elles sont introrses dans le rang extérieur ; leurs filets
présentent à leur base deux appendices pédicellés (*e*), de forme
variée, et qui paraissent être des étamines avortées. Les anthères
sont terminales, s'ouvrant au moyen de deux ou quatre valvules (*f*)
qui s'enlèvent de la base vers le sommet. L'ovaire est libre, uniloculaire, contenant un seul ovule pendant et anatrope (*d*). Le style
est plus ou moins allongé, terminé par un stigmate simple. Le
fruit est charnu ou légèrement drupacé (*a*), accompagné par le
calice ou seulement par sa base qui forme une sorte de cupule.
La graine contient sous son tégument propre un très-gros embryon
homotrope (*b*) renversé comme la graine, ayant des cotylédons
extrèmement épais et charnus.

Fig 34. *Laurus nobilis a*, Fruit entier. *b*, Le même, coupé longitudinalement
et montrant l'embryon. *c*. Fleur entière. *d*, Pistil. *e*, *f*, Étamines.

Cette famille a pour type le Laurier et quelques genres qui ont avec lui du rapport, comme les *Borbonia*, *Ocotea* et *Cassytha*. Ce dernier est remarquable en ce qu'il est formé de plantes herbacées, volubiles et sans feuilles. Jussieu avait réuni aux Lauracées le Muscadier ; mais M. R. Brown l'en a, à juste titre, retiré pour en former une famille distincte sous le nom de *Myristicées*. La famille des Lauracées est surtout caractérisée par son port, ses étamines, dont les anthères s'ouvrent au moyen de valvules. Le même caractère s'observe encore dans les Hamamélidées et les Berbéridées, mais ces familles appartiennent à la classe des Dicotylédonés polypétales hypogynes.

On doit à M. Nees d'Esenbeck une suite de travaux très-importants sur la famille des Lauracées. Il est seulement à regretter que ce botaniste célèbre ait cru devoir multiplier autant le nombre des genres qu'il a établis aux dépens du petit nombre de genres existant autrefois dans cette famille.

53ᵉ famille. MYRISTICACÉES, *Myristicaceæ*.

Myristiceæ, R. Brown, *Prodr.* 399. Endlich. *gen.* 829. — *Myristicaceæ*, Lindl. *Nat. syst.* 15.

Arbres tous exotiques et croissant sous les tropiques, ayant des feuilles alternes, non ponctuées, entières, des fleurs dioïques, axillaires ou terminales, diversement disposées. Leur calice gamosépale est à trois divisions valvaires. Dans les fleurs mâles, on trouve de trois à douze étamines monadelphes, dont les anthères rapprochées et souvent soudées ensemble s'ouvrent par un sillon longitudinal. Dans les fleurs femelles, l'ovaire est libre, à une seule loge contenant un seul ovule dressé et anatrope ; très-rarement on en observe deux. Le style est très-court, terminé par un stigmate lobé. Le fruit est une sorte de baie capsulaire s'ouvrant en deux valves. La graine est recouverte par un faux arille charnu, divisé en un grand nombre de lanières. L'endosperme est corné et très-dur, marbré, contenant vers sa base un très-petit embryon dressé.

Cette famille a pour type le Muscadier (*Myristica*). Elle est très-distincte des Lauracées par son calice à trois divisions ; ses étamines monadelphes s'ouvrant par un sillon longitudinal ; sa graine dressée, arillée ; son embryon très-petit, contenu dans un endosperme dur et marbré.

Quelques auteurs rapprochent cette petite famille de celle des Anonacées parmi les Polypétales. Mais c'est une affinité qui nous paraît peu réelle ; je ne vois guère que la graine qui offre, en effet, quelque analogie entre ces deux familles, du reste si différentes.

54ᵉ famille. HERNANDIACÉES, *Hernandiaceæ*.

Hernandiæ, Blume, bijdr. 550. — *Hernandiaceæ*, Lindl. *Nat. syst.* 195.

Fleurs monoïques ou hermaphrodites, environnées d'un involucre coloré. Calice pétaloïde, supérieur, tubuleux, à quatre ou huit divisions caduques. Étamines en nombre défini, insérées sur deux rangs à la face interne du calice, le rang extérieur composé d'étamines stériles : anthères s'ouvrant par un sillon longitudinal. Ovaire libre, à une seule loge contenant un ovule pendant, style simple ou nul, terminé par un stigmate pelté. Fruit drupacé, fibreux et monosperme. Embryon épispermique, renversé. Les Hernandiacées sont des arbres exotiques, à feuilles entières et alternes, et à fleurs disposées en épis ou en corymbes, tantôt axillaires, tantôt terminaux.

C'est M. Blume qui a proposé d'établir cette famille pour les deux genres *Hernandia*, placés par Jussieu à la suite des Lauracées, et *Inocarpus*, à la suite des Sapotées. Ce petit groupe est voisin des Daphnacées, dont il diffère surtout par son fruit drupacé et fibreux, par son embryon dépourvu d'endosperme. M. Endlicher (*Gen.* 332) place les deux genres *Inocarpus* et *Hernandia*, comme une simple tribu à la suite des Daphnacées.

55ᵉ famille. BALANOPHORÉES, *Balanophoreæ*.

Balanophoreæ, L. C. Rich. *Mém. Mus.* VIII, 428. Schott. et Endl. *Melet.* 10. Mart. *Nov. gen.* III, 150. Lindl. *Nat. syst.* p. 293. Endlich. *gen.* 72.

Petite famille composée de végétaux parasites d'un port particulier, qui a quelque analogie avec celui des Clandestines et des Orobanches, et qui, comme ces dernières, vivent constamment implantés sur la racines d'autres végétaux. Leur tige, dépourvue de feuilles, est chargée d'écailles ou nue. Les fleurs sont monoïques, formant des épis ovoïdes très-denses. Dans les fleurs mâles, le calice est à trois divisions profondes, égales et étalées ; rarement une simple écaille tient lieu du calice. Les étamines sont au nombre d'une à trois, rarement au delà ; elles sont soudées à la fois par leurs anthères et par leurs filets ; dans les fleurs femelles, l'ovaire est infère, à une seule loge, contenant un seul ovule renversé. Le limbe du calice, qui couronne l'ovaire, est entier ou formé de deux à quatre divisions inégales. Il y a un ou deux styles filiformes terminés par autant de stigmates simples. Le fruit est une cariopse globuleuse, ombiliquée. La graine contient un très-petit embryon globuleux, placé dans une petite fossette superficielle d'un très-gros endosperme charnu.

Les genres qui composent cette petite famille sont : *Helosis*, *Langsdorffia*, *Cynomorium*, *Balanophora*, *Lophophytum*, *Sarcophyte* et *Scybalium*. Elle a quelques rapports avec les Aroïdées.

56ᵉ famille. RAFFLÉSIACÉES, *Rafflesiaceæ*.

Rafflesiaceæ, Schott. et Endlich. *Melet.* 14. Lindl. *Nat. syst.* 392. Endlich. *gen.* 75 .

Les fleurs sont hermaphrodites ou unisexuées par avortement. Le limbe du calice est globuleux ou campanulé, à cinq lobes imbriqués dans le bouton. La gorge du calice est garnie de cinq corps charnus distincts ou soudés en anneau. Les étamines monadelphes ont l'androphore hypocratériforme ou globuleux, adhérent avec le tube du calice; anthères nombreuses distinctes ou soudées, attachées par la base, disposées sur un seul rang, biloculaires, à loges opposées s'ouvrant chacune par un pore. Ovaire infère à une seule loge, contenant plusieurs trophospermes pariétaux, couverts chacun d'un très-grand nombre d'ovules. Les styles, en même nombre que les trophospermes, sont coniques et soudés dans l'intérieur du tube formé par l'androphore, mais distincts au-dessus de ce tube qu'ils dépassent.

Les Rafflésiacées sont des plantes parasites extrèmement singulières, privées de tiges et de feuilles, et naissant sur la racine de quelques arbres dans les régions chaudes de l'ancien continent, et consistant presque uniquement en une fleur, quelquefois de grandeur colossale, environnée de larges écailles colorées. Les genres *Brugmansia*, *Rafflesia*, *Frostia*, composent cette singulière famille, dont l'organisation anomale nous a été successivement dévoilée par les beaux travaux de MM. R. Brown, Bauer, Blume, Schott et Endlicher. En effet, les Rafflésiacées participent à la fois par leur organisation des plantes phanérogames ou vasculaires et des plantes cryptogames ou cellulaires. Ainsi elles ont, comme les premières, des enveloppes florales bien distinctes, des organes sexuels, à peu près conformés comme ceux des phanérogames ordinaires. D'un autre côté, elles n'ont que de faibles traces de vaisseaux en spirale; leur graine paraît composée d'une masse homogène de matière grumeuse, dans laquelle il est impossible de rien distinguer qui annonce la structure d'un embryon, caractères qui tous établissent l'analogie des Rafflésiacées avec les plantes cryptogames.

57ᵉ famille. CYTINACÉES, *Cytinaceæ*.

Cytinæ, Brong. *Ann. Sc. nat.* I, 29. Schott. et Endlich. *Melet.* 13. Endlich. *gen.* 75. — *Cytinaceæ*, Lindl. *Nat. syst.* 392.

Fleurs monoïques au sommet d'une tige couverte d'écailles, placées à l'aisselle de bractées, accompagnées de bractéoles. Les fleurs mâles ont un périanthe tubuleux, campanulé, offrant un limbe à quatre ou à six divisions étalées, imbriquées, les extérieures alternant avec les bractéoles. Androphore charnu, dépassant le tube du calice, épaissi à son sommet, qui porte les anthères et communément huit tubercules coniques. Les anthères, au nombre de huit, sont sessiles, à deux loges distinctes s'ouvrant par un sillon longitudinal. Les divisions du calice sont réunies avec l'androphore au moyen de quatre appendices membraneux en forme de cloisons. Les fleurs femelles ont le calice de même forme que les mâles, mais avec un ovaire infère, à une seule loge offrant huit trophospermes pariétaux. Le style est simple, cylindrique, réuni au tube du calice par des appendices membraneux semblables à ceux des fleurs mâles. Le stigmate est épais, capitulé et rayonné.

Cette famille, d'abord indiquée par M. R. Brown, établie par M. Brongniart, a été mieux caractérisée et limitée dans ces derniers temps par M. Endlicher, dans son magnifique ouvrage intitulé *Meletemata*, page 13. Cet habile observateur y place les genres *Cytinus*, *Hypolepis*, *Aphyteia* et *Apodanthes*. Ce sont des plantes généralement parasites, d'un port particulier qui rappelle celui des Orobanches, ayant leur tige sans feuilles, mais couverte d'écailles. Cette famille diffère surtout des Aristolochiées par son port, par ses fleurs unisexuées et son ovaire uniloculaire. Elle a aussi des rapports avec les Rafflésiacées; mais celles-ci ont les étamines très-nombreuses, s'ouvrant par des pores, et les styles d'abord soudés, puis distincts.

Le genre *Nepenthes*, si remarquable par les appendices en forme d'amphores qui terminent ses feuilles, avait été placé dans la famille des Cytinées par M. Adolphe Brongniart. Mais il s'en éloigne considérablement par son port, et par quelques caractères particuliers, comme son ovaire libre, à quatre loges, etc. M. Lindley en forme une famile particulière qu'il nomme NÉPENTHACÉES, et qu'il place tout près des Aristolochiées. Mais dans les Népenthacées l'ovaire est libre et les étamines sont monadelphes.

NEUVIÈME CLASSE. DICOTYLÉDONÉS : FLEURS APÉTALES HERMA-
　　　　PHRODITES.

A. Ovaire adhérent.

  1. A six loges polyspermes.................... ARISTOLOCHIACÉES.
  2. A une seule loge oligosperme .... SANTALACÉES.

B. Ovaire libre.

  † Embryon endospermique.
    « Plusieurs carpelles distincts contenant de 2 à
      4 ovules. .... SAURURACÉES.
    « Plusieurs carpelles soudés en un ovaire à loges
      monospermes...................... PHYTOLACCACÉES.
    « Un seul carpelle, ou plusieurs carpelles sou-
      dés en un ovaire uniloculaire.

                linéaire.......... ...... ÉLÉAGNACÉES.
    a. Un seul stig-   embryon droit.... DAPHNACÉES.
      mate ..... capitulé embryon roulé au-
                  tour d'un endosp.
                farineux.. .... NYCTAGINACÉES.
    b. Deux ou trois stigmates.
  Embryon antitrope latéral.................... POLYGONACÉES.
  Embryon homotrope embrassant l'endosperme.
    Sépales herbacés........................ CHÉNOPODIACÉES.
    Sépales scarieux au moins sur les bords ...... AMARANTHACÉES.
  †† Embryon épispermique.
  Embryon homotrope....................... PROTÉACÉES.
  Embryon antitrope........................ AQUILARIACÉES.

58ᵉ famille. ARISTOLOCHIACÉES, *Aristolochiaceæ.*

Aristolochiæ, Juss. *gen.* Endlich. *gen.* 344. — *Aristolochiaceæ,* Lindl. *Nat.
syst.* 205.

Famille ayant pour type le genre Aristoloche. Ce sont des plantes
herbacées ou frutescentes et volubiles, portant des feuilles alternes
et entières, des fleurs axillaires (*fig.* 35). Leur calice est régulier,
à trois divisions valvaires, ou irrégulier, tubuleux, et formant une
languette (*a*) ou lèvre d'une figure très-variée. Les étamines sont
au nombre de six ou de douze, insérées sur l'ovaire; elles sont
tantôt libres et distinctes, tantôt soudées intimement avec le style
et le stigmate et formant ainsi une sorte de mamelon placé au sommet de l'ovaire, c'est-à-dire qu'elles sont gynandres. Sur ses parties latérales, ce mamelon porte les six anthères qui sont biolocu-
laires, et à son sommet il se termine par six petits lobes qui
doivent être considérés comme les stigmates. Le fruit est une cap-

sule (*b*), ou une baie à trois ou à six loges, contenant chacune un très-grand nombre de graines renfermant un très-petit embryon (*f*, *g*

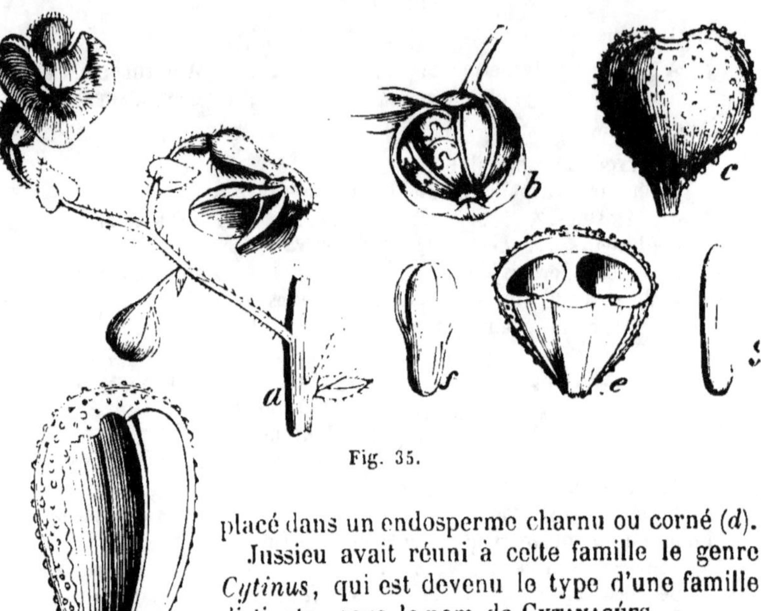

Fig. 35.

placé dans un endosperme charnu ou corné (*d*).

Jussieu avait réuni à cette famille le genre *Cytinus*, qui est devenu le type d'une famille distincte, sous le nom de CYTINACÉES.

La famille des Aristolochiacées est parfaitement distincte et caractérisée par son ovaire infère; à six loges contenant chacune un très-grand nombre d'ovules, par ses étamines au nombre de six à douze. Les genres de cette famille sont peu nombreux et forment néanmoins deux tribus.

1ʳᵉ tribu. ASARÉES : étamines distinctes : *Asarum*, *Heterotropa*.

2ᵉ tribu. ARISTOLOCHIÉES : étamines gynandres : *Aristolochia*, *Bragantia*, *Thottea*.

<h2 style="text-align:center">59ᵉ famille. * SANTALACÉES, Santalaceæ.</h2>

Santalaceæ, R. Brown, *Prodr.* 350. Lindl. *Nat. syst.* 193. Endlich. *gen.* 224.

Plantes herbacées ou frutescentes, ou arbres à feuilles alternes, rarement opposées, sans stipules, à fleurs petites, solitaires, ou

Fig. 35. *Aristolochia serpentaria*. *a*, Rameau florifère. *b*, Capsule mûre et déhiscente. *c*, Graine vue par sa face supérieure. *d*, Graine fendue longitudinalement et montrant la place de l'embryon. *e*, La même, coupée en travers. *f*, *g*, L'embryon.

disposées en épis ou en sertule (*fig.* 36). Leur calice est adhérent avec l'ovaire infère (*a*), à quatre ou cinq divisions valvaires. Les étamines, au nombre de quatre à cinq, sont opposées aux divisions calicinales et insérées à leur base (*a*). L'ovaire est infère, à une seule loge , contenant un, deux ou quatre ovules qui pendent au sommet d'un podosperme filiforme (*a*) naissant et s'élevant du fond de la loge. Le style est simple, terminé par un stigmate lobé. Le fruit est indéhiscent, monosperme , quelquefois légèrement charnu. La graine offre un embryon axile dans un endosperme charnu (*c*).

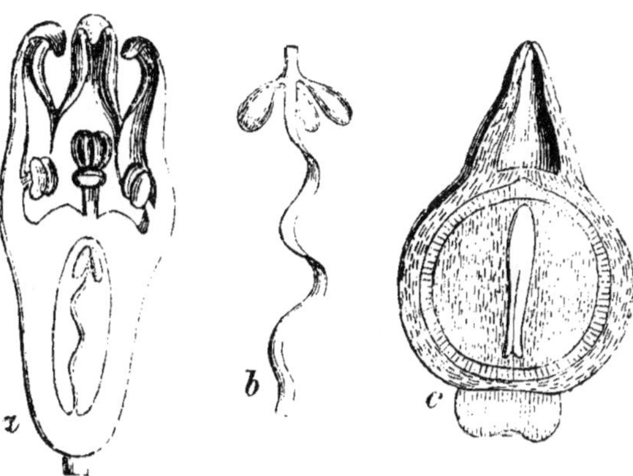

Fig. 36.

Cette famille, établie par Robert Brown, se compose des genres * *Thesium*, *Quinchamalium*, * *Osyris*, *Fusanus*, placés par M. de Jussieu dans la famille des Eléagnées, et du genre *Santalum* qui faisait partie des Onagraires. Elle diffère surtout des Eléagnées par son ovaire infère et contenant plusieurs ovules pendants du sommet d'un trophosperme axile et basilaire, tandis que les Eléagnées ont l'ovaire libre contenant un seul ovule dressé. Elle a aussi des rapports avec la famille des Combrétacées. Mais celle-ci se distingue par ses ovules pendants du sommet de la loge de l'ovaire, par ses graines sans endosperme et par la corolle polypétale que l'on remarque dans quelques-uns de ses genres.

La petite famille des *Olacinées* a aussi beaucoup d'analogie avec les Santalacées; mais elle en diffère par son ovaire libre, quelquefois à plusieurs loges, contenant deux ou trois ovules attachés à leur partie supérieure, et enfin par la présence d'une corolle formée de quatre à six pétales.

Fig. 36. *Thesium euphorbioides.* *a,* Fl. fendue longitudinalement pour montrer l'ovaire contenant un trophosperme axile portant trois ovules. *b,* Le trophosperme et ses trois ovules. *c,* Coupe du fruit mûr contenant un embryon axile dans un endosperme charnu.

60ᵉ famille. SAURURACÉES , *Saururaceæ*.

Saurureæ. Rich. *Anal.* 1808. E. Meyer, *de Saurureis Regiom.* 1827. Endlich. *gen.* 256. -- *Saururaceæ*, Lindl. *Nat. syst.* 184.

Plantes qui croissent sur le bord des eaux ou nagent à leur surface. Leurs feuilles sont alternes, simples, pétiolées. Leurs fleurs sont hermaphrodites, dépourvues de périanthe, et ayant une simple écaille qui en tient lieu, et sur laquelle sont insérés les étamines et les pistils. Les premières sont au nombre de six à neuf, ayant leurs filets subulés, et leur anthère à deux loges qui s'ouvrent par un sillon longitudinal. Les pistils sont au nombre de trois à quatre au centre de chaque fleur. Ils sont à une seule loge contenant deux ou trois ovules dressés ou ascendants. Le style est marqué d'un sillon glanduleux sur le milieu de son côté interne, qui à son sommet s'élargit en stigmate. Le fruit se compose de petites capsules indéhiscentes contenant chacune une ou deux graines. Celles-ci sous leur tégument propre contiennent un double endosperme : l'un charnu, beaucup plus gros, l'autre beaucoup plus petit, déprimé, placé au sommet du premier, et contenant un embryon extrêmement petit, placé dans son intérieur, renversé et dont le corps cotylédonaire est à peine bilobé.

Cette famille se compose des genres *Saururus*, *Houttuynia* et *Aponogeton*. Elle est du nombre de celles qui ont été placées tantôt parmi les Dicotylédons, tantôt parmi les Monocotylédons. Le genre *Saururus* a de grandes analogies avec les *Poivriers*, que l'on a longtemps considérés comme Monocotylédons, mais qui cependant sont bien réellement Dicotylédons, non-seulement par leur germination, mais par l'organisation de leur tige et de leur embryon, conformé comme celui des Nymphéacées. D'un autre côté on ne saurait nier les affinités de cette petite famille avec les Naïadées et les Aroïdées, parmi les Monocotylédonés.

61ᵉ famille. ÉLÉAGNACÉES , *Elæagnaceæ*.

Elæagneæ, A. Rich. *Mém. soc. Hist. nat.* I, 374. Endlich. *gen.* 333. — *Elæagnorum gen.* Juss. — *Elæagnaceæ*, Lindl. *Nat. syst.* 194.

Arbres ou arbrisseaux, à feuilles alternes ou opposées, sans stipules et entières (*fig.* 37). Leurs fleurs sont dioïques ou hermaphrodites (*a*) : les mâles sont quelquefois disposées en espèces de chatons. Le calice est gamosépale, tubuleux; son limbe est entier ou à deux ou quatre divisions. Les étamines, au nombre de trois à huit, sont introrses et presque sessiles sur la paroi interne du calice (*b*). Dans les fleurs femelles, le tube du calice recouvre

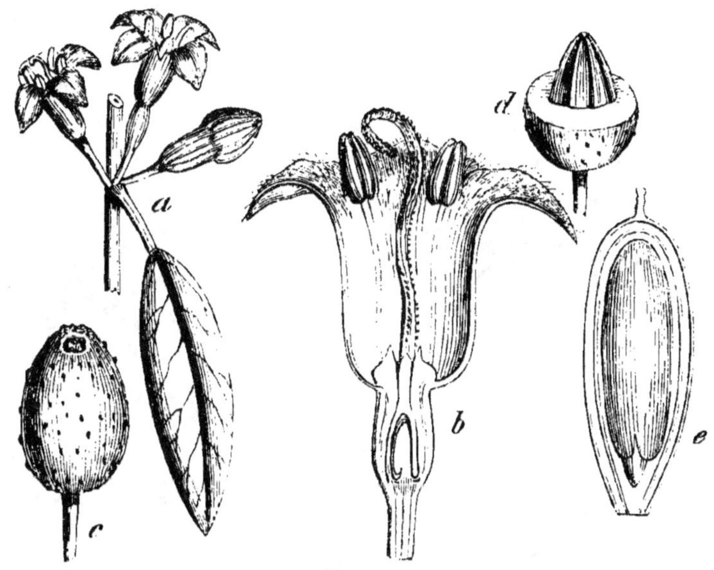

Fig. 37.

immédiatement l'ovaire, mais sans y adhérer (*b*). L'entrée du tube est quelquefois en partie bouchée par un disque diversement lobé. L'ovaire est libre, uniloculaire, contenant un seul ovule ascendant (*b*), pédicellé et anatrope. Le style est court. Le stigmate est simple, allongé, linguiforme (*b*). Le fruit est un akène crustacé, recouvert par le calice (*c*) qui est devenu charnu. La graine contient, dans un endosperme très-mince (*e*), un embryon qui a la même direction que celle-ci.

La famille des Éléagnacées, telle qu'elle avait été établie par Jussieu, se composait de genres assez disparates. M. R. Brown, le premier, a mieux circonscrit les limites de cette famille, en la réduisant aux seuls genres *Elæagnus* et *Hippophae*, auxquels nous avons ajouté les deux genres nouveaux *Shepherdia* et *Conuleum*, qui tous ont l'ovaire libre et monosperme. Déjà Jussieu avait retiré des Éléagnées les genres *Terminalia*, *Bucida*, *Pamea*, etc., pour en former la famille des Combrétacées.

Fig. 37. *Elæagnus angustifolia*. *a*, Fascicule de fleurs. *b*, Fleur fendue longitudinalement. *c*, Fruit. *d*, La partie supérieure du noyau mise à nu. *e*, Le fruit fendu pour montrer l'embryon.

62ᵉ famille. DAPHNACÉES, *Daphnaceæ*.

Thymeleæ, Juss. *gen.* — *Daphnaceæ*, Lindl. *Nat. syst.* 191. — *Daphnoideæ*, Endlich. *gen.* 329.

Arbrisseaux, rarement plantes herbacées, à feuilles alternes ou opposées, très-entières, ayant les fleurs terminales ou axillaires (*fig.* 38), en sertules, en épis, solitaires, ou réunies plusieurs en-

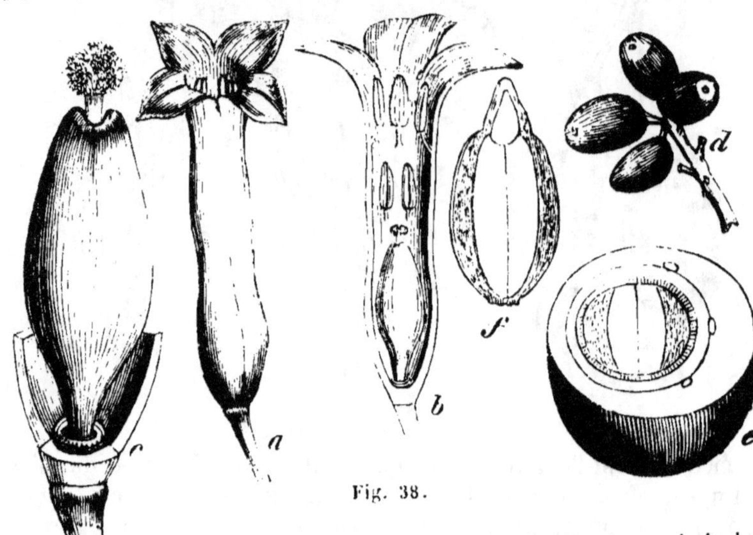

Fig. 38.

semble à l'aisselle des feuilles. Le calice est généralement coloré et pétaloïde (*a*), plus ou moins tubuleux, à quatre ou cinq divisions imbriquées avant leur épanouissement. Les étamines, en général au nombre de huit, disposées sur deux rangs (*b*), ou de quatre, ou simplement de deux, sont insérées et généralement sessiles à la paroi interne du calice. L'ovaire est uniloculaire, et contient un seul ovule pendant. Le style est simple, terminé par un stigmate également simple (*e*). Le fruit (*d, c*) est une sorte de noix légèrement charnue extérieurement. L'embryon, qui est renversé comme la graine, est contenu dans un endosperme charnu et mince (*f*) et a sa radicule supérieure.

Les genres principaux de cette famille sont : * *Daphne*, * *Stellera*, * *Passerina*, *Pimelea*, *Struthiola*, etc.

Fig. 38. *Daphne laureola. a*, Fleur entière grossie. *b*, La même, fendue suivant sa longueur. *c*, Pistil isolé. *d*, Fruits. *e*, Un fruit coupé en travers. *f*, Graine fendue longitudinalement.

Les Daphnacées forment un petit groupe très-naturel qui diffère des Eléagnées par son ovule pendant et non dressé, et des Santalacées par son ovaire libre et uniovulé.

63ᵉ famille. PROTÉACÉS, *Proteaceæ.*

Proteaceæ, Juss. *gen.* R. Brown, *Lin. Trans.* X. 45. Knight et Salisb. *Prot. Lond.* 1810. Lindl. *Nat. syst.* Endlich. *gen.* 386.

Les Protéacées sont toutes des arbrisseaux ou des arbres exotiques qui croissent en abondance au cap de Bonne-Espérance et à la Nouvelle-Hollande. Les feuilles sont alternes, quelquefois pres-

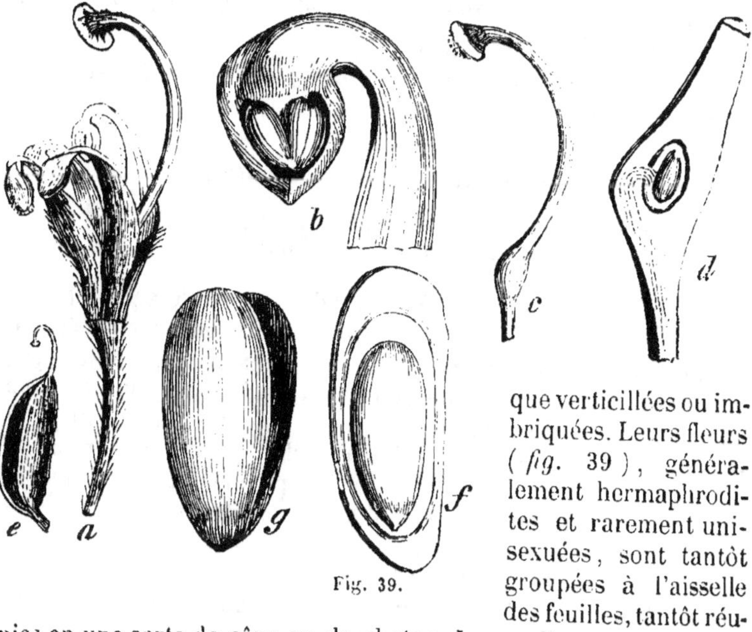

que verticillées ou imbriquées. Leurs fleurs (*fig.* 39), généralement hermaphrodites et rarement unisexuées, sont tantôt groupées à l'aisselle des feuilles, tantôt réunies en une sorte de cône ou de chaton. Leur calice se compose de quatre sépales linéaires (*a*) quelquefois soudés, et formant un calice tubuleux à quatre divisions plus ou moins profondes et valvaires. Les étamines, au nombre de quatre, sont opposées aux sépales et presque sessiles (*b*) au sommet de leur face interne. L'ovaire est libre, à une loge contenant un ovule attaché (*d*) vers le milieu de sa hauteur. Le style se termine par un stigmate (*c*) généralement

Fig. 39. *Grevillea linearis. a*, Fleur entière grossie. *b*, Un des sépales portant une étamine. *c*, Pistil. *d*, Ovaire fendu longitudinalement et montrant la position de l'ovule. *e*, Fruit déhiscent. *f*, Graine coupée suivant sa longueur. *g*, Embryon.

simple. On trouve souvent un certain nombre de glandes hypogynes autour de la base de l'ovaire. Les fruits sont des capsules (*e*) de forme variée, uniloculaires et monospermes ou dispermes ; s'ouvrant d'un seul côté par une suture longitudinale, et dont la réunion constitue quelquefois une sorte de cône. La graine, qui est parfois ailée (*f*) se compose d'un embryon droit (*g*) dépourvu d'endosperme.

Les genres de cette famille sont nombreux, tous exotiques. Cette famille, à cause de la forme de son calice, de ses étamines sessiles au sommet des sépales, et surtout par son port, ne peut être confondue avec aucune autre.

Ses genres forment deux tribus bien distinctes :

1re tribu. **Protéinées** : fruits indéhiscents : *Aulax, Leucadendrum, Petrophila, Protea, Isopogon.*

2e tribu. **Grévillées** : fruits déhiscents : *Grevillea, Hakea, Rhopala, Embothrium.*

<h3 style="text-align:center">64e famille. Aquilariacées, Aquilariaceæ.</h3>

Aquilarineæ, R. Brown, Congo, p. 25. DC. Prodr. II, 59. Endlich. gen. 332. — Aquilariaceæ, Lindl. Nat. syst. 196.

Calice tubuleux ou turbiné, à cinq divisions étalées persistantes, à estivation imbriquée ; gorge munie de dix ou de cinq écailles (étamines avortées), étamines dix ou cinq, et alors opposées aux segments du calice. Filaments attachés à l'orifice du tube calicinal un peu au-dessous des écailles ; anthères à deux loges. Ovaire libre, sessile ou stipité, comprimé, à une seule loge, offrant sur chaque côté plane un trophosperme linéaire proéminent en forme de cloison, et faisant ainsi paraître l'ovaire comme à deux loges. Chaque trophosperme donne attache à deux ovules. Le style est court ou nul, le stigmate simple est large. Le fruit est une capsule comprimée à une seule loge et bivalve, contenant deux graines, munies chacune d'un arille et renfermant un embryon sans endosperme, ayant la radicule étroite et supérieure. Arbres exotiques à feuilles alternes, entières, dépourvues de stipules.

Cette famille comprend les genres : *Aquilaria, Ophiospermum* et *Gyrinops.* M. de Candolle (*Prodr.* II, 59) la place dans les Polypétales entre les Chailletiées et les Térébinthacées ; R. Brown (*Congo*, 25) la considère comme faisant partie des Chailletiées, en indiquant néanmoins les rapports avec les Thymélées. C'est auprès de cette dernière famille que M. Lindley (*Nat. syst.* 196) croit devoir ranger définitivement la petite famille des Aquilariacées.

65ᵉ famille. PHYTOLACCACÉES, *Phytolaccaceæ*.

Phytolacceæ, Brown, *Congo*, 454. — *Phytolaccaceæ* et *Peteveriaceæ*, Lindl. *Nat. syst.* 210. — *Phytolacceæ*, Endlich. *gen.* 975.

Le calice est formé de quatre à cinq sépales souvent colorés; les étamines sont en nombre indéterminé ou en même nombre que les sépales avec lesquels elles alternent. Ovaire à une ou à plusieurs loges contenant chacune un ovule ascendant; styles et stigmates en nombre égal à celui des loges. Fruit charnu ou sec, à une ou à plusieurs loges. Graines contenant un embryon cylindrique roulé autour de l'endosperme. Plantes herbacées ou arbustes à feuilles alternes entières, dépourvues de stipules, et à fleurs disposées en grappes.

Cette famille se compose de genres qui ont été pour la plupart séparés de la famille des Chénopodiées, dont ils diffèrent surtout par leur ovaire multiloculaire, par leurs étamines ou en nombre plus considérable que les sépales, ou en nombre égal, et alors alternant avec eux, et, quand leur ovaire est simple, par leur calice constamment coloré et pétaloïde,

Les genres rapportés à cette famille sont : *Phytolacca, Anisomeria, Petiveria, Seguiera, Rivina, Gisekia, Bosea, Cryptocarpus, Semonvillæa, Gaudinia.*

66ᵉ famille. POLYGONACÉES, *Polygonaceæ*.

Polygoneæ, Juss. *gen.* Endlich. *gen.* 304. — *Polygonaceæ*, Lindl. *Nat. syst.* 211.

Plantes herbacées, sous-frutescentes, ou grands arbres, à feuilles alternes, engainantes à leur base, ou adhérentes à une gaîne mem-

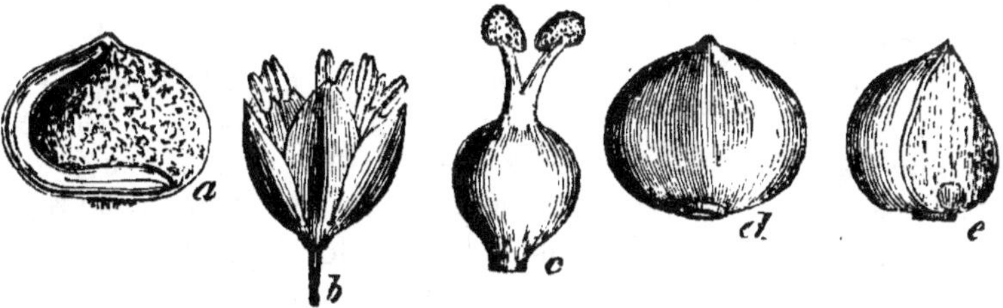

Fig. 40.

braneuse et stipulaire, roulées en dessous sur leur nervure moyenne dans leur jeunesse; fleurs (*fig.* 40) hermaphrodites ou uni-

Fig. 40. *Polygonum orientale*. *b*, Fleur entière. *c*, Pistil. *d*, Fruit. *e*, Fruit coupé transversalement à l'embryon. *a*, Fruit coupé parallèlement à l'embryon.

sexuées, disposées en épis cylindriques ou en grappes terminales ; calice formé de quatre (*b*) à six sépales, libres ou soudés par leur base, quelquefois disposés sur deux rangs et imbriqués avant leur évolution ; étamines de quatre à neuf, libres et à anthères s'ouvrant longitudinalement ; ces étamines sont disposées sur deux rangs ; dans le rang interne les anthères sont extrorses ; elles sont introrses dans le rang extérieur ; ovaire libre (*c*), uniloculaire, offrant un seul ovule dressé portant deux ou trois styles et autant de stigmates. Le fruit, assez souvent triangulaire, est sec et indéhiscent (*d*), quelquefois recouvert par le calice qui persiste. La graine contient un embryon cylindrique en partie roulé sur un endosperme farineux (*a*), et dont la radicule est supérieure.

Cette famille se compose des genres : * *Polygonum*, * *Rumex*, * *Rheum*, *Coccoloba*, etc. Elle se distingue des Chénopodiacées par la gaîne stipulaire de ses feuilles, par son ovule dressé et par son embryon renversé.

67ᵉ famille. Chénopodiacées, *Chenopodiaceæ*.

Chenopodeæ, de Cand. *Fl. fr.* Moquin-Tandon, *Monogr.* Paris, 1840. Lindl. *Nat. syst.* Endlich. *gen.* 292. Meyer, *in Lebedour. fl. alt.* 1, 369.—*Atripliceæ*, Juss.

Plantes herbacées ou ligneuses, à feuilles alternes ou opposées, sans stipules. Leurs fleurs (*fig.* 44) sont petites, quelquefois unisexuées, disposées soit en grappes rameuses, soit groupées à l'aisselle des feuilles. Leur calice gamosépale, quelquefois tubuleux à sa base, est à trois, quatre ou cinq lobes plus ou moins profonds (*a*), persistants. Les étamines varient d'une à cinq ; elles sont insérées soit à la base du calice, soit sous l'ovaire : ces étamines sont opposées aux lobes du calice. L'ovaire est libre, uniloculaire, monosperme, contenant un seul ovule dressé et porté (*c*) quelquefois sur un podosperme plus ou moins long et grêle. Le style, qui est rarement simple, est à deux (*b*), trois ou quatre divisions, terminées chacune par un stigmate subulé. Le fruit (*d*) est un akène ou une petite baie. La graine (*e*) se compose sous son tégument propre d'un embryon cylindrique homotrope, grêle, recourbé sur un endosperme farineux ou roulé en spirale (*f*) et quelquefois presque sans endosperme.

Cette famille a, d'une part, beaucoup de rapports avec les Polygonacées, qui en diffèrent par la gaîne stipulaire de leurs feuilles, par leur embryon non roulé en spirale et leur radicule supérieure. Elle a aussi, d'une autre part, beaucoup d'analogie avec les Amaranthacées, dont celles-ci ne diffèrent en réalité que par leur port et quelques autres caractères de peu d'importance. Les Chénopodiacées nous offrent l'exemple de genres à insertion périgynique,

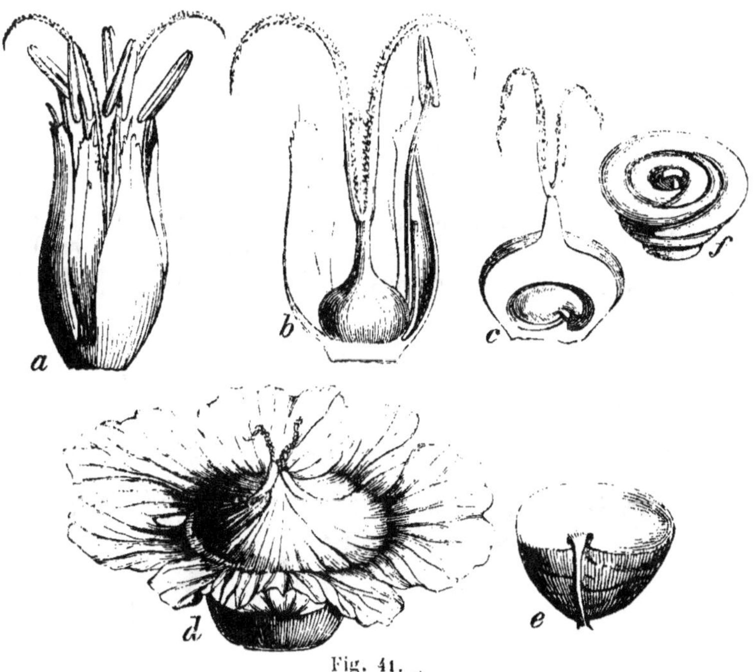

Fig. 41.

comme les *Beta*, *Blitum*, *Spinacia*, et d'autres, en plus grand nombre, qui ont l'insertion hypogynique : tels que les *Salsola*, *Camphorosma*, *Chenopodium*, etc.

M. Meyer (dans la *Flore altaïque* de M. Ledebour) a partagé cette famille en deux groupes, qui ont été adoptés par M. Moquin-Tandon dans sa *Monographie des Chénopodiacées*.

1re tribu. CYCLOLOBÉES : embryon annulaire, entourant un endosperme central : *Salicornia, *Altriplex, *Spinacia, *Beta, *Chenopodium.

2e tribu. SPIROLOBÉES : embryon roulé en spirale ; endosperme peu développé : *Suæda, *Salsola, *Anabasis.

M. Moquin-Tandon propose de retirer de cette famille les genres *Basella*, *Anredera* et *Boussingaultia*, pour en former une petite

Fig. 41. *Salsola caroliniana*. *a*, Fleur entière. *b*, La même, coupée suivant sa longueur. *c*, Pistil ouvert et montrant la position de l'ovule. *d*, Fruit recouvert par le calice qui devient ailé. *e*, La graine. *f*, L'embryon roulé.

famille distincte sous le nom de BASELLACÉES, qui en diffère surtout par ses fleurs pédicellées, son périanthe double, ses anthères sagittées et surtout par son port.

68ᵉ famille. AMARANTHACÉES, *Amaranthaceæ*.

Amaranthacæarum pars, Juss. Martius, *nov. gen.* II, p. 1. Ibid. *nov. act. Cæsar.* XIII, 210. Lindl. *Nat. syst.* 107. Endlich. *gen.* 300.

Les Amaranthacées sont des plantes herbacées ou sous-frutescentes portant des feuilles alternes ou opposées. Les fleurs sont petites (*fig. 42*), souvent hermaphrodites, quelquefois unisexuées, dispo-

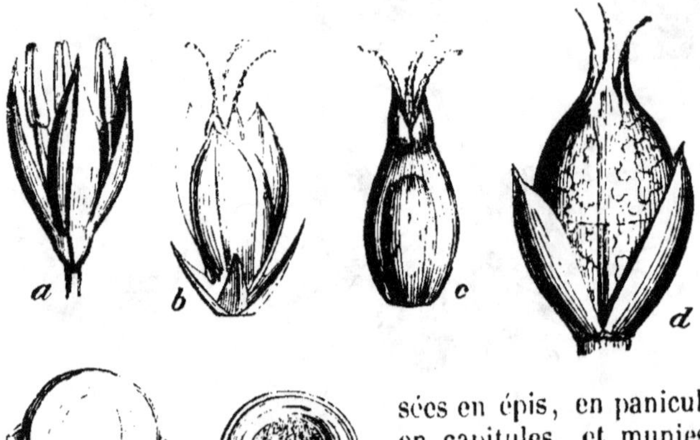

sées en épis, en panicules ou en capitules, et munies d'écailles qui les séparent. Le calice est gamosépale (*a*), souvent persistant, à quatre ou cinq divisions très-profondes. Les étamines varient de trois à cinq. Leurs filets sont tantôt libres et tantôt monadelphes, et formant quelquefois un tube membraneux lobé à son sommet et portant les anthères à sa face interne; les anthères sont tantôt à une, tantôt à deux loges. L'ovaire est libre (*c*), uniloculaire, renfermant un seul ovule dressé et porté quelquefois sur un podosperme très-long, recourbé, au sommet duquel il est pendant; plus rarement on trouve plusieurs ovules. Le style est simple ou nul, terminé par deux ou trois stigmates (*c*). Le fruit, en général environné par le calice (*d*),

Fig. 42. *Amaranthus blitum. a*, Fleur mâle. *b*, Fleur femelle. *c*, Pistil. *d*, Fruit. *e*, Graine. *f*, La même, coupée et montrant l'embryon roulé autour de l'endosperme farineux.

est un akène ou une petite pyxide s'ouvrant par le moyen d'un opercule. L'embryon est cylindrique (*f*), allongé, roulé autour d'un endosperme farineux.

Cette famille est tellement rapprochée des Chénopodiacées, qu'il est extrêmement difficile de tracer la limite qui les sépare. En effet, l'insertion, qui est en général périgynique dans les Chénopodiacées, est aussi hypogynique dans plusieurs genres, comme nous l'avons dit précédemment ; mais le port de ces deux familles est tout à fait différent. Les étamines sont souvent monadelphes dans les Amaranthacées, qui ont aussi quelquefois les feuilles opposés. Quoique ces caractères distinctifs soient peu importants, cependant il est difficile de réunir deux familles qui paraissent l'une et l'autre bien tranchées quand on ne considère que leur port.

Les Amaranthacées forment trois tribus :

1re tribu. GOMPHRÉNÉES : ovaire uniovulé, anthères uniloculaires : *Iresine, Alternanthera, Gomphrena.*

2e tribu. ACHYRANTHÉES : ovaire uniovulé, anthères biloculaires : *Achyranthes, Amaranthus.*

3e tribu. CÉLOSIÉES : ovaire multiovulé, anthères biloculaires : *Celosia, Lestibudesia.*

On a séparé des Amaranthacées certains genres à étamines périgynes, comme les *Illecebrum, Paronychia,* etc., qui, réunis à quelques autres tirés des Caryophyllées, forment une famille distincte sous le nom de *Paronychiées,* appartenant aux Polypétales.

69e famille. NYCTAGINACÉES, *Nyctaginaceæ.*

Nyctaginæ, Juss. *Ann. Mus.* II, 269. Lindl. *Nat. syst.* 213. Endlich. *gen.* 310.

Les Nyctaginacées sont des plantes herbacées, des arbustes ou même des arbres dont les feuilles sont simples, le plus souvent opposées, quelquefois alternes. Les fleurs (*fig.* 43) sont axillaires ou terminales, souvent réunies plusieurs ensemble dans un involucre commun, ou ayant chacune un involucre propre ou caliciforme (*a*). Leur calice est gamosépale, coloré, souvent tubuleux, renflé à sa partie inférieure, qui souvent est plus épaisse et persiste après la chute de la partie supérieure. Le limbe est plus ou moins divisé en lobes plissés (*a*). Les étamines varient de cinq à dix, et sont insérées au bord supérieur d'une sorte de disque hypogyne (*b*) souvent en forme de cupule. L'ovaire est à une seule loge contenant un ovule dressé. Le style et le stigmate sont simples. Le fruit (*c*) est un akène recouvert en partie par le disque et la base du calice, qui sont crustacés et forment une sorte de péricarpe accessoire (*d*), et environné par l'involucre en forme de calice (*c*). Le véritable péri-

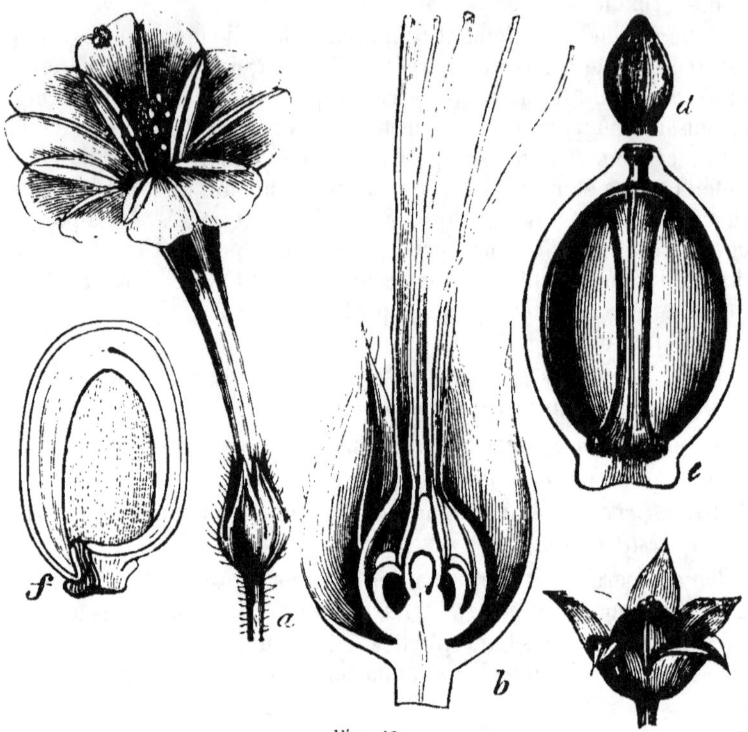

Fig. 43.

carpe est mince, adhérent (*e*) avec le tégument propre de la graine. Celle-ci se compose d'un embryon homotrope (*f*), recourbé sur lui-même, ayant sa radicule repliée sur la face d'un des cotylédons et embrassant ainsi l'endosperme qui se trouve central.

Les genres *Nyctago*, *Allionia*, *Pisonia*, *Boerhaavia*, *Bugain-villea*, etc., appartiennent à cette famille. Quelques auteurs, partant des genres dont l'involucre est uniflore, comme dans le Nyctage ou Belle-de-nuit, ont admis cet involucre comme un calice et le calice comme une corolle ; mais l'analogie, et surtout les genres à involucre contenant plusieurs fleurs, prouvent que le périanthe est véritablement simple.

Fig. 43. *Nyctago hortensis. a*, Fleur entière. *b*, Base de la fleur coupée longitu-dinalement. *c*, Fruit accompagné par l'involucre et par la base du tube calicinal. *d*, Le même, sans involucre. *e*, Le vrai fruit mis à nu. *f*, Le même, fendu suivant sa longueur.

DEUXIÈME DIVISION. — GAMOPÉTALES.

Dixième classe. GAMOPÉTALES SUPÉROVARIÉES, isostémonées, a corolle régulière et a étamines alternes.

I. *Un seul carpelle uniloculaire et uniovulé.*

a. Trois à cinq stigmates...................... PLUMBAGINACÉES.
b. Un seul stigmate bilobé..... .... GLOBULARIACÉES.

II. *Plusieurs carpelles ou loges contenant d'un à quatre ovules.*

a. Carpelles distincts.
    Embryon recourbé autour de l'endosperme .... NOLANACÉES.
    Embryon droit, ordinairement sans endosperme. BORAGINACÉES.
b. Carpelles soudés.
    — Placentation axillaire .... CORDIACÉES.
    — — Placentation basilaire .... CONVOLVULACÉES.
    — — — Placentation pariétale............. HYDROPHYLLACÉES.

III. *Carpelles ou loges multiovulées.*

a. Carpelles soudés.
    † Embryon droit.
      — Plusieurs styles .... HYDROLÉACÉES.
      — — Un seul style.
      Placentation pariétale................ GENTIANACÉES.
      Placentation axillaire ou basilaire.
        Pas de stipules.
          « Ovaire triloculaire.............. POLÉMONIACÉES.
          « « Ovaire 1-2-loculaire........... PLANTAGINACÉES.
        Feuilles stipulées................ ... LOGANIACÉES.
    †† Embryon recourbé..................... SOLANACÉES.
b. 2 Carpelles distincts.
    — Pollen pulvérulent.................... APOCYNACÉES.
    — — Pollen en masses................. ASCLÉPIADACÉES.

70ᵉ famille. PLANTAGINACÉES, *Plantaginaceæ*.

Plantagineæ, Juss. *gen.* Endlich. *gen.* 246. Barnéoud, *Monog. des Plantaginées*,
Paris, 1845. — *Plantaginaceæ*, Lindl. *Nat. syst.* 267.

Petite famille que l'on reconnaît aux caractères suivants : les fleurs
sont hermaphrodites (unisexuées dans le genre *Littorella*), formant
des épis simples, cylindriques, allongés ou globuleux ; rarement les
fleurs sont solitaires. Le calice a quatre divisions profondes et persistantes, ou quatre sépales inégaux en forme d'écailles, et deux plus
extérieurs. La corolle est gamopétale, tubuleuse, à quatre divisions
régulières, rarement entière à son sommet. Cette corolle, dans le
genre Plantain, donne attache à quatre étamines saillantes qui, dans

le *Littorella*, naissent du réceptacle. L'ovaire est libre, à une, deux ou très-rarement à quatre loges, contenant un ou plusieurs ovules pseudo-campulitropes. Le style est capillaire, terminé par un stigmate simple, subulé, rarement bifide à son sommet. Le fruit est une petite pyxide recouverte par la corolle qui persiste. Les graines se composent d'un tégument propre qui recouvre un endosperme charnu, au centre duquel est un embryon cylindrique, axile et homotrope.

Genres : *Plantago, Littorella, Bougueria.*

Les Plantaginacées sont des plantes herbacées, rarement sous-frutescentes, souvent privées de tige et n'ayant que des pédoncules radicaux qui portent des épis de fleurs très-denses. Leurs feuilles sont souvent radicales, entières, dentées ou diversement incisées. Elles croissent en quelque sorte sous toutes les latitudes. Jussieu et la plupart des autres botanistes considèrent les Plantaginacées comme véritablement apétales. Pour cet illustre botaniste, l'organe que nous avons décrit comme la corolle est le calice, et notre calice n'est qu'une réunion de bractées; mais il nous semble que la constance et la régularité de ces deux organes doivent plutôt les faire considérer comme un périanthe double, ainsi que l'a récemment admis le célèbre R. Brown.

Les Plantaginacées sont très-voisines des Plumbaginacées, dont elles diffèrent surtout par leur style constamment simple, par leur ovaire à deux loges souvent polyspermes, tandis qu'il est constamment uniloculaire et contenant un ovule pendant du sommet d'un podosperme basilaire et dressé dans les Plumbaginacées.

74ᵉ famille. PLUMBAGINACÉES, *Plumbaginaceæ.*

Plumbagineæ, Juss. *gen.* Endlich. *gen.* 348. Barnéoud, *Rech. sur le développement des Plumbag.* (*Comptes rendus*, 30 juillet 1844).—*Plumbaginaceæ*, Lindl. *Nat. syst.* 269.

Famille naturelle placée par les uns parmi les Apétales, et par les autres dans les Gamopétales. Ce sont des végétaux herbacés ou sous-frutescents, à feuilles alternes quelquefois toutes réunies à la base de la tige et engainantes. Les fleurs (*fig.* 44) sont disposées en épis ou en grappes rameuses et terminales. Leur calice est gamosépale (*b*), tubuleux, plissé et persistant, ordinairement à cinq divisions. La corolle est tantôt gamopétale (*c*), tantôt formée de cinq pétales égaux qui assez souvent sont légèrement soudés entre eux par leur base (*c*). Des étamines, généralement au nombre de cinq, et opposées aux divisions de la corolle (*c*), sont épipétales quand celle-ci est polypétale, et immédiatement hypogynes lorsque la corolle est gamopétale (ce qui est le contraire de la disposition générale). L'ovaire est libre (*d*), assez souvent à cinq angles, à une seule

Fig. 44.

loge contenant un ovule anatrope pendant au sommet d'un podosperme filiforme basilaire (*f*). Les styles, au nombre de trois à cinq (*d*), se terminent par autant de stigmates subulés. Le fruit est un akène (*e*) enveloppé par le calice. La graine (*f*) se compose, outre son tégument propre, d'un endosperme farinacé (*g*), au centre duquel est un embryon (*g*), qui a la même direction que la graine.

Cette petite famille se compose des genres *Plumbago*, *Statice*, *Limonium*, *Vogelia* de Lamarck, *Theta* de Loureiro, *Agialitis* de R. Brown. Elle diffère des Nyctaginacées, qui sont monopérianthées, par son ovule porté sur un long podosperme au sommet duquel il est pendant; par plusieurs styles et plusieurs stigmates; par l'embryon droit et non recourbé sur lui-même, etc. Nous avons indiqué tout à l'heure, en parlant des Plantaginacées, les rapports et les différences entre cette dernière famille et les Plumbaginacées.

72ᵉ famille. GLOBULARIACÉES, *Globulariaceæ*.

Globulariæ, DC. *Fl. fr.* Cambess. *Monog. Ann. Sc. nat.* IX, 15. Endlich. *gen.* 639. — *Globulariaceæ*, Lindl. *Nat. syst.* 268.

Le genre *Globularia*, placé d'abord parmi les Primulacées, constitue à lui seul cette petite famille dont voici les principaux carac-

Fig. 44 *Statice armeria*. *a*, Fleur entière. *b*, Calice. *c*, Corolle et étamines. *d*, Pistil. *e*, Fruit. *f*, Graine entière. *g*, La même, coupée longitudinalement. *h*, L'embryon.

tères : le calice est gamosépale, tubuleux, persistant, à cinq divisions souvent inégales et disposées comme en deux lèvres ; la corolle est gamopétale, tubuleuse, irrégulière, à cinq lanières étroites et inégales, disposées en deux lèvres ; les étamines, au nombre de quatre à cinq, sont alternes avec les divisions de la corolle. L'ovaire est uniloculaire, contenant un seul ovule anatrope et pendant. Le style est grêle et terminé par un stigmate à deux divisions courtes et inégales ; à la base de l'ovaire est un petit disque unilatéral. Le fruit est un akène recouvert par le calice. L'embryon, presque cylindrique, axile, est placé dans un endosperme charnu.

Les Globulariacées sont des plantes herbacées ou sous-frutescentes, à feuilles toutes radicales ou alternes, à fleurs petites, violacées, réunies en capitules globuleux et accompagnées de bractées. Elles diffèrent des Primulacées par leur corolle irrégulière, leurs étamines alternes, leur ovaire contenant un seul ovule renversé.

73e famille. POLÉMONIACÉES, *Polemoniaceæ*.

Polemoniæ, Juss. *gen.* Lindl. *Nat. syst.* 232. Endlich. *gen.* 656. DC. *Prodr.* IX, 302. — *Cobæaceæ*, Don. *Edinb. phil. Journ.* X, 3.

Plantes herbacées ou ligneuses, quelquefois volubiles, munies de feuilles alternes ou opposées, souvent divisées et pinnatifides, et

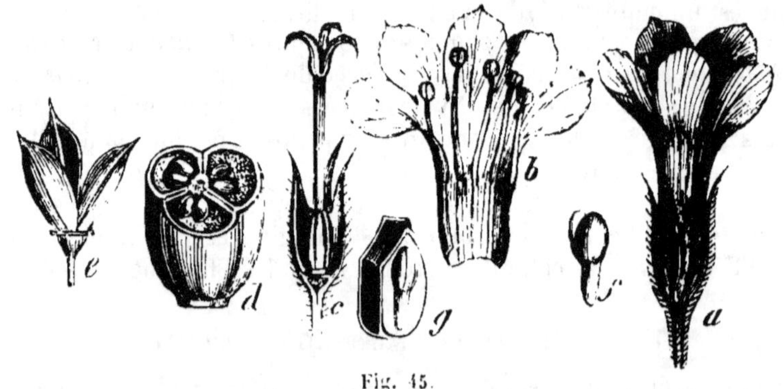

Fig. 45.

de fleurs axillaires ou terminales formant des grappes rameuses (*fig. 45*). Chaque fleur (*a*) se compose d'un calice gamosépale à cinq lobes ; d'une corolle gamopétale régulière (*a*, *b*), rarement irrégu-

Fig. 45. *Ipomopsis elegans*. *a*, Fleur entière. *b*, Corolle fendue longitudinalement. *c*, Calice et pistil. *d*, Ovaire coupé en travers. *e*, Capsule s'ouvrant en trois valves. *g*, Graine coupée suivant sa longueur. *f*, Embryon.

lière, à cinq divisions plus ou moins profondes; de cinq étamines insérées à la corolle (*b*); d'un ovaire (*c*) appliqué sur un disque souvent étalé au fond de la fleur et lobé ; cet ovaire offre trois loges contenant (*d*) chacune quelquefois un seul ovule dressé anatrope, ou plus souvent plusieurs ovules ascendants et amphitropes; le style est simple, terminé par un stigmate trifide. Le fruit est une capsule à trois loges s'ouvrant en trois valves (*e*) septifères sur le milieu de leur face interne, ou portant seulement l'empreinte de la cloison qui reste intacte au centre de la capsule. Les graines offrent un embryon dressé (*g*) au centre d'un endosperme charnu.

Cette famille tient, en quelque sorte, le milieu entre les Convolvulacées et les Bignoniacées. Elle diffère des premières par ses valves portant les cloisons sur le milieu de leur face interne et non contiguës par leurs bords sur ces cloisons, et par son embryon dressé ; des secondes, par sa corolle presque toujours régulière, son ovaire à trois loges, ses valves portant des cloisons sur leur face, etc. Les genres qui composent cette famille sont peu nombreux ; tels sont *Polemonium*, *Phlox*, *Cantua*, *Gilia*, *Bonplandia*, et probablement *Cobæa*.

74ᵉ famille. NOLANACÉES, *Nolanaceæ*.

Nolanaceæ, Lindl. *Nixus*, 18. Martius, *Consp.* nᵒ 119. Lindl. *Bot. reg.* 1844, XLVI.

M. Lindley a établi sous ce nom une petite famille nouvelle pour le genre *Nolana*, qui a été tour à tour rapporté et aux Boraginacées et aux Convolvulacées. Les Nolanacées diffèrent par leurs carpelles très-nombreux, distincts ou seulement soudés en partie, et conservant tantôt des styles également distincts ou unis entre eux. Le fruit enveloppé par le calice persistant est ou dur ou légèrement charnu ; présentant intérieurement un nombre variable de nucules, à une ou à plusieurs loges formées par autant de carpelles soudés ; chaque carpelle contient une seule graine ascendante. L'embryon recourbé est placé autour d'un endosperme charnu.

Les Nolanacées qui comprennent, outre le genre *Nolana*, les genres *Falkia* et *Dichondra*, sont de petites plantes herbacées ou de petits arbustes à feuilles alternes et sans stipules, et à fleurs petites et généralement axillaires.

M. Choisy, dans sa monographie des Convolvulacées, fait des Nolanacées une simple tribu de cette dernière famille. M. Endlicher (*Gen.* 655) adopte cette opinion.

73ᵉ famille. Convolvulacées, *Convolvulaceæ*.

Convolvuli, Juss. *gen.* — *Convolvulaceæ*, Choisy, *Monog. in Mém. Gén.* VI, 383 ; VIII, 43. Lindl. *Nat. syst.* 231. Endlich *gen.* 651. DC. *Prodr.* IX, 323.

Plantes herbacées ou sous-frutescentes, souvent volubiles et grimpantes, ayant des feuilles alternes, simples, ou plus ou moins profondément lobées ; des fleurs (*fig.* 46) axillaires ou terminales ; le

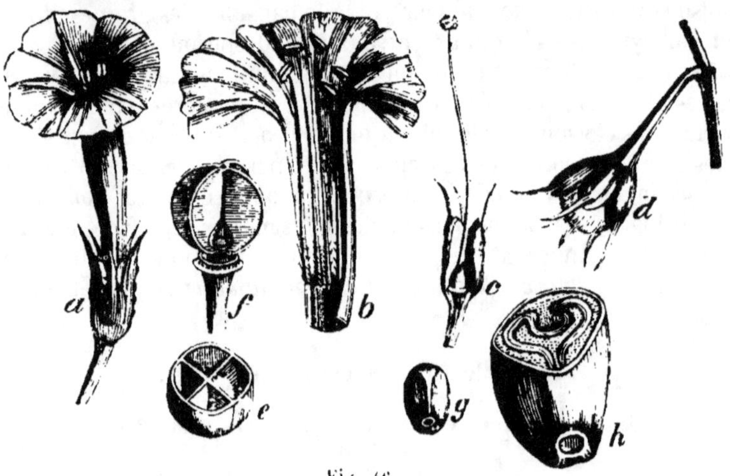

Fig. 46.

calice (*a*) est formé de cinq sépales ordinairement réguliers, libres ou soudés par leur base, à préfloraison quinconciale ; la corolle gamopétale, régulière (*a*, *b*), également à cinq lobes plissés et tordus dans le bouton ; les cinq étamines insérées au tube de la corolle ont leurs filets quelquefois inégaux. L'ovaire est simple et libre (*c*), porté sur un disque hypogyne ; il offre de deux à quatre loges (*e*) ; quand il est à deux ou à quatre loges, chacune d'elles contient un ou deux ovules ascendants et anatropes ; quand l'ovaire est à une seule loge (provenant de la disparition des cloisons), il offre quatre ovules dressés naissant de la base d'une columelle centrale courte. Le style est simple ou double (*c*). Le fruit (*d*) est une capsule offrant d'une à quatre loges contenant ordinairement une ou deux graines attachées vers la base des cloisons, elle s'ouvre en deux ou quatre

Fig. 46. *Ipomæa coccinea*. *a*, Fleur entière. *b*, Corolle fendue. *c*, Pistil accompagné du calice dont on a enlevé deux des sépales. *d*, Capsule. *e*, La même, coupée en travers. *g*, Graine. *h*, La même, coupée en travers et montrant la coupe de l'embryon replié sur lui-même.

valves dont les bords sont appliqués sur les cloisons qui restent en place ; plus rarement la capsule reste close ou s'ouvre en deux valves superposées. L'embryon dont les cotylédons sont planes et chiffonnés, est roulé sur lui-même (*h*) et placé au centre d'un endosperme mou et comme mucilagineux.

Le caractère essentiel de cette famille consiste dans sa capsule, dont les sutures correspondent aux cloisons, c'est-à-dire à déhiscence septifrage. Ce caractère manquant dans quelques genres, auparavant réunis aux Convolvulacées, tels que *Hydrolea* et *Nama*, M. R. Brown a proposé d'en former une famille distincte, sous le nom d'HYDROLÉACÉES. Les genres principaux des Convolvulacées sont : *Convolvulus, Ipomæa, Evolvulus, Calystegia, Bonamia, Breweria, Cressa,* etc.

Le genre *Cuscuta,* dont les espèces sont parasites et dépourvues de feuilles, et qui ont un port si remarquable, a été érigé en famille sous le nom de CUSCUTACÉES par quelques botanistes ; mais son organisation ne nous paraît pas différer assez de celle des vraies Convolvulacées, pour adopter ce nouveau groupe.

76ᵉ famille. HYDROLÉACÉES, *Hydroleaceæ*.

Hydroleaceæ, R. Brown, *Prodr.* 482. Choisy, *Monog. Ann. Sc. nat.* XXX, 225. Lindl *Nat. syst.* 234. Endlich. *gen.* 660.

Plantes herbacées ou frutescentes, à feuilles alternes, entières ou lobées, sans stipules ; à fleurs axillaires ou terminales. Le calice est à cinq divisions profondes et persistantes ; la corolle gamopétale, régulière, porte cinq étamines alternes, à anthère bilobée à la base, à deux loges écartées par un connectif et s'ouvrant par un sillon longitudinal ; les filets sont dilatés et pétaloïdes à leur partie inférieure. L'ovaire, appliqué sur un disque hypogyne et annulaire, présente deux ou trois loges surmontées chacune d'un style distinct : chaque loge contient un grand nombre d'ovules horizontaux, ou pendants, anatropes. Le fruit est une capsule mince contenue dans le calice persistant, à deux ou trois loges polyspermes. Les graines sont attachées à des trophospermes tantôt simples et fongueux, tantôt doubles et minces. L'embryon, très-petit, est axile et orthotrope, renfermé dans l'intérieur d'un endosperme charnu.

Cette petite famille a été établie, comme nous l'avons dit précédemment, par M. R. Brown, pour placer quelques genres autrefois réunis aux Convolvulacées, dont ils se distinguent par leurs graines très-nombreuses, et leur capsule loculicide. Ces genres sont : *Hydrolea, Nama, Wigandia* et *Romanzoffia*.

77ᵉ famille. HYDROPHYLLACÉES, *Hydrophyllaceæ*.

Hydrophylleæ, R. Brown, *Prodr.* 292. Bentham *in Lin. Trans.* XVII, 267. Endlich. *gen.* 658. — *Hydrophyllaceæ*, Lindl. *Nat. syst.* 271. DC. *Prodr.* IX, 287.

Plantes herbacées à feuilles alternes sans stipules, simples ou profondément lobées, rarement opposées ; fleurs disposées en grappes scorpioïdes et unilatérales. Calice formé de cinq sépales réguliers persistants, unis par leur base, à estivation imbriquée. Corolle gamopétale régulière à cinq lobes imbriqués, souvent munie de cinq appendices alternes avec les étamines, simples ou bifides. Cinq étamines attachées à la gorge de la corolle, à anthères introrses. Ovaire appliqué sur un disque hypogyne, uniloculaire, rarement biloculaire ; contenant ordinairement quatre, plus rarement un plus grand nombre d'ovules amphitropes, attachés deux par deux à deux trophospermes saillants en forme de demi-cloisons. Le style est terminal, bifide. Le fruit est une capsule membraneuse ou légèrement charnue, à une ou à deux loges incomplètes, à déhiscence loculicide. Les graines contiennent un embryon droit dans un endosperme presque cartilagineux.

Les genres *Hydrophyllum*, *Ellisia*, *Nemophila*, *Eutoca*, *Phacelia*, constituent cette famille, qui se distingue des Boraginacées par son fruit capsulaire et déhiscent : son embryon toujours accompagné d'un endosperme corné.

78ᵉ famille. CORDIACÉES, *Cordiaceæ*.

Cordiaceæ, Link. *Hand.* I, 569. R. Brown, *Prodr.* 492. Lindl. *Nat. syst.* 272. Endlich. *gen.* 643.—*Sébesteniers*, Vent. tabl. 2, 380.

Arbres ou arbrisseaux à feuilles alternes coriaces et sans stipules ; à fleurs souvent assez grandes, disposées en grappes, en panicules ou en corymbes. Le calice est gamosépale, tubuleux, souvent persistant ; la corolle gamopétale régulière, tubuleuse, offrant à son limbe un nombre variable de divisions incombantes, sans appendice intérieurement. Les étamines varient de cinq à dix. L'ovaire est libre, simple, environné par un disque hypogyne et cupuliforme ; il présente de quatre à huit loges contenant chacune un seul ovule attaché à l'axe de la loge par une grande portion de son côté interne. Le style est terminal, à deux ou à quatre divisions portant chacune un petit stigmate capitulé. Le fruit est une drupe charnue contenant un noyau osseux à quatre ou à huit loges, rarement uniloculaire et monosperme. Les graines, dépourvues d'endosperme, contiennent un embryon orthotrope, à cotylédons charnus et souvent plissés sur eux-mêmes.

Le genre *Cordia* constitue le type de ce groupe. On en a rapproché les genres *Saccellium*, *Patagonula*, *Menais*.

M. Alph. de Candolle (*Prodr.* IX, 466) réunit cette famille à celle des Boraginacées où elle ne forme plus qu'une simple tribu. Nous croyons néanmoins ses caractères suffisants pour l'en distinguer, et surtout ses stigmates distincts et son fruit charnu, contenant un à plusieurs noyaux.

79ᵉ famille. BORAGINACÉES, *Boraginaceæ*.

Boragineæ, Juss. *gen.* DC. *Prodr.* IX, 466. — *Asperifoliæ*, L. Endlich. *gen.* 644. Schrader, *de Asperifol.* Gœtting. 1820.

Les Boraginacées sont des herbes, des arbustes ou même quelquefois des arbres élevés, portant des feuilles alternes géminées souvent re-

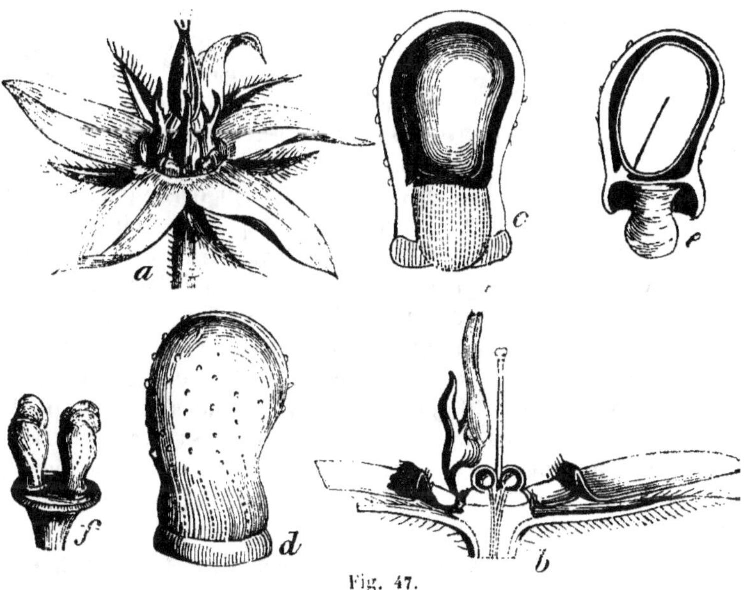

Fig. 47.

couvertes, ainsi que les tiges, de poils très-rudes. Leurs fleurs forment des grappes scorpioïdes, souvent réunies et formant une sorte de panicule. Leur calice est gamosépale (*fig.* 47, *a*), régulier, persistant et à cinq lobes; la corolle est gamopétale, régulière, à cinq lobes : elle offre dans un certain nombre de genres, près de sa gorge, cinq

Fig. 47. *Borago officinalis. a*, Fleur. *b*, Pistil fendu longitudinalement, avec une portion de la corolle et une étamine. *f*, Le fruit. *d*, Un des carpelles encore frais. *c*, Le même, fendu suivant sa longueur pour montrer la position de la graine. *e*, L'un des carpelles sec, avec la graine fendue suivant sa longueur.

appendices saillants (*b*), qui sont creux dans leur intérieur et qui s'ouvrent extérieurement à leur base. Les cinq étamines sont insé-

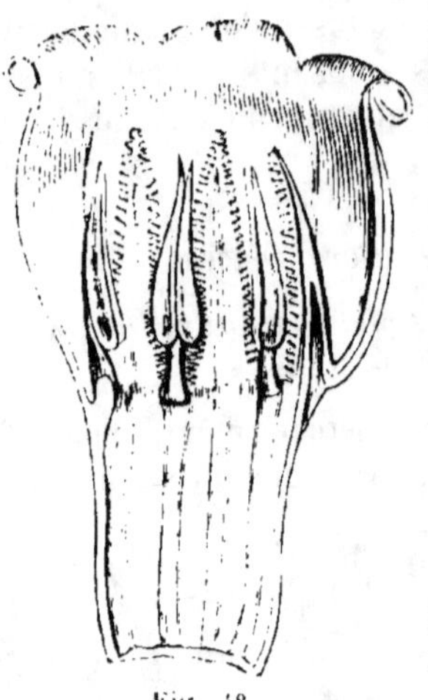

Fig. 18.

rées au haut du tube de la corolle, et alternent avec les appendices dont nous venons de parler, quand ceux-ci existent. L'ovaire, porté sur un disque hypogyne, annulaire et sinueux, est profondément quadrilobé, à quatre loges monospermes, très-déprimé dans son centre ; quelquefois les quatre loges sont complétement distinctes jusqu'à la base ; elles contiennent chacune un ovule dressé, attaché à la partie inférieure et latérale de la loge ; le style naît de cette dépression et se termine par un stigmate à deux lobes : quelquefois les quatre carpelles sont soudés dans toute leur longueur, et dans ce cas le style est terminal ; le plus souvent ils sont tout à fait distincts même à leur base, ou soudés deux à deux par leur partie inférieure. Le fruit se compose de quatre carpelles monospermes ; plus rarement ces carpelles se soudent et forment un fruit sec ou charnu, à deux ou quatre loges, quelquefois osseuses, ou uniloculaire par avortement. Les graines ont leur embryon renversé dans un endosperme charnu très-mince, et qui même quelquefois n'existe pas.

La famille des Boraginacées a des rapports avec les Labiées par la structure de son pistil qui est la même, et avec les Scrophulariacées. Mais on la distingue des premières par sa tige cylindrique, ses feuilles alternes, sa corolle régulière, ses étamines au nombre de cinq, etc. ; des secondes par la structure de son ovaire et de son fruit.

La famille des Boraginacées se partage en deux tribus distinctes :

1re tribu. EHRÉTIÉES : carpelles soudés, style terminal ; quelquefois un endosperme charnu. *Ehretia, Beurreria, Tournefortia, Coldenia, Heliotropium.*

2e tribu. BORAGINÉES : carpelles plus ou moins distincts, style naissant du réceptacle, pas d'endosperme.

§ I. Genres sans appendices à la corolle : *Echium, Lithospermum, Pulmonaria, Onosma.*

§ II. Genres munis d'appendices : *Symphytum, Lycopsis, Anchusa, Borago, Cynoglossum,* etc.

80ᵉ famille. *GENTIANACÉES, *Gentianaceæ*.

Gentianeæ, Juss. *gen.* Endlich. *gen.* 599. Grisebach, *de Gentiana.* Bonn. 1836. —
Gentianaceæ, Lindl. *Nat. syst.* 296. Griseb. *in DC. Prodr* IX, p. 98.

Presque toutes les Gentianacées sont des végétaux herbacés rarement frutescents, portant des feuilles opposées, entières, glabres,

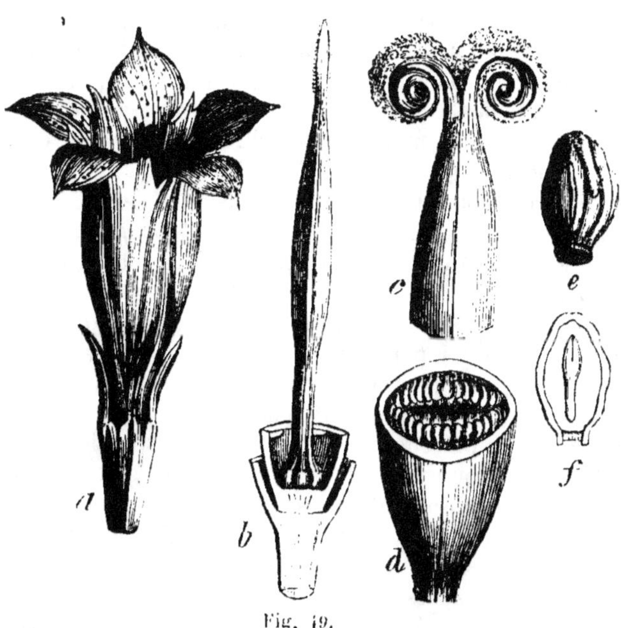

Fig. 49.

des fleurs solitaires (*fig. 49*), terminales ou axillaires, ou réunies
en épis simples. Leur calice gamosépale (*a*), souvent persistant, est
à cinq divisions; la corolle gamopétale est régulière, ordinairement
à cinq lobes imbriqués et tordus avant leur développement. Les étamines, en même nombre que les divisions de la corolle, leur sont
alternes. L'ovaire (*b*), quelquefois rétréci à sa base et comme fusiforme, à une seule loge ou pseudobiloculaire par le repliement et le
prolongement des valves, très-rarement à deux loges complètes,
contenant un grand nombre d'ovules anatropes attachés à deux
trophospermes pariétaux (*d*) et suturaux, bifides du côté interne. Le
style est simple ou profondément biparti; chaque division porte un

Fig. 49. *a*, Fleur de la *Gentiana pneumonanthe. b*, Pistil. *c*, Stigmates. *d*, Coupe
transversale de l'ovaire. *e. f*, Graines du *Gentiana acaulis.*

stigmate (e). Le fruit est une capsule à une seule loge, contenant un très-grand nombre de graines ; elle s'ouvre en deux valves, dont les bords sont plus ou moins rentrants pour s'unir aux trophospermes. Les graines sont en général fort petites, et leur embryon, qui est dressé et homotrope (f), est renfermé dans l'axe d'un endosperme charnu.

Cette famille est bien caractérisée par son port, ses feuilles opposées, entières. leur couleur verte glauque ; elle a du rapport, d'une part, avec les Polémoniacées, dont elle diffère par ses feuilles opposées, ses ovaires à une ou à deux loges seulement, et le mode particulier de déhiscence de sa capsule ; d'une autre part, avec les Scrophulariacées ; mais celles-ci, par leur corolle irrégulière, leurs quatre étamines didynames et la déhiscence de leur fruit, s'en distinguent facilement.

Nous citerons parmi les genres de Gentianées les *Gentiana, *Erythræa, Chironia, *Exacum, *Villarsia, *Menyanthes. Ces deux derniers sont remarquables par leurs feuilles alternes et ternées dans le Menyanthes.

M. le professeur Martius a proposé, dans sa belle *Flore du Brésil*, d'établir une famille à part pour le genre *Spiegelia* de Linné, placé jusqu'à présent parmi les Gentianacées. Selon ce savant botaniste, cette petite famille des SPIÉGÉLIACÉES diffère principalement des Gentianées par la présence des stipules, par l'estivation valvaire de sa corolle, qui est imbriquée dans les Gentianées, et par le mode de déhiscence de sa capsule, dont les valves ont les bords rentrants, mais non adhérents au placenta central. Au genre *Spiegelia*, M. Martius joint le genre *Canala* de Pohl, pour constituer la petite famille des Spiégéliacées.

Plus récemment M. Alph. de Candolle (*Prodr.* IX, 2) réunit les Spiégéliacées aux LOGANIACÉES.

81ᵉ famille. *ASCLÉPIADACÉES, *Asclepiadaceæ*.

Asclepiadeæ, R. Brown, *Mem. Wern. Soc.* I, p. 12. Endlich. *gen.* 586. Decaisne, *Ann. Sc. nat.* 1838, p. 257. DC. *Prodr.* VIII, 490. — *Asclepiadaceæ*, Lindl. *Nat. syst.* 502. — *Apocynearum gen.* Juss. *gen.*

Plantes herbacées, arbustes ou arbrisseaux sarmenteux, volubiles et lactescents ; à feuilles opposées ou verticillées sans stipules, offrant des fleurs axillaires ou extra-axillaires (*fig.* 50), disposées en corymbes ou en sertules indéfinis. Leur calice est formé de cinq sépales, quelquefois soudés par leur base, à estivation quinconciale; la corolle est gamopétale (a), régulière, de forme variée, offrant à sa gorge cinq appendices pétaloïdes, quelquefois très-développés en

forme de casques (*b*), de cornets, etc., ou simplement des poils,
ou enfin et très-rarement nue ; l'estivation des pétales est valvaire.

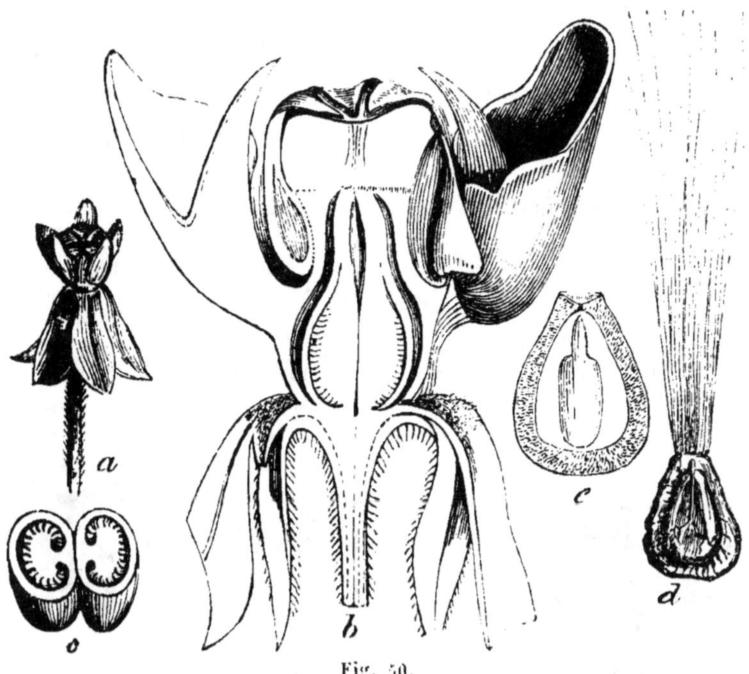

Fig. 50.

Les étamines, au nombre de cinq, sont insérées à la gorge de la
corolle ; leurs filets se soudent et forment un tube recouvrant les
carpelles et portant à leur sommet et en dedans les cinq anthères
qui sont introrses (*b*), et en dehors les cinq appendices pétaloïdes.
Chaque anthère est biloculaire et contient deux masses de pollen
solide qui vont se réunir deux par deux au moyen d'une petite
caudicule à cinq petits corps glandulaires placés autour du stigmate. Les carpelles, au nombre de deux, sont libres et se terminent chacun par un style allant se réunir à un stigmate commun, épais et cylindrique. Chaque ovaire contient un grand nombre
d'ovules anatropes attachés à un trophosperme (*c*) sutural. Le fruit
est un double follicule, membraneux ou légèrement charnu. La
graine, souvent couronnée par une aigrette (*d*), contient un embryon homotrope (*e*) au centre d'un endosperme charnu.

Fig. 50. *Asclepias syriaca*. *a*, Fleur entière. *b*, Portion de fleur coupée montrant les deux carpelles et la position des étamines et des appendices de la corolle.
c, Coupe transversale des deux carpelles. *d*, Graine avec son aigrette. *e*, La même,
coupée et montrant l'embryon.

Cette famille, si distincte par l'organisation de sa fleur, son pollen en masses solides, se compose d'un grand nombre de genres dont la structure a été parfaitement étudiée et décrite par notre ami M. Decaisne, dans les différents travaux qu'il a récemment publiés sur cette famille.

Comme exemples de cette famille, nous citerons les genres : *Periploca, Secamone, Asclepias,* *Vincetoxicum, Gonolobus, Stapelia,* etc.

82ᵉ famille. APOCYNACÉES, *Apocynaceæ*.

Apocyneæ, R. Brown, *Mém. Wern. Soc.* I, p. 59. — *Apocynaceæ*, Lindl. *Nat. syst.* 299. Endlich. *gen.* 577. DC. *Prodr.* VIII, 327. — *Apocynearum pars*, Juss. *gen.*

Les Apocynacées présentent un aspect très-varié. Ce sont des plantes herbacées, des arbustes quelquefois volubiles, ou même des arbres très-élevés, et en général lactescents. Leurs feuilles sont

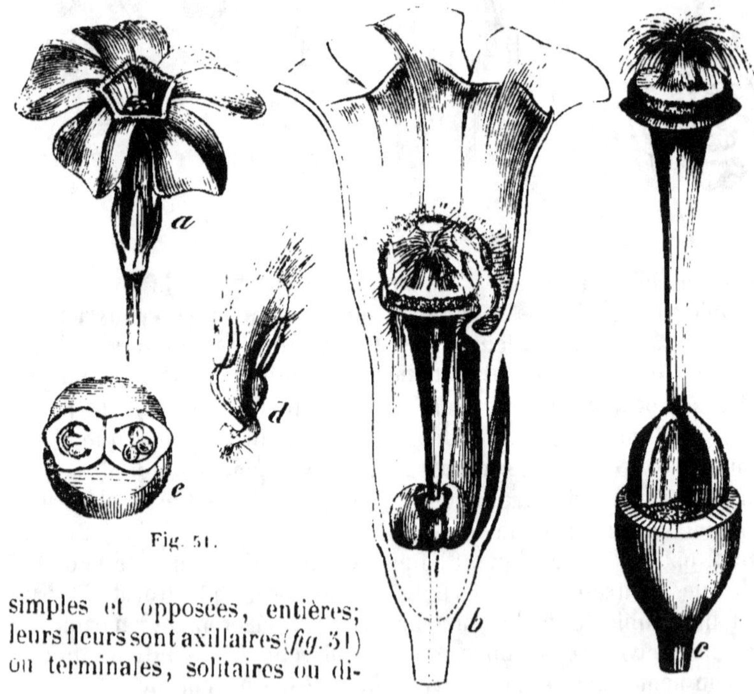

simples et opposées, entières; leurs fleurs sont axillaires (*fig.* 51) ou terminales, solitaires ou di-

Fig. 51. *Vinca minor. a*, Fleur entière. *b*, La même, fendue par moitié. *c*, Pistil, dont on a enlevé les deux appendices charnus. *e*. Ovaire et appendices charnus coupés en travers. *d*. Étamine.

versement réunies. Dans chacune on trouve un calice composé de cinq sépales libres ou soudés (*a*), à estivation quinconciale, tantôt étalé, tantôt tubuleux; une corolle gamopétale (*a*), régulière, d'une forme très-variée, offrant quelquefois des appendices ou des poils en forme de couronne, qui naissent de la gorge de la corolle. Les étamines, au nombre de cinq, sont libres et distinctes. Les anthères sont à deux loges (*d*), et le pollen qu'elles renferment est pulvérulent. Deux carpelles libres (quelquefois un seul) appliqués sur un disque hypogyne, soudés ensemble par leur côté interne ou seulement par leur sommet, offrent chacun une loge qui renferme un grand nombre d'ovules amphitropes ou anatropes, placés (*e*) à leur suture interne. Les deux styles se soudent en un seul, et se terminent par un stigmate plus ou moins discoïde (*c*), quelquefois cylindrique et tronqué. Le fruit est un follicule simple ou double ; plus rarement il est charnu et indéhiscent. Les graines, attachées à un trophosperme sutural, sont nues ou couronnées par une aigrette soyeuse; elles contiennent, dans un endosperme charnu ou corné, un embryon droit.

Parmi les genres nombreux de cette famille, nous citerons les suivants : *Apocynum*, **Vinca*, *Echites*, *Rauwolfia*, *Arduinia*, *Nerium*, *Tabernæmontna*, *Carissa*, etc

Cette famille est parfaitement distincte de toutes celles qui la précèdent par la disposition de ses carpelles et la structure de son fruit. R. Brown est le premier qui ait proposé de diviser en deux familles distinctes, sous les noms d'*Apocynées* et d'*Asclépiadées*, les genres réunis sous le nom d'Apocynées par Ant. L. de Jussieu. Les *Apocynacées* comprennent tous ceux dont le pollen est pulvérulent, les Asclépiadacées ceux où il forme des masses solides.

82ᵉ famille. LOGANIACÉES, *Loganiaceæ*.

Loganiæ, R. Brown, *gen. rem.* 32. — *Loganiaceæ*, Endlich. *gen.* 574. DC. *Prodr.* IX, p. 1. — *Strychnæ*, DC. *Théor.* 217. — *Spiegeliaceæ*, Mart. *Nov. gen.* II, 132. Lindl. *Nat. syst.* 298.

Arbres, arbrisseaux ou plantes herbacées, tous exotiques, portant des feuilles entières, opposées avec des stipules intermédiaires, et quelquefois soudées, et en forme de gaîne; des fleurs solitaires, ou réunies en grappe ou en corymbe. Le calice est libre, formé de quatre ou de cinq sépales unis par la base; la corolle généralement régulière à cinq lobes contournés ou valvaires; les étamines en même nombre que les lobes de la corolle, quelquefois cependant plus ou moins nombreuses, sont tantôt alternes, tantôt opposées aux lobes de la corolle; l'ovaire libre, à deux ou trois loges; le style portant un stigmate simple. Le fruit est tantôt sec et capsulaire à deux loges polyspermes, tantôt charnu et drupacé, contenant une ou deux graines. Celles-ci sont peltées et offrent un endosperme charnu ou corné dans lequel est renfermé un embryon droit dont la radicule est tournée vers le hile.

Cette famille a été établie primitivement par R. Brown pour y placer un certain nombre de genres rapprochés d'abord des Rubiacées, mais qui en diffèrent par leur ovaire libre; on y a joint ensuite quelques autres genres des familles des Apocynacées et des Gentianacées, distincts de ces deux familles par leurs feuilles munies de stipules.

Les genres de cette famille ont assez peu d'analogie entre eux. Aussi y a-t-on formé un grand nombre de tribus. Les genres principaux sont : *Spiegelia*, *Strychnos*, *Ignatia*, *Gardneria*, *Logania*, *Fagræa*, *Gœrtnera*.

84e famille. SOLANACÉES, *Solanaceæ*.

Solanæ, Juss. *gen.* Pouchet, *Monog.* Paris. — *Solanaceæ*, Lindl. *Nat. syst.* 293. Endlich. *gen.* 662.

On trouve dans cette famille des plantes herbacées, des arbustes et même des arbrisseaux assez élevés, quelquefois munis d'aiguillons sur plusieurs de leurs parties, ayant des feuilles simples ou découpées, alternes, ou quelquefois géminées vers la partie supérieure des rameaux, sans stipules. Leurs fleurs, souvent très-grandes, sont ou extra-axillaires, ou forment des épis ou des grappes.

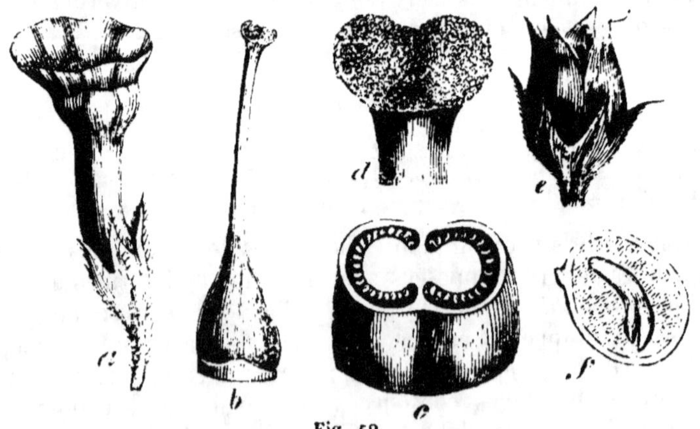

Fig. 52.

Fig. 52. *Nicotiana nyctaginifolia*. *a*. Fleur entière. *b*. Pistil. *c*. Coupe transversale de l'ovaire. *d*. Stigmate. *e*. Capsule. *f*. Graine coupée longitudinalement.

Leur calice, gamosépale et persistant, est à cinq divisions plus ou moins profondes (*fig.* 52, *a*); leur corolle, gamopétale, régulière dans le plus grand nombre des cas, offre des formes très-variées et cinq lobes plus ou moins profonds plissés sur eux-mêmes. Les étamines, en même nombre que les lobes de la corolle, ont leurs filets libres, rarement monadelphes par leur base. L'ovaire, assis sur un disque hypogyne (*b*), est ordinairement à deux (*c*), rarement à trois ou quatre loges polyspermes, dont les ovules sont attachés à l'angle interne. Le style est simple, terminé par un stigmate bilobé (*b*, *d*). Le fruit est ou une capsule (*e*) à deux ou quatre loges polyspermes, s'ouvrant en deux ou quatre valves, ou une baie également à deux ou trois loges. Les graines réniformes et à épisperme chagriné, ont un embryon plus ou moins recourbé dans un endosperme charnu.

Les Solanacées ont les rapports les plus intimes avec les Scrophulariacées. Elles en diffèrent en général par leurs feuilles constamment alternes, leur corolle régulière, leurs étamines en même nombre que les lobes de la corolle, et surtout par leur embryon recourbé sur lui-même : ce dernier caractère est même quelquefois le seul qui distingue réellement les Solanacées à corolle irrégulière de certaines Scrophulariacées, celles-ci n'étant que des Solanacées qui, par suite de l'avortement d'une de leurs étamines, ont une corolle irrégulière.

On a divisé la famille des Solanacées en cinq tribus principales :

1re tribu. NICOTIANÉES : capsule biloculaire loculicide; embryon recourbé en arc : *Fabiana*, *Petunia*, *Nicotiana*, *Echmania*, *Marckea*.

2e tribu. DATURÉES : capsule ou baie incomplétement 4-loculaire; embryon recourbé en arc : *Datura*, *Solandra*.

3e tribu. HYOSCIAMÉES : capsule s'ouvrant par un opercule : *Hyosciamus*, *Anisodus*, *Scopolia*.

4e tribu. SOLANÉES : baie à deux ou à plusieurs loges, quelquefois fruit sec indéhiscent; embryon courbé en arc : *Nicandra*, *Physalis*, *Capsicum*, *Solanum*, *Lycopersicum*, *Atropa*, *Mandragora*, *Lycium*.

5e tribu. CESTRINÉES : baie biloculaire; embryon droit : *Cestrum*, *Dunalia*.

ONZIÈME CLASSE. **GAMOPÉTALES SUPÉROVARIÉES**, ANISOSTÉMONÉES
(ÉTAM. 2 A 4), COROLLE GÉNÉRALEMENT IRRÉGULIÈRE.

I. Plusieurs carpelles soudés.

  A. Loges multiovulées.

    1. Ovaire uniloculaire.
      a. Placentation basilaire centrale......... LENTIBULARIÉES.
      b. Placentation pariétale.
        « Plantes feuillées (ovaire quelquefois
          adhérent)..................... GESNÉRIACÉES.
        «« Plantes aphylles.............. OROBANCHACÉES.
    2. Ovaire biloculaire
      Embryon endospermique.......... SCROPHULARIACÉES.
      Embryon épispermique............ BIGNONIACÉES.

  B. Loges contenant 1-2 ovules, rarement plusieurs.

    « Corolle régulière............. JASMINACÉES.
    «« Corolle irrégulière.
      a. Capsule bivalve, pas d'endosperme.... ACANTHACÉES.
      b. Fruit sec ou charnu indéhiscent; grai-
        nes endospermées.
        † Anthères uniloculaires............ SÉLAGINACÉES.
        †† Anthères biloculaires.
        Embryon homotrope............. MYOPORACÉES.
        Embryon hétérotrope............ VERBÉNACÉES.

II. Quatre carpelles uniloculaires monospermes indéhiscents distincts. .... LABIÉES.

85ᵉ famille. SCROPHULARIACÉES, Scrophulariaceæ.

Scrophularineæ, R. Brown, *Prodr.* 433. Chavannes, *Monog.* in-4°, *fig.* Paris, 1833. Endlich. *gen.* 670. Benth. *Scroph. rev.* 1835. — *Scrophulariæ et Pediculares* Juss. *gen* —*Scrophulariaceæ.* Lindl. *Nat. syst.* 288.

Herbes ou arbustes à feuilles souvent opposées, quelquefois alternes, simples, à fleurs disposées en épis ou en grappes terminales (*fig.* 53). Leur calice est gamosépale (*a*), persistant, à quatre ou à cinq divisions inégales; la corolle est gamopétale de forme très-variée, irrégulière, à deux lèvres et souvent personnée; les étamines, au nombre de deux à quatre, sont didynames L'ovaire, appliqué sur un disque hypogyne (*c*), est à deux loges polyspermes; les ovules sont anatropes ou amphitropes. Le style est simple, terminé par un stigmate bilobé (*c*). Le fruit est une capsule biloculaire (*d*), très-rarement un peu charnue, dont le mode de déhiscence est très-variable. Tantôt elle s'ouvre par des trous pratiqués vers le sommet, tantôt par des plaques irrégulières, tantôt par

deux ou quatre valves, portant chacune la moitié de la cloison sur
le milieu de leur face interne (déhiscence loculicide) ou opposées à

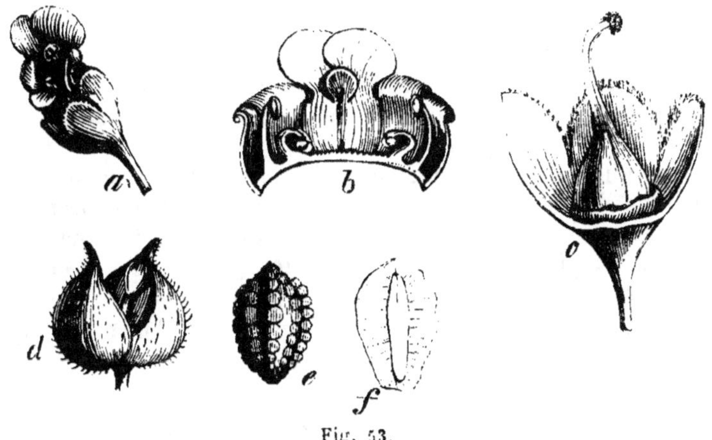

Fig. 53.

la cloison qui reste entière (déhiscence septifrage). Les graines
contiennent sous leur tégument propre une amande composée d'un
endosperme charnu, qui renferme un embryon droit (*f*) cylindrique, ayant sa radicule tournée vers le hile ou opposée à ce point
d'attache.

Nous avons suivi l'exemple de Robert Brown, qui réunit en une
seule les deux familles établies par Jussieu, sous les noms de *Scrophulaires* et de *Pédiculaires*. La principale différence qui servait à
distinguer ces deux familles était tirée du mode de déhiscence de la
capsule qui, dans les Scrophulaires, se fait par des trous ou des
valvules opposées à la cloison, restant intacte, tandis que, dans
les Pédiculaires, chaque valve porte sur le milieu de sa face interne
la moitié de la cloison. Mais ces différences, qui paraissent fort
tranchées, présentent des nuances nombreuses, et, par exemple.
dans le genre *Veronica*, on les trouve presque toutes réunies. Cependant nous avons remarqué entre ces deux groupes une autre
modification que nous n'avons pu observer sur tous les genres,
mais qui nous a paru constante dans tous ceux dont nous avons pu
analyser la graine : c'est que, dans les Pédiculaires de M. de Jussieu, l'embryon a toujours une direction opposée à celle de la
graine, c'est-à-dire que ce sont ses cotylédons qui sont tournés vers
le hile, tandis que le contraire a lieu dans les Scrophulaires.

Fig. 53. *Scrophularia aquatica a*, Fleur entière. *b*, Corolle fendue et étalée.
c, Pistil. *d*, Capsule. *e*, *f*, Graine.

1re tribu. PÉDICULARIÉES : * *Pedicularis*, * *Rhinanthus*, * *Melampy-rum*, * *Veronica*, * *Euphrasia*, * *Erinus*, etc.

2e tribu. SCROPHULARIÉES : * *Antirrhinum*, * *Linaria*, * *Scrophula-ria*, * *Digitalis*, * *Gratiola*, * *Verbascum*, etc.

La famille des Scrophulariacées est extrêmement voisine des So-lanacées ; on peut même dire qu'elles ne sont que des Solanacées de-venues irrégulières par suite de l'avortement d'une étamine. En ef-fet, si l'on met de côté l'irrégularité de la corolle et les étamines di-dynames, on trouve dans ces deux familles absolument les mêmes caractères essentiels. Il arrive quelquefois que, dans certaines Scro-phulariacées (*Digitalis*, *Pedicularis*, etc.), la cinquième étamine (celle qui avorte habituellement) venant à se développer, la corolle reprend une forme régulière, et la plante rentre alors dans le type des Solanacées.

86e famille. OROBANCHACÉES, *Orobanchaceæ*.

Orobancheæ, Rich. Jussieu, *Ann. Mus.* XII, 445. Endlich. *gen.* 725. C. A. Meyer, *in Ledeb. fl. alt.* XI, 456. — *Orobanchaceæ*, Lindl. *Nat. syst.* 287.

Ce sont des végétaux tantôt parasites sur la racine d'autres plantes, tantôt terrestres ; leur tige est quelquefois dépourvue de feuilles, qui sont remplacées par des écailles. Les fleurs, accompagnées de bractées, sont terminales, tantôt solitaires, tantôt disposées en épis. Le calice est gamosépale, tubuleux, ou divisé jusqu'à sa base en sépales distincts ; la corolle est gamopétale, irrégulière, souvent à deux lèvres ; les étamines sont en général didynames ; l'ovaire, ap-pliqué sur un disque hypogyne et annulaire, ou adhérent avec le calice, est à une seule loge qui contient un très-grand nombre d'ovules anatropes, attachés à deux trophospermes pariétaux et bifides par leur côté libre. Le style se termine par un stigmate à deux lobes inégaux. Le fruit est une capsule uniloculaire, s'ouvrant en deux valves qui portent chacune un trophosperme sur le milieu de leur face interne. Les graines, dont le tégument propre est double, offrent un endosperme charnu qui porte un très-petit em-bryon placé dans une fossette creusée dans sa partie supérieure et latérale.

Les genres *Orobanche*, *Phelippæa*, *Clandestina*, *Lathræa*, *Ægi-netia*, etc., forment cette famille, qui diffère des Scrophulariacées par son ovaire uniloculaire, la position de son embryon, et surtout par le port des végétaux qui la composent.

Cette famille ne me semble différer par aucun caractère essentiel des Gesnériacées à ovaire libre.

87e famille. GESNÉRIACÉES, *Gesneriaceæ.*

Gesneriaceæ, Lindl. *Nat. syst.* 283. DC. *Prodr.* VII, 523. — *Gesneraceæ*, Endlich. *gen.* 716.

Ce sont des plantes herbacées, rarement sous-frutescentes à leur base, portant des feuilles opposées ou alternes, des fleurs axillaires (*fig.* 54) ou terminales. Le calice est gamosépale (*a*), persistant, à cinq

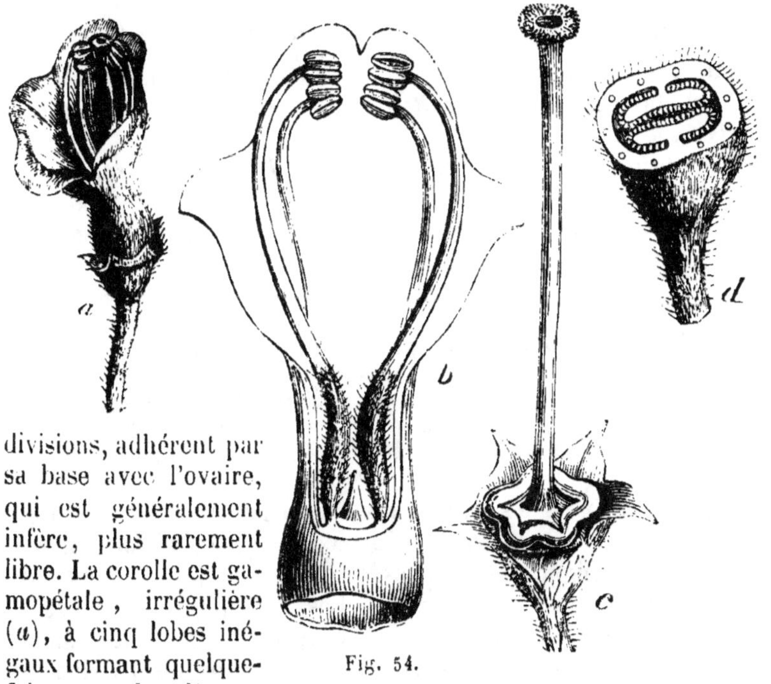

divisions, adhérent par sa base avec l'ovaire, qui est généralement infère, plus rarement libre. La corolle est gamopétale, irrégulière (*a*), à cinq lobes inégaux formant quelquefois comme deux lèvres : on trouve deux ou quatre étamines didynames insérées à la corolle (*b*). L'ovaire, comme nous l'avons dit, est infère ou libre : dans le premier cas, il est couronné par un disque épigyne (*c*) souvent lobé ; dans le second cas, le disque est hypogyne, souvent latéral. Le style est simple, terminé par un stigmate simple et concave (*c*) dans son centre. L'ovaire présente une seule loge dans laquelle un nombre très-considérable d'ovules anatropes sont attachés à deux tropho-

Fig. 54.

Fig. 54. *Gesnera tomentosa. a*, Fleur entière. *b*, Corolle coupée et montrant les étamines. *c*, Pistil avec ovaire infère et disque épigyne. *d*, Coupe transversale de l'ovaire.

spermes (*d*) pariétaux ramifiés du côté de la loge. Le fruit est ou charnu ou sec, et formant une capsule uniloculaire, s'ouvrant en deux valves. Les graines ont un endosperme charnu, qui manque dans la tribu des Cyrtandracées. L'embryon est orthotrope et axile.

On divise cette famille en deux tribus :

1re tribu. CYRTANDRÉES : graines sans endosperme.
* Fruit capsulaire (*Didymocarpées*) : *Æschinanthus, Chirita, Didymocarpus, Streptocarpus, Loxotis*.
** Fruit charnu (*Eucyrtandrées*) : *Cyrtandra, Whitia, Freldia*.

2e tribu. GESNÉRIÉES : graines pourvues d'un endosperme.
* Ovaire libre, fruit charnu (*Béslériées*) : *Sarmienta, Columnea, Besleria*.
** Ovaire libre, fruit capsulaire (*Épisciées*) : *Drymonia, Nemathantus, Alloplectus, Episcia, Ramondia*.
*** Ovaire adhérent ou semi-adhérent, fruit capsulaire (*Eugesnériées*) : *Gesneria, Trevirania, Gloxinia*.

88e famille. BIGNONIACÉES. *Bignoniaceæ*.

Bignoniæ, Juss. *gen*. Kunth, *Mém*. DC. *Bign. in Bibl. univ. sept*. 1838. Lindl. *Nat. syst*. 282. — *Bignoniaceæ* et *Sesameæ*, DC. *Prodr*. VIII, 142. — *Bignoniaceæ* et *Pedalineæ*, R. Brown, *Prodr*. 470. Endlich. *gen*. 728.

Ce sont des arbres, des arbrisseaux, ou plus rarement des plantes herbacées, dont la tige est souvent sarmenteuse et garnie de vrilles ; leurs feuilles, ordinairement opposées ou ternées, sont rarement alternes, le plus souvent composées. Les fleurs (*fig. 55*), qui sont terminales ou axillaires, diversement groupées, ont un calice gamosépale souvent persistant et à cinq lobes, quelquefois il forme un tube qui se fend et se rompt d'une manière irrégulière ; une corolle gamopétale plus ou moins irrégulière et à cinq divisions ; le plus souvent quatre étamines didynames accompagnées d'un filet stérile, qui est l'indice d'une cinquième étamine avortée ; dans quelques genres, les cinq étamines sont égales ou deux seulement sont fertiles. L'ovaire, porté sur un disque hypogyne (*b*), présente une ou deux loges (*c*) contenant ordinairement plusieurs ovules, plus rarement deux ou quatre loges contenant chacune un seul ovule ; le style simple se termine par un stigmate bilamellé (*b*). Le fruit est une capsule à une ou à deux loges (*d*) s'ouvrant en deux valves parallèles ou transversales à la cloison : rarement le fruit est charnu, ou dur et indéhiscent, contenant de deux à quatre graines. Les graines, souvent bordées d'une aile membraneuse (e) dans tout leur contour, renferment sous leur tégument propre un embryon dressé (f) dépourvu d'endosperme.

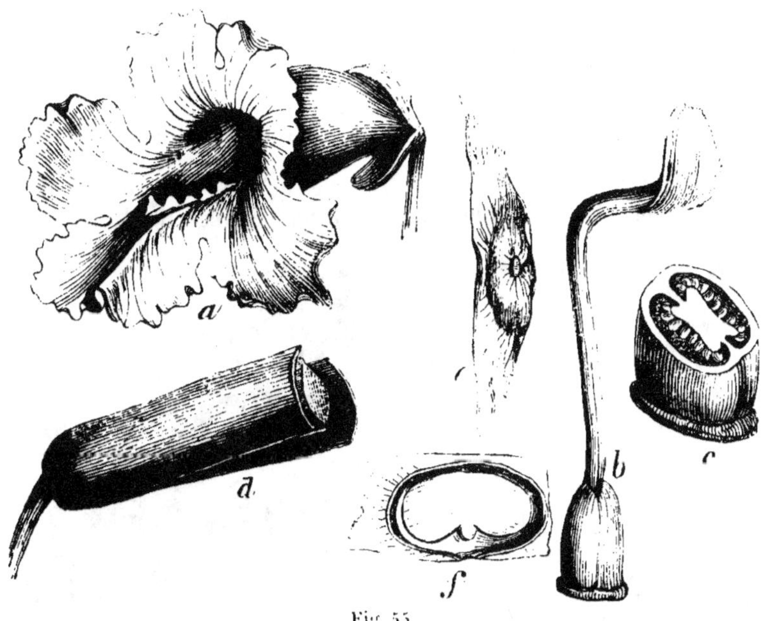

Fig. 55.

Les genres de la famille des Bignoniacées peuvent être distribués en deux tribus de la manière suivante :

1re tribu. BIGNONIACÉES VRAIES : graines ailées.

a. Tige herbacée : *Incarvillea, Tourretia.*

b. Tige ligneuse : *Catalpa, Tecoma, Bignonia, Oroxylum, Spathodea, Amphilobium, Jacaranda, Eccremocarpus.*

2e tribu. SÉSAMÉES : graines non ailées : *Sesamum, Martynia, Carpoceras, Craniolaria, Pedalium, Josephinia, Rogeria.*

M. Brown avait établi sous le nom de PÉDALINÉES une famille pour les genres *Pedalium* et *Josephinia*, qui ne diffèrent nullement de la tribu des Sésamées, formée par Kunth, dans la famille des Bignoniacées.

Cette famille a été de nouveau établie par M. Endlicher, qui la sépare des Sésamées, ne formant selon lui qu'une tribu des Bigno-

Fig. 55. *Bignonia catalpa. a,* Fleur entière. *b,* Pistil. *c,* Ovaire coupé en travers. *d,* Portion de fruit. *e,* Graine. *f,* Portion de la graine contenant l'embryon.

niacées. M. de Candolle forme un groupe des *Pédalinées* et des *Sésamées*, auquel il conserve ce dernier nom. Mais, selon nous, le genre *Sesamum* sert évidemment à établir le passage entre les Sésamées et les Bignoniacées vraies.

89ᵉ famille. ACANTHACÉES, *Acanthaceæ*.

Acanthi, Juss. *gen.* — *Acanthaceæ*, R. Brown. *Prodr.* 472. Nees. *Monog. in* Wall. *Pl. asiat. rar.* III, 70. Lindl. *Nat. syst.* 284. Endlich. *gen.* 696.

Les Acanthacées sont des herbes ou des arbrisseaux à feuilles opposées, à fleurs disposées en épis, et accompagnées de bractées à

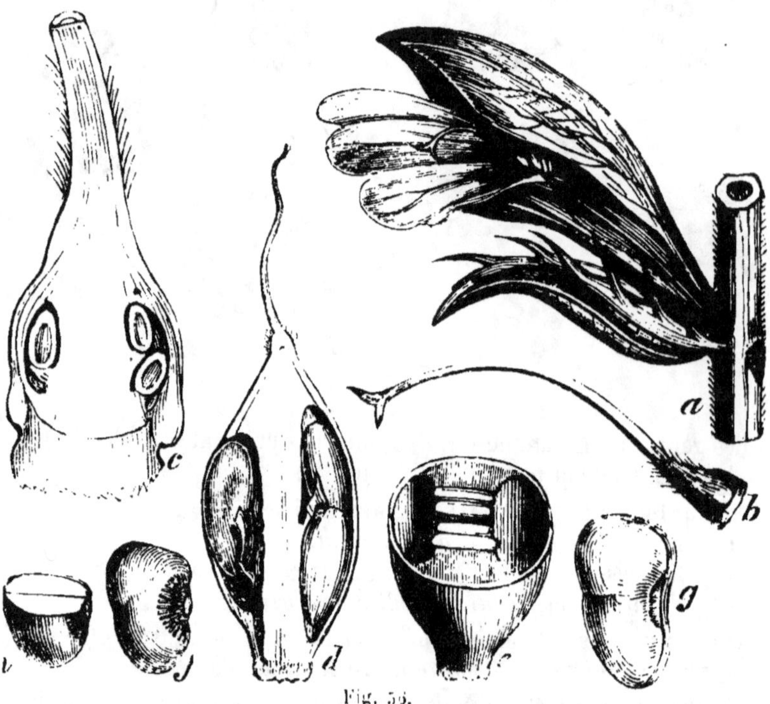

Fig. 56.

leur base (*fig.* 56). Leur calice est formé de quatre ou cinq sépales réguliers ou irréguliers. La corolle est gamopétale, irrégulière, ordinairement bilabiée (*a*); les étamines sont au nombre de deux ou de

Fig. 56. *Acanthus mollis. a*, Fleur entière. *b*, Pistil. *c*, Coupe longitudinale de l'ovaire montrant la position des deux ovules. *d*, L'une des deux valves de la capsule. *e*, Coupe transversale de la capsule. *f*, Graine entière. *h*, Coupe transversale. *g*, Embryon dénudé.

quatre, didynames. L'ovaire est à deux loges, qui contiennent deux (c) ou un plus grand nombre d'ovules amphitropes ou campulitropes ; il est appliqué sur un disque hypogyne et annulaire. Le style est simple, terminé par un stigmate bilobé (b). Le fruit est une capsule à deux loges (e) ; quelquefois monosperme, s'ouvrant avec élasticité en deux valves qui emportent avec elles chacune la moitié de la cloison (d) (déhiscence loculicide). Ces graines sont en général portées sur un podosperme filiforme, quelquefois élargi en forme de cupule ou de crochet, et leur embryon, placé immédiatement sous leur tégument propre (f, g, h), est dépourvu d'endosperme, et a en général sa radicule tournée du côté du hile.

On doit à M. le professeur Nees d'Esenbeck un travail très-étendu sur cette famille dans laquelle ce savant a proposé un grand nombre de genres nouveaux. Tous ces genres, si l'on en excepte l'*Acanthus*, qui est le type de la famille, sont exotiques. Nous mentionnerons parmi ces genres les suivants : *Thunbergia, Ruellia, Justicia, Blepharis, Acanthodium, Eranthemum, Hypoestes*, etc.

Les Acanthacées ont des rapports intimes avec les Scrophulariacées et les Bignoniacées. Elles diffèrent de ces deux familles par le petit nombre de graines contenues dans leurs loges, par le long podosperme qui les supporte, et la déhiscence loculicide de leur capsule ; et en particulier, de la première, par leurs graines dépourvues d'endosperme.

90e famille. SÉLAGINACÉES, *Selaginaceæ.*

Selagineæ, Juss. *Ann. Mus.* VII, 71. Rich. *in Pers. enchir.* II, 146. Choisy. *in Mém. Genève*, II, 71. Endlich. *gen.* 640. — *Selaginaceæ.* Lindl. *Nat. syst.* 279.

Plantes herbacées ou arbustes à feuilles alternes, généralement sessiles, entières ou dentées, quelquefois fasciculées. Fleurs petites, généralement blanches, sessiles, accompagnées de larges écailles et disposées en épis. Le calice est gamosépale, tubuleux, persistant, rarement formé de deux sépales distincts. La corolle gamopétale, tubuleuse, à quatre ou cinq lobes inégaux, porte quatre étamines ordinairement didynames, attachées à la partie supérieure du tube, rarement deux. Les anthères attachées au sommet dilaté du filet sont uniloculaires. L'ovaire à deux loges uniovulées est appliqué sur un disque charnu et annulaire, les ovules sont anatropes et pendants dans l'intérieur de chaque loge. Le fruit est un diakène membraneux ; l'embryon est contenu dans un endosperme charnu.

La petite famille des Sélaginacées comprend les genres *Selago, Hebenstretia, Microdon, Polycenia, Dischisma* et *Agathelepis*. Elle se distingue des Verbénacées principalement par ses anthères uniloculaires. On peut, par conséquent, la considérer comme une simple tribu de cette famille.

Le genre *Stilbe* a été érigé en famille, sous le nom de *Stilbacées*, par mon savant ami M. le professeur Kunth, de Berlin. Ce petit groupe, dans lequel il place aussi un genre nouveau qu'il nomme *Campylostachys*, diffère des Sélaginacées par ses anthères biloculaires et l'absence du disque hypogyne. Nous ne pensons pas que ces deux caractères soient de nature à séparer les Stilbacées des autres Verbénacées.

91ᵉ famille. VERBÉNACÉES, Verbenacea.

Vitices, Juss. *gen.* — *Verbenaceæ*, Juss. *Ann. Mus.* VII, 63. Endlich. *gen.* 632. Schauer, *in* DC. *Prodr.* XI, 522. — *Pyrenaceæ*, Venten. *tabl.*

Les Verbénacées sont des arbres ou des arbrisseaux, rarement des plantes herbacées, à feuilles ordinairement opposées, quelquefois composées. Les fleurs sont disposées en épis ou en corymbes ; plus rarement elles sont axillaires et solitaires. Leur calice est gamosépale, persistant, tubuleux. La corolle est gamopétale, tubuleuse, ordinairement irrégulière et comme bilabiée. Les étamines sont didynames, quelquefois au nombre de deux seulement ; l'ovaire est à deux ou à quatre loges, contenant chacune un ou deux ovules attachés vers sa partie supérieure ; quelquefois (dans le genre *Clerodendrum*, par exemple), l'ovaire est à une seule loge formée de deux carpelles, à bords rentrants simulant une double demi-cloison, dont l'extrémité interne se bifurque sans se réunir au centre. Le style se termine par un stigmate simple ou bifide, oblique et unilatéral dans les genres à deux loges uniovulées. Le fruit est une baie ou une drupe, contenant un noyau à deux, ou à quatre loges souvent monospermes. La graine se compose, outre son tégument propre, d'un endosperme mince et charnu qui recouvre un embryon droit, cylindrique et antitrope.

La famille des Verbénacées forme un groupe très-naturel et bien caractérisé. Nous croyons qu'on devra y réunir plusieurs petites familles qui, selon nous, n'en diffèrent par aucun caractère essentiel ; telles sont, par exemple, les Sélaginacées et les Myoporacées. En effet, on donne aux Verbénacées des ovules dressés, tandis que les ovules seraient pendants dans les deux autres familles. Mais je pense, d'après des observations que je viens de répéter, que, dans la *plupart* des Verbénacées, les ovules sont également pendants. Il résulterait de là, nécessairement, que le caractère principal qui avait été donné pour séparer les Sélaginacées et les Myoporacées disparaîtrait. Cependant il resterait encore un caractère assez important qui distinguerait ces dernières des Verbénacées, c'est que dans les premières l'embryon est homotrope et à radicule supérieure, tandis que dans les secondes il est hétérotrope et à radicule inférieure.

On a divisé les Verbénacées en trois tribus :

1re tribu. VERBÉNÉES : fruit sec ou à peine charnu, se séparant en deux ou en quatre parties : *Verbena, Lippia, Dipyrena, Priva.

2e tribu. LANTANÉES : fruit drupacé, indéhiscent : *Spielmannia. Lantana, *Vitex, Premna, Pityrodia, Tectona,* etc.

3e tribu. ÆGIPHILÉES : fruit charnu : *Amasonia. Callicarpa. Ægiphila, Cornutia.*

92e famille. MYOPORACÉES, *Myoporaceæ.*

Myoporineæ. R. Brown. *Prodr.* 514. Endlich. *gen.* 642. — *Myoporaceæ,* Lindl. *Nat. syst.* 279.

Arbustes généralement glabres, à feuilles simples, alternes ou opposées, à fleurs axillaires et sans bractées ; leur calice est persistant, à cinq divisions profondes ; leur corolle gamopétale est presque régulière ou légèrement bilabiée ; les étamines sont didynames ou quelquefois au nombre de cinq, dont une reste parfois rudimentaire ; l'ovaire est libre, appliqué sur un disque hypogyne et annulaire ; il est à deux ou à quatre loges, contenant chacune un ou deux ovules anatropes, pendants. Le style simple se termine par un stigmate également simple ou légèrement bifide. Le fruit est une drupe contenant un noyau à deux ou quatre loges, renfermant chacune une ou deux graines renversées, cylindriques, composées d'un embryon cylindrique, placé au centre d'un endosperme assez dense, homotrope et à radicule supérieure.

Les Myoporacées se composent des genres *Myoporum, Bontia, Pholidia, Stenochilus, Eremophila.* Ce sont toutes des plantes exotiques croissant en grande partie à la Nouvelle-Hollande. Elles diffèrent des Sélaginacées par leurs anthères biloculaires et par leur fruit drupacé. Nous pensons que cette famille n'est pas suffisamment distincte des Verbénacées auxquelles elle doit, selon nous, être réunie. En effet, les caractères d'après lesquels on a établi leur distinction me paraissent peu fondés.

93ᵉ famille. JASMINACÉES, *Jasminaceæ*.

Jasmineæ, Juss. *gen.* — *Jasmineæ* et *Lilaceæ*, Vent. — *Jasmineæ* et *Oleaceæ*, Link. *Fl. Port.* I, 385. R. Brown, *Prodr.* 520. Lindl. *Nat. syst.* 308. Endlich. *gen.* DC. *Prodr.* VIII, 273.

Cette famille se compose d'arbustes, d'arbrisseaux ou même de très-grands arbres, à feuilles opposées, rarement alternes, simples ou pinnées. Les fleurs sont hermaphrodites, excepté dans le genre Frêne, où elles sont polygames. Le calice est gamosépale, turbiné (*fig.* 57) (*a*) dans sa partie inférieure; la corolle est gamopé-

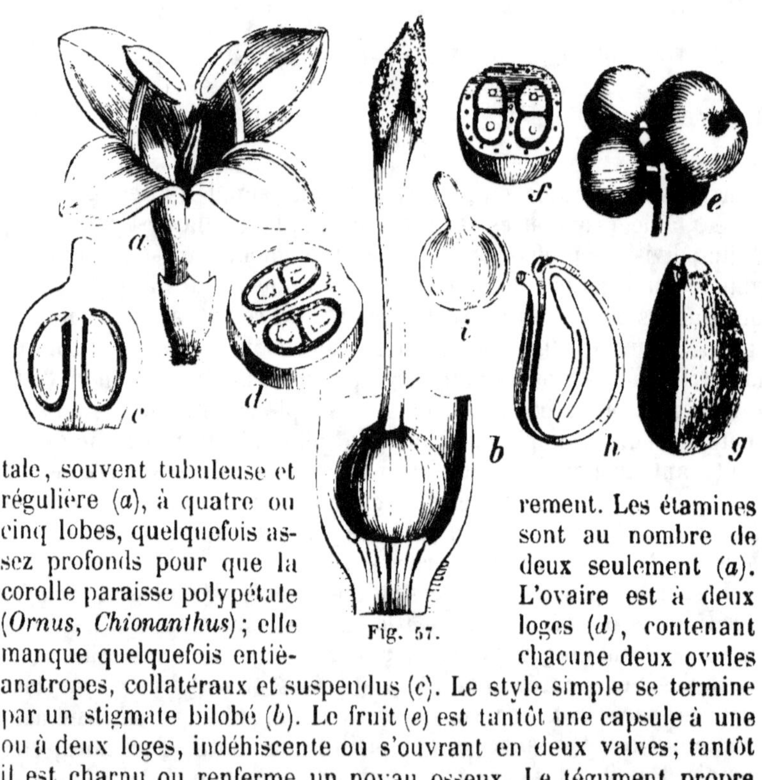

Fig. 57.

tale, souvent tubuleuse et régulière (*a*), à quatre ou cinq lobes, quelquefois assez profonds pour que la corolle paraisse polypétale (*Ornus, Chionanthus*); elle manque quelquefois entiè-rement. Les étamines sont au nombre de deux seulement (*a*). L'ovaire est à deux loges (*d*), contenant chacune deux ovules anatropes, collatéraux et suspendus (*c*). Le style simple se termine par un stigmate bilobé (*b*). Le fruit (*e*) est tantôt une capsule à une ou à deux loges, indéhiscente ou s'ouvrant en deux valves; tantôt il est charnu ou renferme un noyau osseux. Le tégument propre de la graine est mince ou charnu (*h*); l'endosperme est charnu ou

Fig. 57. *Ligustrum vulgare. a*, Fleur entière. *b*, Pistil. *c*, Coupe longitudinale de l'ovaire. *d*, Coupe transversale. *e*, Réunion de fruits. *f*, Coupe transversale d'un fruit. *g*, Graine. *h*, Coupe longitudinale de la graine. *i*, Embryon.

dur (*h*), quelquefois très-mince; il contient un embryon ayant la même direction que la graine (*i*).

Cette famille a été depuis longtemps divisée en deux groupes ou familles par les botanistes les plus éminents de ce siècle, MM. Brown et de Candolle entre autres, savoir : les *Jasminées* vraies, contenant seulement les genres *Jasminum* et *Nyctanthes*, qui auraient les ovules dressés et des graines dépourvues d'endosperme ou n'ayant qu'un endosperme très-mince, et les *Oléinées,* qui comprennent tous les autres genres des Jasminées de Jussieu, dont les ovules sont pendants et l'embryon contenu dans un endosperme charnu très-abondant. La première de ces divisions n'est réellement pas distincte de la seconde. J'avais déjà reconnu il y a très-longtemps, et je viens de vérifier de nouveau sur plusieurs espèces des genres *Jasminum* et *Nyctanthes* que les ovules ne sont pas dressés comme on le dit généralement, mais qu'ils sont attachés vers la partie supérieure de la cloison et renversés comme dans tous les autres genres des Jasminées. Ce qui a pu induire en erreur les célèbres botanistes que nous avons cités précédemment, c'est que dans le fruit de la plupart des Jasmins, c'est la partie supérieure et externe de chaque loge qui prend de l'accroissement; la portion correspondante à l'axe ou à la cloison reste stationnaire, et il arrive un moment où elle semble former la base du péricarpe. Mais je puis assurer que les *ovules*, dans l'ovaire, sont suspendus et non dressés ; dès lors les deux familles des *Jasminées* et des *Oléinées* n'en font bien certainement qu'une seule, que l'on peut partager en deux tribus, selon la nature du péricarpe.

1re tribu. LILACÉES : fruit sec : *Syringa, Fontanesia,* *Fra.rinus, *Nyctanthes, Bolivaria.*

2e tribu. OLÉINÉES : fruit charnu : *Olea, *Jasminum, *Ligustrum, *Phylliræa.

94e famille. LABIÉES, *Labiatæ*.

Labiatæ, Juss. *gen.* Bentham, *Lab. genera,* Lond. 1832-1336. Endlich. *gen.* 607. — *Lamiaceæ*, Lindl. *Nat. syst.* 275.

Les Labiées forment une des familles les plus naturelles du règne végétal. Ce sont des plantes herbacées ou quelquefois des arbustes dont la tige est carrée, les feuilles simples et opposées (*fig.* 58), les fleurs groupées aux aisselles des feuilles, en fascicules, et formant ainsi par leur réunion des épis ou des grappes rameuses. Leur calice (*a*) est gamosépale, tubuleux, à cinq dents inégales. La corolle, gamopétale, tubuleuse et irrégulière, est partagée en deux lèvres, l'une supérieure et l'autre inférieure (*a*), plus rarement la lèvre supérieure manque ou est très-courte. Les étamines sont au nombre de quatre et didynames; quelquefois les deux plus courtes avortent. L'ovaire, appliqué sur un disque hypogyne, est profondément quadrilobé, très-déprimé à son centre, d'où naît un style simple que surmonte un stigmate bifide; coupé en travers, l'ovaire offre quatre loges contenant chacune un ovule dressé. Le fruit (*b*) se compose de quatre akènes monospermes renfermés dans l'intérieur du calice qui persiste. La graine contient un embryon dressé accompagné quelquefois d'un endosperme charnu très-mince, qui disparaît souvent complétement.

Les genres très-nombreux de cette famille peuvent être divisés en deux sections artificielles, suivant qu'ils ont deux ou quatre étamines didynames

Fig. 58.

§ I. Deux étamines : *Salvia, Rosmarinus, Monarda, Lycopus,* etc.

§ II. Quatre étamines didynames : *Betonica, Leonurus, Thymus. Ballota, Marrubium, Phlomis, Satureia, Melissa, Mentha, Melittis,* etc.

M. George Bentham a publié sur cette grande famille un excellent travail comprenant tous les genres et toutes les espèces dont elle se compose. Ces espèces sont au nombre de près de dix-huit cents, répandues d'une manière inégale, il est vrai, dans presque toutes les contrées du globe.

Cette famille est, sans contredit, l'une des plus naturelles du règne végétal; sa tige carrée, ses feuilles opposées, sa corolle bilabiée; son fruit formé de quatre akènes distincts; ses graines ordinairement sans endosperme constituent un ensemble de caractères qui distingue les Labiées des autres groupes environnants.

Fig. 58. *Melittis melissophyllum. a,* Fleur entière. *b,* Fruit composé de quatre akènes. *c,* Un des akènes vu par sa face interne; les trois autres ont été enlevés. *d, e,* Coupes longitudinale et transversale d'une graine, montrant l'embryon immédiatement placé sous le tégument propre de la graine.

95ᵉ famille. LENTIBULARIACÉES, *Lentibulariaceæ*.

Lentibulariæ, Rich. — *Utricularineæ*, Link. *Fl. lusit.* I, 339. Endlich. *gen.* 728. DC. *Prodr.* VIII, 2. — *Lentibulariaceæ*, Lindl. *Nat. syst.* 286.

Petite famille composée des genres *Utricularia*, *Genlisea* et *Pinguicula*, placés auparavant à la suite des Primulacées. Ce sont de petites herbes vivant au milieu des eaux, ou dans les lieux humides et inondés. Leurs feuilles sont ou réunies en rosette à la base des tiges, ou divisées en segments capillaires et souvent vésiculeux, dans les espèces qui nagent à la surface des eaux. Leur tige est ordinairement simple, portant une ou plusieurs fleurs à leur extrémité. Leur calice est gamosépale, persistant, divisé comme en deux lèvres ; la corolle est gamopétale, irrégulière, éperonnée, également à deux lèvres. Les étamines, au nombre de deux, sont incluses et insérées tout à fait à la base de la corolle. L'ovaire est à une seule loge contenant un grand nombre d'ovules attachés à un trophosperme central et basilaire. Le style est simple et très-court ; le stigmate bilamellé. Le fruit est une capsule uniloculaire, polysperme, s'ouvrant soit transversalement, soit par une fente longitudinale, qui partage son sommet en deux valves. Les graines offrent un embryon orthotrope immédiatement recouvert par le tégument propre.

Cette petite famille se distingue des Primulacées par sa corolle irrégulière, ses deux étamines et son embryon sans endosperme : des Scrophulariacées par son fruit à une seule loge, dont le trophosperme est central, et par son embryon sans endosperme.

DOUZIÈME CLASSE. **GAMOPÉTALES SUPÉROVARIÉES**, ISOSTÉMONÉES, A COROLLE RÉGULIÈRE ET A ÉTAMINES OPPOSÉES AUX LOBES DE LA COROLLE.

1. Fruit capsulaire polysperme .... PRIMULACÉES.
2. Fruit drupacé ou bacciforme, oligosperme.. MYRSINÉACÉES.

96ᵉ famille. PRIMULACÉES, *Primulaceæ*.

Lysimachiæ, Juss. *gen.* — *Primulaceæ*, Vent. *tabl.* II, p. 285. Lindl. *Nat. syst.* 223. Endlich. *gen.* 729. Du Chartre, *Organog. des pl. à placent. cent. Ann. Sc. nat.* 1841, p. 279.

Les Primulacées sont des plantes annuelles ou vivaces, à feuilles opposées ou verticillées, très-rarement éparses. Leurs fleurs sont disposées en épis, en sertules ou en grappes axillaires ou terminales ; quelquefois elles sont solitaires ou diversement groupées (*fig.* 59). Le calice, gamosépale, est à cinq ou à quatre divisions ; la corolle, gamopétale, régulière (*a*), est tantôt tubuleuse à sa base, tantôt di-

visée très-profondément en lanières ; les étamines, au nombre de
cinq, sont libres ou monadelphes (*b*), insérées au haut du tube de la

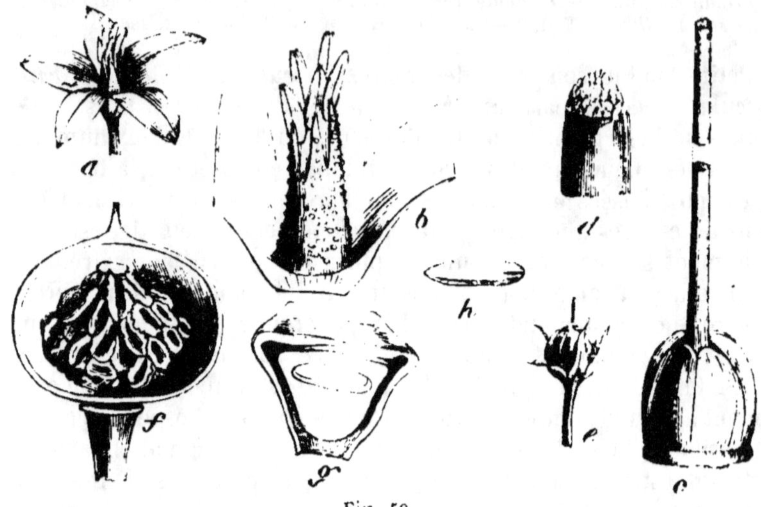

Fig. 59.

corolle ou à la base de ses divisions ; elles leur sont opposées, et
leurs anthères introrses s'ouvrent chacune par un sillon longitudinal ;
quelquefois on trouve les traces des cinq étamines normales, alternant avec les lobes de la corolle, réduites à l'état de filaments stériles.
L'ovaire est libre, à une seule loge contenant un très-grand nombre
d'ovules ordinairement amphitropes, attachés à un trophosperme
central et basilaire. Le style et le stigmate sont simples (*c*). Le
fruit est une capsule uniloculaire (*e*) et polysperme s'ouvrant en
trois ou cinq valves, ou une pyxide operculée. Les graines offrent
un embryon cylindrique (*h*) placé transversalement au hile dans un
endosperme charnu (*g*).

Les Primulacées sont très-bien caractérisées par leurs étamines
opposées aux divisions de la corolle, leur capsule uniloculaire, dont
les graines sont attachées à un trophosperme central, et par leur
embryon placé en travers devant le hile. Par ces différents caractères, elles se rapprochent beaucoup des Myrsinéacées, qui n'en
diffèrent que par leur fruit charnu et leurs graines enfoncées dans
des espèces d'alvéoles du trophosperme, qui est charnu et très-gros.

Les genres de cette famille se divisent de la manière suivante :

1re tribu. PRIMULÉES : capsule valvaire ; graines amphitropes, *Dou-*

Fig. 59. *Lysimachia vulgaris. a*, Fleur entière. *b*, Étamines monadelphes.
c, Pistil. *d*, Le stigmate. *e*, Fruit. *f*, Le même, montrant les graines attachées à un
trophosperme central. *g*, Coupe transversale de la graine. *h*, Embryon.

ylasia, Androsace, Gregoria, Primula, Cortusa, Cyclamen, Dodecatheon, Soldanella, Glaux, Lysimachia, Trientalis, Coris.

2ᵉ tribu. **ANAGALLIDÉES** : pyxide ; graines amphitropes : *Centunculus, Anagallis.*

3ᵉ tribu. **HOTTONIÉES** : capsule valvaire ; graines anatropes : *Hottonia.*

4ᵉ tribu. **SAMOLÉES** : capsule adhérente ; graines anatropes : *Samolus.*

On a réuni à cette famille le genre *Samolus*, qui en offre tous les caractères, mais qui a seulement l'ovaire adhérent.

97ᵉ famille. MYRSINÉACÉES, *Myrsineaceæ.*

Myrsineæ, R. Brown, *Prodr.* 533. Endlich. *gen.* — *Ardisiaceæ*, Juss. *Ann. Mus.* XV, 350. — *Ophiosperma*, Vent. *Jard. Cels.* 86. — *Myrsinaceæ*, Lindl. *Nat. Syst.* 224. — *Myrsineaceæ*, Alph. DC. *in Ann. Sc. nat.* XV, 65. Ibid. *Prodr.* VIII, 75.

Les Myrsinéacées sont des arbres ou des arbustes à feuilles alternes, très-rarement opposées ou ternées, glabres, coriaces, entières ou dentées, sans stipules ; à fleurs disposées en grappes ou en espèce d'ombelles indéfinies, ou enfin simplement groupées à l'aisselle des feuilles ou au sommet des rameaux : ces fleurs sont hermaphrodites (*fig.* 60), rarement unisexuées. Leur calice, gé-

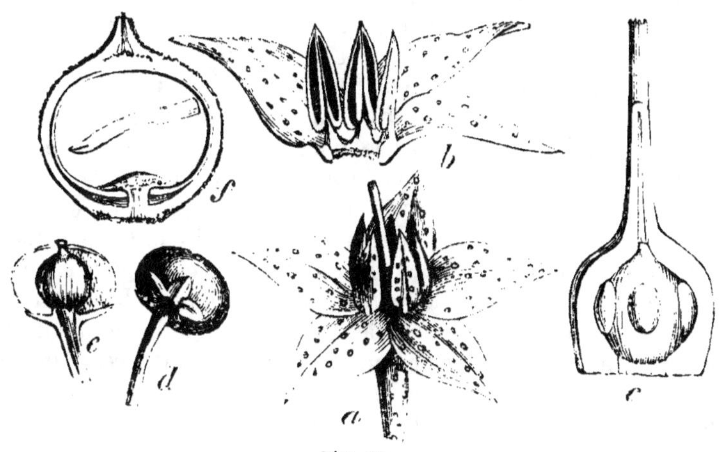

Fig 60.

Fig. 60. *Ardisia nana.* *a*, Fleur entière. *b*, Portion de corolle avec les étamines opposées à ses lobes. *c*, Coupe longitudinale de l'ovaire montrant les ovules enfoncés dans le trophosperme central. *d*, Fruit entier. *e*, Coupe longitudinale du même. *f*, Coupe longitudinale du fruit et de la graine.

néralement persistant, est à quatre ou cinq divisions profondes. Leur corolle est gamopétale, régulière (*a*), à quatre ou cinq lobes. Les étamines, en même nombre que les lobes de la corolle, quelquefois monadelphes, sont attachées à la base des lobes et leur sont opposées (*a*); leurs anthères sont introrses. Les filets sont courts, les anthères sagittées. L'ovaire est libre uniloculaire (*c*), contenant un nombre variable d'ovules campulitropes, insérés à un trophosperme central, basilaire, épais, plus ou moins globuleux, dans lequel ils sont quelquefois plus ou moins profondément enfoncés. Le style est simple, terminé par un stigmate simple ou lobé. Le fruit est une sorte de drupe sèche (*d, e*), ou une baie contenant d'une à quatre graines. Celles-ci sont peltées, ayant leur hile concave ; leur tégument simple recouvrant un endosperme (*f*) charnu ou corné, dans lequel est placé un embryon cylindrique, un peu recourbé et placé transversalement au hile.

Cette famille a de grands rapports avec les Sapotacées et les Ébénacées par son port et plusieurs de ses caractères ; d'un autre côté, la structure de son ovaire, ses étamines opposées aux lobes de la corolle, lui donnent des affinités avec les Primulacées.

M. Alph. de Candolle (*Prodr.* VIII, 141) a formé du seul genre *Ægiceras*, une famille spéciale qu'il nomme ÆGICÉRACÉES. Ce genre diffère surtout des autres Myrsinéacées par ses graines dépourvues d'endosperme et ses anthères à deux loges s'ouvrant par un grand nombre de fentes transversales.

Le même botaniste a également séparé de la famille des Myrsinéacées les genres *Theophrasta, Clavija, Jacquinia,* etc., pour en constituer sa famille des THÉOPHRASTÉES. Ce groupe tient en quelque sorte le milieu entre les vraies Myrsinéacées et les Sapotacées, ou plutôt en laissant ces genres dans la première de ces familles il sert à établir le passage avec la seconde. En effet les Théophrastées ont tout le port des Myrsinéacées, leurs feuilles et leurs tiges offrent également des points résineux : leur ovaire présente la même structure ; mais leur corolle offre des appendices, comme celle des Sapotacées et l'évolution de leurs ovules se rapproche beaucoup plus de celle de cette dernière famille, c'est-à-dire qu'ils sont anatropes et non campulitropes comme dans les vraies Myrsinéacées. Sans nier l'importance de ces caractères, qui nous paraissent propres à constituer une tribu distincte dans la famille des Myrsinéacées, nous ne les croyons pas de nature à pouvoir servir à l'établissement d'une famille distincte. Nous diviserons de la manière suivante la la famille des Myrsinéacées :

§ 1. *Graines pourvues d'endosperme.*

1re tribu. MÉSÉES Alph. DC.: ovaire adhérent ou semi-adhérent : *Mæsa*.

2e tribu. EUMYRSINÉES Alph. DC. : ovaire libre; pas d'appendices à la corolle : *Embelia, Onchostemum, Myrsine, Ardisia, Badula, Cybianthus*, etc.

3e tribu. THÉOPHRASTÉES Alph. DC. : ovaire libre; corolle munie d'appendices : *Theophrasta, Clavija, Jacquinia, Monotheca*.

§ 2. *Graines sans endosperme.*

4e tribu. ÆGICÉRÉES Alph. DC. : anthères s'ouvrant par des fentes transversales : *Ægiceras*.

TREIZIÈME CLASSE. GAMOPÉTALES SUPÉROVARIÉES[1], ORDINAIREMENT ANISOSTÉMONÉS, A COROLLE RÉGULIÈRE.

I. Anthères biloculaires.
    a. Loges de l'ovaire 1-2-ovulées.
        † Fleurs hermaphrodites, loges 1-ovulées...... SAPOTACÉES.
        †† Fleurs unisexuées, loges 2-ovulées......... ÉBÉNACÉES.
    b. Loges de l'ovaire oligospermes ou polyspermes.
        † Anthères s'ouvrant par des pores........... ÉRICACÉES.
        †† Anthères s'ouvrant par des fentes.......... STYRACACÉES.
II. Anthères uniloculaires .... ÉPACRIDACÉES.

98e famille. SAPOTACÉES, *Sapotaceæ*.

Sapoteæ, Juss. *Ann. Mus.* XV, 349. Alph. DC. *Prodr.* VIII. 154.

Arbres ou arbrisseaux tous exotiques, et croissant pour la plupart sous les tropiques. Leurs feuilles sont alternes, très-entières, persistantes, coriaces; leurs fleurs hermaphrodites et axillaires. Elles ont un calice persistant et gamosépale, formé de quatre, cinq, ou d'un nombre double de sépales soudés; une corolle gamopétale, régulière, dont les lobes sont en nombre égal, double ou triple de ceux du calice; ces lobes, ainsi que ceux du calice, ont une préfloraison imbriquée. Les étamines sont en nombre défini : les unes sont fertiles, en même nombre que les lobes du calice, et opposées aux pétales; les autres, stériles, pétaloïdes, sont alternes avec les précédentes et appartenant à une rangée plus extérieure : quelquefois les étamines fertiles sont en nombre double des divisions de la corolle. L'ovaire est à plusieurs loges, contenant chacune un ovule dressé ou pendant, anatrope ou presque campulitrope. Le

---

[1] Quelquefois ovaire infère : quelques Styracacées et la tribu des Vacciniées dans les Éricacées.

style se termine en général par un stigmate simple, quelquefois lobé. Le fruit est charnu, à une ou à plusieurs loges monospermes, quelquefois osseuses. Les graines sont allongées, comprimées, luisantes, à épisperme dur et osseux. L'embryon est dressé, orthotrope, contenu dans un endosperme charnu, qui manque rarement.

Les genres de cette famille sont *Chrysophyllum, Bumelia, Achras, Mimusops, Sideroxylon, Imbricaria, Lucuma,* etc. Elle a de grands rapports avec les Ébénacées, qui en diffèrent par leurs fleurs géralement unisexuées, leurs étamines disposées sur deux rangs, leur style divisé, et leurs graines toujours pendantes. On la distingue de suite des Myrsinéacées par son ovaire à plusieurs loges contenant chacune un seul ovule et par son embryon orthotrope.

99ᵉ famille. EBÉNACÉES, *Ebenaceæ.*

Guayacaneæ, Juss. *gen.* — *Ebenaceæ,* Vent. *tabl. II,* p. 443. Juss. *Ann. Mus.* V, 417. Lindl. *Nat. syst.* 226. Endlich. *gen.* 741. DC. *Prodr.* VIII, 209.

Cette famille se compose d'arbres ou d'arbustes non lactescents, dont le bois est très-dur et souvent d'une teinte noire à son centre. Leurs feuilles sont alternes, entières, souvent coriaces et luisantes. Leurs fleurs (*fig.* 61) sont en général axillaires, rare-

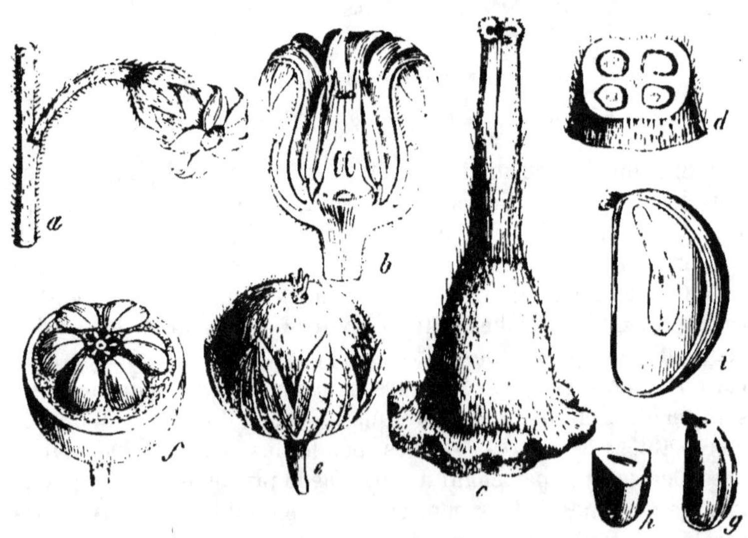

Fig. 61.

Fig. 61. *Royena hirsuta. a,* Fleur. *b,* Coupe longitudinale d'une fleur. *c,* Pistil. *d,* Coupe transversale de l'ovaire. *e,* Fruit. *f,* Le même, dont on a mis à nu les graines. *g,* Graine. *h,* La même, coupée transversalement. *i,* Coupe longitudinale.

ment hermaphrodites, le plus souvent polygames. Leur calice est gamosépale, à trois ou à six divisions égales et persistantes (*a*). La corolle est gamopétale régulière, son limbe offre de trois à six divisions imbriquées. Les étamines sont en nombre défini, tantôt insérées sur la corolle, tantôt immédiatement hypogynes; elles sont en nombre double ou quadruple des divisions de la corolle, très-rarement en nombre égal, et alors alternant evec elles; le plus souvent les étamines sont disposées sur deux rangs, et ont leurs anthères linéaires lancéolées, à deux loges. L'ovaire est libre (*c*), sessile, à un nombre de loges ordinairement double des sépales et contenant chacune un ou deux ovules pendants. Quand les loges sont en même nombre que les sépales, elles alternent avec eux. Les styles unis par leur base (*c*) sont tantôt simples, tantôt bifides à leur sommet. Les stigmates sont simples ou bifides. Le fruit est une baie globuleuse (*e*), toujours accompagnée par le calice persistant qui quelquefois la recouvre presque complétement. Elle s'ouvre quelquefois d'une manière presque régulière, et contient un petit nombre de graines comprimées (*g, h*) et pendantes. Leur tégument recouvre un endosperme cartilagineux, dans lequel est un embryon (*i*) qui a la même direction que la graine.

Mon père a retiré de la famille des Guayacanées de Jussieu, un certain nombre de genres qui en sont fort différents, et dont il a formé la famille des *Styracées*. Telle qu'elle est limitée aujourd'hui par les botanistes modernes, la famille des Ebénacées se compose des genres *Diospyros, Royena, Paralea*. etc. Elle a des rapports avec les Sapotacées; nous avons indiqué précédemment les principales différences qui les distinguent. Quant aux Styracacéees, nous indiquerons, à la suite de cette famille, les caractères qui les séparent des Ébénacées.

100ᵉ famille. STYRACACÉES, *Styracaceæ*.

Styraceæ, Rich. *Anal. du Fruit*, 48.—*Styracineæ*, Kunth, *in Humb. nov. gen.* III, 257.

Arbres ou arbrisseaux à feuilles alternes, sans stipules, à fleurs hermaphrodites, axillaires, quelquefois terminales. Leur calice est libre ou adhérent avec l'ovaire infère. Le limbe est entier ou divisé. La corolle est gamopétale, régulière. Les étamines, dont le nombre varie de six à seize, sont libres ou monadelphes par leur base. L'ovaire, comme nous l'avons dit, est tantôt supère, tantôt infère, ordinairement à quatre loges, séparées par des cloisons membraneuses et très-minces; chacune de ces loges contient communément quatre ovules attachés à l'angle interne de la loge, et dont deux sont dressés et deux renversés ; ces loges sont opposées aux sépales du calice. Le style est simple, terminé par un stigmate très-petit et simple. Le fruit est légèrement charnu ; il contient d'un à quatre nucules osseux et plus ou moins irréguliers. La graine est formée, outre son tégument propre, d'un endosperme charnu, qui contient un embryon cylindrique, ayant la même direction que la graine.

Cette famille se compose des genres *Halesia*, *Symplocos*, *Styrax*, etc., qui faisaient autrefois partie de la famille des Ébénacées. Mon père les en a retirés pour en former la nouvelle famille des Styracacées, qui en diffère par son insertion périgynique, son ovaire, dont les loges contiennent quatre ovules, dont deux dressés et deux renversés, et par son style simple, et les loges de son ovaire opposées aux sépales, quand elles sont en même nombre que ces dernières.

101ᵉ famille. ÉPACRIDACÉES, *Epacridaceæ*.

Epacrideæ, R. Brown, *Prodr.* 535. DC. *Prodr.* VII, **734**. Endlich. *gen.* **746**. — *Epacridaceæ*, Lindl. *Nat. syst.* 222.

Ce sont en général de charmants arbrisseaux du port le plus élégant, portant de petites feuilles roides et entières, persistantes et assez souvent très-rapprochées et comme imbriquées, sans stipules. Les fleurs (*fig.* 62) généralement hermaphrodites sont axillaires et forment quelquefois des espèces de grappes simples ou rameuses à l'extrémité des rameaux. Leur calice se compose de quatre à cinq sépales libres ou soudés entre eux par leur base : la corolle gamopétale régulière tubuleuse, campanulée (*a*, *b*) ou rotacée, se compose d'autant de pétales qu'il y a de sépales au calice, alternant avec ces derniers. Les étamines en même nombre que les divisions de la corolle alternent avec elles et sont attachées à la partie supérieure de son tube. Leur anthère est uniloculaire (*e*) et s'ouvre par un sillon longitudinal. L'ovaire est libre, appliqué sur un disque hypogyne, tantôt en forme de cupule, tantôt sous celle d'écailles charnues et distinctes (*c*, *d*) : il offre communément cinq loges contenant chacune soit un seul ovule pendant, soit un grand nombre d'ovules attachés (*d*) à un trophosperme axillaire. Le style se termine par un stigmate très-petit, 4-5-lobé. Le fruit est une capsule, une baie ou une drupe. Les graines offrent un endosperme charnu contenant un embryon axile et homotrope.

Cette famille se compose d'arbrisseaux presque tous originaires de la Nouvelle-Hollande et qui font l'ornement de nos serres tem-

pérées. Les Épacridées ont tout à fait le port de nos bruyères, elles
en diffèrent par leurs anthères uniloculaires s'ouvrant par toute la

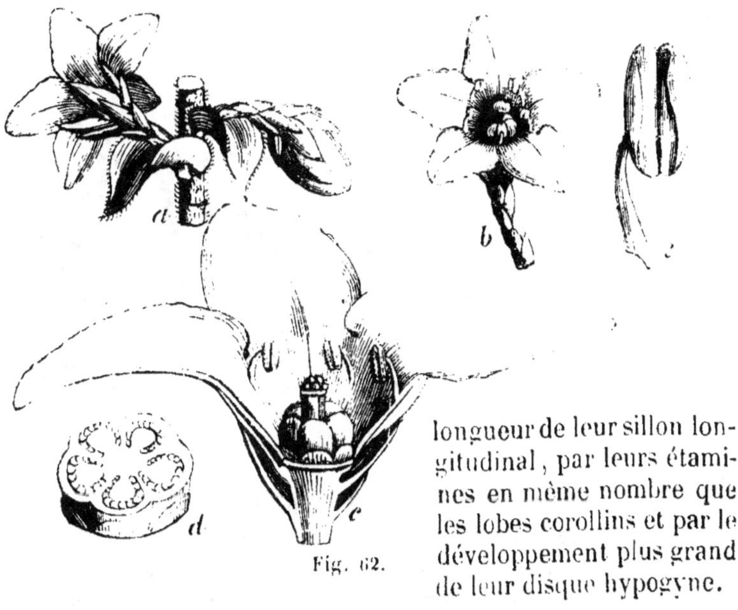

Fig. 62.

longueur de leur sillon longitudinal, par leurs étamines en même nombre que
les lobes corollins et par le
développement plus grand
de leur disque hypogyne.

Cette famille offre deux groupes distincts :

1re tribu. STYPHÉLIÉES : loges de l'ovaire monospermes; fruit communément drupacé : *Styphelia*, *Astroloma*, *Stenanthera*, *Lis-
santhe*, *Leucopogon*, *Decaspora*.

2e tribu. ÉPACRIDÉES : loges de l'ovaire polyspermes; fruit capsulaire : *Épacris*, *Lysinema*. *Cosmelia*, *Andersonia*, *Sprengelia*,
Bichea, *Dracophyllum*.

102e famille. ÉRICACÉES, *Ericaceæ*.

Ericæ et *Rhodora*, Juss. gen. — *Ericaceæ*, Lindl. *Nat. syst.* 220. DC. *Prodr.* VII,
189. Endlich. *gen.* 750.

Arbustes et arbrisseaux d'un port élégant, ayant en général des
feuilles simples, alternes, rarement opposées, verticillées ou très-
petites et en forme d'écailles imbriquées. Leur inflorescence est très-

Fig. 62. *Épacris pulchella*. *a*, Rameau florifère. *b*, Fleur entière. *c*, Coupe
longitudinale de la fleur. *d*, Coupe transversale de l'ovaire. *e*, Étamines à anthères
uniloculaires.

variable (*fig.* 63). Le calice gamosépale est tantôt libre, tantôt adhérent avec l'ovaire infère, à cinq divisions, quelquefois tellement profondes, qu'il paraît formé de sépales distincts. La corolle

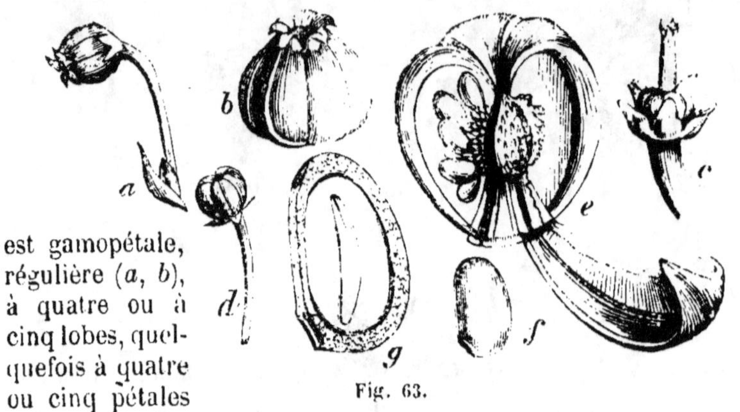

est gamopétale, régulière (*a*, *b*), à quatre ou à cinq lobes, quelquefois à quatre ou cinq pétales distincts. Les éta-

Fig. 63.

mines, en général en nombre double des divisions de la corolle, ont leurs filets libres, rarement soudés entre eux à leur base. Les anthères sont introrses, à deux loges, quelquefois terminées par deux appendices en forme de corne à leur sommet ou à leur base, et s'ouvrant en général par un trou vers leur sommet. Ces étamines sont généralement attachées à la corolle; mais quelquefois elles sont immédiatement hypogynes. L'ovaire est infère ou libre; dans ce dernier cas il est sessile au fond de la fleur (*c*), ou appliqué sur un disque hypogyne plus ou moins saillant; il offre de trois à cinq loges contenant chacune un assez grand nombre d'ovules attachés à leur angle interne. Le style est simple, terminé par un stigmate offrant autant de lobes qu'il y a de loges à l'ovaire. Le fruit est une baie ou plus souvent une capsule (*d*), quelquefois couronnée par le limbe du calice, et s'ouvrant en autant de valves (*e*) qu'il y a de loges; tantôt chacune de ces valves entraîne avec elle une des cloisons sur le milieu de sa face interne (déhiscence loculicide); tantôt la déhiscence a lieu par les cloisons qui se dédoublent (déhiscence septicide). Les graines se composent d'un endosperme charnu, au milieu duquel est un embryon (*g*) axile, cylindrique, ayant la même direction que la graine.

Nous réunissons ici les Rhodoracées de Jussieu, qui ne diffè-

Fig. 63. *Andromeda polifolia. a,* Fleur entière. *b,* La corolle. *c,* Calice et pistil. *d,* Capsule. *e.* La même. déhiscente. *f.* Graine. *g.* Coupe longitudinale de la graine.

rent des Éricacées que par leur capsule, dont les valves emportent les cloisons sur le milieu de leur face interne, tandis que dans les Éricinées, en général, la déhiscence a lieu en face des cloisons. Mais on observe l'un et l'autre de ces deux modes dans plusieurs genres des Ericacées.

Nous partageons cette famille en deux tribus distinctes :

1re tribu. ÉRICÉES · ovaire supère : *Erica*. *Calluna*, *Andromeda*, *Arbutus*, *Ledum*, *Rhododendrum*, *Clethra*, *Befaria*, etc.

2e tribu. VACCINIÉES : ovaire infère. *Vaccinium*, *Gay-Lussacia*.

M. Lindley a formé du genre *Pyrola*, placé par Jussieu dans la famille des Éricinées, le type d'une petite famille distincte qu'il nomme PYROLACÉES. Elle diffère surtout des autres Éricinées par son port, par ses graines ailées, son embryon extrêmement petit et son style décliné. Les genres rangés dans ce groupe sont : *Pyrola*, *Chimophila*, *Moneses*, *Cladothamnus* et *Galax*.

MM. Cosson et Germain (*Fl. Par.*, p. 68) rapprochent le genre *Pyrola* des genres *Parnassia* et *Drosera*. Nous n'adoptons pas ce rapprochement. Par la forme de leurs anthères, par celle de leur stigmate, par leur ovaire, le nombre de leurs étamines, leur embryon accompagné d'un endosperme charnu, les espèces du genre *Pyrola* ne nous paraissent pas devoir être beaucoup éloignées des Éricacées.

MONOTROPÉES. M. Nuttal a proposé d'établir pour le genre *Monotropa* une petite famille qui a été adoptée par MM. de Candolle, Duby et Lindley. Elle a beaucoup de rapports avec les Pyrolacées, dont elle diffère par ses anthères peltées et réniformes, s'ouvrant par une fente transversale, par leurs graines cylindracées et recouvertes par un tégument celluleux et réticulé, et par leur embryon extrêmement petit, placé au sommet d'un endosperme charnu ; exemple : *Monotropa*, *Hypopithys*, *Tolmiea*, *Pterospera*, *Schweinizia*.

QUATORZIÈME CLASSE. GAMOPÉTALES INFÉROVARIÉES.

I. Graines munies d'un endosperme.

    A. Feuilles alternes.

       † Étamines distintes du style.

      a. Fleurs en cime ou en grappe.

       Stigmate lobé .... CAMPANULACÉES.

       Stigmate simple concave................. GOODÉNIACÉES.

      b. Fleurs en capitule .... CALYCÉRACÉES.

       †† Étamines soudées avec le style......... STYLIDIACÉES.

    B. Feuilles opposées, sans stipules, endosperme charnu.

　　　† Fleurs munies d'un involucre propre.... DIPSACÉES.
　　†† Fleurs nues : fruit charnu ou drupacé.. CAPRIFOLIACÉES.
　C. Feuilles opposées stipulées ou verticillées : en-
　　　dosperme .... RUBIACÉES.
II. Pas d'endosperme.
　　A. Étamines libres .... VALÉRIANACÉES.
　　B. Étamines synanthères........... SYNANTHÉRÉES.

103ᵉ famille. CAMPANULACÉES , *Campanulaceæ.*

Campanulaceæ, Juss. *gen.* — *Lobeliaceæ*, Juss. et Rich. *Ann. Mus.* XVIII, 1. — *Campanulaceæ* et *Lobeliaceæ*, DC. *Prodr.* VII, p. 339 et 414. Lindl. *Nat. syst.* 237. Endlich. *gen.* 506 et 513. Alph. DC. *Mém. Camp.* Paris, 1830.

　　Les Campanulacées sont ordinairement des plantes herbacées ou sous-frutescentes, remplies en général d'un suc blanc et amer. Leurs feuilles sont alternes, rarement opposées ; leurs fleurs (*fig.* 64) for-

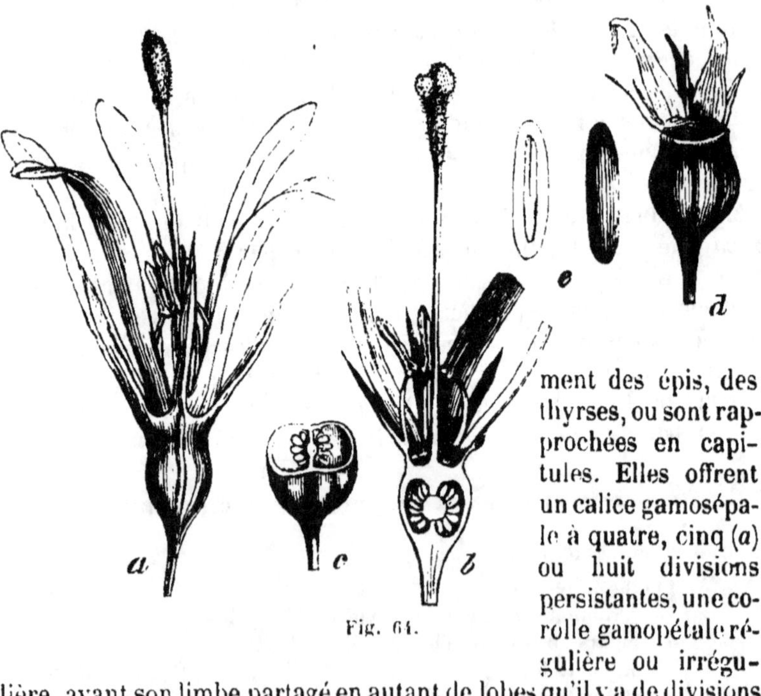

Fig. 64.

ment des épis, des thyrses, ou sont rapprochées en capitules. Elles offrent un calice gamosépale à quatre, cinq (*a*) ou huit divisions persistantes, une corolle gamopétale régulière ou irrégulière, ayant son limbe partagé en autant de lobes qu'il y a de divisions

Fig. 64. *Jasione montana. a,* Fleur entière. *b,* Coupe longitudinale de la même. *c,* Coupe transversale de l'ovaire. *d,* Fruit dont on a détaché deux des divisions calicinales. *e.* Graines.

au calice, quelquefois comme bilabiée, à estivation valvaire (fig. 64, *a*). Les étamines, au nombre de cinq, sont alternes avec les lobes de la corolle. Leurs anthères sont libres ou rapprochées en forme de tube. L'ovaire est infère (*b*) ou semi-infère, à deux ou à plusieurs loges polyspermes. Le style est simple, terminé par un stigmate lobé (*b*), quelquefois environné de poils. Le fruit est une capsule couronnée par le limbe du calice, à deux ou à un plus grand nombre de loges, s'ouvrant soit par le moyen de trous qui se forment vers la partie supérieure, soit par des valves incomplètes, et qui entraînent avec elles une partie des cloisons sur le milieu de leur face interne. Les graines, très-petites et fort nombreuses, renferment dans un endosperme charnu (*e*) un embryon axile et dressé.

Nous réunissons ici les familles des Campanulacées et des Lobéliacées, qui ont entre elles des caractères communs trop intimes pour former autant de familles distinctes. Nous les considérons simplement comme des tribus d'un même ordre naturel.

1re tribu. CAMPANULACÉES : corolle régulière, étamines distinctes, capsule à deux loges polyspermes ; exemple : *Campanula, Phyteuma, Prismatocarpus, Jasione*, etc.

2e tribu. LOBÉLIACÉES, Rich. : corolle irrégulière, étamines soudées par les anthères, stigmate environné de poils ; exemple : *Lobelia, Lysipomia*, etc.

104e famille. GOODÉNIACÉES, *Goodeniaceæ*.

Goodenoviæ. R. Brown, *Prodr.* 573. DC. *Prodr.* VII, 502.— *Goodeniaceæ*, Endlich. *gen.* 505.

Plantes herbacées ou arbustes non lactescents à feuilles alternes, à fleurs en cyme (*fig.* 65). Limbe du calice à trois ou à cinq lobes persistants (*a*) : corolle gamopétale, tubuleuse, irrégulière (*a*, *b*), à préfloraison induplicative. Cinq étamines libres ou à anthères rapprochées, insérées à la base de la corolle ou sur l'ovaire, alternes avec les lobes corollins. Ovaire à deux (*c*), très-rarement à une ou à quatre loges, contenant chacune soit un ou deux ovules, soit un plus grand nombre. Style simple terminé par un stigmate concave (*d*) et en forme de coupe, bordé d'une rangée circulaire de poils. Fruit capsulaire ou drupacé, s'ouvrant en deux valves. Graines contenant un embryon au centre d'un endosperme charnu.

1re tribu. SCÆVOLÉES : loges 1-2-spermes, fruit drupacé : *Dampiera, Diaspasis, Scævola*.

2ᵉ tribu. GOODÉNIÉES : loges polyspermes, fruit capsulaire : *Goodenia, Distylis, Euthales, Calogyne, Lesche- naultia.*

Cette petite famille, voisine des Campanulacées et surtout de la tribu des Lobéliacées, en diffère principale- ment par la forme de son stigmate, par son fruit drupacé ou déhiscent, et par sa préfloraison indu- plicative et non val- vaire.

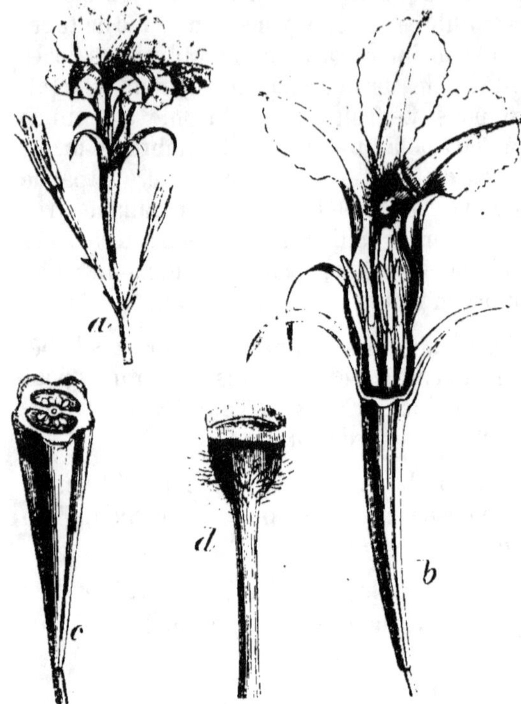

Fig. 65.

105ᵉ famille. STYLIDIACÉES, *Stylidiaceæ.*

Stylidæ, R. Brown, *Prodr.* 1565. Endlich. *gen.* 519. — *Stylideæ,* Juss. *Ann. Mus.* XVIII, 7. DC. *Prodr.* VII, 331. Lindl. *Nat. syst.* 240.

Calice à limbe inégal, à deux ou cinq lobes, à estivation imbri- quée ; corolle gamopétale ordinairement irrégulière, quelquefois comme bilabiée, à lèvre supérieure quadrilobée, à lèvre infé- rieure plus petite et trilobée, à estivation imbriquée. Étamines au nombre de deux et attachées au sommet d'un gynostème grêle, cylindrique ou plane, dressé ou géniculé ; stigmate placé entre les deux étamines. Ovaire à deux loges, rarement à une seule par l'avortement de la cloison, contenant un très-grand nombre d'ovules attachés à un trophosperme hémisphérique naissant au milieu de chaque face de la cloison. Capsule biloculaire, quelquefois unilocu-

Fig. 65. *Goodenia ovata. a,* Fleur. *b,* La même, dont on a enlevé une moitié de la corolle *c,* Ovaire coupé en travers. *d,* Stigmate

laire s'ouvrant en deux valves. Embryon cylindrique contenu dans un endosperme charnu.

Plantes herbacées ou sous-frutescentes, à feuilles simples alternes très-rapprochées et à fleurs disposées en grappes terminales.

Cette petite famille, composée des genres *Stylidium*, *Leuwenhookia* et *Forstera*, est excessivement distincte de celles qui l'avoisinent par ses deux étamines placées avec le stigmate au sommet d'un support commun.

106ᵉ famille. DIPSACÉES . *Dipsaceæ*.

Dipsacearum gen. Juss — *Dipsaceæ*, Coulter, *Monog.* Genève, 1823. DC. *Prodr.* IV, 643. Lindl. *Nat. syst.* 264. Endlich. *gen.* 353.

La tige est herbacée, les feuilles opposées sans stipules ; les fleurs (*fig.* 66), réunies en capitules hémisphériques ou globuleux, ac-

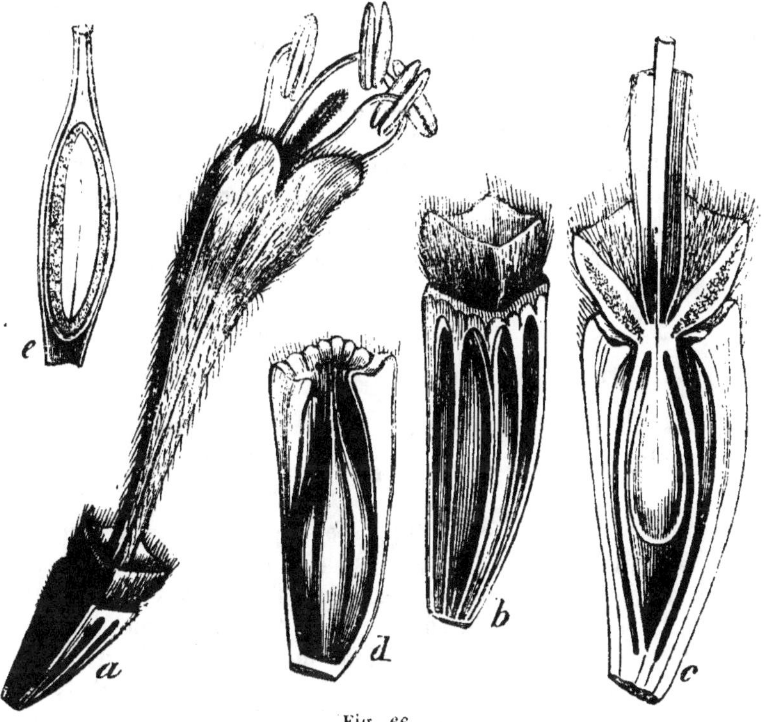

Fig. 66.

Fig. 66. *Dipsacus laciniatus.* *a*, Fleur. *b*, Ovaire environné de son involucre propre. *c*, Le même, fendu longitudinalement. *d*, Fruit : on a enlevé la moitié de l'involucre propre. *e*, Fruit coupé longitudinalement et montrant l'embryon dans un endosperme charnu.

compagnées à leur base d'un involucre de plusieurs folioles ; chaque fleur est recouverte par un involucre propre, calyciforme, gamosépale, tubuleux, appliqué sur le véritable calice (*a, b, c*). Celui-ci est adhérent avec l'ovaire, terminé par un limbe entier ou divisé. La corolle est gamopétale, tubuleuse (*a*), à quatre ou cinq divisions inégales, l'inférieure plus grande recouvrant les deux latérales appliquées elles-mêmes sur les deux supérieures. Les étamines, en même nombre que ces divisions, alternent avec elles. L'ovaire est infère, à une seule loge contenant un seul ovule pendant (*c*) et anatrope. Le style est simple, terminé par un stigmate simple ou légèrement bilobé. Le fruit est un akène couronné par le limbe calicinal, et enveloppé dans le calice externe. La graine est pendante, et son embryon, qui a la même direction, est placé dans un endosperme (*e*) charnu assez mince.

Le professeur de Candolle a retiré de cette famille, telle qu'elle avait été établie par Jussieu, le genre *Valeriana* et quelques autres analogues, pour en former la famille des VALÉRIANÉES, qui diffère des vraies Dipsacées par ses fleurs non réunies en capitules, par son calice simple, son stigmate lobé, etc.

Par leur port et surtout par leur inflorescence, les Dipsacées ont quelque analogie avec les Synanthérées ; mais elles en diffèrent par leur calice double, leurs anthères libres et leur graine renversée, contenant un embryon placé dans un endosperme charnu assez mince. Les genres principaux de cette famille sont : *Dipsacus, Scabiosa, Knautia*.

107ᵉ famille. VALÉRIANACÉES, *Valerianaceæ*.

Valerianeæ, DC. *Fl. fr.* IV, 116. Juss. *Ann. Mus.* X, 308. Dufresne, *Monog. Montp.* 1311. DC. *Prodr.* IV, 623. Endlich. *gen.* 350. — *Valerianaceæ*, Lindl. *Nat. syst.* 265.

Plantes herbacées, à feuilles opposées, simples ou plus ou moins profondément incisées ; à fleurs sans calicule, ordinairement disposées en grappes ou cimes terminales. Leur calice est simple, adhérent avec l'ovaire infère, ayant son limbe denté ou roulé en dedans et formant un rebord entier, se déroulant quelquefois en lanières plumeuses. La corolle est gamopétale, plus ou moins irrégulière, et quelquefois éperonnée à sa base, et à cinq lobes, à préfloraison imbriquée. Les étamines varient d'une à cinq et sont alternes avec les lobes de la corolle. L'ovaire est à trois loges dont deux sont vides ; une seule contient un ovule anatrope et pendant. Le style est simple, terminé le plus souvent par un stigmate trifide. Le fruit est un akène offrant quelquefois les traces des deux loges vides, couronné par les dents du calice ou par une aigrette plumeuse formée par le déroulement de son limbe. La graine renversée contient un embryon homotrope dépourvu d'endosperme.

Cette petite famille se compose des genres *Valeriana*, *Centranthus*, *Fedia*, *Patrinia*, etc. (Voy. la note placée à la suite des Dipsacées.)

108ᵉ famille. CALYCÉRACÉES, *Calyceraceæ*.

Calycereæ, Rich. *Mém. Mus.* VI, 77. DC. *Prodr.* V, 1. — *Boopideæ*, Cassini, *Journ. phys.* 1816. Ibid. *Opusc.* II, 344.

Ce sont des plantes herbacées, toutes exotiques, ressemblant assez par leur port aux Scabieuses. Leur tige offre des feuilles alternes souvent découpées et pinnatifides. Les fleurs sont petites, et forment des capitules globuleux environnés d'un involucre commun. Le réceptacle qui porte les fleurs est garni de squammes foliacées qui se soudent quelquefois avec les fleurs de manière à n'en être pas distinctes. Le calice est adhérent avec l'ovaire infère, et les divisions de son limbe sont quelquefois roides et épineuses. La corolle est gamopétale, tubuleuse, infundibuliforme et régulière. Au-dessous des cinq étamines sont cinq glandes nectarifères. Ces étamines sont soudées à la fois par les filets et les anthères, formant un tube cylindrique, et chaque anthère s'ouvre par sa face interne. L'ovaire infère est à une seule loge, du sommet de laquelle pend un ovule renversé, le sommet de l'ovaire présente un disque épigyne, un style simple terminé par un stigmate hémisphérique. Dans le genre *Acicarpha*, toutes les fleurs sont soudées ensemble par leurs ovaires. Le fruit est un akène couronné par les dents épineuses du calice. La graine offre sous son tégument propre un endosperme dans lequel est contenu un embryon renversé comme la graine.

Cette petite famille se compose des genres *Boopis*. *Calycera* et *Acicarpha*. Elle tient le milieu entre les Synanthérées et les Dipsacées. Elle diffère des premières par son ovule renversé, ses graines endospermées, ses étamines soudées à la fois par les anthères et les filets, et par son stigmate simple, des Dipsacées par ses feuilles alternes et ses étamines soudées.

109ᵉ famille. SYNANTHÉRÉES, *Synanthereæ*.

Cichoraceæ, Corymbiferæ et *Cynarocephalæ*, Juss. — *Synanthereæ*, H. Cassini
(voy. ses nombreux Mém. et ses Opusc. bot. Paris). — *Compositæ*, Auct.
Lessing, *Syn. gen. comp.* Berol. 1832. Lindl. *Nat. syst.* Endlich. *gen.* 355.
— DC. *Prodr.* V, 4.

Cette grande famille est une des mieux caractérisées et des mieux
limitées du règne végétal. Elle comprend des plantes herbacées,
des arbustes quelquefois sarmenteux, ou même des arbrisseaux et
des arbres plus ou moins élevés. Leurs feuilles sont communément
alternes, rarement opposées. Leurs fleurs, généralement petites,
forment des capitules ou calathides hémisphériques, globuleuses ou
plus ou moins allongées, nommées communément *fleurs composées.*
Chaque capitule se compose : 1° d'un *réceptacle* commun, épais et
quelquefois charnu, convexe ou concave, et qui a reçu les noms de
phoranthe ou de *clinanthe*, et qui n'est rien autre chose que le sommet élargi du pédoncule ; 2° d'un *involucre* commun qui environne
le capitule, et se compose d'écailles dont la forme, le nombre et la
disposition varient suivant les genres ; ces écailles sont évidemment
des bractées, dont la forme et les dimensions varient, les plus
extérieures étant plus grandes et dépourvues de fleurs ; 3° sur
le réceptacle on trouve fréquemment à la base de chaque fleur de
petites écailles ou des poils plus ou moins nombreux représentant
également des bractées. Les fleurs qui forment les capitules sont de
deux sortes : les unes ont une corolle gamopétale, régulière, infundibuliforme et en général à cinq lobes réguliers et à préfloraison
valvaire ; leur tube offre cinq nervures correspondant aux cinq
incisions du limbe et non à leur partie moyenne, comme c'est la
disposition générale dans les autres végétaux ; les cinq nervures
arrivées à la base des incisions du limbe se partagent chacune en
deux branches qui remontent le long du bord externe des deux
lobes voisins, et vont se réunir à leur sommet avec celle du côté
opposé. Cette disposition singulière, parfaitement bien étudiée par
R. Brown et H. Cassini, avait fait donner aux Synanthérées, le
nom un peu long de *Névramphipétalées* qui n'a pas été adopté. On
nomme *fleurons (flosculi)*, les fleurs qui offrent ainsi une corolle
tubuleuse et régulière. Quelquefois les fleurons, au lieu d'avoir
leur limbe à cinq divisions égales, l'ont partagé en cinq lobes inégaux disposés en deux lèvres, de là le nom de *Labiatiflores* qui a été
donné aux genres offrant cette disposition. D'autres fleurs ont une
corolle irrégulière déjetée latéralement en forme de languette : on
les appelle des *demi-fleurons.* Tantôt les capitules se composent

uniquement de fleurons (*Flosculeuses*), tantôt uniquement de demi-fleurons (*Semiflosculeuses*), tantôt enfin leur centre est occupé par des fleurons, et leur circonférence par des demi-fleurons (*Radiées*). Chaque fleur offre l'organisation suivante : le calice adhérent avec l'ovaire infère a son limbe entier, membraneux, denté, formé d'écailles ou découpé en lanières étroites, sous forme de poils; la corolle gamopétale régulière ou irrégulière, cinq étamines à filets distincts (5), mais dont les anthères sont soudées et forment un tube offrant quelquefois à son sommet cinq appendices; le tube à sa base est traversé par un style simple que termine un stigmate bifide. A la base du stigmate, sur la partie supérieure du style qui quelquefois est renflé, on trouve une réunion de poils plus ou moins roides, nommés *poils collecteurs*, parce qu'ils servent en quelque sorte à balayer le pollen qui s'amasse à l'intérieur du tube staminal, les anthères étant introrses. Le fruit est un akène nu à son sommet ou couronné par un rebord membraneux, par de petites écailles ou par une aigrette de poils simples ou plumeux, sessile ou stipitée. Cette aigrette n'est que le limbe calicinal. La graine est dressée, contenant un embryon homotrope et sans endosperme.

Cette famille, qui a été l'objet d'un grand nombre de travaux importants, surtout de la part de MM. Cassini, R. Brown, de Candolle et Lessing, est sans contredit celle qui renferme le plus grand nombre d'espèces dans tout le règne végétal. A elle seule elle réclame presque la onzième ou la douzième partie de tous les végétaux connus. Ainsi, l'ouvrage de de Candolle (*Prodr.* V et VI) contient environ neuf mille espèces de Synanthérées, répandues dans presque toutes les contrées du globe. On a beaucoup multiplié, dans ces derniers temps, les divisions établies dans cette grande famille. Nous ne croyons pas nécessaire de les reproduire ici, on peut la diviser en trois tribus principales de la manière suivante :

1° Les CYNAROCÉPHALES ou CARDUACÉES, dont toutes les fleurs sont des fleurons, qui ont leur réceptacle garni de poils nombreux ou d'alvéoles, et dont le style est enflé et garni de poils au-dessous du stigmate : tels sont les genres *Carthamus*, *Carduus*, *Cynara*, *Centaurea*, *Onopordon*, etc.

2° Les CHICORACÉES, dont toutes les fleurs sont des demi-fleurons : tels sont les genres *Lactuca*, *Cichorium*, *Sonchus*, *Hieracium*, *Prenanthes*, etc.

3° Les CORYMBIFÈRES, dont les capitules se composent en général de fleurons au centre, et demi-fleurons à la circonférence. Ex. : *Helianthus*, *Chrysanthemum*, *Anthemis*, *Matricaria*, etc.

110ᵉ famille. RUBIACÉES, *Rubiaceæ*.

Rubiaceæ, Juss. *gen.* Ibid. *Ann. Mus.* X, 313 A. Rich. *Monog. Mém. Soc. hist. nat.* Paris, V, 81. DC. *Prodr.* IV, 351. Lindl. *Nat. syst.* Endlich. *gen.* 521. — *Opercularia*, Juss. *in Ann. Mus.* IV, 418, X, 328.

On trouve dans cette famille des plantes herbacées, des arbustes et des arbres d'une très-grande hauteur. Leurs feuilles sont op-

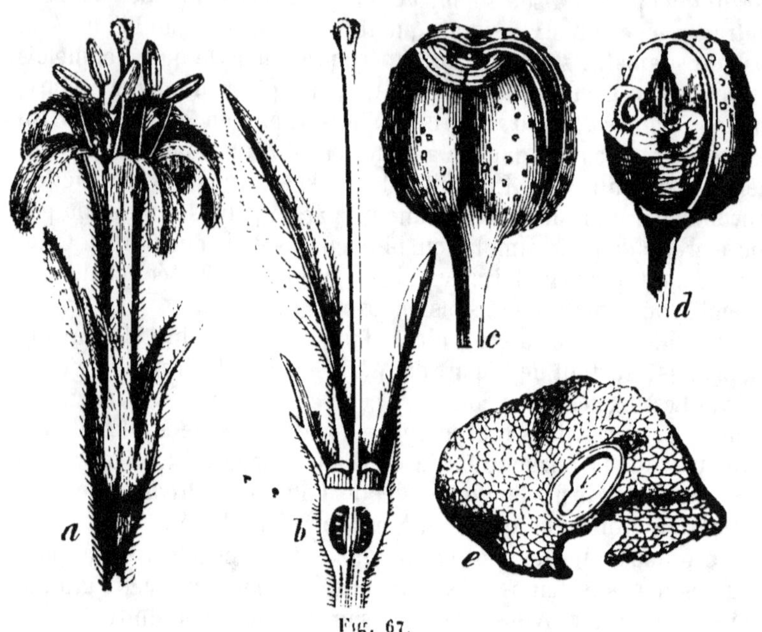

Fig. 67.

posées ou verticillées : dans le premier cas, elles offrent de chaque côté une stipule interpétiolaire, qui souvent se soude avec les côtés du pétiole, en même temps qu'avec celle de la feuille opposée et il en résulte une sorte de gaine. Les fleurs (*fig.* 67) sont axillaires ou terminales, quelquefois réunies en tête. Le calice, adhérent par sa base (*a, b*) avec l'ovaire infère, a son limbe entier ou partagé en quatre ou cinq lobes plus ou moins profonds et persistants. La corolle est gamopétale (*a*), régulière, épigyne, à quatre ou cinq lobes à préfloraison valvaire ou imbriquée et tordue. Les étamines sont en même nombre que les lobes de la corolle et alternant avec

Fig. 67. *Pinckneya pubens. a*, Fleur entière. *b*, Coupe longitudinale de l'ovaire. *c*, Capsule. *d*, La même, dont une valve est détachée. *e*, Graine bordée d'une aile membraneuse. On a enlevé la paroi antérieure pour montrer l'embryon.

eux. L'ovaire est infère, surmonté d'un style simple, terminé par un stigmate qui offre autant de lobes qu'il y a de loges à l'ovaire. Cet ovaire présente deux, quatre, cinq ou un plus grand nombre de loges, qui contiennent chacune un ou plusieurs ovules dressés ou attachés à l'angle interne des loges. Le fruit est très-variable. Tantôt il se compose de deux petites coques monospermes et indéhiscentes; tantôt il est charnu, et contient deux noyaux monospermes; dans certains genres, c'est une capsule à deux (c) ou à un plus grand nombre de loges, s'ouvrant en autant de valves, ou un fruit charnu et indéhiscent. Toujours ce fruit est couronné à son sommet par le limbe calicinal. Les graines, quelquefois ailées (e) et membraneuses sur leur bord, contiennent, dans un endosperme dur et corné, un embryon axile et dressé, ou quelquefois placé en travers relativement au hile.

Dans un travail général que nous avons publié sur cette famille (Voy. *Mém. de la Soc. d'hist. nat. de Paris*, vol. V), nous avons groupé les genres nombreux de cette importante famille en onze tribus, savoir :

§ 1. *Loges du fruit monospermes.*

1° ASPÉRULÉES. *Asperula, Rubia, Galium. Crucianella*, etc.
2° ANTHOSPERMÉES. *Anthospermum, Ambraria, Phyllis.*
3° OPERCULARIÉES. *Opercularia, Pomax.*
4° SPERMACOCÉES. *Spermacoce. Richardsonia, Knoxia, Gaillonia*, etc.
5° COFFÉACÉES. *Coffæa, Psychotria, Cephalis. Ixora*, etc.
6° GUETTARDACÉES. *Guettarda, Malanea, Nonatelia, Cuviera*, etc.
7° CORDIÉRÉES. *Cordiera, Tricalysia.*

§ 2. *Loges du fruit polyspermes.*

8° HAMÉLIACÉES. *Hamelia, Sabicea, Patima*, etc.
9° ISERTIÉES. *Isertia, Gonzalea, Anthocephalus.*
10° GARDÉNIACÉES. *Gardenia, Mussænda, Genipa, Tocoyena*, etc.
11° CINCHONÉES. *Cinchona. Exostemma, Pinckneya, Hedyotis*, etc.

Nous réunissons à cette famille le groupe des OPERCULARIÉES, qui ne diffère réellement pas des autres Rubiacées. Cette famille est une des mieux caractérisées par ses feuilles verticillées ou opposées, parfaitement entières, avec des stipules intermédiaires. C'est par ces deux derniers caractères qu'elle se distingue surtout des Caprifoliacées qui ont avec elle de très-grands rapports. La petite famille des *Loganiacées*, dont nous avons tracé plus haut les caractères, a presque tous les signes des Rubiacées, mais son ovaire est constamment libre et supère.

111ᵉ famille. CAPRIFOLIACÉES, *Caprifoliaceæ*.

Caprifoliorum pars, Juss. *gen.* — *Caprifoliaceæ*, A. Rich. *Dict. class.* III, 172. DC. *Prodr.* IV, 321. Lindl. *Nat. syst.* 247. — *Lonicereæ*, Endlich. *gen.* 566.

Arbrisseaux quelquefois sarmenteux et grimpants, à feuilles opposées, rarement alternes, généralement simples, plus rarement imparipinnées, sans stipules; fleurs axillaires, solitaires, ou souvent géminées, et en partie soudées ensemble par leur calice, disposées en cime ou réunies en une sorte de capitule. Le calice (*fig.* 68)

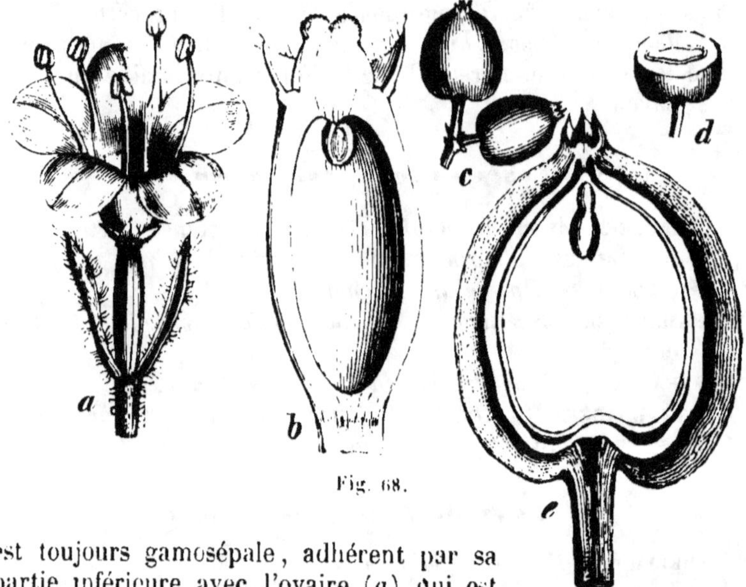

Fig. 68.

est toujours gamosépale, adhérent par sa partie inférieure avec l'ovaire (*a*) qui est infère. Le limbe est à cinq dents persistantes ou caduques. La corolle est gamopétale (*a*), le plus souvent irrégulière; quelquefois elle est formée de cinq pétales distincts, la préfloraison est imbriquée. Les étamines sont au nombre de cinq, alternant avec les divisions de la corolle. L'ovaire offre d'une à cinq loges, con-

Fig. 68. *Viburnum lantana. a*, Fleur entière. *b*, Coupe longitudinale de l'ovaire. *c*, Fruits. *d*, Coupe transversale d'un fruit. *e*, Coupe longitudinale d'un fruit montrant la position de l'embryon.

tenant chacune soit un seul ovule pendant, soit plusieurs ovules attachés à leur angle interne. Cet ovaire est surmonté d'un disque épigyne plus ou moins saillant. Le style est simple ou nul, terminé par un stigmate très-petit et à peine lobé. Le fruit est quelquefois géminé, c'est-à-dire formé de la soudure de deux ovaires; il est charnu, à une ou à plusieurs loges, quelquefois osseuses, et renfermant chacune un ou plusieurs nucules ou une ou plusieurs graines. Celles-ci ont un tégument propre, quelquefois recouvert d'un noyau, un endosperme charnu, qui contient un embryon axile (*e*) ayant la même direction que la graine.

Cette famille peut être facilement divisée en deux tribus naturelles, suivant que les loges de son ovaire sont monospermes, ou suivant qu'elles sont polyspermes.

1° HÉDÉRACÉES : loges de l'ovaire monospermes : *Hedera, Cornus, Sambucus, Viburnum.*

2° LONICÉRÉES : loges de l'ovaire polyspermes : *Lonicera, Xylosteum, Symphoricarpos,* etc.

Cette famille, voisine des Rubiacées, en diffère surtout par sa corolle généralement irrégulière, et par l'absence des stipules entre les feuilles.

TROISIÈME DIVISION : POLYPÉTALES ou DIALYPÉTALES.

QUINZIÈME CLASSE. POLYPÉTALES PÉRIGYNES, A PLACENTATION AXILE.

A. Graines munies d'un endosperme.
    † *Graines en nombre défini.*
  a. **Ovaire adhérent.**
I. Étamines opposées aux pétales.
    Ovaire 1-loculaire ; 1-ovulé ; feuilles opposées .... LORANTHACÉES.
II. Étamines alternes.
  1. Embryon cylindrique, égalant presque la longueur de l'endosperme............... } Style simple.... ALANGIACÉES.
    Plusieurs styles. HALORAGIACÉES.
  2. Embryon très-petit. { Endosperme corné ; préfl. imbriquée .... OMBELLIFÈRES.
    Endosperme charnu ; préfl. valvaire .... ARALIACÉES.
  b. **Ovaire libre ou adhérent en partie seulement.**
1. Étamines alternes.
  « Ovules pendants { Fruit sec { s'ouvrant en 2 valves ..... HAMAMÉLIDACÉES.
    se séparant en 2 coques... BRUNIACÉES.
    Fruit charnu.......... AQUIFOLIACÉES.

| | Pas de stipules, fl. di- ou trimères........ | EMPÉTRACÉES. |
| «« Ovules ascendants | Stipules, fl. tétra- ou pentamères . ... | CÉLASTRACÉES. |

II. Étamines opposées aux pétales............... RHAMNACÉES.

†† *Graines en nombre indéfini.*

I. Ovaire libre........................ FRANCOACÉES.
II. Ovaire semi-adhérent; étamines attachées au calice. SAXIFRAGACÉES.
III. Ovaire adhérent; étamines attachées au pourtour
    du sommet de l'ovaire .... PHILADELPHACÉES.

B. Graines sans endosperme.
   † *Ovaire adhérent.*
I. Feuilles sans stipules.
    a Fleurs polystémonées............... MYRTACÉES.
    b. Fleurs diplostémonées.
      1. Fruit pluriloculaire polysperme.
      Anthères s'ouvrant par un pore..... MÉLASTOMACÉES.
      Anthères s'ouvrant par une fente.... OENOTHÉRACÉES.
      2. Fruit uniloculaire, monosperme..... COMBRÉTACÉES.
II. Feuilles stipulées; fruit monosperme, indéhisc.. RHIZOPHORACÉES.

†† *Ovaire libre.*

I. Carpelles soudés.
    Fleurs régulières.
      Fruit capsulaire. .... LYTHRACÉES.
      Fruit drupacé. .... CHAILLETIACÉES.
    Fleurs irrégulières, une seule étamine.. VOCHYSIACÉES.
II. Carpelles libres ou un seul carpelle.

		Fruit folliculé; plantes grasses.	CRASSULACÉES.
1. Feuilles sans stipules		Fruit varié, à loges monospermes	TÉRÉBINTHACÉES.
2. Feuilles stipulées		Gousse	LÉGUMINEUSES.
		Fruit sec ou charnu ..	ROSACÉES.

112ᵉ famille. LORANTHACÉES, *Loranthaceæ.*

Lorantheæ, Rich. *in* Juss. *Ann. Mus.* XII, 292. — *Viscoideæ*, Rich. *Anal.* 33.
— *Loranthaceæ*, DC. *Prodr.* IV, 277. Ibid. *Mém.* VI. Lindl. *Nat. syst.* 49. Endlich.
gen. 779.

Les Loranthacées sont pour la plupart des arbustes généralement
parasites. Leur tige est ligneuse et ramifiée ; leurs feuilles simples
et opposées, entières ou dentées, coriaces, persistantes, sans stipules. Les fleurs sont diversement disposées, tantôt solitaires, tantôt
en épis, en grappes ou en panicules axillaires ou terminales. Elles
sont en général hermaphrodites, quelquefois dioïques. Le calice est
adhérent avec l'ovaire infère ; son limbe est entier ou légèrement

denté : ce calice est accompagné extérieurement de deux bractées,
ou d'un second calice cupuliforme enveloppant quelquefois entièrement le véritable calice. La corolle se compose de quatre à huit
pétales, insérés autour d'un disque épigyne qui occupe le sommet
de l'ovaire ; ces pétales, dont l'estivation est valvaire, sont parfois
soudés, et représentent une corolle gamopétalle. Les étamines sont
en même nombre que les pétales ; elles leur sont opposées, sessiles,
ou portées sur des filaments plus ou moins longs, leurs anthères sont
introrses. L'ovaire est à une seule loge, qui contient un ovule anatrope, renversé : cet ovaire est couronné par un disque épigyne et
annulaire. Le style est souvent long et grêle, quelquefois manquant
complétement. Le stigmate est souvent simple. Le fruit est généralement charnu, contenant une seule graine renversée, adhérente
avec la pulpe du péricarpe qui est épaisse et visqueuse. Cette graine
renferme un endosperme charnu, dans lequel est placé un embryon
cylindrique ayant la radicule tournée vers le hile

Cette famille, dont les genres faisaient autrefois partie des Caprifoliacées, en diffère par sa corolle, le plus souvent polypétale, ses
étamines opposées aux pétales, son ovaire uniloculaire et monosperme. Les genres principaux de cette famille sont : *Loranthus*,
Viscum, *Misodendrum*.

113ᵉ famille. OMBELLIFÉRES, *Umbelliferæ*.

Umbelliferæ, Juss. *gen.* Hoffm. *gen. Umb.* 1814. Koch. *Umb. disp. in nor. act.
nat. cur.* 1824. DC. *Coll. mém.* V. Ibid. *Prodr.* IV, 55. Lindl. *Nat. syst.* 21.
Endlich. *gen.* 762.

L'une des familles les plus naturelles du règne végétal, les
Ombellifères sont des végétaux herbacés, rarement sous-frutescents, dont la tige est souvent creuse intérieurement ; les feuilles
alternes, engainantes à leur base, généralement décomposées en
un très-grand nombre de segments ou de folioles. Les fleurs,
toujours fort petites, généralement blanches ou jaunes, sont disposées en ombelles simples ou composées ; on trouve quelquefois
à la base de l'ombelle de petites folioles dont la réunion constitue
l'involucre, et les involucelles quand elles sont placées à la base
des ombellules. Chaque fleur se compose d'un calice adhérent
avec l'ovaire infère, et dont le limbe est entier ou à peine denté ;
d'une corolle formée de cinq pétales plus ou moins étalés, à
préfloraison imbriquée, de cinq étamines épigynes, alternes avec
les pétales, d'un ovaire à deux loges, contenant chacune un ovule
renversé, couronné à son sommet par un disque épigyne et bi-

lobé : de deux styles, terminés chacun par un petit stigmate simple. Le fruit est un diakène de forme très-variée, se séparant à sa maturité en deux akènes monospermes, réuni entre eux par une petite columelle filiforme. La graine est renversée, et contient dans un endosperme assez gros un très-petit embryon axile et homotrope.

La famille des Ombellifères forme un groupe excessivement naturel. L'inflorescence est en général une ombelle : cependant dans quelques genres les fleurs sont simplement disposées en ombelle simple ou sertule ; quelquefois les pédicelles disparaissent et elles forment un capitule analogue à celui des Synanthérées, ou enfin les fleurs sont presque solitaires.

Le calice se compose de cinq sépales unis entre eux bords à bords et soudés avec l'ovaire qui est adhérent. Cet ovaire ainsi recouvert par le calice présente communément dix nervures plus ou moins saillantes nommées en latin *juga*. De ces nervures cinq correspondent au milieu des sépales, on les nomme *dorsales* (*juga dorsalia*) ; cinq sont dues à l'union des bords et sont *suturales* (*juga suturalia*). Ces nervures sont séparées les unes des autres par des espaces ou enfoncements nommés *vallécules* (*vallecula*). Dans ces vallécules se voient souvent des lignes longitudinales de couleur brune étendues du sommet vers la partie moyenne ou inférieure, et qu'on appelle bandelettes (*vittæ*). Ces bandelettes sont des canaux remplis de gomme résine. A sa maturité le fruit se sépare en deux moitiés (*akènes* ou *méricarpes*), l'une extérieure portant deux côtes dorsales et trois suturales, l'autre interne portant trois côtes dorsales et deux suturales. Ces côtes soit dorsales soit suturales se redressent quelquefois sous la forme de crêtes ou d'ailes saillantes. Le point par lequel les deux méricarpes sont adhérents entre eux porte le nom de *commissure* (*fig.* 69, F, **2**) : cette dernière peut être étroite et linéaire ou plus ou moins large : dans le premier cas la compression du fruit est *opposée* à la commissure, dans le second elle est parallèle à cette commissure (F, **1**, **2**), qui quelquefois peut présenter un certain nombre de bandelettes (F, **2**).

Les graines présentent un endosperme très-développé, quelquefois charnu, plus souvent dur et corné.

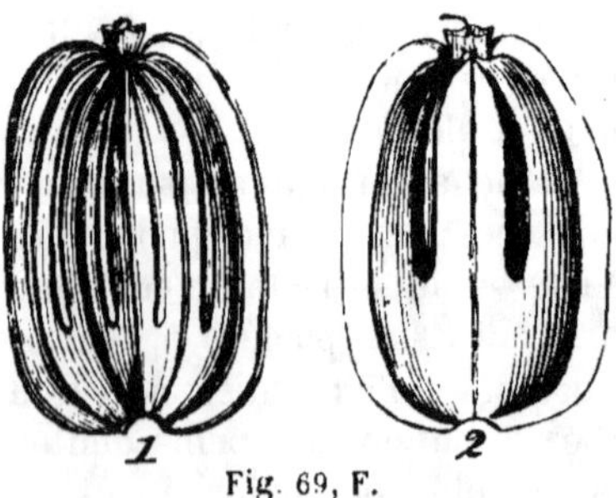

Fig. 69, F.

et corné. Cet endosperme examiné du côté interne peut être 1° *plane* (F, 2) ; 2° *sillonné* longitudinalement par l'enroulement de ses bords (*fig.* 69, G) ; 3° *concave* ou en arc, c'est-à-dire recourbé du sommet vers la base (*fig.* 69, H). Ce caractère est assez important et assez fixe, pour avoir servi de base à la division des Ombellifères en trois tribus principales : 1° les *Orthospermées* ; 2° les *Campylospermées* ; 3° les *Cœlospermées*, qui chacune ont été subdivisées en un assez grand nombre de sous-tribus.

1re tribu. ORTHOSPERMÉES : endosperme plane et sans sillon du côté interne (*fig.* 69, F) : *Hydrocotyle, Sanicula, Astrantia, Eryngium, Ammi, Apium, Cicuta, Seseli, Angelica, Peucedanum, OEnanthe, Æthusa, Fœniculum, Tordylium, Siler, Cuminum, Thapsia, Daucus.*

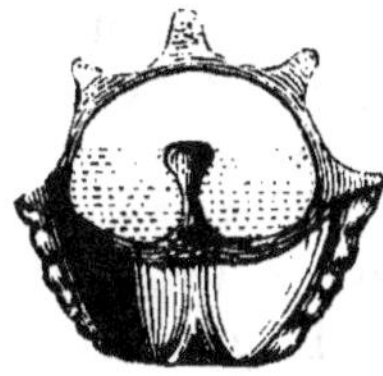
Fig. 69, G.

2e tribu. CAMPYLOSPERMÉES : endosperme marqué d'un sillon longitudinal produit par l'enroulement de ses bords (*fig.* 69, G) : *Caucalis, Scandix, Chærophyllum, Cachrys, Conium, Arracacha.*

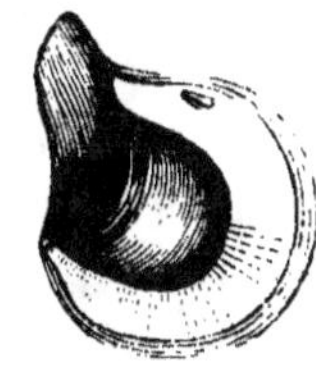
Fig. 69, H.

3e tribu. CŒLOSPERMÉES : endosperme concave par l'incurvation de son sommet et de sa base (*fig.* 69, H) : *Bifora, Coriandrum.*

114e famille. ARALIACÉES, *Araliaceæ.*

Araliæ, Juss. *gen.* — *Araliaceæ*, DC. *Prodr.* IV, 251. Lindl. *Nat. syst.* 25. Endlich. *gen.* 793.

Les Araliacées constituent un groupe à peine distinct des Ombellifères. Ce sont des végétaux herbacés ou quelquefois des arbres très-élevés. Leurs fleurs, également très-petites, sont disposées en ombelles simples ou en ombelles paniculées. Leur calice est également adhérent et denté ; leur corolle, formée de cinq à dix pétales à préfloraison valvaire et non imbriquée comme celle des Ombellifères. Leur ovaire présente de deux à six ou même douze loges monospermes, et est surmonté d'autant de styles, que terminent des stigmates simples. Le fruit est tantôt charnu et indéhiscent, tantôt sec et se séparant en autant de coques monospermes qu'il y avait de loges à l'ovaire.

Cette famille est extrêmement voisine des Ombellifères, dont elle diffère par le plus grand nombre de ses loges et de ses styles, par sa préfloraison valvaire ou par son fruit ordinairement charnu. Ex. : *Aralia, Panax, Gastonia*, etc.

115ᵉ famille. ALANGIACÉES, *Alangiaceæ*.

Alangieæ, DC. *Prodr.* III, p. 203. Endlich. *gen.* 1181. — *Alangiaceæ*, Lindl. *Nat. syst.* 39.

Ce sont de grands et beaux arbres originaires de l'Inde, portant souvent des épines et des feuilles alternes, sans stipules, très-entières et non ponctuées ; des fleurs réunies en fascicules à l'aisselle des feuilles. Le calice, adhérent avec l'ovaire infère, a son limbe campanulé, offrant de cinq à dix dents ; les pétales, en même nombre, sont étroits et très-étalés. Les étamines, très-saillantes, en nombre double ou quadruple des pétales, ont leurs filets libres et très-velus à leur partie inférieure ; leurs anthères, linéaires, introrses, s'ouvrant par un sillon longitudinal. L'ovaire présente une ou deux loges contenant chacune un seul ovule anatrope, attaché au sommet de la cavité. Le style et le stigmate sont simples. Le fruit est une drupe charnue, contenant un noyau osseux, indéhiscent, percé à son sommet, et généralement monosperme. La graine renversée contient un embryon droit, à radicule tournée vers le hile, placé dans un endosperme charnu.

Les deux genres *Alangium* et *Marlea* constituent cette famille très-rapprochée des Myrtacées. Elle s'en distingue surtout par ses pétales plus nombreux, son fruit uniloculaire, sa graine pendante et pourvue d'un endosperme. Elle a aussi de l'affinité avec les Combrétacées, mais le nombre de ses pétales, ses graines munies d'un endosperme, et ses cotylédons planes et non roulés, suffisent pour l'en distinguer. D'un autre côté, par son ovaire adhérent, à deux loges contenant chacune un seul ovule pendant, par son embryon placé dans un endosperme charnu, cette petite famille a quelques rapports avec les Ombellifères et les Araliacées.

116ᵉ famille. HALORAGÉACÉES, *Halorageaceæ*.

Hygrobieæ, Rich. *Anal. fr.* 34. — *Cercodiacées*, Juss. *Dict. sc. nat.* VII, 441. — *Haloragex*, R. Brown, *in Flind. voy.* II, 549. DC. *Prodr.* III, 65. Lindl. *Nat. syst.* 37. Endlich. *gen.* 1195.

Petite famille, composée en général de plantes aquatiques, portant des feuilles verticillées, des fleurs (*fig.* 70) quelquefois très-petites (*a*), axillaires, et assez souvent unisexuées, ayant un calice gamosépale, adhérent avec l'ovaire infère, et terminé supérieurement par un limbe à trois ou quatre lobes. La corolle, qui manque quelquefois (*b*), se compose de trois à quatre pétales alternes

avec les lobes du calice. Les étamines sont en nombre égal ou double des pétales. L'ovaire présente une (*c*), trois ou quatre loges,

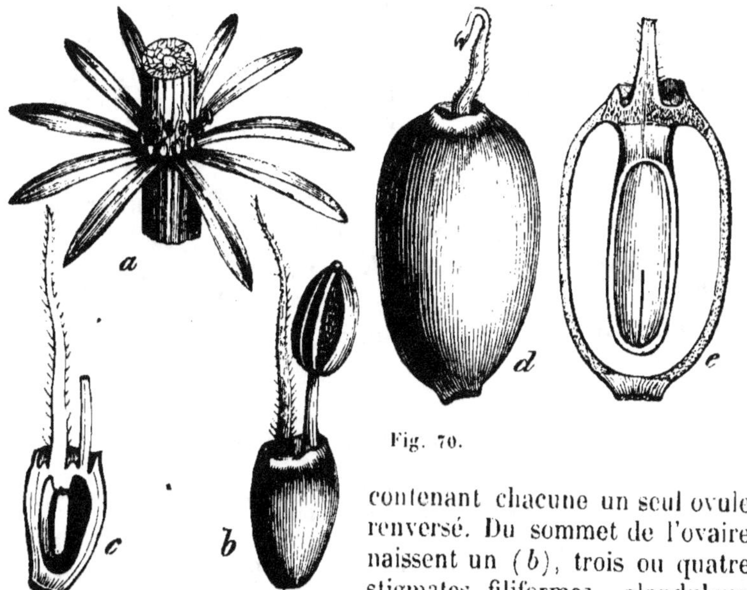

Fig. 70.

contenant chacune un seul ovule
renversé. Du sommet de l'ovaire
naissent un (*b*), trois ou quatre
stigmates filiformes, glanduleux
ou velus. Le fruit est une baie, ou
une capsule couronnée par les lobes du calice, à une ou plusieurs
loges monospermes. Chaque graine, qui est renversée, contient,
dans un endosperme charnu, un embryon cylindrique (*e*) et homotrope. L'endosperme manque quelquefois.

Les genres qui composent cette famille avaient d'abord été placés parmi les Onagraires et même parmi les Naïades dans l'embranchement des Monocotylédonés. Ces genres sont *Myriophyllum*,
Hippuris, *Cercodia*, *Proserpinaca*, etc. Elle diffère surtout des
OEnothéracées par son ovaire à loges monospermes, ses graines
pendantes, et son embryon en général pourvu d'un endosperme
charnu.

Cette petite famille est assez disparate quoique composée d'un
petit nombre de genres. Ainsi l'*Hippuris* (dont nous donnons ici
une figure) et le *Trapa* ont leur embryon certainement dépourvu
d'endosperme, tandis que j'ai vu cet embryon placé au centre d'un
endosperme charnu dans les genres *Proserpinaca*, *Myriophyllum* et

Fig. 70. *Hippuris vulgaris. a*, Portion de tige portant des feuilles et des fleurs
verticillées. *b*, Fleur entière. *c*, Coupe verticale de la fleur. *d*, Fruit. *e*, Coupe verticale du péricarpe et de la graine.

Cercodia ou *Haloragis*. Cependant il est difficile de séparer le genre *Hippuris* du genre *Proserpinaca*, qui n'en diffère que parce que son pistil se compose de trois carpelles, tandis qu'il n'y en a qu'un seul dans l'*Hippuris*. Quant au *Trapa*, dont l'ovaire est semi-infère, à deux loges, avec un seul style et dont l'embryon si singulier est bien certainement dépourvu d'endosperme, il nous paraît former un type à part qui pourrait former une famille distincte des Haloragéacées.

1re tribu. MYRIOPHYLLÉES : ovaire infère, embryon endospermique : *Myriophyllum, Serpicula, Proserpinaca, Haloragis.*

2e tribu. HIPPURIDÉES : ovaire infère, embryon épispermique . *Hippuris.*

3e tribu. TRAPÉES : ovaire semi-infère, un seul style, embryon épispermique : *Trapa.*

147e famille. HAMAMÉLIDACÉES, *Hamamelidaceæ.*

Hamamelideæ, R. Brown, *in Abel. voy. Chine*, 174 DC. *Prodr.* IV, 267. Endlich. *gen.* 803. — *Hamamelidaceæ*, Lindl. *Nat. syst.* 48.

Ce sont des arbustes à feuilles alternes, simples, munies souvent de deux stipules caduques. Les fleurs sont axillaires, ayant un calice composé de quatre sépales, quelquefois réunis en tube à leur partie inférieure, et soudés avec l'ovaire, qui est semi-infère. La corolle se compose de quatre pétales allongés, linéaires, valvaires, et un peu tordus avant l'épanouissement des fleurs. Les étamines sont au nombre de quatre, alternes avec les pétales, ayant leurs anthères introrses, et à deux loges, s'ouvrant par une valvule qui est parfois commune aux deux loges, et qui occupe leur face interne ; quelquefois cependant elles sont plus nombreuses : devant chaque pétale, on trouve souvent une écaille de forme variée, et qui paraît tenir lieu d'une étamine avortée. L'ovaire est semi-infère ou entièrement libre, à deux loges, contenant chacune un ovule suspendu, plus rarement on en trouve plusieurs également pendants du sommet des loges. Du sommet de l'ovaire naissent deux styles, terminés chacun par un stigmate simple. Le fruit, enveloppé par le calice est sec, à deux loges monospermes ou polyspermes, s'ouvrant en général en deux valves septifères. Les graines se composent d'un embryon homotrope, recouvert par un endosperme charnu.

Le genre *Hamamelis*, qui forme le type de cette famille, avait été placé par Jussieu à la fin des Berbéridées ; mais son insertion est bien réellement périgynique. M. Rob. Brown (*in Abel Iter Chinens.*) a proposé d'établir pour ce genre une famille particulière, sous le nom d'Hamamélidées. Il rapporte, en outre, à cette famille les genres *Dicoryphe* et *Dahlia*, et en rapproche le *Fothergilla*, qui cependant en diffère par plusieurs caractères. Les Hamamélidées nous paraissent avoir des rapports avec les Saxifragées et les Bruniacées, et on y a établi deux tribus.

1re tribu. HAMAMÉLÉES : loges de l'ovaire uniovulées : *Dicoryphe*, *Hamamelis*, *Parotia*, *Fothergilla*.

2e tribu. BUCKLANDIÉES : loges de l'ovaire polyspermes : *Bucklandia*, *Sedwickia*.

118e famille. BRUNIACÉES, *Bruniaceæ*.

Bruniaceæ, R. Brown, *in Abel*, *Voy. Chine*, 374. DC. *Prodr.* II, 43. Ad. Brongn. *Ann. Sc. nat.* VIII. 357. Lindl. *Nat. syst.* 38. Endlich. *gen.* 805.

Les plantes qui forment cette famille sont des arbustes qui, par leur port, ressemblent beaucoup aux Bruyères et aux *Phylica* : toutes sont originaires du cap de Bonne-Espérance. Leurs feuilles sont très-petites, roides, entières, quelquefois imbriquées. Les fleurs sont petites, disposées en capitules, plus rarement en panicules. Le calice est gamosépale, à cinq divisions, adhérent en général par sa base avec l'ovaire, qui est infère ou semi-infère (il est libre dans le seul genre *Raspalia*) : les cinq divisions sont imbriquées, de même que la corolle, avant leur épanouissement. Les pétales sont au nombre de cinq, et alternes. Les cinq étamines sont alternes avec les pétales, et leurs filets adhèrent latéralement avec la base de chacun des pétales; ce qui a fait croire à quelques auteurs qu'ils étaient opposés aux pétales. L'ovaire est semi-infère, ou infère, ou enfin libre, à une ou à trois loges, contenant chacune un ou deux ovules collatéraux et suspendus. Le style est simple ou bifide, ou les deux styles sont distincts, et terminés chacun par un très-petit stigmate. Le fruit est sec, couronné par le calice, la corolle et les étamines, qui sont persistantes, indéhiscent, ou se séparant en deux coques généralement monospermes, s'ouvrant par une fente longitudinale et interne. Les graines sont suspendues, contenant un très-petit embryon homotrope placé vers la base d'un endosperme charnu.

Cette petite famille, indiquée par Rob. Brown (*in Abel Iter Chinens*), a été adoptée par de Candolle (*Prodr. syst.* II, 43). M. Adolphe Brongniart en a fait l'objet d'un mémoire spécial, dans lequel il a mieux tracé et les caractères de la famille, et ceux des genres qui la composent. Le genre *Brunia*, qui en forme le type, avait été placé par Jussieu à côté du *Phylica* dans la famille des

Rhamnées ; mais il en diffère par plusieurs caractères, tels que ses étamines alternes et non opposées aux pétales ; ses ovules souvent géminés et suspendus, et non solitaires et dressés, etc. M. Brown pense que les Bruniacées doivent être rapprochées des Haloragées et des Hamamélidées, tandis que M. de Candolle les place au voisinage des Rhamnées. Dans son travail sur cette famille, M. Brongniart énumère les genres suivants : *Berzelia*, *Bronnia*, *Raspalia*, *Staavia*, *Berardia*, *Linconia*, *Audouinia*, *Tittmania* et *Tamnea*.

119ᵉ famille. RHAMNACÉES, *Rhamnaceæ*.

Rhamni, Juss. *gen.* — *Rhamneæ*, R. Brown, *in Flind roy.* II. 554. DC. *Prodr.* II, 19. Ad. Brongn. *Monog. in Ann. sc. nat.* V, 320. Endlich. *gen.* 1094. — *Rhamnaceæ*, Lindl. *Nat. syst.* 107.

Ce sont des arbres ou des arbustes à feuilles simples et alternes, très-rarement opposées, munies de deux très-petites stipules cadu-

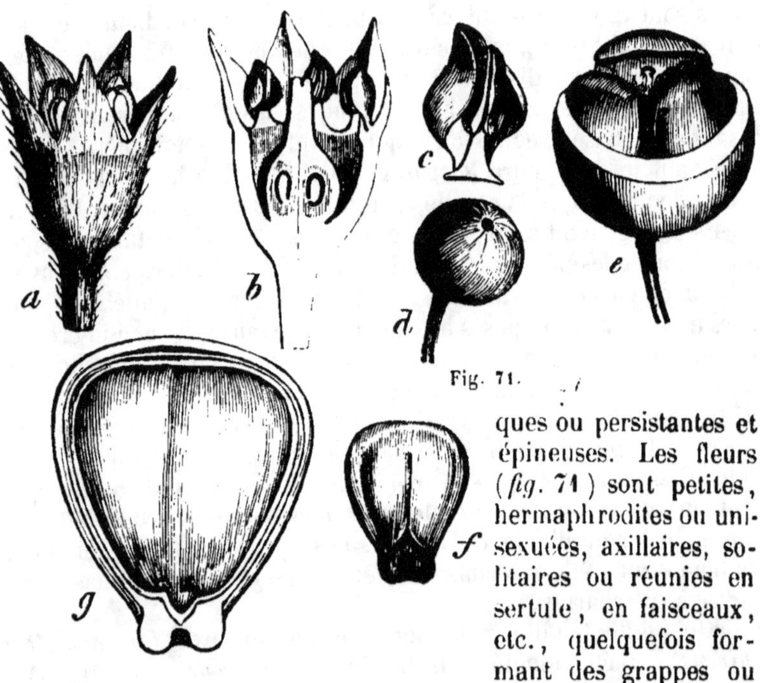

ques ou persistantes et épineuses. Les fleurs (*fig.* 71) sont petites, hermaphrodites ou uni-sexuées, axillaires, solitaires ou réunies en sertule, en faisceaux, etc., quelquefois formant des grappes ou des capitules terminaux. Leur calice est gamosépale (*a*), plus ou moins

Fig. 71. *Rhamnus frangula*. *a*, Fleur. *b*, Coupe longit. *c*, Un des pétales avec une étamine opposée au pétale. *d*, Fruit. *e*, Les nucules mis à nu. *f*, Un des nucules vu par sa face interne. *g*, Coupe longit. du même.

tubuleux à sa partie inférieure, où il adhère quelquefois avec l'o-
vaire, qui alors est infère, ayant un limbe évasé, à quatre ou cinq
(*a*) lobes valvaires. La corolle se compose de quatre à cinq pétales
onguiculés, très-petits (*b*, *c*), souvent voûtés et concaves. Les étamines, en même nombre que les pétales, sont placées en face
d'eux (*c*), et en sont souvent embrassées. L'ovaire est tantôt libre,
tantôt semi-infère, ou complétement adhérent, à deux, trois ou
quatre loges, contenant chacune un seul ovule dressé (*b*) et anatrope : du sommet de l'ovaire partent en général autant de styles
qu'il y a de loges ; ces styles se soudent complétement. La base du
tube du calice, quand l'ovaire est libre, ou le sommet de ce dernier
quand il est infère, présente un disque glanduleux plus ou moins
épais. Le fruit est charnu (*e*) et indéhiscent, contenant ordinairement trois nucules (*e*, *f*), ou bien il est sec et s'ouvrant en trois
coques. La graine est dressée, et contient dans un endosperme
charnu, quelquefois très-mince (*g*) un embryon homotrope, ayant
les cotylédons très-larges et très-minces.

La famille des Rhamnacées, telle qu'elle avait été établie par le
célèbre auteur du *Genera plantarum*, avait été divisée en quatre
sections. M. Rob. Brown, le premier, a proposé de former des deux
premières sections une famille distincte, sous le nom de *Célastri-
nées*. Cette dernière famille se distingue surtout par son calice, dont
les lobes sont imbriqués et non valvaires, par ses étamines alternes
et non opposées aux pétales, et par son ovaire toujours libre, et dont
les loges contiennent un ou deux ovules superposés, par son fruit
constamment sec, et s'ouvrant au moyen de valves septifères sur
le milieu de leur face interne.

M. Rob. Brown a proposé de plus de faire une famille particulière
ayant pour type le genre *Brunia*. Cette division de la famille a été
adoptée par M. de Candolle dans le deuxième volume de son *Prodrome*, et par M. Ad. Brongniart, dans sa *Dissertation sur la famille
des Rhamnées*. Parmi les genres de Rhamnées, nous pouvons citer
ici les suivants : *Rhamnus*, *Paliurus*, *Ceanotus*, *Colletia*, *Goua-
nia*, etc.

120ᵉ famille. AQUIFOLIACÉES, *Aquifoliaceæ*.

Aquifoliaceæ, DC. *Théor.* 217. Lindl. *Nat. syst.* 228. — *Ilicineæ*, Ad Brongn. *Ann.
Sc. nat.* X, 329. Endlich. *gen.* 1091.

Arbrisseaux ou arbres à feuilles alternes ou opposées, coriaces,
persistantes, glabres, à dents quelquefois épineuses, sans stipules,
ayant leurs fleurs solitaires ou diversement groupées à l'aisselle des
feuilles ; chacune d'elles offre un calice de quatre à six sépales pe-

tits et imbriqués ; une corolle d'un égal nombre de pétales alternes, quelquefois soudés ensemble par leur base , et formant une corolle gamopétale à divisions profondes et hypogynes. Les étamines, alternes avec les pétales, sont insérées soit directement sur le réceptacle, quand les pétales sont distincts, soit tout à fait à la base de la corolle gamopétale quand ils sont soudés : il n'y a pas de trace de disque. L'ovaire est libre , épais, tronqué , ayant de deux à six loges , qui contiennent chacune un seul ovule pendant du sommet de la loge , et porté sur un podosperme cupuliforme. Le stigmate est en général sessile et lobé. Le fruit est constamment charnu , contenant de deux à six nucules indéhiscents, ligneux ou fibreux et monospermes. L'embryon est petit , homotrope , et placé vers la base d'un endosperme charnu.

Cette famille, ainsi que nous l'avons démontré en parlant des Célastracées , est fort distincte des vraies Rhamnées et des Célastracées, avec lesquelles elle avait été réunie. Ces différences sont même si grandes , que M. de Jussieu, et plus tard le professeur de Candolle, avaient cru pouvoir ranger les Aquifoliacées parmi les Monopétales, auprès des Sapotacées , et surtout des Ébénacées , dont elles ne diffèrent que par des caractères peu importants. Mais M. de Candolle a depuis abandonné cette opinion, puisque, dans le second volume de son *Prodrome*, il fait des Aquifoliacées une simple tribu des Célastracées. Néanmoins la première opinion nous paraît la plus vraisemblable. Parmi les genres qui composent les Aquifoliacées, nous trouvons les suivants : *Ilex*, *Cassine*, *Myginda*, etc.

124ᵉ famille. CÉLASTRACÉES , *Celastraceæ*.

Celastrineæ, R. Brown, *in Flind. voy.* II, 554. Ad Brongn. *Ann. Sc. nat.* X , 328. DC. *Prodr.* II, 3. Endlich. *gen.* 1085. — *Celastraceæ*, Lindl. *Nat. syst.* 119.

Cette famille est composée d'arbustes ou d'arbrisseaux à feuilles alternes ou quelquefois opposées, accompagnées de deux stipules caduques, à fleurs axillaires disposées en cimes. Le calice , légèrement tubuleux à sa base, offre un limbe à quatre ou cinq divisions étalées, imbriquées lors de leur préfloraison. La corolle se compose de quatre à cinq pétales planes, légèrement charnus, sans onglet, insérés sous le disque. Les étamines, *alternes* avec les pétales, sont insérées soit sur le bord du disque, soit sur sa face supérieure. Le disque est périgyne et pariétal, environnant l'ovaire : celui-ci est libre, à trois ou quatre loges , contenant chacune un ou plusieurs ovules anatropes, attachés par un podosperme filiforme à l'angle interne de chaque loge , et ascendant : quelquefois l'ovaire est comme plongé dans le disque. Le style est simple, terminé par un stigmate très-finement lobé. Le fruit, qui est quelquefois une drupe sèche, est plus souvent une capsule à trois ou à quatre loges, s'ouvrant en trois ou quatre valves qui portent chacune une cloison sur le milieu de leur face interne. Les graines, quelquefois recouvertes d'un arillode charnu, contiennent un endosperme charnu dans lequel est un embryon axile et homotrope.

Nous avons, en parlant des Rhamnacées, indiqué les principales différences qui existent entre cette famille et celle des Célastracées. De Candolle, dans son *Prodrome*, divise cette dernière famille en trois tribus, savoir : les *Staphyléacées*, les *Evonymées* et les *Aquifoliacées*. M. Adolp. Brongniart se range de la première opinion du célèbre professeur de Genève, qui, dans sa *Théorie élémentaire*, avait considéré les *Aquifoliacées* ou *Ilicacées* comme une famille distincte. En effet, ce groupe se distingue des vraies Célastracées par sa corolle souvent gamopétale, son insertion hypogyne, l'absence complète du disque, les loges de son ovaire contenant constamment un seul ovule pendant : son fruit charnu contenant de deux à six nucules osseux.

1re tribu. **Staphyléées** : feuilles composées, graines sans arille, *Staphylea*, *Turpinia*.

2e tribu. **Evonymées** : feuilles simples, graines arillées. *Evonymus*, *Celastrus*, *Mayetenus*, *Elœodendron*.

122e famille. **Empétracées**, *Empetraceæ*.

Empetreæ, Nuttal, *gen.* II, 233. Endlich. *gen.* 1105. — *Empetraceæ*, Lindl. *Nat. syst.* 417.

Petite famille composée des genres *Empetrum*, *Ceratiola* et *Corema*. Ce sont de petits arbustes à feuilles alternes ou verticillées, dépourvues de stipules, ordinairement petites et persistantes, et à fleurs également fort petites, hermaphrodites ou unisexuées, réunies ou solitaires à l'aisselle des feuilles. Le calice se compose de deux ou trois sépales libres : la corolle d'autant de pétales également libres. Les étamines, au nombre de deux à trois, sont libres et hypogynes et alternes avec les pétales : leurs anthères, biloculaires, s'ouvrant par une fente longitudinale. L'ovaire libre et globuleux, appliqué sur un disque hypogyne, présente de deux à neuf loges contenant chacune un ovule ascendant. Le style est simple, surmonté par un stigmate pelté, découpé en un grand nombre de branches, souvent rameuses. Le fruit est un nuculaine contenant un nombre variable de nucules. Les graines solitaires dans chaque

nucule se composent d'un tégument mince, d'un endosperme charnu
et épais, contenant un embryon cylindrique droit, à peu près de
la longueur de l'endosperme.

Le genre *Empetrum*, type de ce petit groupe avait été placé parmi
les Éricacées, dont il a en effet le port, mais dont il diffère complétement par la structure de sa fleur. Nuttal (*Gen. of north Am.*, pl. II,
p. 59) en a fait une petite famille qui a des rapports avec les Euphorbiacées et les Phytolaccacées d'une part, et avec les Célastracées parmi les Polypétales.

†† Graines en nombre indéfini.
I. Ovaire libre . . . . FRANCOACÉES.
II. Ovaire semi-adhérent ; étamines attachées au calice. SAXIFRAGACÉES.
III. Ovaire adhérent ; étamines attachées au pourtour
    du sommet de l'ovaire. . . . . PHILADELPHACÉES.

123ᵉ famille. FRANCOACÉES, *Francoaceæ*.

Francoaceæ, Ad. de Juss. *Ann. sc. nat.* XXV, 9. Lindl. *Nat. syst.* 33.— *Galacineæ*,
Don *in Edimb. new phil. Journ.* oct. 1828.

Plantes herbacées, à feuilles lobées ou pinnatifides et dépourvues
de stipules, et à fleurs disposées en longs épis. Leur calice est profondément quadriparti ; leur corolle de quatre pétales insérés à la
base du calice ; étamines également attachées à la partie inférieure
du calice, généralement au nombre de seize, dont huit sont à l'état
rudimentaire et alternent avec celles qui sont fertiles. Ovaire libre,
à quatre loges, contenant chacune un grand nombre d'ovules ; stigmate sessile et quadrilobé. Le fruit est une capsule mince et membraneuse à quatre loges, s'ouvrant en quatre valves septifères. Les
graines nombreuses et très-petites contiennent un embryon placé à
la base d'un endosperme charnu.

Cette petite famille, composée des genres *Francoa* et *Tetilla*, se
rapproche des Saxifragées selon M. Don, des Rosacées suivant M. de
Candolle. Mais M. Ad. de Jussieu, qui a publié un mémoire spécial
sur ce groupe de végétaux, pense qu'on doit le rapprocher des Crassulacées, avec lesquelles il a en effet d'assez grandes affinités ; mais
dont il diffère surtout par ses carpelles soudés en un ovaire unique,
et par la présence de l'endosperme.

124ᵉ famille. Saxifragacées, *Saxifragaceæ*.

Saxifrageæ, Juss. gen. — *Saxifrageæ, Escalloniæ* et *Cunoniaceæ*, R. Brown. —
Saxifragaceæ, DC. *Prodr.* IV, 1. Endlich, *gen.* 813.

Les Saxifragacées sont des plantes herbacées, rarement des arbustes ou des arbres, dont les feuilles sont alternes ou opposées,
simples, et quelquefois composées, avec ou sans stipules. Leurs
fleurs (*fig.* 72), tantôt solitaires, tantôt diversement groupées en
épis, en grappes, etc., offrent un
calice gamosépale, plane ou tubuleux inférieurement, où il se soude
quelquefois avec l'ovaire, terminé
supérieurement par trois ou cinq

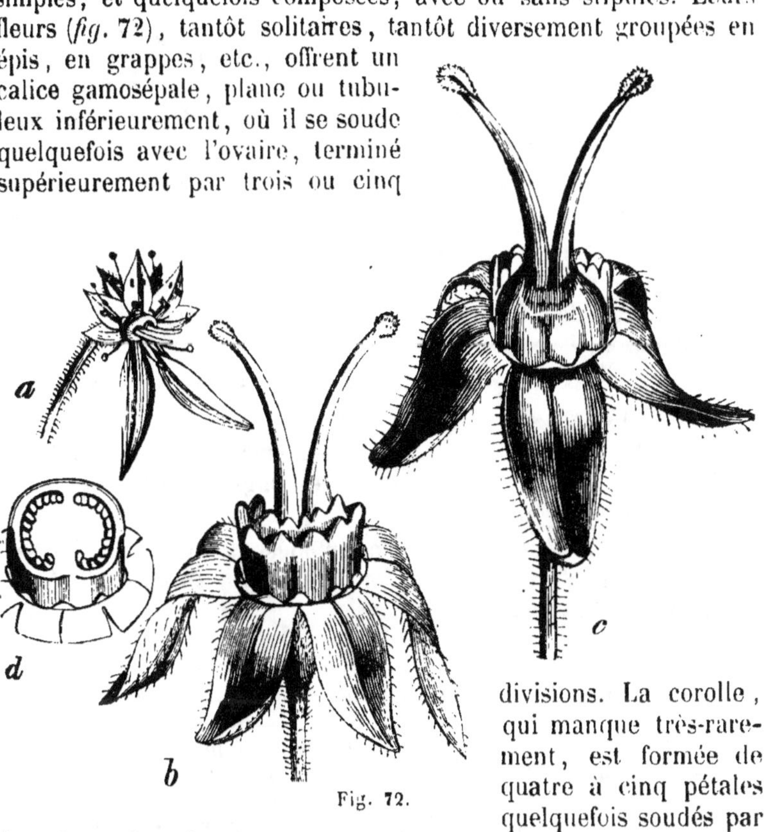

divisions. La corolle,
qui manque très-rare-
ment, est formée de
quatre à cinq pétales
quelquefois soudés par
leur base. Les étamines sont en général en nombre double des pétales, quelquefois en nombre indéfini. Le pistil se compose de
deux carpelles (*c*) en partie soudés ensemble et adhérents plus ou
moins intimement avec le tube calicinal; plus rarement on trouve
trois ou cinq carpelles. L'ovaire (*b*) environné par un disque péri-

Fig. 72. *Saxifraga sarmentosa. a,* Fleur entière. *b,* La même, sans les pétales.
c, Pistil; on a enlevé une partie du disque qui le recouvre. *d,* Coupe transversale
de l'ovaire.

gyne plus ou moins saillant, contient ordinairement plusieurs, très-rarement un seul ovule : ces ovules sont attachés à un trophosperme placé le long de la cloison (*d*). Le fruit, qui est rarement charnu, est en général une capsule terminée supérieurement par deux cornes plus ou moins allongées, s'ouvrant souvent en deux valves septifères. Les graines offrent sous leur tégument propre un endosperme charnu qui contient un embryon axile, homotrope, quelquefois un peu recourbé.

Nous adoptons ici la famille des Saxifragacées telle qu'elle a été limitée par de Candolle, c'est-à-dire en y réunissant comme de simples tribus plusieurs familles établies par notre célèbre ami, M. R. Brown, entre autres les *Escalloniées* et les *Cunoniacées*. Voici ces tribus comme les a proposées de Candolle.

1re tribu. ESCALLONIÉES : fleurs isostémonées; un seul style ; arbres ou arbrisseaux à feuilles alternes, simples et sans stipules : *Escallonia, Quintinia, Anopterus, Itea.*

2e tribu. CUNONIÉES : fleurs diplostémonées; 2-3 styles; arbres ou arbrisseaux à feuilles opposées: stipulées : *Codia, Callicoma, Weinmannia, Belangera, Cunonia.*

3e tribu. BAUERÉES : fleurs polystémonées: 2 styles ; arbrisseaux à feuilles opposées, sans stipules : *Bauera.*

4e tribu. HYDRANGÉES : fleurs diplostémonées, souvent stériles; 2-5 styles; arbustes à feuilles opposées simples, sans stipules : *Hydrangea, Sarcostylis.*

5e tribu. SAXIFRAGÉES : fleurs diplostémonées: 2 styles ; feuilles alternes et sans stipules : *Saxifraga, Chrysosplenium, Mitella, Drumondia, Tiarella, Heuchera.*

125e famille. PHILADELPHACÉES, *Philadelphaceæ.*

Philadelpheæ, Don *in Edimb. new. phil. Journ.* I, 133. DC. *Prodr.* III, 205. Endlich. *gen.* 1186. — *Philadelphaceæ*, Lindl. *Nat. syst.* 47.

Arbrisseaux à feuilles simples, opposées sans stipules; à fleurs généralement blanches, axillaires ou disposées en cimes terminales. Calice adhérent avec l'ovaire infère. à sépales valvaires dans leur partie libre, en nombre variable: pétales alternes et en même nombre que les sépales, à préfloraison généralement imbriquée : étamines très-nombreuses insérées au pourtour du sommet de l'ovaire: filaments libres, anthères didymes, à deux loges s'ouvrant chacune par un sillon longitudinal: styles distincts ou soudés dans une partie plus ou moins grande de leur longueur ; stigmates en même nombre que les styles et que les loges, allongés et bordant les deux côtés du style : ovaire infère offrant de quatre à dix loges contenant chacune un grand nombre d'ovules attachés à un trophosperme axile, et pendants. Le fruit est une capsule couronnée par le calice, à quatre ou dix loges, s'ouvrant en autant de valves, soit par une déhiscence loculicide, soit par une déhiscence septicide. Les graines contiennent un embryon homotrope dans l'axe d'un endosperme charnu.

Cette petite famille, par l'ensemble de ses caractères, est très-voisine des Myrtacées, dont elle diffère surtout par ses graines munies d'un endosperme charnu. Elle se rapproche des OEnothéracées, mais ses étamines nombreuses, son embryon endospermique l'en distinguent de suite : *Philadelphus, Decumaria, Deutzia.*

B. Graines sans endosperme.

† *Ovaire adhérent.*

I. Feuilles sans stipules.
    a. Fleurs polystémonées. . . . . Myrtacées.
    b. Fleurs diplostémonées.
        1. Fruit pluriloculaire polysperme.
        Anthères s'ouvrant par un pore . . . . Mélastomacées.
        Anthères s'ouvrant par une fente . . . . OEnothéracées.
        2. Fruit uniloculaire, monosperme . . . . Combrétacées.
II. Feuilles stipulées; fruit monosperme, indéhiscent. . . Rhizophoracées.

126ᵉ famille. *Myrtacées, *Myrtaceæ.*

Myrti, Juss. *gen.* — *Myrtaceæ*, R. Brown, *in Flind. voy.* II, 546. DC. *Prodr.* III, 207. Lindl. *Nat. syst.* 43. Endlich. *gen.* 1223.

Cette famille intéressante se compose d'arbres ou d'arbrisseaux d'un port élégant, dont les diverses parties sont pleines d'un suc

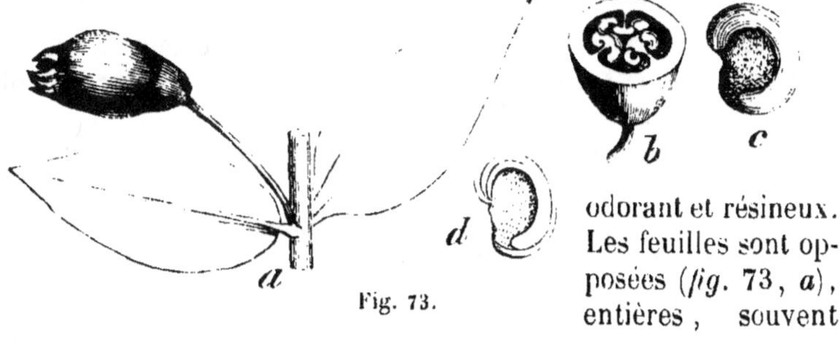

odorant et résineux. Les feuilles sont opposées (*fig.* 73, *a*), entières, souvent

Fig. 73. *Myrtus communis. a,* Fruit. *b,* Coupe transversale du même. *c,* Graine. *d,* Coupe longit. de la graine.

persistantes, et marquées de points translucides. Les fleurs sont diversement disposées, soit à l'aisselle des feuilles (*a*), soit au sommet des rameaux. Leur calice est gamosépale, adhérent par sa base avec l'ovaire infère, ayant son limbe à cinq, six ou seulement à quatre divisions à préfloraison valvaire. La corolle, qui manque rarement, est formée d'autant de pétales qu'il y a de lobes au calice. Les étamines, généralement très-nombreuses, rarement en nombre déterminé, ont leurs filets libres ou diversement soudés, et leurs anthères terminales et généralement assez petites. L'ovaire, infère, présente de deux (*b*) à six loges, qui contiennent un nombre variable d'ovules attachés à leur angle interne. Le style est généralement simple, et le stigmate est lobé. Le fruit offre un grand nombre de modifications : il est tantôt sec, déhiscent en autant de valves qu'il y a de loges, tantôt indéhiscent ou charnu (*a*). Les graines, généralement dépourvues d'endosperme, offrent un embryon dont les cotylédons ne sont jamais ni convolutés, ni roulés en cornet l'un sur l'autre.

Le professeur de Candolle a divisé la famille des Myrtacées en cinq tribus naturelles, auxquelles nous ajoutons deux autres, celle des *Mouririées*, dont on avait fait une famille particulière, et celle des *Lecythidées*.

1re tribu. Les Chamélauciées : fruit sec, uniloculaire ; graines basilaires, calice à cinq lobes ; corolle de cinq pétales, manquant quelquefois ; étamines libres ou polyadelphes. Les genres qui forment cette tribu sont tous originaires de la Nouvelle-Hollande : *Calythrix, Chamælaucium, Pileanthus*, etc.

2e tribu. Les Leptospermées : fruit sec, déhiscent, à plusieurs loges ; graines attachées à l'angle interne, dépourvues d'arille et d'endosperme ; feuilles opposées ou alternes. Arbrisseaux tous originaires de la Nouvelle-Hollande : *Beaufortia, Calothamnus, Tristania, Melaleuca, Eudesmia, Eucalyptus, Metrosideros, Leptospermum*, etc.

3e tribu. Les Myrtées : fruit charnu généralement à plusieurs loges ; graines sans arille ni endosperme ; étamines libres, feuilles opposées. Arbrisseaux presque tous originaires des tropiques : *Eugenia, Jambosa, Calyptranthes, Caryophyllus, Myrtus, Campomanesia*, etc.

4e tribu. Granatées : fruit coriace, indéhiscent, pluriloculaire ; graines à tégument propre, épais et charnu ; embryon orthotrope à cotylédons membraneux et roulés : *Punica*.

5e tribu. Les Mouririées : fruit charnu ; contenant une ou deux graines ; étamines définies ; anthères s'ouvrant par des pores allongés : *Mouriria*, *Memecylon*. Dans la *Flore de l'île de Cuba* (I, p. 571) nous avons expliqué les motifs qui nous avaient décidé à réunir la famille des *Mémécylées* de de Candolle à celle des Myrtacées, dont elle ne diffère en réalité par aucun caractère.

6ᵉ tribu. Les BARRINGTONIÉES : fruit sec ou charnu, toujours indéhiscent, à plusieurs loges ; étamines monadelphes par la base ; feuilles alternes non ponctuées. Arbres des régions équinoxiales de l'ancien et du nouveau continent : *Dicalyx*, *Stravadium*, *Barringtonia*, *Gustavia*.

7ᵉ tribu. LÉCYTHIDÉES : fruit sec, s'ouvrant par un opercule (*pyxide*) ; étamines très-nombreuses, monadelphes ; feuilles alternes, non ponctuées. Grands arbres de l'Amérique équinoxiale : *Lecythis*, *Couratari*, *Couroupita*, *Bertholletia*.

La famille des Myrtacées, considérée dans son ensemble, forme une famille fort distincte parmi les Dicotylédons à ovaire infère ; elle a des rapports avec les Mélastomacées, qui en diffèrent par la disposition si remarquable et si constante des nervures de leurs feuilles, et par le nombre et la structure de leurs étamines ; avec les Onagraires, qui s'en éloignent par leurs étamines en nombre déterminé ; avec les Rosacées et les Combrétacées, dont les feuilles alternes, les styles multiples dans les premières, l'embryon à lobes roulés dans la seconde de ces deux familles, forment les caractères distinctifs.

127ᵉ famille. MÉLASTOMACÉES, *Melastomaceæ*.

Melastoma, Juss. *gen.* Bonpl. *Melast.* 1809. — *Melastomaceæ*, R. Brown, *Congo*. 434. DC. *Prodr.* III, 99. Ibid. *Mém.* 1828. Lindl. *Nat. syst.* 41. Endlich, *gen.* 1305.

Les Mélastomacées sont de grands arbres, des arbrisseaux, des arbustes ou des plantes herbacées, ayant des feuilles opposées, simples, munies généralement de trois à cinq, et même jusqu'à onze nervures longitudinales d'où partent un très-grand nombre d'autres nervures transversales et parallèles très-rapprochées. Les fleurs (*fig.* 74), quelquefois très-grandes, offrent en quelque sorte tous les modes d'inflorescence. Leur calice est gamosépale, plus ou moins adhérent avec l'ovaire, qui est infère, semi-infère ou libre (*b*) : son limbe est quelquefois entier ou denté, ou enfin à quatre ou à cinq divisions plus ou moins profondes ; plus rarement il forme une sorte de coiffe ou d'opercule. La corolle se compose de quatre à cinq pétales (*a*) alternes. Les étamines sont en nombre double (*a*) des pétales. Leurs anthères présentent les formes les plus variées et les

plus singulières, et s'ouvrent à leur sommet par un trou (c) ou pore
souvent commun aux deux loges. L'ovaire est quelquefois libre, plus

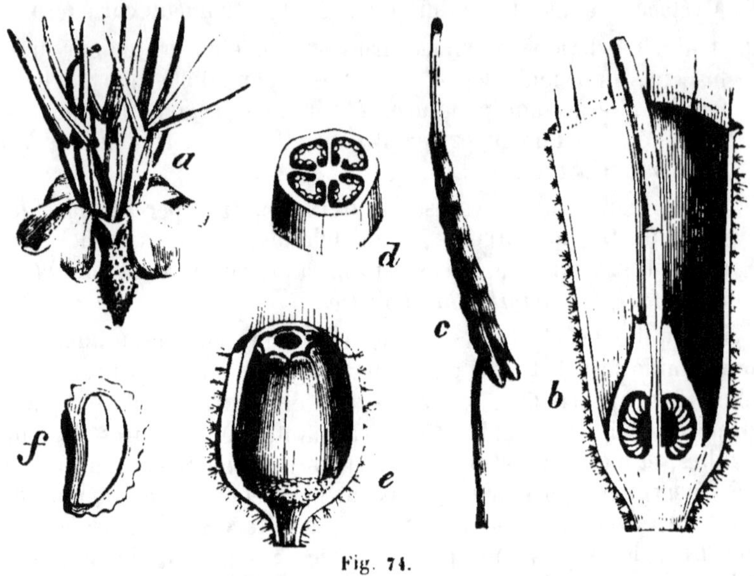

Fig. 74.

souvent adhérent avec le calice ; il offre de trois (d) à huit loges
contenant chacune un très-grand nombre d'ovules. Le sommet de
l'ovaire, quand celui-ci est adhérent, est souvent tapissé par un
disque épigyne, ou bien il offre des soies ou des appendices de forme
variée. Le style et le stigmate sont simples. Le fruit est tantôt sec (e)
et tantôt charnu, offrant le même nombre de loges que l'ovaire ; il
reste indéhiscent, ou s'ouvre en autant de valves septifères sur le
milieu de leur face interne. Les graines sont ou anguleuses cunéiformes (f) ou déprimées ; elles contiennent un embryon dressé (f)
ou recourbé, mais sans endosperme.

Cette famille, qui a été travaillée avec beaucoup de soin par le
professeur de Candolle, dans le troisième volume de son *Prodrome*,
est très-nombreuse en espèces, qui ont été groupées en un grand
nombre de genres. Parmi ces genres, on trouve les suivants : *Mé-
lastoma*, *Rhexia*, *Miconia*, *Tristemma*, *Topobæa*, etc. Elle est
tellement distincte par la disposition des nervures de ses feuilles,
qu'elle ne peut être confondue avec aucune autre de celles dont

Fig. 74. *Diplochita mucronata.* *a*, Fleur. *b*, Coupe longit. du calice et de l'ovaire.
c, Une anthère. *d*, Coupe transv. de l'ovaire. *e*, Capsule ; on a enlevé une partie du
calice. *f*, Coupe longitudinale d'une graine.

elle se rapproche, comme les Onagraires, les Myrtacées et les Rosacées.

De Candolle a divisé cette famille en cinq tribus de la manière suivante :

1re tribu. LAVOISIÉRÉES : ovaire libre, ordinairement glabre au sommet; capsule sèche; graines dressées, ovoïdes ou anguleuses : *Meriana*, *Axinæa*, *Lavoisiera*, *Davya*, *Rhynchanthera*, *Cambessedia*.

2e tribu. RHEXIÉES : ovaire libre, ordinairement glabre au sommet; capsule sèche; graines cochléiformes : *Spennera*, *Ernestia*, *Rhexia*, *Marcetia*, *Trembleya*.

3e tribu. OSBECKIÉES : ovaire libre ou adhérent, couronné par des soies ou des écailles; graines cochléiformes : *Lasiandra*, *Macairea*, *Chætogastra*, *Arthostemma*, *Tristemma*, *Melastoma*, *Osbeckia*.

4e tribu. MICONIÉES : ovaire adhérent : fruit charnu; graines anguleuses : *Leandra*, *Clidemia*, *Tococa*, *Calycogonium*, *Ossæa*, *Sagræa*, *Miconia*.

5e tribu. CHARIANTHÉES : loges de l'anthère s'ouvrant longitudinalement : *Chenopleura*, *Kibessia*, *Astronia*, *Charianthus*.

128e famille. ŒNOTHÉRACÉES, *Œnotheraceæ*.

Onagrariæ, Juss. *in Ann. mus.* III, 315. DC. *Prodr.* III, 35. Ibid. *Mém.* III. — *Onagraceæ*, Lindl. *Nat. syst.* 35.—*Onagræ*, Spach, *Nour. Ann. Mus.* IV, 321. — *Œnothereæ*, Endlich. *gen.* 1188.

Végétaux herbacés, rarement frutescents, portant des feuilles simples, opposées ou éparses, et des fleurs terminales ou axillaires (*fig.* 75). Leur calice est adhérent avec l'ovaire infère : son limbe, à quatre (*a*) ou à cinq lobes, dont la préfloraison est valvaire; la corolle, formée de quatre (*b*) à cinq pétales incombants latéralement, et tordus en spirale avant leur parfait épanouissement; cette corolle manque rarement. Les étamines sont en nombre égal ou double, quelquefois moindre, des pétales; elles sont insérées au tube du calice (*b*). L'ovaire, infère, offre de quatre (*c*) à cinq loges, contenant un assez grand nombre d'ovules attachés à leur angle interne (*b*). Le style est simple, et le stigmate est tantôt simple, tantôt à quatre ou à cinq lobes. Le fruit est une baie (*d*) indéhiscente ou une capsule à quatre ou à cinq loges, ne contenant souvent chacune qu'un petit nombre de graines, et s'ouvrant en autant de valves portant chacune une des cloisons sur le milieu de leur face interne. Les graines offrent un tégument propre, en général formé

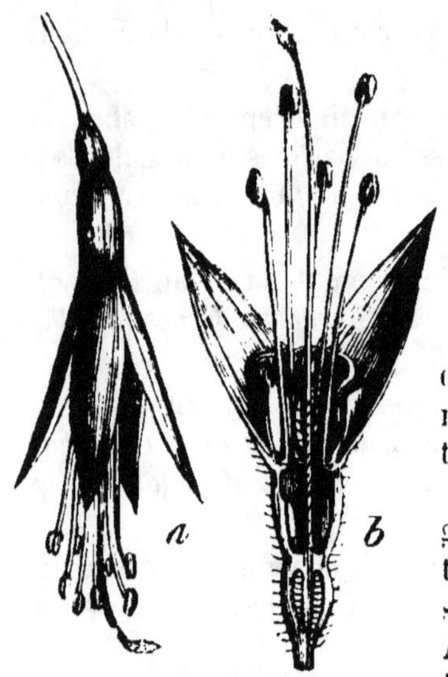

Fig. 75.

de deux feuillets, et recouvrant immédiatement (*e*) un embryon homotrope et dépourvu d'endosperme.

Jussieu, dans sa famille des Onagraires, avait d'abord placé un certain nombre de genres qui en ont été successivement retirés Ainsi, le genre *Mocanera* nous paraît appartenir à la famille des Ternstrœmiacées; le *Cercodia* forme le type de la famille des *Haloragées*. Les genres *Cacoucia*, *Combretum* rentrent dans les *Combrétacées*; le *Santalum* forme le type des *Santalacées*; les genres *Mouriria* et *Petaloma* nous paraissent appartenir aux *Myrtacées*, et enfin les genres *Loasa* et *Mentzelia* constituent la famille des *Loasées*.

On trouve, entre autres genres, dans les Onagrariées, les *Epilobium*, *OEnothera*, *Lopezia*, *Circœa*, *Jussiœa*, *Fuchsia*, etc. Très-voisine des Myrtacées et des Mélastomacées, la famille des Onagrariées se distingue des premières par ses feuilles non ponctuées, ses étamines en nombre déterminé, et par son port; des Mélastomacées, par la structure si différente de leurs feuilles et de leurs anthères.

Le genre *Circœa*, qui a ses loges contenant chacune un seul ovule dressé, et les divisions de sa fleur en nombre binaire, est considéré par M. Lindley comme formant une petite sous-famille qu'il nomme CIRCEÆ. Mais c'est une simple tribu de la famille des OEnothéracées.

Fig. 75 *Fuchsia magellanica*. *a*. Fleur entière *b*, Coupe longit. *c*, Coupe transversale de l'ovaire. *e*, Graine coupée longit. *d*, Fruit.

129ᵉ famille. COMBRÉTACÉES, *Combretaceæ*.

Combretaceæ, R. Brown, *Prodr.* I, 351. DC. *Prodr.* III, 9. Ibid. *Mém. Soc. gen.* IV, 1. Lindl. *Nat. syst.* 38. Endlich, *gen.* 1179.—*Myrobalaneæ*, Juss. *Ann. Mus.* V, 223.

Ce sont des arbres, des arbrisseaux ou des arbustes à feuilles opposées ou alternes, entières et sans stipules, portant des fleurs hermaphrodites ou polygames, diversement disposées en épis axillaires ou terminaux. Leur calice est adhérent par sa base avec l'ovaire, qui est infère. Son limbe, souvent tubuleux, est à quatre ou à cinq divisions, et articulé avec le sommet de l'ovaire. La corolle manque dans plusieurs genres, ou se compose de quatre ou cinq pétales insérés entre les lobes du calice et à estivation valvaire. Le nombre des étamines est en général double des divisions calicinales : cependant ce nombre n'est pas rigoureusement déterminé. L'ovaire est à une seule loge contenant de deux à quatre ovules pendants de son sommet : ces ovules sont anatropes et généralement portés sur des podospermes longs et grêles. Le style est plus ou moins long, terminé par un stigmate simple. Le fruit est constamment uniloculaire, monosperme par avortement, coriace ou drupacé, quelquefois relevé d'ailes membraneuses plus ou moins saillantes, et indéhiscent. La graine, qui est pendante, se compose d'un épisperme qui recouvre immédiatement l'embryon. Celui-ci est homotrope et a ses cotylédons généralement minces et roulés en spirale ou plissés selon leur longueur.

Les Combrétacées se composent de genres d'abord rapportés les uns aux Éléagnées et les autres aux Onagraires, tels sont *Bucida*, *Terminalia*, *Conocarpus*, *Quisqualis*, *Combretum*, etc. Cette famille ne paraît pas, au premier coup d'œil, réunir des genres ayant entre eux une très-grande affinité. En effet, les uns sont pourvus de pétales, et les autres en manquent ; les uns ont les cotylédons planes, les autres les ont roulés sur eux-mêmes. Mais le caractère vraiment distinctif de cette famille consiste dans son ovaire uniloculaire, contenant de deux à quatre ovules pendants du sommet de la loge. Par ses genres apétales, cette famille tient aux Santalacées qui s'en distinguent surtout par la présence d'un endosperme, et leurs ovules attachés et pendants au sommet d'un trophosperme central et dressé qui naît du fond de la loge. Par ses genres pétalés, elle se rapproche beaucoup des Onagraires et des Myrtacées, entre lesquelles elle doit être placée, et dont la distingue particulièrement la structure de son ovaire.

1ʳᵉ tribu. TERMINALIÉES : fleurs généralement apétales ; cotylédons foliacés, roulés en spirale : *Bucida, Terminalia, Pentaplera, Getonia, Chuncoa, Conocarpus, Anogeissus, Laguncularia, Guiera, Poivrea.*

2e tribu. COMBRÉTÉES : fleurs pétalées, cotylédons épais, irrégulièrement pliés : *Combretum, Cacoucia, Quisqualis, Sphalanthus.*

130e famille. RHIZOPHORACÉES, *Rhizophoreæ.*

Rhizophoreæ, R. Brown, *in Flind. voy.* II, 549. DC. *Prodr.* III, 31. Endlich. *gen.* 1184. — *Rhizophoraceæ*, Lindl. *Nat. syst.* 40.

Ce sont des arbres tous exotiques, à feuilles opposées, simples, avec des stipules interpétiolaires comme dans les Rubiacées. Leur calice, adhérent avec l'ovaire, offre quatre ou cinq divisions valvaires ; le limbe est persistant. La corolle se compose de quatre à cinq pétales. Les étamines varient de huit à quinze. L'ovaire, qui n'est quelquefois que semi-infère, offre constamment deux loges, qui contiennent chacune deux ou un grand nombre d'ovules pendants. Le style est simple, et le stigmate biparti. Le fruit, qui est couronné à son sommet par le calice, est coriace, uniloculaire, monosperme et indéhiscent. La graine qu'il renferme se compose d'un gros embryon privé d'endosperme : cet embryon germe et se développe quelquefois dans l'intérieur du fruit, qu'il perfore à son sommet.

Les genres *Rhizophora, Bruguiera* et *Caralia* composent seuls cette famille, qui diffère des Caprifoliacées, parmi lesquelles ces genres étaient placés, par leur corolle polypétale, leur fruit coriace, uniloculaire et monosperme, et leur embryon sans endosperme ; les Loranthacées, par leur ovaire à plusieurs loges, contenant chacune deux ou un plus grand nombre d'ovules, se distinguent suffisamment des Rhizophoracées.

    †† *Ovaire libre.*

I. Carpelles soudés.
    Fleurs régulières.
        Fruit capsulaire..................................... LYTHRACÉES.
        Fruit drupacé...................................... CHAILLÉTIACÉES.
    Fleurs irrégulières, 1 seule étamine.......... VOCHYSIACÉES.
II. Carpelles libres ou un seul carpelle.

Feuilles sans stipules	Fruit folliculé ; loges polyspermes	CRASSULACÉES.
	Fruit varié, à loges monospermes	TÉRÉBINTHACÉES.
Feuilles stipulées	Gousse	LÉGUMINEUSES.
	Fruit sec ou charnu	ROSACÉES.

131ᵉ famille. LYTHRACÉES, *Lythraceæ*.

Salicariæ, Juss. *gen.* — *Lythrarieæ*, Juss. *Dict. Sc. nat.* XXVII, 453. DC. *Mém. Soc. gen.* III, 65. Ibid. *Prodr.* III, 75. Endlich. *gen.* 1198. — *Lythraceæ*, Lindl. *Nat. syst.* 100.

Herbes ou arbustes à feuilles opposées ou alternes, portant des fleurs axillaires ou terminales : un calice gamosépale, tubuleux ou urcéolé, denté à son sommet; une corolle de quatre à six pétales alternes avec les divisions du calice et insérés à la partie supérieure de son tube. La corolle manque dans quelques genres. Les étamines sont en nombre égal ou double des pétales, plus rarement en nombre indéfini. L'ovaire est libre, simple, à plusieurs loges, contenant chacune un assez grand nombre d'ovules anatropes attachés à un trophosperme occupant l'angle interne de chaque loge. Le style est simple, terminé par un stigmate ordinairement capitulé. Le fruit est une capsule recouverte par le calice, qui est persistant, à une ou à plusieurs loges, contenant des graines attachées à leur angle interne : ces graines se composent d'un embryon orthotrope dépourvu d'endosperme.

Parmi les genres qui composent cette famille, on peut citer les suivants : *Lythrum*, *Cuphea*, *Ginoria*, *Lagerstrœmonia*, *Ammania*, etc. Cette famille a de l'affinité avec les OEnothéracées, dont elle diffère par son ovaire libre ; avec les Rosacées, mais celles-ci ont constamment des stipules et un grand nombre d'autres caractères qui les distinguent des Lythracées.

1ʳᵉ tribu. LYTHRÉES : graines dépourvues d'ailes : *Rotala*, * *Peplis*, *Ameletia*, *Ammannia*, *Nesæa*, *Pemphis*, * *Lythrum*, *Cuphea*, *Ginoria*, *Grislea*, *Lawsonia*.

2ᵉ tribu. LAGERSTROEMIÉES : graines ailées : *Diplusodon*, *Lafoensia*, *Physocalymna*, *Lagerstrœmia*.

132ᵉ famille. VOCHYSIACÉES, *Vochysiaceæ*.

Vochysiæ, Aug. Saint-Hilaire, *in Mém. Mus.* VI, 265, IX, 340. DC. *Prodr* III, 25. — *Vochysiaceæ*, Mart. *nov. gen.* I, 123. Endlich. *gen.* 1177. — *Vochyaceæ*, Lindl. *Nat. syst.* 87.

Arbres ou arbrisseaux, originaires pour la plupart de l'Amérique méridionale, ayant des feuilles opposées ou verticillées, rarement alternes, très-entières, munies de deux stipules à leur base. Fleurs accompagnées de bractées, disposées en grappes, en panicules ou en thyrses. Le calice est composé de quatre à cinq sépales soudés

par leur base, imbriqués ou inégaux, le supérieur terminé par un
éperon. Le nombre des pétales est très-variable ; on en trouve quelquefois un seul, deux, trois ou même cinq, qui sont inégaux et alternent avec les sépales. Il en est de même des étamines qui varient
d'une à cinq, opposées ou plus rarement alternes aux pétales, insérées à la base du calice ; quand le nombre est au-dessous de cinq,
celles qui manquent sont à l'état rudimentaire. L'ovaire est libre
ou adhérent, à trois loges, contenant chacune un, deux ou un petit
nombre d'ovules axillaires. Le style et le stigmate sont simples. Le
fruit est une capsule triloculaire, s'ouvrant en trois valves septifères.
Les graines, dépourvues d'endosperme, offrent un embryon droit,
ayant sa radicule courte et supérieure, et ses cotylédons foliacés,
pliés ou enroulés.

Cette famille comprend les genres *Callisthene, Amphilochia, Loza-
nia, Agardhia, Vochysia, Salvertia, Qualea, Erisma*. Par son port,
elle se rapproche assez des Guttifères, mais son insertion est périgynique. Elle a plus de rapport avec les Combrétacées par ses cotylédons roulés ; mais ses fruits capsulaires et déhiscents, contenant ordinairement une seule graine dans chaque loge qui naît de l'axe et
non du sommet de la loge, la distinguent facilement de cette famille.

133ᵉ famille. CRASSULACÉES, *Crassulaceæ*.

Sempervivæ, Juss. gen. — *Crassulaceæ*, DC. *Bull. Soc. phil.* 1801, nᵒ 49. Ibid.
Prodr. III, 381. Ibid. *Mém.* II. Lindl. *Nat. syst.* 163. Endlich. *gen.* 808.

Cette famille se compose de plantes herbacées ou d'arbustes dont
les feuilles, les tiges et en général toutes les parties herbacées, sont
épaisses et charnues : ces feuilles sont alternes ou opposées. Leurs
fleurs (*fig.* 76), qui présentent quelquefois des couleurs très-vives,
offrent différents modes d'inflorescence. Leur calice est profondément
divisé en un grand nombre de segments. La corolle se compose d'un
nombre variable, quelquefois très-grand de pétales réguliers (*b*), à
estivation imbriquée, distincts ou soudés en une corolle gamopétale.
Le nombre des étamines est le même, ou plus rarement double des
pétales ou des lobes de la corolle gamopétale. Ces étamines sont
entremêlées d'écailles de forme diverse qui ne sont évidemment que
des étamines avortées (*d, e, f*). Au fond de la fleur, on trouve constamment plusieurs carpelles distincts, et dont le nombre varie de
trois à douze (*b*) et même au delà : chacun d'eux se compose d'un
ovaire plus ou moins allongé, à une seule loge (*c*), contenant plusieurs ovules attachés à un trophosperme sutural et interne : plus
rarement ces carpelles se soudent en un ovaire pluriloculaire. Le

style et le stigmate sont simples. Les fruits sont des follicules uniloculaires, polyspermes, s'ouvrant par une suture longitudinale et

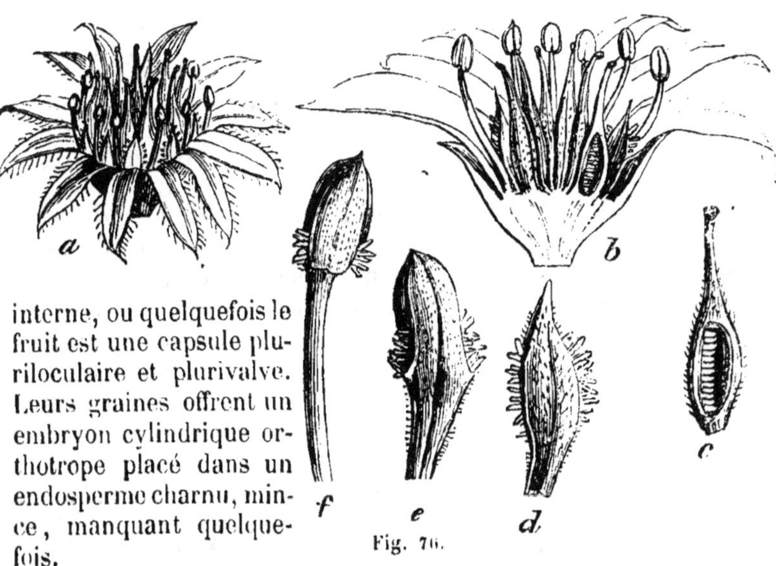

interne, ou quelquefois le
fruit est une capsule pluriloculaire et plurivalve.
Leurs graines offrent un
embryon cylindrique or-
thotrope placé dans un
endosperme charnu, min-
ce, manquant quelque-
fois.

Fig. 76.

Cette famille, composée de plantes grasses, a, par ses capsules polyspermes uniloculaires et s'ouvrant par une seule suture longitudinale, du rapport avec les genres de la famille des Renonculacées,
qui offrent le même caractère. Mais elle se rapproche davantage des
Saxifragacées et des Ficoïdées, dont elle diffère surtout par ses carpelles distincts au centre de la fleur.

On a partagé en deux tribus les genres de cette famille :

1re tribu. CRASSULÉES : fleurs isostémonées : *Tillæa, Crassula, Ro-
chea, Cryptogyne.*

2e tribu. SEMPERVIVÉES : fleurs diplostémonées : *Kalanchoe, Bryo-
phyllum, Cotyledon, Umbilicus, Sedum, Sempervivum.*

Fig. 76. *Sempervivum tectorum. a*, Fleur. *b*, Coupe longitudinale de la fleur.
c, Coupe longit. d'un carpelle. *d*, Écaille ou étamine métamorphosée. *e*, Étamine se
changeant en écaille. *f*, Étamine.

134ᵉ famille. ROSACÉES, *Rosaceæ*.

Rosaceæ, Juss. *gen*. DC. *Prodr*. II, 525. Lindl. *Nat. syst*. 143. — *Pomaceæ*, *Rosaceæ*, *Amygdaleæ*, *Chrysobalaneæ*, Endlich. *gen*. 1236. — *Calycanthaceæ*, Lindl. *Nat. syst*. 159.

Grande famille composée de végétaux herbacés, d'arbustes ou d'arbres atteignant de très-grandes dimensions. Leurs feuilles sont alternes, simples ou composées, accompagnées à leur base de deux stipules persistantes, quelquefois soudées avec le pétiole. Les fleurs offrent différents modes d'inflorescence ; elles se composent d'un calice gamosépale, à quatre ou cinq divisions, quelquefois accompagné extérieurement d'une sorte d'involucre ou calicule qui fait corps avec le calice, de manière que celui-ci paraît à huit ou dix lobes. La corolle, qui manque rarement, est composée de quatre à cinq pétales régulièrement étalés et alternes avec les sépales et imbriqués. Les étamines sont généralement en grand nombre et distinctes. Le pistil présente plusieurs modifications : tantôt il est formé d'un ou de plusieurs carpelles entièrement libres et distincts, placés dans un calice tubuleux ; tantôt ces carpelles adhèrent, par leur côté extérieur, avec le calice ; tantôt ils sont soudés non-seulement avec le calice, mais entre eux ; tantôt ils sont réunis en une sorte de capitule sur un réceptacle commun ou gynophore. Chacun de ces carpelles est uniloculaire, et contient un, deux ou un plus grand nombre d'ovules dont la position est très-variée. Le style est toujours plus ou moins latéral et le stigmate simple. Le fruit est extrêmement polymorphe : tantôt c'est une véritable drupe, tantôt une mélonide ou pomme, tantôt un ou plusieurs akènes, ou une ou plusieurs capsules déhiscentes, ou enfin une réunion de petits akènes ou de petites drupes formant un capitule sur un gynophore qui dans quelques genres devient charnu. Les graines ont leur embryon homotrope et dépourvu d'endosperme.

Malgré les différences souvent très-tranchées qu'elles présentent, les Rosacées constituent un des groupes les plus naturels du règne végétal. Elles ont une analogie bien grande avec certaines Légumineuses de la sous-tribu des *Détariées*, qui ont le fruit charnu et drupacé comme les genres des Drupacées. Le seul caractère constant qui sépare les Rosacées des Légumineuses à corolle régulière, c'est que, dans les dernières, cette corolle a la préfloraison valvaire, tandis qu'elle est toujours imbriquée dans les Rosacées.

Cette grande famille a été divisée en tribus, dont quelques-unes ont été considérées par plusieurs auteurs comme des familles distinctes.

1re tribu. POMACÉES (Rich.) : plusieurs carpelles uniloculaires, contenant chacun deux ovules ascendants (*fig.* 77), rarement un grand nombre, attachés au côté interne, soudés entre eux et avec le calice, et formant un fruit charnu connu sous le nom de mélonide ou de pomme. Ex. : *Malus, Pyrus, Cratægus, Cydonia*, etc.

2e tribu. ROSÉES (J.) : calice tubuleux, urcéolé, contenant un nombre variable de carpelles monospermes, attachés à la paroi interne du calice, qui devient charnu et les recouvre. Ex.: *Rosa.*

3e tribu. CALYCANTHÉES : calice turbiné à la base ; sépales et pétales nombreux, non distincts à leur base ; carpelles distincts au fond du calice, contenant chacun deux ovules superposés et ascendants ; fruits enveloppés par le calice ; cotylédons planes roulés sur eux-mêmes : *Chimonanthus, Calycanthus.*

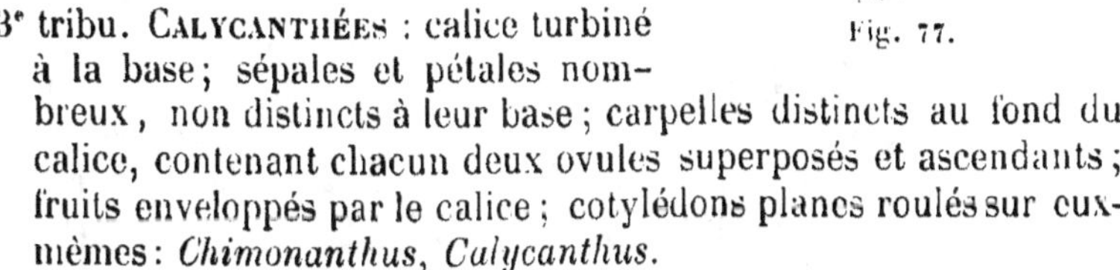

Fig. 77.

Nous ne voyons aucun caractère (sauf les cotylédons planes et roulés sur eux-mêmes) qui distingue des autres Rosacées ce groupe dont on a formé une famille.

4e tribu. SANGUISORBÉES (J.) : fleurs ordinairement polygames et quelquefois sans corolle ; un ou deux carpelles, quelquefois adhérents avec le calice, terminés par un style et un stigmate en forme de plume ou de pinceau. Ex.: *Poterium, Clifforlia, Alchemilla*, etc.

5e tribu. FRAGARIACÉES (Rich.) : calice étalé, souvent muni d'un calicule extérieur ; plusieurs carpelles monospermes, indéhiscents, secs ou charnus, réunis quelquefois sur un gynophore charnu ; style plus ou moins latéral. Ex. : *Potentilla, Fragaria, Geum, Rubus, Dryas, Comarum*, etc. (*fig.* 78).

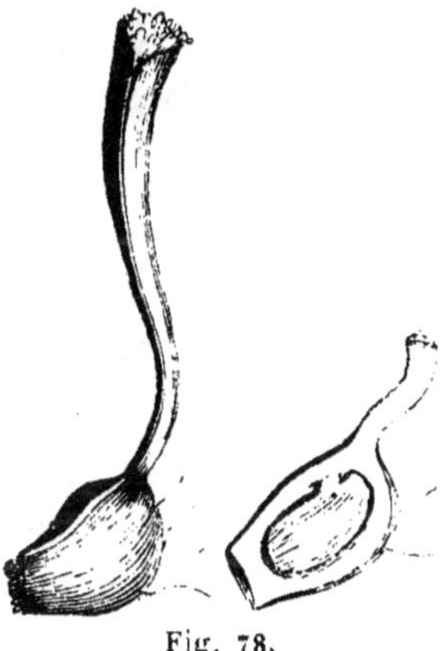

Fig. 78.

Fig. 77. Coupe longitudinale des carpelles du pommier (*Malus communis*) adhérents avec le calice.

Fig. 78. Carpelles de la ronce (*Rubus fruticosus*).

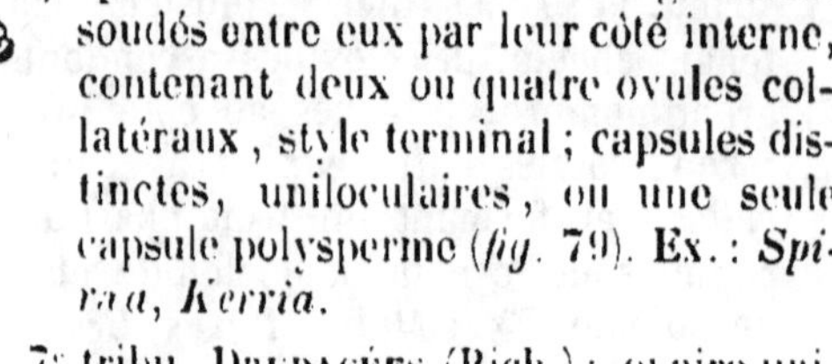

6ᵉ tribu. **Spiréacées** (Rich.) : plusieurs ovaires libres ou légèrement soudés entre eux par leur côté interne, contenant deux ou quatre ovules collatéraux, style terminal ; capsules distinctes, uniloculaires, ou une seule capsule polysperme (*fig.* 79). Ex. : *Spiraa*, *Kerria*.

7ᵉ tribu. **Drupacées** (Rich.) : ovaire unique, libre, contenant deux ovules collatéraux ; style filiforme terminal ; fleurs régulières, fruit drupacé. Ex. : *Prunus*, *Amygdalus*, *Cerasus*, etc. (*fig.* 80).

Fig. 79.

8ᵉ tribu. **Chrysobalanées** (R. Brown) : ovaire unique, libre, contenant deux ovules dressés ; style filiforme, naissant presque de la base de l'ovaire ; fleurs plus ou moins irrégulières ; fruit drupacé. Ex. : *Chrysobalanos*, *Parinarium*, *Moquilea*, etc.

Nous avons déjà signalé précédemment les rapports de la famille des Rosacées avec celle des Lythracées, qui manquent de stipules, tandis que les Rosacées en sont toujours pourvues. Les Myrtacées, surtout par le genre *Punica*, ont aussi quelque affinité avec les Rosacées. Mais elles n'ont pas non plus de stipules.

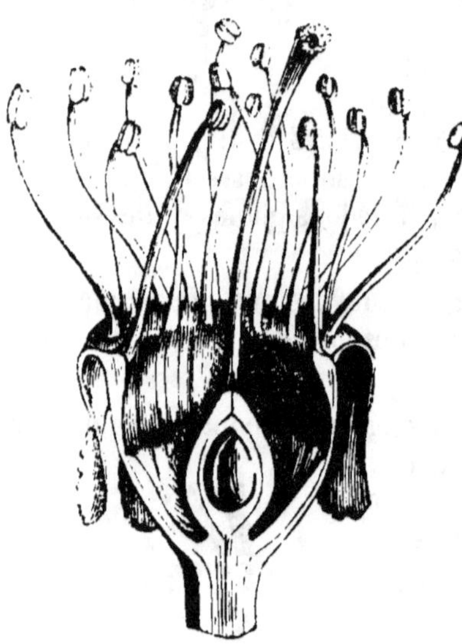

Fig. 80

135ᵉ famille. **Légumineuses**, *Leguminosæ*.

Leguminosæ, Juss. *gen.* DC. *Prodr.* II, 93. Ibid. *Mém. Légum.* Paris, 1825. Lindl. *Nat. sys.* 148. — *Papilionaceæ*, *Swartziæ*, *Mimosæ*, Endlich. *gen.* 1253.

Famille très-naturelle, et dans laquelle sont réunis des plantes herbacées, des arbustes ou des arbrisseaux, et des arbres souvent

Fig. 79. Carpelles d'une espèce de *Spiræa* : l'un d'eux est ouvert pour montrer les ovules.

Fig. 80. Coupe longitudinale d'un calice et de l'ovaire du prunier (*Prunus domestica*).

de dimensions colossales. Leurs feuilles sont alternes, composées ou décomposées, quelquefois simples : rarement les folioles avortent, et il ne reste que le pétiole qui s'élargit, et forme une sorte de feuille simple, nommée *phyllode*. A leur base sont deux stipules souvent persistantes. Les fleurs offrent une inflorescence très-variée : elles sont en général hermaphrodites. Leur calice est tantôt tubuleux, à cinq dents inégales, tantôt à cinq divisions plus ou moins profondes et inégales. En dehors du calice, on trouve une ou plusieurs bractées, ou quelquefois un involucre caliciforme. La corolle, qui manque quelquefois, se compose, dans le plus grand nombre des genres, de cinq pétales généralement inégaux, dont un supérieur, plus grand, qui enveloppe les autres, et qu'on nomme *étendard;* deux latéraux, appelés *ailes,* et deux inférieurs plus ou moins soudés ensemble, et formant la *carène ;* en un mot la corolle est papilionacée ; d'autres fois elle est composée de cinq pétales à peu près égaux. Les étamines sont généralement au nombre de dix, quelquefois plus nombreuses. Le plus souvent leurs filets sont diadelphes, rarement monadelphes, ou entièrement libres, périgynes ou hypogynes. L'ovaire est plus ou moins stipité à sa base : il est en général allongé, inéquilatéral, à une seule loge, contenant un ou plusieurs ovules attachés à la suture interne. Le style est un peu latéral, souvent recourbé, et terminé par un stigmate simple. Le fruit est constamment une gousse, et néanmoins présente des variations infinies. Il est sec ou charnu, déhiscent ou indéhiscent, ordinairement à une seule loge, mais quelquefois en présentant un grand nombre par suite du développement de l'endocarpe. Les graines sont généralement dépourvues d'endosperme. Leur embryon est tantôt parfaitement droit, tantôt plus ou moins recourbé, et ses cotylédons sont minces, membraneux ou épais et charnus.

La famille des Légumineuses est extrèmement nombreuse en espèces et en genres. Le professeur de Candolle, auquel on doit un travail important sur cette famille, l'a divisée de la manière suivante. Il en forme d'abord deux grandes divisions d'après l'embryon : 1° les *Curvembryées*, dont la radicule est courbée contre la commissure des cotylédons ; 2° les *Rectembryées*, dont la radicule est droite. Chacune de ces divisions se partage en deux sous-ordres : les *Papilionacées* et les *Swartziées* pour les Curvembryées; les *Mimosées*, et les *Cæsalpiniées* pour les Rectembryées. Ces quatre sous-ordres ont ensuite été divisés en tribus, dont le nombre est de onze pour toute la famille des Légumineuses. Le tableau ci-joint résume les caractères de ces tribus :

	Sous-ordres			Tribus.
CURVEMBRYÉES.	I. PAPILIONACÉES. Cor. papilion. étamines périgynes.	A. *Phyllolobées.* Cotyl. foliacés.	Gousse continue, étamines libres..............	1. SOPHORÉES.
			Gousse continue, étamines soudées.............	2. LOTÉES.
			Gousse articul., étamines soudées.............	3. HÉDYSARÉES.
		B. *Sarcolobées.* Cotyl. épais, char- nus.	Gousse polysp. déhisc.. feuill. cirrhif., cotyl. alt.	4. VICIÉES.
			Gousse polysp. déhish.. feuil. cirrh., cotyl. op- posés...............	5. PHASÉOLÉES.
			Gousse 1-2-sperm. indé- hisc., pas de vrilles....	6. DALBERGIÉES.
	II. SWARTZIÉES. Corolle nulle ou composée d'un ou de deux pétales : éta- mines hypogynes...............................			7. SWARTZIÉES.
RECTEMBRYÉES.	III. MIMOSÉES. Corolle presque régulière, pétales valvaires, étam. hypo- gynes....................			8. MIMOSÉES.
	IV. CÆSALPINIÉES. Pét. imbriq., étam. périgynes......	Sépal. et pétal. im- briqués........	Étamines soudées.......	9. GEOFFROYÉES.
			Étamines libres.........	10. CASSIÉES.
		Sépales soudés, cal. vésiculeux, pas de pétales.		11. DÉTARIÉES.

1er sous-ordre. PAPILIONACÉES : corolle irrégulière papilionacée ;
étamines périgynes.

1re tribu. SOPHORÉES : *Sophora. Edwardsia, Ormosia, Virgilia,
Anagyris.*

2e tribu. LOTÉES :
*Crotalaria, U-
lex, Spartium,
Genista, Cyti-
sus, Ononis,
Medicago, Tri-
gonella, Lotus, Tri-
folium, Melilotus.*

3e tribu. HÉDYSARÉES :
*Scorpiurus, Coronilla,
Hippocrepis, Hedysa-
rum, Onobrychis.*

4e tribu. VICIÉES : *Cicer,
Faba, Vicia, Ervum,
Pisum, Lathyrus, Oro-
bus.*

5e tribu. PHASÉOLÉES : *Abrus, Rhyncho-
sia, Phaseolus, Dolichos, Lupinus.*

6e tribu. DALBERGIÉES : *Pongamia, Dal-
bergia, Pterocarpus, Deguelia.*

2e sous-ordre. SWARTZIÉES : corolle
nulle ou composée d'un à deux pétales;
étamines hypogynes.

7e tribu. SWARTZIÉES : *Swartzia.*

3e sous-ordre. MIMOSÉES : calice tubuleux ; corolle régulière,
quelquefois gamopétale ; à estivation
valvaire; étamines hypogynes (*fig.* 81).

8e tribu. MIMOSÉES : *Mimosa, Inga,
Darlingtonia, Desmanthus, Proso-
pis, Acacia.*

4e sous-ordre. CÉSALPINIÉES : Pétales
imbriqués ; étamines périgynes (*fig.* 82).

9e tribu. GEOFFROYÉES : *Arachis, An-
dira, Geoffroya, Brownea.*

10e tribu. CASSIÉES : *Moringa, Gledit-*

Fig. 81.

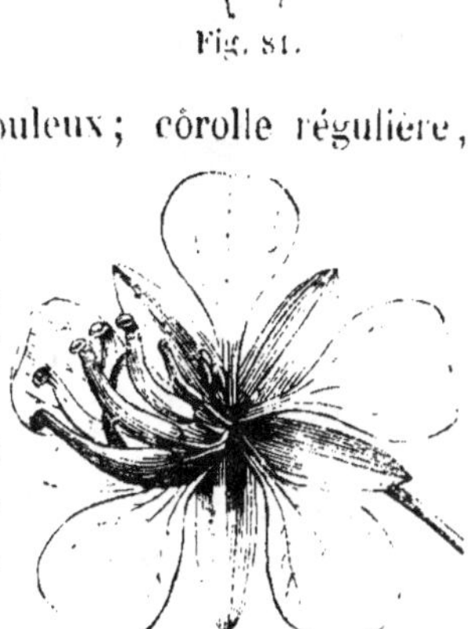

Fig. 82.

Fig. 81. *Mimosa albida. a.* Fleur entière. *b.* Calice et corolle. *c,* Coupe longitudinale d'une fleur.

Fig. 82. Fleur d'une casse.

schia, Gymnocladus, Guilandina, Cæsalpinia, Hæmatoxylum, Cassia, Bauhinia.

11ᵉ tribu. DÉTARIÉES : *Detarium, Cordyla.*

136ᵉ famille. TÉRÉBINTHACÉES, *Terebinthaceæ.*

Terebinthaceæ, Juss. *gen.* DC *Prodr.* II, 61. — *Anacardieæ, Connaraceæ, Amyrideæ,* R. Brown, *Congo,* 12. — *Terebinthaceæ, Burseraceæ, Amyrideæ, Pteleaceæ, Connaraceæ, Spondiaceæ,* Kunth. *Tereb. in Ann. Sc. nat.* II, 333. Lindl. *Nat. syst.* Endlich. *gen.* 1127.

Arbres ou arbrisseaux souvent laiteux ou résineux, ayant des feuilles alternes généralement composées, sans stipules; des fleurs hermaphrodites et unisexuées, petites, et généralement disposées en grappes : chacune d'elles présente un calice composé de trois à cinq sépales (*fig.* 83), quelquefois réunis ensemble à leur base;

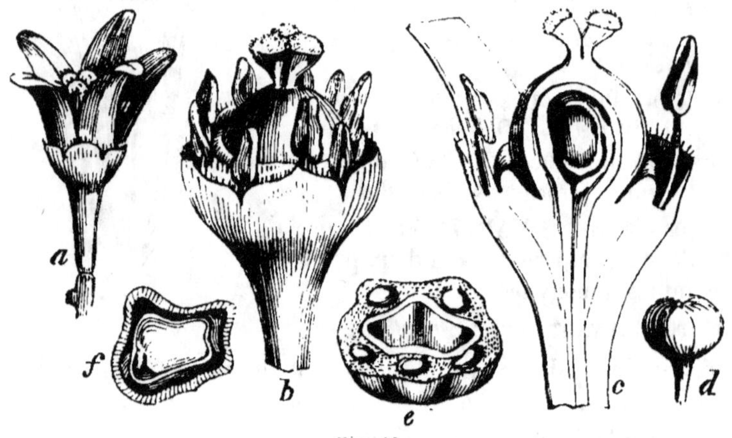

Fig 83.

une corolle qui manque quelquefois, et se compose d'un nombre de pétales égal aux lobes du calice, et régulière. Les étamines sont généralement en nombre égal, plus rarement double ou quadruple des pétales : dans le premier cas, elles alternent avec les pétales. Le pistil se compose de trois à cinq carpelles, tantôt distincts, tantôt plus ou moins soudés entre eux (*b*), environnés à leur base d'un disque périgyne et annulaire (*c*); quelquefois plusieurs carpelles

Fig. 83. *Schinus molle. a,* Fleur entière. *b,* Fleur dont on a enlevé les pétales. *c,* Coupe longit. d'une fleur. *d,* Fruit. *e,* Coupe transv. du fruit. *f,* Coupe longit. de la noix.

avortent, et il n'en reste qu'un, duquel naissent plusieurs styles : chaque carpelle est à une seule loge contenant tantôt un ovule porté au sommet d'un podosperme filiforme, qui naît du fond de la loge, tantôt un ovule renversé, tantôt deux ovules renversés ou collatéraux. Les fruits sont secs ou drupacés (*d, e*), contenant généralement une seule graine : celle-ci renferme un embryon (*f*) dépourvu d'endosperme.

Nous adoptons ici la famille des Térébinthacées telle qu'elle a été circonscrite par de Candolle, en considérant comme de simples tribus les familles que plusieurs botanistes ont formées avec les genres primitivement réunis dans cette grande famille par Jussieu. Ces tribus sont les suivantes :

1re tribu. ANACARDIÉES (*fig.* 84) : un seul carpelle uniloculaire et monosperme ; graine portée sur un podosperme basilaire ; radicule repliée sur les cotylédons épais : *Anacardium*, *Semecarpus*, *Mangifera*, *Pistacia*.

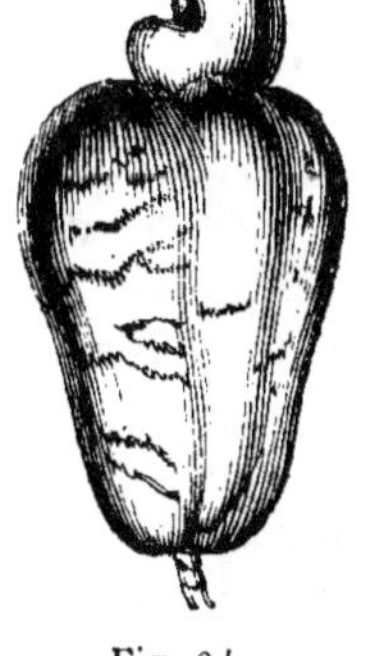

2e tribu. BURSÉRACÉES : fruit drupacé, contenant de deux à cinq nucules ; style simple ; fleurs diplostémonées ; cotylédons chiffonnés : *Rhus*, *Schinus*, *Balsamodendrum*, *Icica*, *Bursera*.

3e tribu. AMYRIDÉES : fruit drupacé, contenant un seul noyau uniloculaire ; stigmate sessile : *Amyris*.

4e tribu. SPONDIACÉES : fruit drupacé ; noyau pluriloculaire ; fleurs diplostémonées : cotylédons planes : *Spondias*, *Poupartia*.

Fig. 84.

5e tribu. CONNARACÉES : plusieurs carpelles libres, déhiscents ; dix étamines monadelphes : *Connarus*, *Omphalobium*, *Cnestis*, *Brunellia*.

La famille des Térébinthacées, surtout par quelques-uns de ses genres à fruit déhiscent, est excessivement voisine des Légumineuses. Cependant il est impossible de ne pas reconnaître de suite les plantes qui appartiennent à l'une ou à l'autre de ces deux familles. Ainsi les Térébinthacées ont des fleurs généralement petites, toujours régulières, contenant ordinairement plusieurs carpelles distincts ou soudés ; mais néanmoins il est des cas où on peut hésiter pour bien distinguer ces deux groupes. Il reste alors un caractère qui acquiert beaucoup d'importance, c'est que, dans les

Fig. 84. Fruit de l'acajou à pommes. Il est porté sur un pédoncule devenu charnu.

Térébinthacées, il n'y a jamais de stipules, tandis que la présence de ces petits organes forme un caractère général pour les Légumineuses.

137ᵉ famille. CHAILLÉTIACÉES, *Chailletiaceæ*.

Chailletieæ, R. Brown, *Congo*, 442. — *Chailletiaceæ*, DC. *Prodr.* II, 57. Lindl. *Nat. syst.* 108. Endlich. *gen.* 1104.

Arbres ou arbustes, à feuilles alternes, entières, penninervées, accompagnées de deux stipules à leur base, à fleurs axillaires, ayant leur pédoncule souvent soudé au pétiole. Le calice est coloré, pétaloïde, et à cinq sépales persistants et imbriqués. La corolle se compose de cinq pétales alternes, petits, entiers ou bifides, quelquefois réunis par leur base avec les étamines; celles-ci, en même nombre que les pétales, et alternant avec eux, ont leurs anthères arrondies et biloculaires. L'ovaire est supère à deux ou à trois loges, contenant chacune deux ovules. Le nombre des styles est le même que celui des loges de l'ovaire; ils sont distincts ou soudés, et terminés chacun par un stigmate capitulé. Le fruit est une drupe coriace, contenant un noyau à deux ou à trois loges, dans chacune desquelles est une graine solitaire et pendante. L'embryon dépourvu d'endosperme est épais, et sa radicule est courte et supérieure.

Composée des genres *Chailletia*, *Leucosia*, *Tapura*, cette petite famille a des rapports avec les Rhamnacées et les Térébinthacées. Elle diffère des premières par ses étamines alternes avec les pétales, et ses graines sans endosperme. On la distingue des Térébinthacées par ses feuilles simples munies de stipules, par son ovaire constamment à deux loges biovulées. On pourrait considérer ses genres comme apétales, les organes que l'on décrit ordinairement sous le nom de pétales n'étant que des étamines rudimentaires.

SEIZIÈME CLASSE. **POLYPÉTALES PÉRIGYNES**, A PLACENTATION PARIÉTALE.

A. *Graines sans endosperme.*

Étamines nombreuses libres : plantes grasses. .... CACTACÉES.
Étamines 5, triadelphes : plantes volubiles......... CUCURBITACÉES.

B. *Graines endospermées.*

I. Embryon droit dans un endosperme charnu.

a. Fleurs isostémonées { ovaire libre stipité .... PASSIFLORACÉES.
{ ovaire adhérent ou semi-adhérent. .... GROSSULARIACÉES.

b. Fleurs diplostémonées : fleurs unisexuées . . . . PAPAYACÉES.
c. Fleurs anisostémonées : arbustes, pas de corolle. . HOMALIACÉES.
d. Fleurs polystémonées : pl. herb., cor. de 5 pétal. LOASACÉES.
II. Embryon roulé sur un endosperme farineux . . . . . . MÉSEMBRYACÉES.

138ᵉ famille. CACTACÉES, *Cactaceæ*.

Cacti, Juss. *gen.* — *Nopaleæ*, DC. *Théor.* 218. — *Cacteæ*, DC. *Prodr.* III, 467. Ibid.
    Revue des Cactées, 1829. Miquel, *in Bull. Sc. phys. Neerl.* 1839. p. 87. Endlich.
    gen. 942. — *Cactaceæ*, Lindl. *Nat. syst.* 53.

Cette famille se compose essentiellement du genre *Cactus* de
Linné, et des divisions qu'on y a établies, et que l'on considère
souvent comme des genres. Ce sont des plantes vivaces, souvent
arborescentes, d'un port tout particulier, qui n'a d'analogue que
dans quelques Euphorbes. Leurs tiges sont ou cylindriques, rameuses, cannelées, anguleuses, globuleuses, ou composées de pièces
articulées épaisses comprimées, qui ont été considérées à tort
comme des feuilles. Les feuilles manquent presque constamment,
et sont remplacées par des épines réunies en faisceaux. Les fleurs,
qui sont quelquefois très-grandes (*fig.* 85) et brillent du plus vif

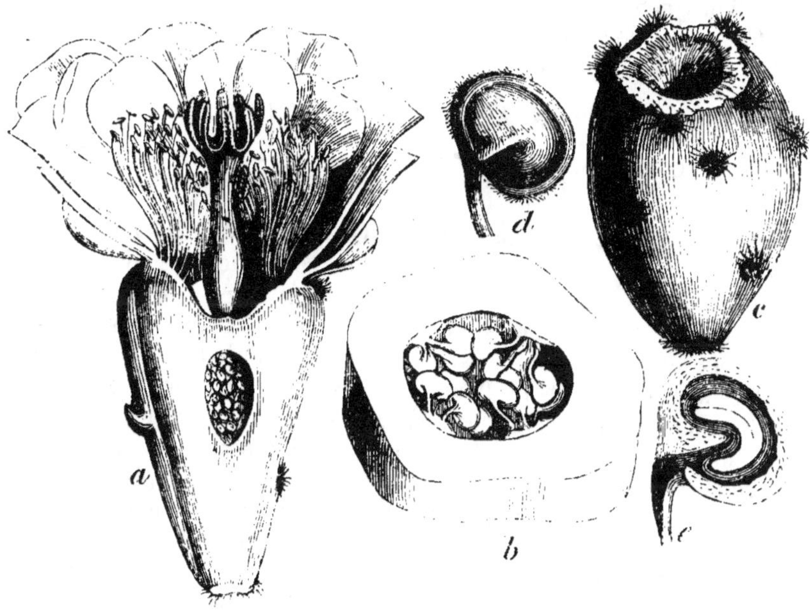

Fig. 85.

Fig. 85. *Cactus opuntia. a,* Coupe longit. d'une fleur. *b,* Coupe transvers. de l'o-
vaire. *c,* Fruit. *d,* Graine. *e,* Coupe longit. d'une graine.

éclat, sont en général solitaires, et placées à l'aisselle d'un de ces faisceaux d'épines. Leur calice est gamosépale, adhérent avec l'ovaire infère, quelquefois écailleux extérieurement, terminé à son sommet par un limbe, composé d'un grand nombre de lobes inégaux, qui se confondent avec les pétales : ceux-ci sont en général très-nombreux, et disposés sur plusieurs rangs. Les étamines, également très-nombreuses, ont leurs filets grêles et capillaires. L'ovaire est infère, à une seule loge, contenant un grand nombre d'ovules attachés à des trophospermes pariétaux, dont le nombre est très-variable, et ordinairement en rapport avec celui des stigmates. Le style est simple, terminé par trois ou un plus grand nombre de stigmates rayonnés. Le fruit est charnu, ombiliqué à son sommet. Ses graines ont un double tégument, et renferment un embryon droit ou recourbé, généralement dépourvu d'endosperme.

Cette famille, composée d'espèces très-nombreuses et qu'on cultive abondamment dans les serres, peut être divisée en deux tribus :

1re tribu. CACTÉES : pétales réunis en tube au-dessus de l'ovaire : *Cactus, Echinocactus, Echinopsis, Cereus, Phyllocactus, Epiphyllum.*

2e tribu. OPUNTIÉES : pétales étalés, non réunis en tube : *Rhipsalis, Opuntia, Pereskia.*

139e famille. CUCURBITACÉES, *Cucurbitaceæ.*

Cucurbitaceæ, Juss. gen. A. Saint-Hilaire, *in Mém. Mus.* V, 304, IX, 190. DC. *Prodr.* III, 297. Lindl. *Nat. syst.* Endlich. *gen.* 934.

Grandes plantes herbacées, souvent volubiles, couvertes de poils courts et très-rudes. Les feuilles sont alternes, pétiolées, plus ou moins lobées. Leurs vrilles, qui sont simples ou rameuses, naissent à côté des pétioles. Leurs fleurs sont en général unisexuées et monoïques (*fig.* 86), très-rarement hermaphrodites. Le calice est gamosépale : dans les fleurs femelles, il offre un tube globuleux adhérent avec l'ovaire infère (*c*). Son limbe, plus ou moins campanulé et à cinq lobes imbriqués, est confondu et intimement soudé avec la corolle, et n'a de distinct que le sommet de ses lobes (*c*). La corolle est formée de cinq pétales à préfloraison imbriquée, réunis entre eux au moyen du limbe calicinal, et représentant ainsi une corolle gamopétale, tantôt campanulée, tantôt rotacée. Les étamines, au nombre de cinq, ont leurs filets monadelphes ou réunis en trois faisceaux, deux formés chacun de deux étamines, et le troisième d'une seule étamine. Les anthères sont uniloculaires, linéaires, contournées sur elles-mêmes en forme d'S placé horizontalement,

et dont les branches seraient très-rapprochées. Dans les fleurs femelles, le sommet de l'ovaire, qui est infère, est couronné par un
disque épigy-
ne. Le style est
épais, court,
terminé par
trois stigmates
épais et sou-

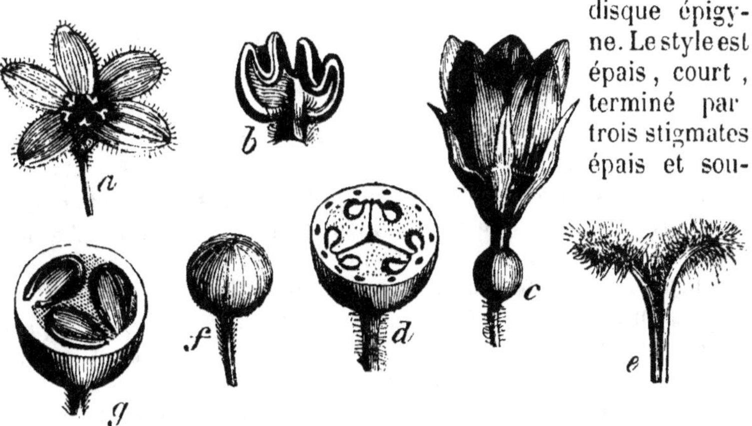

Fig. 86.

vent bilobés : cet ovaire est à une seule loge dans les deux
genres *Sicyos* et *Gronovia*; il contient un seul ovule pendant;
mais, en général, il offre trois trophospermes pariétaux, triangulaires, très-épais contigus les uns aux autres par leurs côtés, et
remplissant ainsi toute la cavité de l'ovaire, et donnant attache aux
ovules à leur point d'origine sur les parois de l'ovaire : ces ovules
sont anatropes. Le fruit est charnu, ombiliqué à son sommet : c'est
une péponide qui quelquefois est sèche et coriace. Les graines,
à la maturité du fruit, semblent éparses au milieu d'un tissu cellulaire filamenteux ou charnu provenant de la destruction des trophospermes, qui d'abord remplissaient toute la cavité de l'ovaire. Le
tégument propre est assez épais, et recouvre immédiatement un gros
embryon homotrope dépourvu d'endosperme.

Les genres principaux de cette famille sont : *Cucumis*, *Cucur-
bita*, *Pepo*, *Ecbalium*, *Momordica*, *Bryonia*, *Gronovia*, etc. Elle a
des rapports assez grands avec la famille des Œnothéracées, dont
elle diffère par la structure de son périanthe, et surtout celle de son
fruit et de ses étamines. Elle se rapproche également beaucoup des
Cactacées et des Ribésiacées. Quant au genre *Passiflora*, d'abord
placé dans cette famille, il est devenu le type d'un ordre distinct,
sous le nom de Passifloracées, différent surtout par ses étamines
libres et ses graines endospermées.

110e famille. PASSIFLORACÉES, *Passifloraceæ*.

Passifloreæ, Juss. *in Ann. Mus.* VI. 102. A. Saint-Hilaire, *in Mem. Mus.* V. 304, IX, 190. DC. *Prodr.* III, 331. Endlich. *gen* 924. — *Passifloraceæ*, Lindl *Nat. syst.* 67.

Plantes herbacées, ou arbustes à tige sarmenteuse, munis de vrilles extra-axillaires et de feuilles alternes simples ou lobées, et accompagnées de deux stipules à leur base. Plus rarement ce sont des arbres dépourvus de vrilles. Leurs fleurs sont en général grandes et solitaires; plus rarement elles forment une sorte de grappe. Ces fleurs sont hermaphrodites, ayant un calice gamosépale turbiné ou longuement tubuleux, à cinq divisions plus ou moins profondes, quelquefois colorées; une corolle de cinq pétales insérés au haut du tube du calice; cinq étamines monadelphes par leur base, et formant un tube qui recouvre le support de l'ovaire et se soude avec lui; plus rarement dix étamines. Les anthères sont versatiles, à deux loges. En dehors des étamines sont des appendices très-variés, tantôt filamenteux, tantôt sous la forme d'écailles ou de glandes pédicellées réunies circulairement, et formant d'une à trois couronnes qui naissent à l'orifice et sur les parois du tube calicinal : quelquefois ces appendices, et même la corolle, manquent complétement. L'ovaire est libre, plus ou moins longuement stipité, à une seule loge, offrant de trois à cinq trophospermes longitudinaux et pariétaux, qui parfois sont saillants en forme de fausses cloisons, et qui donnent attache à un grand nombre d'ovules; il est surmonté de trois ou quatre styles terminés par autant de stigmates simples : rarement les stigmates sont sessiles. Le fruit est charnu intérieurement, contenant un très-grand nombre de graines; plus rarement il est sec, mais toujours indéhiscent. Les graines ont un endosperme charnu dans lequel est un embryon homotrope et axile.

Selon Ant. Laur. de Jussieu, les Passifloracées, de même que les Cucurbitacées, n'auraient qu'un périanthe simple, et l'organe que nous avons décrit comme la corolle, et qui manque dans quelques genres, devrait être assimilé aux appendices nombreux qui garnissent le tube du calice. Quelle que soit l'opinion que l'on adopte à cet égard, il n'en reste pas moins très-difficile de déterminer avec exactitude la place des Passiflorées dans la série des ordres naturels. Elles ne nous paraissent avoir que de bien faibles rapports avec les Cucurbitacées, parmi lesquelles le genre Passiflore avait été primitivement rangé. Mais cependant on peut leur trouver quelque affinité éloignée avec certaines familles de plantes polypétales, et en particulier avec les Capparidées, et surtout avec les Loasées, dans le voisinage desquelles elles nous paraissent devoir être rangées.

Les Passifloracées offrent les trois tribus suivantes :

1re tribu. PAROPSIÉES : tige non volubile ; ovaire courtement stipité, fruit capsulaire : *Smeathmannia, Paropsia.*

2e tribu. PASSIFLORÉES : tige volubile ; ovaire longuement stipité ; fruit charnu : *Thompsonia, Deidamia, Passiflora, Murucuia, Disemma, Tacsonia.*

3e tribu. MODECCÉES : tige volubile ; fruit capsulaire : *Modecca, Paschanthus, Kolbia.*

141e famille. PAPAYACÉES, *Papayaceæ.*

Papayaceæ, Martius, *Consp.* 169 Lindl. *Nat. syst.* 69. Endlich. *gen.* 932.

Arbres d'un port tout particulier; à tige simple et sans ramifications, portant un bouquet de grandes feuilles longuement pétiolées à son sommet : ces feuilles sont palmées et dépourvues de stipules. Les fleurs sont monoïques ou dioïques formant des espèces de grappes simples. Dans les fleurs mâles le calice est très-petit, à cinq dents ; la corolle est gamopétale régulière, longuement tubuleuse, à cinq lobes réfléchis. Les étamines, au nombre de dix sont insérées à la gorge de la corolle et alternativement plus grandes et plus petites ; les filets sont monadelphes par leur base et les anthères sont adnées à la face interne des filets, introrses et à deux loges. Les fleurs femelles offrent un calice également plane et à cinq dents, une corolle formée de cinq pétales linéaires distincts, un ovaire libre globuleux, uniloculaire, offrant cinq trophospermes pariétaux quelquefois peu saillants, portant un très-grand nombre d'ovules anatropes, d'autres fois s'avançant jusqu'au centre sous forme de cloisons, et l'ovaire paraît être à cinq loges. Le style est court, terminé par cinq stigmates linéaires ou élargis. Le fruit est charnu, uniloculaire : ses graines nombreuses contiennent un embryon homotrope axile dans un endosperme charnu.

Composée des deux genres *Carica* et *Vasconcella*, cette petite famille se distingue des Cucurbitacées par le nombre et la structure de ses étamines, par ses graines munies d'un endosperme charnu, et des Passifloracées par sa corolle gamopétale, portant les étamines, qui sont au nombre de dix, et surtout par son port.

142ᵉ famille. RIBÉSIACÉES, *Ribesiaceæ*.

Grossularieæ. DC. *Fl. fr* IV, 405. Ibid. *Prodr.* III, 477. Berlandier, *Mem. soc. gen.* III, 43. — *Ribesiæ*, Rich. *Elem.* — *Grossularieæ*. Lindl. *Nat. syst.* 26. — *Ribesiaceæ*, Endlich *gen.* 823.

Arbrisseaux buissonneux, quelquefois épineux, ayant des feuilles alternes, sans stipules ; des fleurs axillaires, solitaires (*fig.* 87), gé-

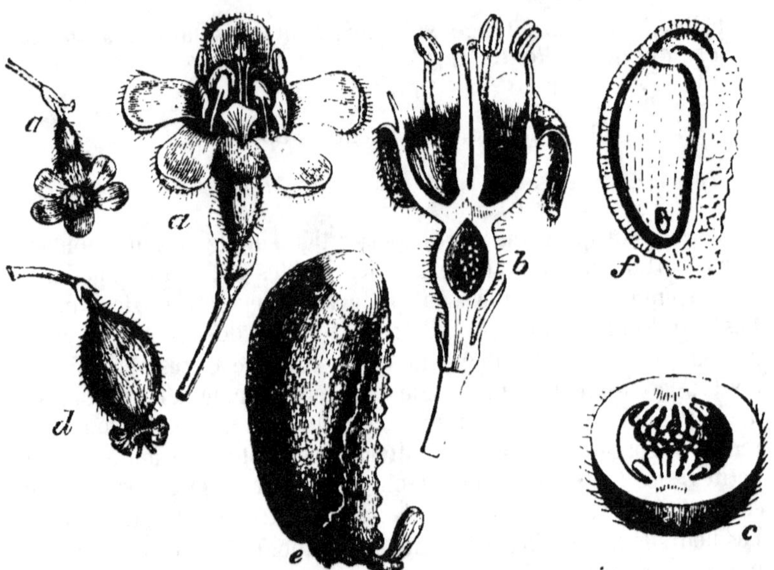

Fig. 87.

minées ou disposées en épis ou grappes simples. Leur calice est gamosépale, tubuleux inférieurement, où il adhère avec l'ovaire, ayant son limbe évasé et comme campaniforme, à cinq divisions étalées ou réfléchies. Leur corolle est formée de cinq pétales quelquefois très-petits. Les étamines, en même nombre que les pétales et alternes avec eux, sont insérées vers le milieu du limbe calicinal. L'ovaire est infère, à une seule loge, contenant un grand nombre d'ovules anatropes, attachés sur plusieurs rangs à deux trophospermes pariétaux. Les deux styles sont plus ou moins soudés entre eux, et se terminent chacun par un stigmate simple. Le fruit est une baie globuleuse, ombiliquée, polysperme, et ses graines se

Fig. 87. *Ribes grossularia. a,* Fleur entière. *b,* Coupe longitudinale d'une fleur. *c,* Coupe transversale de l'ovaire. *d,* Fruit. *e,* Graine. *f,* Coupe longitudinale de la graine.

composent d'un endosperme charnu assez dense, contenant un très-petit embryon placé dans l'intérieur de son extrémité inférieure.

Le seul genre *Ribes* compose cette famille. Elle est extrèmement voisine des Cactacées, dont elle diffère surtout par le port si différent des végétaux qui la composent, par leurs pétales et leurs étamines constamment au nombre de cinq, et non en nombre indéterminé, comme dans les Cactacées; par leurs deux trophospermes et leurs deux styles. Dans un autre ouvrage (*Hist. nat. méd. Botaniq.*, t. III), j'ai proposé de diviser les espèces nombreuses de ce genre en trois sections ou sous-genres, ayant pour type, l'une le *Ribes uva crispa*, l'autre le *Ribes nigrum*, et la troisième, le *Ribes rubrum*; j'ai appelé la première *Grossularia*, la seconde *Ribes*, et la troisième *Botrycarpum*.

Les Ribésiacées ont aussi des rapports avec les Saxifragacées, surtout à cause de leurs deux carpelles, quelquefois en partie adhérents avec le calice : mais elles s'en distinguent par leur fruit charnu, par leur placentation pariétale et la structure de leurs graines.

143ᵉ famille. Homaliacées, *Homaliaceæ*.

Homalineæ, R. Brown, *Congo*, 428. DC. *Prodr.* II, 53. Endlich. *gen.* 922. — *Homaliaceæ*, Lindl. *Nat. syst.* 55.

Les Homaliacées sont des arbustes ou des arbrisseaux, tous originaires des contrées chaudes du globe. Leurs feuilles sont alternes, pétiolées, simples, munies de stipules caduques. Leurs fleurs sont hermaphrodites, disposées en épis, en grappes ou en panicules. Leur calice est gamosépale, ayant son tube court, conique, adhérent avec l'ovaire; son limbe, divisé en dix à trente lobes, dont les plus extérieurs sont plus grands et valvaires, et les intérieurs plus petits, et en forme de pétales. La corolle manque. A la face interne, et le plus souvent vers la base des sépales intérieurs, sont situés des appendices glanduleux et sessiles. Le nombre des étamines varie; il est quelquefois égal à celui des lobes extérieurs du calice, et les étamines leur sont opposées ; d'autres fois les étamines sont plus nombreuses et réunies par faisceaux. L'ovaire est généralement semi-infère, à une seule loge, contenant un grand nombre d'ovules attachés à trois ou cinq trophospermes pariétaux. Les styles, en même nombre que les trophospermes, se terminent chacun par un stigmate simple. Le fruit est tantôt sec, tantôt charnu. Les graines ont leur embryon placé dans un endosperme charnu.

Famille encore peu connue, établie par Rob. Brown, dans son *Mémoire sur les plantes du Congo*, et adoptée par de Candolle (*Prodr.*

syst., II, p. 53), qui y place les genres suivants : *Homalium*, *Napi-moga*, *Pineda*, *Blackwellia*, *Astranthus*, *Nisa*, *Myriantheia*, *Aste-ropeia*. Par la structure de son fruit, cette famille se rapproche des Flacourtiacées, et par son insertion elle vient se placer près des Rosacées, dont elle se distingue surtout par ses trophospermes pariétaux et son embryon pourvu d'un endosperme.

144ᵉ famille. LOASACÉES, *Loasaceæ*.

Loaseæ, Juss. in *Ann. Mus.* V, 18. DC. *Prodr.* III, 339. Endlich. *gen.* 929. — *Loa-saceæ*, Lindl. *Nat. syst.* 53.

Plantes herbacées, rameuses, dressées ou volubiles, souvent couvertes de poils hispides, et dont la piqûre est brûlante, comme celle des orties. Leurs feuilles sont alternes ou opposées, entières ou diversement lobées. Leurs fleurs (*fig.* 88), assez souvent jaunes et

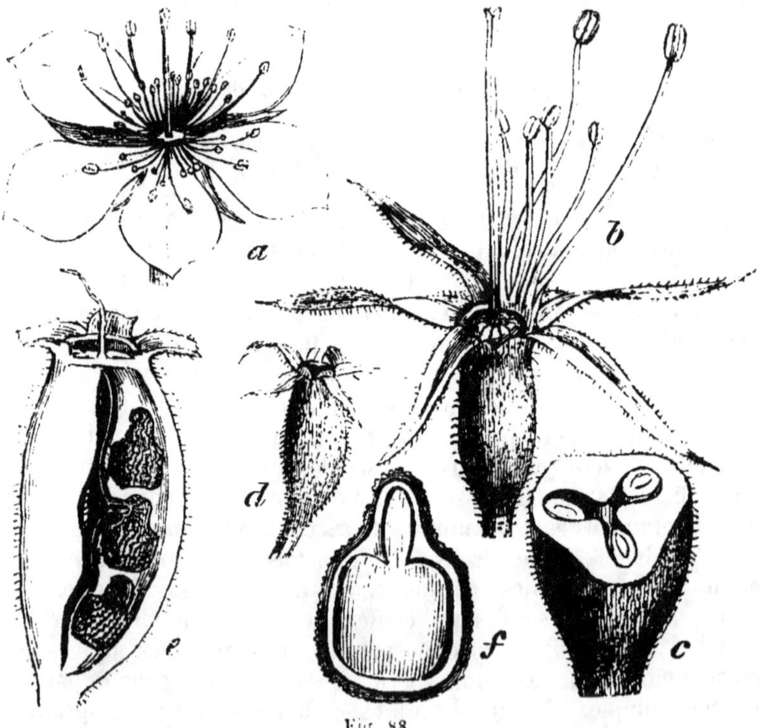

Fig. 88.

Fig. 88. *Mentzelia hispida*. *a*, Fleur. *b*, Ovaire infère. *c*, Coupe transversale de l'ovaire. *d*, Fruit. *e*, Coupe longitudinale du fruit. *f*, Coupe longit. d'une graine.

grandes, sont tantôt solitaires, tantôt diversement groupées. On y trouve un calice gamosépale, tubuleux, libre ou adhérent avec l'ovaire infère, ayant son limbe à cinq divisions imbriquées ou contournées; une corolle de cinq pétales réguliers, planes ou concaves, à estivation imbriquée et tordue, ou valvaire et à bords rentrants. La gorge du calice est quelquefois garnie de cinq appendices ou d'un rebord découpé. Les étamines, généralement très-nombreuses, sont quelquefois en même nombre que les pétales. L'ovaire est libre ou infère, à une seule loge, offrant intérieurement trois trophospermes pariétaux, quelquefois saillants en forme de cloisons, et portant un grand nombre d'ovules anatropes : cet ovaire est surmonté de trois longs styles grêles quelquefois réunis en un seul, et terminés chacun par un long stigmate simple ou en forme de pinceau. Le fruit est une capsule nue ou couronnée par les lobes du calice, s'ouvrant par son sommet seulement, en trois valves qui portent un des trophospermes sur le milieu de leur face interne, excepté dans le genre *Loasa*, où les trophospermes correspondent aux sutures. Les graines, quelquefois arillées, offrent un embryon homotrope dans un endosperme charnu.

Cette famille se compose des genres *Loasa*, *Mentzelia*, *Klaprothia*, *Blumenbachia*, auxquels M. Kunth a ajouté le *Turnera* et le *Piriqueta*. Elle a de grands rapports avec les OEnothéracées et les Cactacées, mais en diffère par des caractères très-tranchés. Ainsi, dans les premières, l'ovaire est pluriloculaire : les étamines sont en nombre déterminé, etc. Dans les Cactacées, le fruit est charnu, et la graine sans endosperme, et de plus, par leur port, les Cactacées n'ont aucune ressemblance avec les Loasacées.

On a établi pour les genres *Malesherbia* et *Gynopleura* une famille (les MALESHERBIACÉES), qu'il nous paraît impossible de séparer des *Loasaceæ* où elle formerait une simple tribu, caractérisée par un ovaire tout à fait libre, un peu stipité et des étamines hypogynes. Cette tribu rattache étroitement les Loasacées aux Passifloracées.

145ᵉ famille. MÉSEMBRYACÉES, *Mesembryaceæ*.

Ficoideæ, Juss. gen. Ibid. *Dict. Sc. nat.* XVI, 528. DC. *Prodr.* III, 415. Lindl. *Nat. syst.* 56. — *Mesembryanthemeæ*, Endlich. *gen.* 945.

Ce sont en général des plantes grasses, comme les Crassulacées, ayant leurs feuilles alternes ou opposées ; leurs fleurs, souvent très-grandes, axillaires ou terminales : chacune d'elles présente un calice gamosépale, souvent campanulé et persistant, ayant son limbe quelquefois coloré, et à quatre ou cinq lobes ; une corolle polypétale, et dont les pétales sont quelquefois en nombre indéfini, d'autres fois soudés en une corolle gamopétale : plus rarement la corolle manque. Les étamines sont généralement assez nombreuses, libres et distinctes. L'ovaire est tantôt libre, tantôt adhérent par sa base avec le calice. Il offre de trois à cinq loges, quelquefois un plus grand nombre, contenant chacune plusieurs ovules campulitropes attachés à un trophosperme pariétal par des podospermes assez longs : cet ovaire est surmonté de trois à cinq styles, terminés chacun par un stigmate simple. Le fruit est tantôt une baie, tantôt une capsule environnée par le calice, à trois ou à cinq loges polyspermes, s'ouvrant ordinairement par leur sommet en cinq ou en un plus grand nombre de valves, par la disjonction de l'épicarpe d'avec l'endocarpe. Leurs graines offrent un embryon cylindrique roulé autour d'un endosperme farineux.

Cette famille a de très-grands rapports avec les Portulacées, dont elle diffère par ses pétales et ses étamines, généralement en grand nombre, par la pluralité des styles, et son ovaire à trois ou à cinq loges, et non uniloculaire, comme dans les Portulacées. Les genres principaux de la famille des Mésembryacées sont : *Mesembryanthemum, Tetragonia, Glinus*, etc. Cette famille, qui, par son port, se rapproche des Crassulacées, en diffère par son ovaire simple.

DIX-SEPTIÈME CLASSE. **POLYPÉTALES PÉRIGYNES**, A PLACENTATION CENTRALE.

Étamines opposées aux pétales .... PORTULACACÉES.
Étamines alternant avec les pétales........ PARONYCHIACÉES.

146ᵉ famille. PORTULACACÉES, *Portulacaceæ.*

Portulaceæ, Juss. gen. A. Saint-Hilaire, *in Mém. Mus.* II, 195. DC. *in Mem. Soc. Hist. nat.* IV, 174. Ibid. *Prodr.* III, 351. Endlich. *gen.* 946. — *Portulacaceæ*, Lindl. *Nat. syst.* 123.

Plantes herbacées, rarement frutescentes, ayant des feuilles opposées, quelquefois alternes, épaisses et charnues, sans stipules ; des fleurs généralement terminales. Leur calice est en général formé de deux sépales, rarement de trois à cinq, plus ou moins soudés, et souvent comme tubulé à la base, offrant une préfloraison imbriquée. La corolle se compose de cinq pétales libres, ou légèrement soudés entre eux, et formant une corolle gamopétale. Les étamines sont en même nombre que les pétales, insérées à leur base, et leur sont opposées ; elles sont rarement plus nombreuses. L'ovaire est libre ou presque semi-infère, à une seule loge, contenant un nombre variable d'ovules amphitropes, naissant immédiatement du fond de la loge, ou attachés à un trophosperme central. Le style est simple, terminé par trois ou cinq stigmates filiformes ; rarement l'ovaire est à plusieurs loges. Le fruit est une capsule généralement uniloculaire, contenant trois ou plusieurs graines, et s'ouvrant, soit en trois valves, soit en deux valves superposées. Les graines, sous leur tégument propre, souvent crustacé, renferment un embryon cylindrique roulé sur un endosperme farineux.

Plusieurs genres, d'abord réunis à cette famille, en ont été retranchés. Ainsi, le *Tamarix* forme la famille des Tamaricacées, qui diffère surtout par l'absence de l'endosperme ; les genres *Scleranthus*, *Gymnocarpus*, et probablement le *Telephium* et le *Corrigiola*, ont été portés dans la nouvelle famille des Paronychiées, qui n'en diffèrent guère que par leurs étamines alternes et non opposées aux pétales, leur stigmate simple ou bifide, et non tri ou quinquéfide. Les genres qui restent parmi les Portulacées sont : *Portulaca*, *Talinum*, *Montia*, *Claytonia*, *Calandrina*, etc.

Cette famille a sans contredit des rapports avec les Paronychiées et surtout avec les Dianthacées, par la structure de ses graines, la forme de son embryon et la nature de son endosperme. Mais elle diffère de ces dernières, surtout, par son insertion tellement périgynique, que dans certains genres l'ovaire est à demi ou presque totalement adhérent. Il est une autre famille avec laquelle les Portulacées nous paraissent avoir une incontestable affinité, quoique en général on les éloigne beaucoup l'une de l'autre dans la série des familles, c'est celle des Primulacées, placée parmi les Gamopétales. Ainsi la corolle des Portulacées est souvent gamopétale ; leurs étamines dans les fleurs isostémonées sont opposées aux pétales, l'ovaire est souvent adhérent dans l'une et dans l'autre famille ; il est uniloculaire et à placentation basilaire ; enfin très-souvent dans les deux familles, le fruit est une pyxide ou capsule s'ouvrant en deux valves superposées.

147ᵉ famille. PARONYCHIACÉES, *Paronychiaceæ*.

Paronychiæ, Aug. Saint-Hilaire, *in Mém. Mus.* II, 276. DC. *Prodr.* III, 365.

Plantes herbacées ou sous-frutescentes, portant des feuilles opposées, souvent connées par leur base, avec ou sans stipules : des fleurs très-petites, axillaires ou terminales, nues ou accompagnées de bractées scarieuses. Leur calice (*fig.* 89), souvent persistant, offre cinq sépales quelquefois épais et charnus, à préfloraison imbriquée ; assez souvent il forme un tube à sa partie inférieure, qui

est épaissie par un bourrelet glanduleux. Les pétales, au nombre
de cinq, très-petits (*a*) et squammiformes ou même nuls, sont insé-

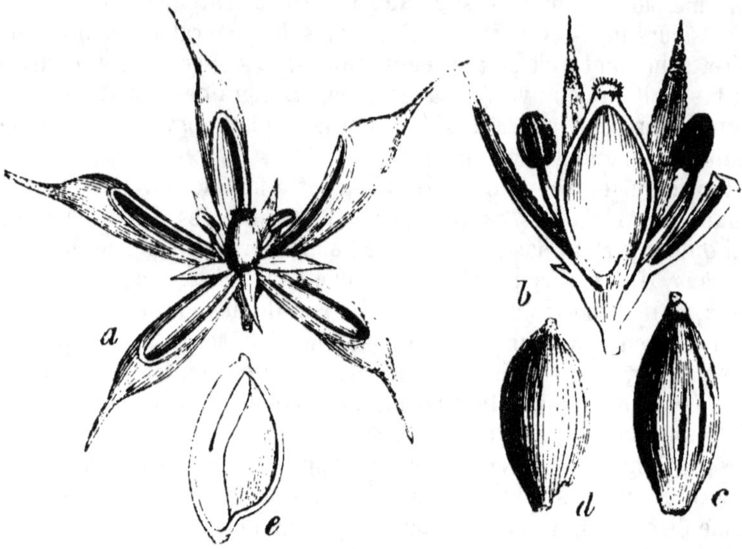

Fig. 89.

rés au haut du tube calicinal. Les étamines, également au nombre
de cinq, dont quelques-unes avortent parfois, sont alternes avec les
pétales, et ont leurs anthères introrses. L'ovaire est libre, à une
seule loge contenant un seul ovule (*b*) placé au sommet d'un podosperme basilaire quelquefois très-long, et, dans ce cas, l'ovule est
renversé; d'autres fois plusieurs ovules sont attachés à un trophosperme central très-court (*b*). Le stigmate est tantôt sessile et simple, tantôt il est bifide et porté sur un style assez court. Le fruit est
une capsule déhiscente, au moyen de valves ou de fentes, ou bien
elle reste close. Les graines se composent, outre leur tégument
propre, d'un embryon cylindrique appliqué sur un des côtés, ou
roulé autour d'un endosperme farineux. La radicule est toujours
tournée vers le hile.

Cette famille, établie par M. Aug. de Saint-Hilaire, se compose
de genres retirés des Amaranthacées, des Portulacées et des Dianthacées, dont ils s'éloignent surtout par leur insertion périgynique,
tandis qu'elle est hypogynique dans les deux autres. Nous avons
divisé les genres des Paronychiées en deux tribus, savoir :

Fig. 89. *Paronychia verticillata.* *a*, Fleur entière. *b*, Coupe longitudinale de
l'ovaire. *c*, Fruit. *d*, Graine. *e*, Coupe longitudinale de la graine.

1re tribu. Les Scléranthées, qui renferment les genres n'ayant
pas de bractées, dont les divisions calicinales ne sont pas scarieuses sur les bords, les feuilles sans stipules et connées.
Ex. : *Lœfflingia, Minuartia, Queria, Scleranthus, Mniarum* et
Larbrea.

2e tribu. Les Paronychiées vraies, ont leurs fleurs munies de bractées ; leurs divisions calicinales scarieuses sur les bords, souvent
charnues et creusées en gouttières ; les feuilles accompagnées de
stipules. Ex. : *Argyrocarpus, Paronychia, Illecebrum, Anychia,
Herniaria, Polycarpon, Hagea*, etc.

M. Endlicher réunit cette famille à celle des Dianthacées ou
Caryophyllées.

148e famille. Dianthacées, *Dianthaceæ*.

Caryophylleæ, Juss. *gen.* DC. *Prodr.* I, 351. — *Caryophyll. subord.* III et IV.
Endlich. *gen.* 955.

Les Dianthacées sont herbacées, rarement sous-frutescentes à
leur base. Leurs tiges sont souvent noueuses et articulées. Leurs
feuilles, opposées ou verticillées, sont simples. Les fleurs, généralement hermaphrodites (*fig.* 90), sont terminales ou axillaires.
Leur calice se compose de quatre à cinq sépales distincts ou soudés
entre eux (c), et formant un tube cylindrique ou vésiculeux, simplement denté à son sommet, à préfloraison imbriquée. La corolle, de
cinq pétales (c) ordinairement onguiculés à leur base, manque très-
rarement. Le nombre des étamines est, en général, égal ou double
des pétales : dans ce dernier cas, cinq sont alternes avec les pétales, et cinq leur sont opposées, et quelquefois se soudent inférieurement avec les onglets (e); la corolle et les étamines sont insérées
à un disque hypogyne qui supporte l'ovaire. Celui-ci présente depuis une jusqu'à cinq loges. Les ovules, qui sont nombreux, sont
attachés à un trophosperme central ; quand il est pluriloculaire, les
ovules sont attachés à l'angle interne de chaque loge. Les styles varient de deux à cinq, et se terminent chacun par un stigmate subulé. Le fruit est une capsule (*f*), très-rarement une baie, ayant
d'une à cinq loges polyspermes : cette capsule s'ouvre, soit par
son sommet, au moyen de petites dents qui s'écartent les unes
des autres, soit par des valves complètes. Les graines sont tantôt

planes et membraneuses, tantôt arrondies: elles contiennent un embryon recourbé ou comme roulé autour d'un endosperme farineux (a).

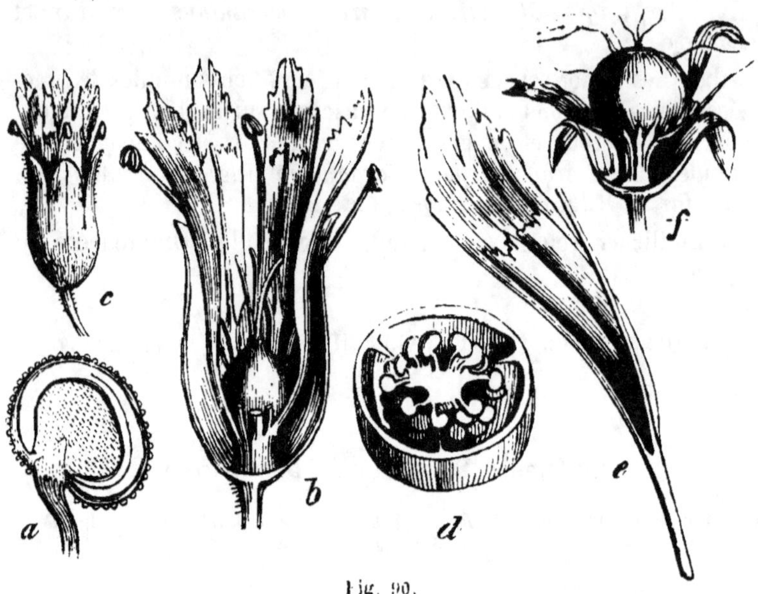

Fig. 90.

Plusieurs genres, d'abord placés dans cette famille, en ont été retirés et, réunis à quelques autres de la famille des Amaranthacées, ils forment la nouvelle famille des PARONYCHIÉES, qui se distingue surtout par son insertion périgynique : tels sont les genres *Polycarpon*, *Lœfflingia*, *Minuartia*, *Queria*. Le genre *Linum* constitue la famille des LINACÉES. Le *Frankenia* est devenu le type de la famille des FRANKÉNIACÉES ; le *Sarothra* a été reporté dans les Hypéricinées.

Cependant M. Endlicher a tout récemment (*Gen. pl. l. c.*) réuni encore à la famille des Dianthacées les *Paronychiacées*, qui nous paraissent devoir en demeurer parfaitement distinctes, non-seulement par leur insertion périgynique, mais encore par leur ovaire uniloculaire contenant souvent un seul ovule basilaire, etc.

On peut diviser en deux tribus les genres de cette famille, savoir :

1re tribu. SILÉNÉES, qui ont un calice gamosépale tubuleux, des

Fig. 90. *Cucubalus baccifer*. *c*, Fleur entière. *b*, Coupe longitudinale d'une fleur. *d*, Coupe transv. de l'ovaire. *e*, L'un des pétales. *f*, Fruit. *a*, Coupe longit. de la graine.

pétales longuement onguiculés : *Dianthus*, *Silene*, *Lychnis*, *Agrostemma*, *Githago*, *Cucubalus*, etc.

2ᵉ tribu. ALSINÉES, dont le calice est dialysépale et les pétales sans onglet : *Arenaria*, *Alsine*, *Spergula*, *Cerastium*, *Mollugo*, etc.

DIX-NEUVIÈME CLASSE. **POLYPÉTALES HYPOGYNES**, A PLACENTATION
PARIÉTALE.

A. *Placentas opposés aux valves.*

† Endosperme charnu.
a. Déhiscence septicide; anthères extrorses .... FRANKÉNIACÉES.
b. Déhiscence loculicide.
  1. Pas de stipules........ .... FLACOURTIACÉES.
  2. Feuilles stipulées { Fl. isostém., anth. introses. VIOLACÉES.
  { Fl. diplost. ou polyst., anth.
  { extrorses............. DROSÉRACÉES.
‡‡ Endosperme farineux. Embry. recourbé ou roulé. CISTACÉS.
‡‡‡ Pas d'endosperme.
  Fruit sec déhiscent .... TAMARICACÉES.
  Fruit charnu indéhiscent................. MARCGRAVIACÉES.

B. *Placentas alternant avec les valves.*

I. Étamines en nombre déterminé :
  1. Six étam. tétradynam. cal. de quatre sépales. CRUCIFÈRES.
  2. Six étam. diadelphes. cal. de deux sépales... FUMARIACÉES.
II. Étamines en nombre indéfini :
  1. Pas d'endosperme; feuilles stipulées .... CAPPARIDACÉES.
  2. Endosperme charnu { embryon amphitrope... RÉSÉDACÉES.
  { embryon orthotrope .. PAPAVÉRACÉES.

149ᵉ famille. FRANKÉNIACÉES, *Frankeniaceæ*.

Frankeniaceæ, A. Saint-Hilaire, *in Mém. Mus.* II, 122. Ibid. *Pl. rem. du Brésil*, 33 et 225. DC. *Prodr.* I, 349. Lindl. *Nat. syst.* 67. — *Frankeniaceæ* et *Sauvagesiæ*, Endlich. *gen.* 912 et 913.

Les Frankéniacées sont herbacées ou frutescentes. Leurs feuilles sont alternes ou verticillées, entières ou dentées en scie, avec des nervures latérales très-rapprochées, munies à leur base de deux stipules, qui manquent seulement dans le genre *Frankenia*. Les fleurs sont axillaires, disposées en grappes simples ou composées, ou en panicules : ces fleurs sont hermaphrodites. Leur calice est formé de cinq sépales, légèrement soudés à leur base; la corolle de cinq pétales, égaux ou inégaux. Dans le genre *Sauvagesia*, on observe de plus un verticille de filaments renflés en massue, et une corolle qui existe aussi dans le genre *Luxemburgia*. Les étamines sont au nombre de cinq, de huit, ou indéfinies ; elles sont libres. Leurs anthères sont à deux loges extrorses, qui s'ouvrent par une fente longitudinale ou un pore. L'ovaire est ovoïde, allongé, ou trigone, souvent placé sur un disque hypogyne ; il offre une seule loge, contenant trois trophospermes pariétaux, portant chacun un assez grand nombre d'ovules. Le style est grêle, terminé par un stigmate extrêmement petit. Le fruit est une capsule recouverte par le calice ou par la corolle intérieure, à une seule loge qui s'ouvre en trois valves, portant des graines attachées par des podospermes assez longs sur le milieu de leur face interne. Celles-ci, au centre d'un endosperme charnu, contiennent un embryon axile, cylindrique et homotrope.

Cette petite famille se compose des genres *Frankenia*, *Lavradia*, *Sauvagesia* et *Luxemburgia*. Elle a les plus grands rapports avec les Cistacées, les Violacées et les Droséracées ; mais elle en diffère surtout par le mode de déhiscence de ses capsules, dont les valves portent les graines sur leurs bords rentrants, tandis que les placentas sont placés sur le milieu de la face interne des valves dans les familles précédentes.

Les Frankéniacées peuvent être divisées en deux tribus.

1re tribu. SAUVAGÉSIÉES : stigmate simple ; placentation suturale : *Sauvagesia*, *Lavradia*, *Luxemburgia*.

2e tribu. FRANKÉNIÉES : stigmate divisé ; trophosperme sur le milieu des valves · *Frankenia*.

150e famille. * DROSÉRACÉES, *Droseraceæ*.

Droseraceæ, DC. *Théor*. 214. Ibid. *Prodr*. I, 317. A. Saint-Hilaire, *in Mém. Mus.* XI, 335. Lindl. *Nat. syst.* 66. Endlich. *gen*. 906.

Plantes herbacées, annuelles ou vivaces, rarement sous-frutescentes, ayant des feuilles alternes, souvent munies de poils glanduleux et pédicellés, et roulées en crosse avant leur développement. Leur calice (*fig.* 94) est gamosépale, à cinq divisions profondes, ou à cinq sépales distincts et à estivation imbriquée ; leur corolle, de cinq pétales planes et réguliers. Les étamines, au nombre de cinq (*a*), quelquefois de dix ou de vingt, alternent avec les pétales quand elles sont en même nombre que ces derniers, à anthères extrorses, et sont libres : quelquefois on trouve en face de chaque pétale (*b*, *c*) des appendices de forme variée : ces étamines sont généralement périgynes et non hypogynes, comme on l'a dit jusqu'à présent. L'ovaire est à une seule loge, rarement à deux ou à trois : dans le premier cas, il contient un grand nombre d'ovules anatropes ou orthotropes, attachés à trois ou cinq trophospermes pariétaux, simples ou bifides ; dans le second cas, les cloisons parais-

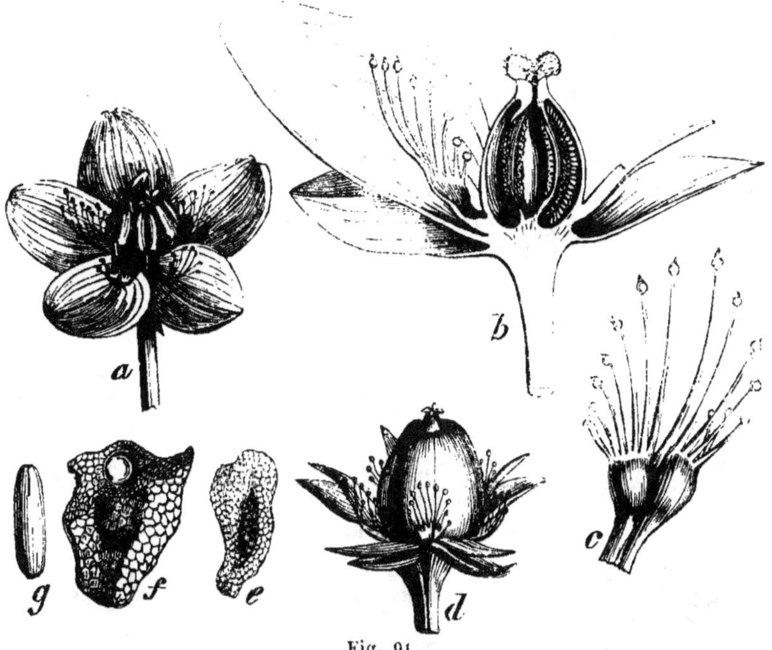

Fig. 91.

sent formées par les trophospermes saillants en forme de lames, et qui se rencontrent et s'unissent au centre de l'ovaire. Les stigmates, généralement en même nombre que les trophospermes ou que les loges, sont sessiles et rayonnants, ou portés sur des styles souvent bipartis. Le fruit est une capsule à une ou à plusieurs loges s'ouvrant seulement par sa moitié supérieure en trois, quatre ou cinq valves portant sur le milieu de leur face interne un des trophospermes. Les graines, souvent recouvertes d'un tissu cellulaire lâche ; contiennent un embryon dressé, presque cylindrique, dans l'intérieur d'un endosperme mince qui manque quelquefois.

Cette famille se compose d'un petit nombre de genres, et ces genres néanmoins constituent trois tribus distinctes.

1re tribu. DROSÉRÉES : cinq étamines périgynes ; trois à cinq styles simples ou bifides ; trois à cinq trophospermes pariétaux, em-

Fig. 91. *Parnassia palustris.* *a*, Fleur. *b*, Coupe longitudinale. *c*, L'un des appendices. *d*, Capsule. *e*, Graine. *f*, Coupe transv. d'une graine. *g*, Embryon.

bryon endospermique : *Drosera*, *Aldrovanda*, *Biblys*, *Droso-phyllum*.

2ᵉ tribu. PARNASSIÉES : cinq étamines périgynes ; quatre stigmates sessiles ; quatre trophospermes pariétaux ; embryon épispermique : *Parnassia*.

3ᵉ tribu. DIONÉÉES : dix à vingt étamines hypogynes ; placentation basilaire ; embryon endospermique : *Dionæa*.

Les rapports des Droséracées avec les Violacées sont trop évidents pour que nous insistions ici beaucoup sur ce point : elles s'en distinguent par leurs fleurs régulières, par leur port, par l'absence des stipules, par leurs stigmates multiples , etc.

131ᵉ famille. VIOLACÉES , *Violaceæ*.

Violarieæ, DC. *Flor. fr.* IV, 801. Ibid. *Prodr.* I, 287. Gingis, *in Mem. Soc. gen.* II, 1. A. Saint-Hilaire, *in Mem. Mus.* XI, 66. Endlich. *gen.* 908. — *Violaceæ*, Juss. *in Ann. Mus.* XVIII, Lindl. *Nat. syst.* 63.

Herbes ou arbustes à feuilles alternes , très-rarement opposées, munies de deux stipules persistantes. Les fleurs sont axillaires, pédonculées (*fig.* 92). Le calice se compose de cinq sépales libres, ou

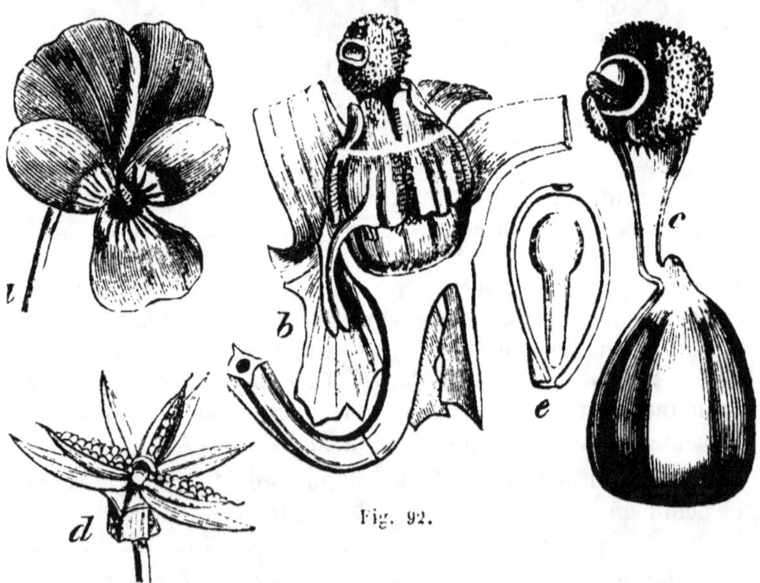

Fig. 92.

Fig. 92. *Viola tricolor. a*, Fleur entière. *b*, Coupe longit. pour montrer la disposition des étamines, dont deux sont appendiculées. *c*, Pistil. *d*, Capsule s'ouvrant en trois valves. *e*, Coupe longit. d'une graine.

légèrement soudés entre eux à leur base qui se prolonge quelquefois au-dessous de leur point d'attache, et qui sont égaux ou inégaux, leur estivation est imbriquée, ainsi que celle des pétales. La corolle se compose de cinq pétales inégaux (*a*), dont l'inférieur se prolonge à sa base en un éperon plus ou moins allongé : très-rarement la corolle est formée de cinq pétales réguliers. Les étamines, au nombre de cinq, sont presque sessiles, rapprochées ou contiguës latéralement entre elles (*b*), à deux loges introrses : les deux qui sont placées vers le pétale inférieur offrent assez souvent un appendice (*b*) en forme de corne recourbée, qui naît de leur partie dorsale, et se prolonge dans l'éperon. L'ovaire est globuleux, uniloculaire, contenant un grand nombre d'ovules anatropes attachés à trois trophospermes pariétaux. Le style est simple, un peu coudé à sa base, renflé vers sa partie supérieure (*c*), qui se termine par un stigmate un peu latéral, et offrant une petite fossette semi-circulaire. Le fruit est une capsule uniloculaire, s'ouvrant en trois valves (*d*), qui, chacune, portent un trophosperme sur le milieu de leur face interne. Les graines (*e*) contiennent un embryon homotrope dressé dans un endosperme charnu.

Les Violacées, qui se composent des genres *Viola*, *Ionidium*, *Hybanthus*, *Noisettia*, *Conhoria*, *Alsodeia*, etc., se distinguent surtout des Cistacées par leur corolle souvent irrégulière, leur cinq étamines, leur stigmate renflé et concave, etc. Elles ont aussi des rapports avec les Polygalées, les Droséracées, dont elles diffèrent par leurs feuilles stipulées, et en particulier des premières par le nombre de leurs étamines, dont les filets sont libres et par leur placentation pariétale.

152ᵉ famille. CISTACÉES, *Cistaceæ*.

Cisti, Juss. *gen.* — *Cistineæ*, DC. *Prodr.* I, 263. Endlich. *gen.* 903. — *Cistaceæ*, Lindl. *Nat. syst.* 91. Spach, *Ann. Sc. nat. nouvelle série*, VI, 357.

Ce sont des plantes herbacées annuelles ou vivaces, ou des arbustes ligneux, portant des feuilles souvent opposées, entières, et parfois munies de deux stipules ; des fleurs axillaires ou terminales, solitaires ou en épis, en grappes ou en sertules. Leur calice est à trois ou à cinq divisions très-profondes, tantôt égales, tantôt inégales, et deux étant plus extérieures, à préfloraison contournée ; leur corolle à cinq pétales chiffonnés, très-caducs, étalés en rose et sessiles, également contournés, mais généralement en sens inverse du calice ; les étamines fort nombreuses et libres ; l'ovaire globuleux, rarement uniloculaire, plus souvent à cinq ou à dix loges contenant plusieurs ovules orthotropes insérés au bord interne des cloisons : dans l'ovaire uniloculaire, les ovules s'attachent à des trophospermes pariétaux. Le style et le stigmate sont simples. Le fruit est une capsule globuleuse enveloppée dans le calice, qui est persistant, offrant une, trois, cinq ou même dix loges, et s'ouvrant en trois, cinq ou dix valves portant chacune une des cloisons ou un des trophospermes sur le milieu de leur face interne. Les graines, assez nombreuses dans chaque loge, contiennent un embryon plus ou moins recourbé ou roulé en spirale dans un endosperme farinacé, quelquefois presque cartilagineux.

Cette petite famille ne se compose que des genres *Cistus, Helianthemum, Lechea, Hudsonia*. Telle qu'elle avait été établie par Jussieu, dans son *Genera plantarum*, elle renfermait les genres *Viola, Piparea, Piriqueta* et *Tachibota*, qui forment aujourd'hui la famille des Violacées. Les Cistacées sont voisines des Violacées et des Droséracées ; mais elles en diffèrent par leur port, par la régularité de leurs fleurs, par leurs étamines nombreuses ; par l'absence presque générale des stipules et la forme de leur embryon, recourbé autour de l'endosperme farinacé ou cartilagineux, qui manque quelquefois dans les Droséracées.

153ᵉ famille. TAMARICACÉES, *Tamaricaceæ*.

Tamariscineæ, Desvaux, *Ann. Sc. nat.* IV, 344. A. Saint-Hilaire, *Mém. Mus.* II, 205. DC. *Prodr.* III, 95. Ehrenberg, *Ann. Sc. nat.* XII, 68. Endlich. *gen.* 1038. — *Tamaricaceæ*, Lindl. *Nat. syst.* 126.

Arbustes ou arbrisseaux ayant des feuilles en général très-petites, squammiformes et engainantes ; des fleurs également petites, munies de bractées et disposées en épis simples dont la réunion constitue quelquefois une panicule. Leur calice est à quatre ou à cinq divisions profondes ; rarement il forme un tube à sa partie inférieure ; ses divisions sont imbriquées latéralement. La corolle se compose de quatre à cinq pétales persistants. Les étamines, au nombre de cinq à dix, rarement de quatre, sont monadelphes par leur base. L'ovaire est triangulaire, quelquefois entouré à sa base d'un disque périgyne. Il est uniloculaire, offrant trois trophospermes pariétaux portant un grand nombre d'ovules ascendants. Le style est simple ou triparti. Le fruit est une capsule triangulaire, à une seule loge, contenant un assez grand nombre de graines attachées vers le milieu de la face interne des trois valves qui forment la capsule. L'embryon est dressé, orthotrope, dépourvu d'endosperme.

Cette petite famille se compose du genre *Tamarix*, que M. Desvaux, professeur de botanique à Angers, propose de diviser en deux genres, savoir : *Tamarix* et *Myricaria*. Ce genre *Tamarix* faisait d'abord partie de la famille des Portulacées, dont il diffère par son port et par son embryon dépourvu d'endosperme. Par ce dernier caractère, la famille des Tamaricacées a quelque rapport avec les Lythracées, dont elle se distingue par son ovaire uniloculaire, par ses trophospermes pariétaux, etc.

154ᵉ famille. MARCGRAVIACÉES, *Marcgraviaceæ*.

Marcgraviaceæ, Juss. *Ann. Mus.* XIV, 397. DC. *Prodr.* I, 565. Lindl. *Nat. syst.* 76. Endlich. *gen.* 1029.

Arbrisseaux très-souvent sarmenteux et grimpants, parasites à la manière du lierre, ayant des feuilles alternes, simples, entières, coriaces et persistantes ; les fleurs (*fig.* 93) généralement disposées

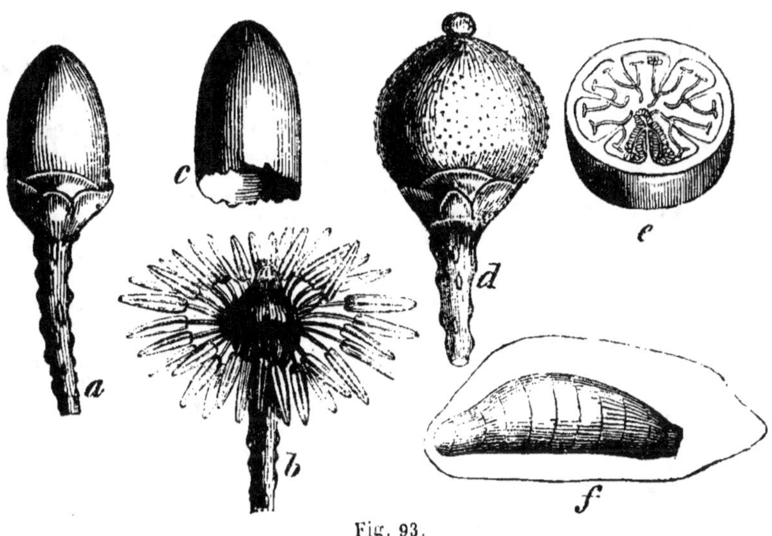

Fig. 93.

en un épi court et en forme de cime. Ces fleurs, longuement pédonculées, sont quelquefois obliques au sommet de leur pédoncule, qui porte assez généralement une bractée irrégulière, creuse et cuculliforme ou en cornet. Ces fleurs sont hermaphrodites, ayant un calice de quatre à six ou sept sépales courts (*a*), imbriqués et généralement

Fig. 93. *Marcgravia umbellata. a*, Fleur entière encore close. *b*, Fleur dont la corolle (*c*) est enlevée. *d*, Fruit. *e*, Coupe transversale du fruit. *f*, Graine.

persistants. Les pétales sont soudés en une corolle gamopétale, s'enlevant comme une sorte de coiffe (c), ou formée de cinq pétales sessiles. Les étamines (b), généralement en grand nombre (cinq seulement dans le *Souroubea*), ont leurs filets libres. L'ovaire est globuleux, surmonté d'un stigmate sessile et lobé en étoile, qui est rarement porté sur un style; il présente une seule loge qui offre de quatre à douze trophospermes (e) pariétaux, saillants en forme de demi-cloisons, divisés par leur bord libre en deux ou trois lames diversement contournées et toutes couvertes d'ovules fort petits; très-rarement ces trophospermes atteignent jusqu'au centre de l'ovaire, qui semble alors présenter plusieurs loges. Le fruit est globuleux (d), coriace, charnu intérieurement, indéhiscent, ou se rompant irrégulièrement en un certain nombre de valves dont la déhiscence se fait ordinairement de la base vers le sommet, et qui portent chacune un trophosperme sur le milieu de leur face interne. Les graines (f) sont très-petites, et contiennent immédiatement sous leur tégument propre l'embryon, qui est homotrope.

Les genres qui composent cette famille sont : *Marcgravia, Antholoma, Norantea* et *Souroubea*. Ce groupe a des rapports avec les Guttifères; mais il en a aussi de très-intimes avec les Flacourtiacées, qui ont également une corolle polypétale et des étamines indéfinies, un fruit uniloculaire et des trophospermes pariétaux. Mais dans cette dernière famille les feuilles sont accompagnées de stipules, et l'embryon est recouvert par un endosperme.

155ᵉ famille. FLACOURTIACÉES, *Flacurtiaceæ*.

Flacurtianeæ, L. C. Rich. *in Mém. Mus.* I, 366. DC. *Prodr.* I, 255. A. Rich. *Elém.* 6ᵉ éd. p. 705. Ibid. *Flor. Cuba*, I. 81 et 91. — *Bixineæ*, Kunth. *Mém. Male.* 17. — *Bixaceæ*, DC. *Prodr.* I, 255. — *Bixaceæ* et *Flacurtiaceæ*, Lindl. *Nat. syst.* 70 et 72. — *Bixaceæ*, Endlich. *gen.* 917. — *Samydeæ*, Gœrtn. *Fr.* III, 238. DC. *Prodr.* II, 47. Endlich. *gen.* 916. A. Rich. *Fl. Cuba*, I, 365. — *Samydaceæ*, Lindl. *Nat. syst.* 64.

Arbrisseaux à feuilles alternes, simples, entières, quelquefois coriaces, persistantes et dépourvues de stipules, souvent marquées de points ou de lignes transparentes; à fleurs pédonculées et axillaires, souvent unisexuées et dioïques, d'autres fois hermaphrodites (*fig.* 94). Leur calice est formé de trois (a) à sept sépales distincts ou légèrement soudés par leur base. La corolle, qui manque quelquefois, se compose de cinq ou sept pétales alternant avec les sépales. Les étamines, en nombre défini ou indéfini, ont leurs filets libres, leurs anthères à deux loges: ces étamines sont, ainsi que la corolle, insérées au pourtour d'un disque annulaire, qui manque

rarement. L'ovaire (*b*) est sessile ou stipité, globuleux, tantôt à une
seule loge renfermant un assez grand nombre d'ovules attachés à

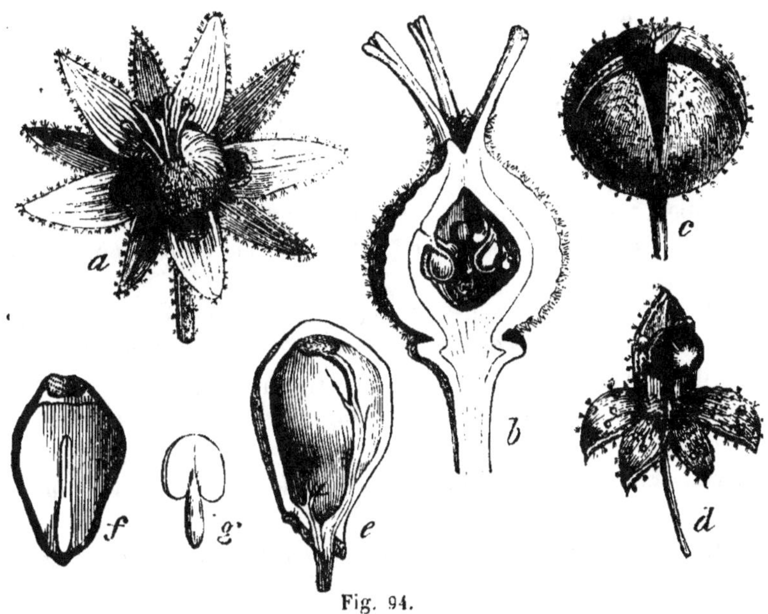

Fig. 94.

des trophospermes pariétaux dont le nombre est le même que celui
des stigmates ou des lobes du stigmate, tantôt à un nombre variable de loges, par la saillie des trophospermes et leur réunion au
centre de l'ovaire. Le fruit est uniloculaire ou pluriloculaire, indéhiscent ou déhiscent, et les valves (*c*, *d*) portent chacune un trophosperme ou une cloison sur le milieu de leur face interne. En général,
le tégument extérieur de la graine est charnu (*e*) et arilliforme, et
l'embryon homotrope et droit (*f*) est placé au centre d'un endosperme charnu.

La famille des Flacourtiacées, proposée par mon père pour les
genres *Flacurtia*, *Kiggellaria*, *Roumea*, etc., forme un groupe bien
distinct. Les Bixinées établies par M. Kunth doivent y être réunies
et n'en diffèrent, en effet, par aucun caractère, ainsi que je l'ai démontré il y a déjà longtemps, et plus récemment dans la *Flore de
Cuba*. Dans le même ouvrage, nous avons proposé de réunir à la
famille des Flacourtiacées la famille des Samydées, composée sur-

Fig. 94. *Kiggellaria africana*. *a*, Fleur entière. *b*, Coupe longit. de l'ovaire.
c, Fruit commençant à s'ouvrir. *d*, Fruit ouvert. *e*, Graine en partie dépouillée de
son arille. *f*, Coupe longit. de la graine. *g*, Embryon.

tout des genres *Samyda* et *Anavinga*. Nous avons fait voir qu'il n'existait réellement aucune différence entre ces deux groupes naturels : c'est le même port, des feuilles également marquées de lignes ou de points transparents. Dans l'un et dans l'autre, les étamines sont tantôt hypogyniques, tantôt périgyniques : la structure du fruit, celle de la graine, sont les mêmes ; en un mot, il n'existe réellement aucune différence entre ces deux familles, qui définitivement doivent être réunies en une seule, à laquelle je conserve le nom de *Flacourtiacées*.

On peut grouper de la manière suivante les genres principaux de la famille des Flacourtiacées, les seuls que j'aie eu occasion d'analyser :

1re tribu. SAMYDÉES : un seul style, stigmate simple ou lobé ; fruit déhiscent : *Bixa, Erytrospermum, Casearia, Samyda*.

2e tribu. PATRISIÉES : un seul style ; stigmate simple ou lobé ; fruit indéhiscent : *Ludia, Lætia, Zuelania, Neumannia, Patrisia, Banara, Oncoba*.

3e tribu. FLACOURTIÉES : plusieurs styles ; fruit indéhiscent : *Flacurtia, Roumea*.

4e tribu. KIGGELLARIÉES : plusieurs styles ; fruit déhiscent : *Kiggellaria*.

Les Flacourtiacées nous paraissent assez difficiles à bien classer. Par leur ovaire à une seule loge, dans l'immense majorité des cas, et par leurs trophospermes pariétaux, elles se rapprochent des Capparidacées, des Cistacées, dont elles diffèrent par leur embryon droit dans un endosperme charnu. D'un autre côté, elles ont surtout par leur port une affinité marquée avec les Tiliacées, auxquelles plusieurs des genres formant la famille des Flacourtiacées étaient d'abord réunis. Mais les Flacourtiacées n'ont pas de stipules ; leur placentation est pariétale ; leurs graines sont arillées ; en un mot, on les distingue facilement des Tiliacées.

156e famille. *CAPPARIDACÉES, Capparidaceæ*.

Capparideæ, Juss. gen. Ibid. *Ann. Mus.* XVIII, 474. DC. *Prodr.* I, 237. Endlich. gen. 889. — *Capparidaceæ*, Lindl. *Nat. syst.* 61.

Ce sont des plantes herbacées ou des végétaux ligneux qui portent des feuilles alternes, simples ou digitées ; accompagnées à leur base de deux stipules foliacées ou en forme d'aiguillons. Leurs fleurs sont terminales, disposées en épis ou en grappes, ou axillaires et solitaires. Leur calice se compose de quatre sépales caducs imbriqués, très-rarement soudés ensemble par leur base. La corolle est formée de quatre à cinq pétales égaux ou inégaux manquant rarement. Les étamines sont tantôt en nombre défini, tantôt en nombre indéfini. L'ovaire est simple, accompagné par un disque hypogyne unilatéral, souvent élevé par un support plus ou moins allongé qu'on nomme *podogyne*, à la base duquel sont insérés les étamines et les pétales; il offre une seule loge contenant trois trophospermes saillants, sous la forme de lames ou de fausses cloisons portant un grand nombre d'ovules. Le fruit est sec ou charnu. Dans le premier cas, c'est une sorte de silique plus ou moins allongée, s'ouvrant en deux valves, comme dans la plupart des Crucifères. Dans le second cas, c'est une baie uniloculaire et polysperme dont les graines sont ou pariétales, ou semblent éparses dans la pulpe qui remplit le fruit. Ces graines sont en général réniformes, composées d'un épisperme sec et comme crustacé, qui recouvre immédiatement un embryon un peu recourbé et dépourvu d'endosperme.

Parmi les genres qui composent cette famille, nous citerons les suivants : *Capparis, Cratæva, Morisonia, Boscia, Cleome*, etc. M. de Jussieu avait placé dans sa famille des Capparidées plusieurs genres qui sont devenus les types de familles distinctes. Ainsi. le *Reseda* forme la famille des RÉSÉDACÉES; les *Drosera, Parnassia. Aldrovanda* et *Dionæa*, les DROSÉRACÉES; le *Marcgravia* et le *Norantea*, les MARCGRAVIACÉES.

Les Capparidacées ont les rapports les plus intimes avec les Crucifères; mais elles en diffèrent par leurs feuilles munies de stipules, leurs étamines nombreuses et la structure de leur fruit généralement charnu et indéhiscent.

157ᵉ famille. *RÉSÉDACÉES, Resedaceæ.

Resedaceæ, DC. *Théor.* 214. Tristan, *Ann. Mus.* XVIII, 392. Lindl. *Collect.* 22. Saint-Hilaire, *Mém. Réséd.* Montp. 1837. Lindl *Nat. syst.* 62. Endlich. *gen.* 895.

Plantes généralement herbacées, rarement sous-frutescentes, à feuilles alternes, sans stipules, souvent munies de deux glandes à leur base. Les fleurs forment des épis simples et terminaux (*fig. 95*). Le calice présente de quatre à six sépales, quelquefois (*b*) persistants. La corolle se compose d'un même nombre de pétales alternes avec les sépales du calice. Ces pétales sont en général composés de deux parties, l'une inférieure entière (*c*), l'autre supérieure, divisée en un nombre plus ou moins considérable de lanières, rarement la corolle manque. Les étamines sont généralement en nombre indéterminé (de quatorze à vingt-six); leurs filaments sont libres et hypogynes ; leurs anthères à deux loges s'ouvrant chacune par un sillon longitudinal. En dehors des étamines, c'est-à-dire entre les

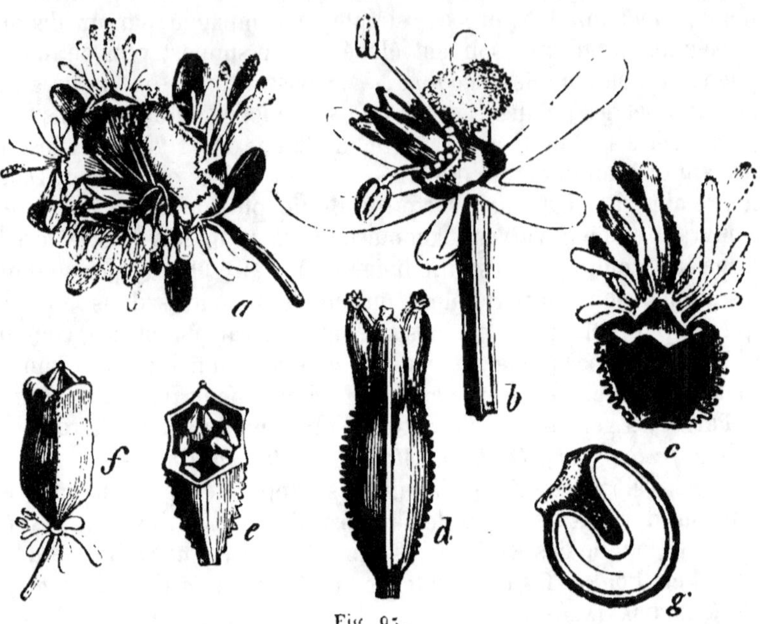

Fig. 95.

pétales et les filets, on trouve une sorte de godet annulaire (*b*), glanduleux, plus élevé du côté supérieur, et formant ainsi un disque hypogyne d'une nature particulière. Le pistil, légèrement stipité à sa base, paraît formé de la réunion de trois carpelles (*d*) soudés ensemble bords à bords dans les deux tiers de leur hauteur, et se termine supérieurement par trois cornes portant chacune un stigmate à son sommet (*d*). Cet ovaire a une seule loge ouverte à son sommet, entre les trois pointes stigmatifères dont nous venons de parler, contenant un grand nombre d'ovules amphitropes ou campulitropes, attachés à trois trophospermes pariétaux (*e*). Le fruit, très-rarement charnu, est ordinairement une capsule plus ou moins allongée, ouverte naturellement à son sommet (*f*), qui se termine par trois angles, à une seule loge, et dont les graines sont rangées sur trois trophospermes pariétaux. Ces graines, très-souvent réniformes, sont composées d'un tégument assez épais, d'un

Fig. 95. *Reseda odorata.* *a*, Fleur entière. *b*, Pistil et urcéole ou disque. *c*, L'un des pétales. *d*, Pistil. *e*, Coupe transversale de l'ovaire. *f*, Fruit s'ouvrant supérieurement. *g*, Coupe longit. d'une graine.

endosperme charnu très-mince (*g*), et d'un embryon recourbé en forme de fer à cheval.

Cette famille se compose des genres *Reseda, Ochradenus, Oligomeris, Astrocarpus* et *Caylusea*. Le genre *Reseda* avait été placé par Jussieu dans la famille des Capparidées, et il faut convenir, en effet, qu'il a plusieurs points de contact avec cette famille, et en particulier avec le genre *Cleome*. Mais M. de Tristan (*Ann. du Mus. Hist. nat.*, t. XVIII, p. 392) en a formé le type d'une famille distincte, adoptée par de Candolle, et placée par le premier de ces botanistes entre les Passiflorées et les Cistées, mais néanmoins plus près de ces dernières. Dans ses *Collectanea botanica,* tab. XII, M. J. Lindley a donné une explication tout à fait différente de la fleur du réséda. Pour ce botaniste célèbre, le calice est un involucre commun; chaque pétale est une fleur stérile, et le nectaire ou disque est un calice propre qui environne une fleur hermaphrodite, composée des étamines et du pistil. D'après cette manière de voir, M. Lindley rapproche les Résédacées des Euphorbiacées, qui offrent une disposition à peu près analogue. Mais néanmoins nous croyons que cette famille ne saurait être éloignée des Capparidées et des Cistées.

138ᵉ famille. *CRUCIFÈRES, Cruciferæ.*

Cruciferæ, Juss. *gen.* R. Brown, *in Hort. Kew. ed.* 2, IV, 71, DC. *in Mém. Mus.* VII, 169. Ibid. *Syst.* II, 139. Ibid. *Prodr.* I, 131. Lindl. *Nat. syst.* 58. Endlich. *gen.* 861.

L'une des familles les plus grandes et les plus naturelles du règne végétal, composée de plantes herbacées et quelquefois sous-frutescentes, croissant pour la plupart en Europe. Leurs feuilles sont alternes, simples ou plus ou moins profondément incisées. leurs fleurs disposées en épis ou grappes simples ou paniculées, ordinairement nues, c'est-à-dire sans bractées à leur base. Le calice est formé de quatre sépales caducs imbriqués, et dont deux opposés sont quelquefois bossus à leur base ; ces deux sépales bossus sont un peu plus intérieurs, et correspondent aux valves du fruit, La corolle se compose de quatre pétales onguiculés, opposés en croix (de là le nom de Crucifères). Les étamines, au nombre de six (*fig.* 96 *a*), sont tétradynames, c'est-à-dire qu'il y en a quatre plus grandes rapprochées deux par deux, et deux plus courtes et opposées ; les deux plus courtes sont situées sur un rang plus extérieur et en face des deux sépales bossus ; les anthères sont introrses. A la base des étamines, on trouve souvent sur le réceptacle deux ou quatre glandes, dont une entre chaque paire des grandes étamines, et une plus grande sur laquelle est imposée chaque petite étamine. Le pistil se compose de deux carpelles intimement unis.

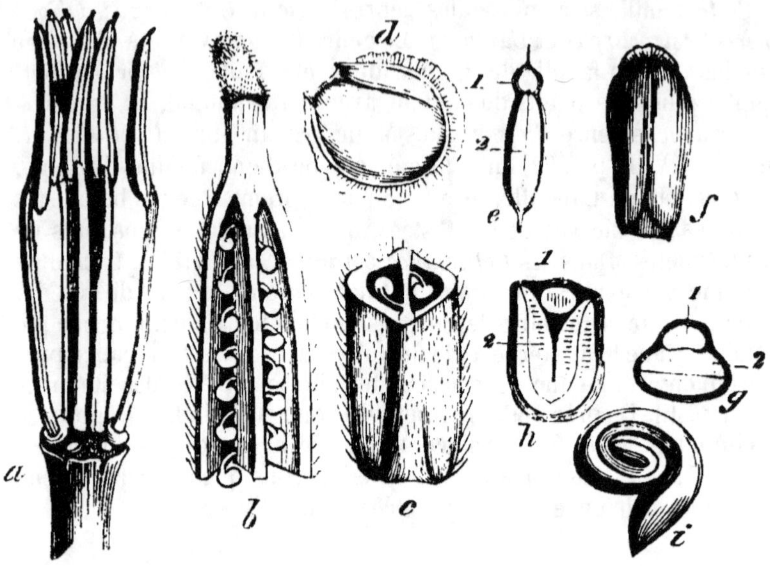

Fig. 96.

L'ovaire est plus ou moins allongé, à deux loges séparées par une fausse cloison (c), formée par la prolongation des trophospermes qui régnent sur la suture des valves. Chaque loge contient un ou plusieurs ovules attachés au bord externe de la cloison membraneuse, qui n'est qu'un prolongement des deux trophospermes suturaux (b). Le style est court ou presque nul, et semble une continuation de la cloison; il se termine par un stigmate tantôt simple, tantôt bilobé, et dont les lobes correspondent aux trophospermes. Le fruit est une silique ou une silicule d'une forme variable, indéhiscente, ou s'ouvrant en deux valves. Les graines sont attachées de chaque côté de la cloison. Leur embryon est immédiatement recouvert par le tégument propre; il est plus ou moins recourbé sur lui-même.

La famille des Crucifères a été l'objet d'un grand nombre de travaux qui nous ont mieux fait connaître toutes les particularités de

Fig. 96. *Cheiranthus cheiri. a*, Étamines. *b*, Une partie de l'ovaire coupée longitud. pour montrer l'insertion des ovules. *c*, Coupe transv. de l'ovaire. *d*, Graine. *e*, Coupe transversale de la graine, 1 radicule, 2 cotylédons. *f*, Graine du *Sisymbrium murale. g.* Coupe transv. de la même, 1 radicule, 2 cotylédons. *h*, Coupe transv. du *Brassica campestris*, 1 radicule, 2 cotylédons. *i*, Embryon du *Bunias erucago*.

son organisation. Les plus importants, sans contredit, sont ceux que le professeur de Candolle a publiés, et qui aujourd'hui résument tous ceux qu'on avait faits antérieurement, et servent, après ceux de R. Brown, de base aux divisions établies parmi les genres nombreux de cette famille. L'embryon présente dans l'arrangement relatif de ses cotylédons et de sa radicule des caractères que nous devons faire connaître, parce que c'est d'après eux qu'ont été fondées les grandes divisions de cette famille ; ainsi la radicule peut offrir les positions suivantes : 1° Elle est recourbée de manière à s'appliquer sur le bord ou la commissure des cotylédons, qui sont dits alors *accombants* (0=) (*d, e*). 2° Elle correspond au milieu de leur face ; cotylédons *incombants* (0 ||) (*f, g*). 3° Les cotylédons incombants peuvent être *condupliqués* (0 >), c'est-à-dire courbés longitudinalement de manière à former une gouttière qui embrasse la radicule (*h*). 4° Ils peuvent être *roulés* en crosse (0 || ||) (*i*), et les genres qui offrent cette disposition sont nommés *spirolobés*. 5° Enfin ils peuvent être pliés transversalement de manière à former une double plicature ; dans ce cas ils sont toujours longs et étroits : les Crucifères offrant ce caractère sont dites *diplécolobées* (0 || || ||). C'est d'après ces caractères que les genres (au nombre d'environ 140) ont été partagés en cinq groupes ou tribus, subdivisées ensuite en un grand nombre de sous-tribus :

1re tribu. PLEURORHIZÉES : cotylédons accombants (0=) : *Matthiola, Cheiranthus, Nasturtium, Barbarea, Turritis, Arabis, Cardamine, Lunaria, Alyssum ; Cochlearia*, etc.

2e tribu. NOTORHIZÉES : cotylédons planes et incombants (0 ||) : *Hesperis, Sysimbrium, Erysimum, Camelina, Lepidium, Isatis*.

3e tribu. ORTHOPLOCÉES : cotylédons incombants creusés en gouttière (0 >) : *Brassica, Sinapis, Diplotaxis, Eruca, Crambe, Raphanus*.

4e tribu. SPIROLOBÉES : cotylédons incombants linéaires, roulés en crosse (0 || ||) : *Bunias* et *Erucaria*.

5e tribu. DIPLÉCOLOBÉES : cotylédons incombants linéaires, deux fois repliés sur eux-mêmes (0 || || ||) : *Senebiera. Subularia, Heliophila*.

La famille des Crucifères est trop bien caractérisée par sa corolle, ses étamines tétradynames, son fruit siliqueux ou siliculeux, pour qu'il soit nécessaire de reproduire ici les différences qui la distinguent des familles voisines.

Autrefois on partageait les genres de cette famille en deux tribus, selon que le fruit était une *silique* ou une *silicule*. Mais cette distinction est tout à fait artificielle. Elle a dû être abandonnée.

159ᵉ famille. *Papavéracées. *Papaveraceæ*.

Papaveraceæ, Juss. gen. DC. *Syst.* II, 67. Ibid. *Prodr.* I, 117. — *Podophyllearum gen.* DC.

Plantes herbacées ou plus rarement sous-arbrisseaux, à feuilles alternes, simples ou plus ou moins profondément découpées, remplies en général d'un suc laiteux blanc ou jaunâtre. Les fleurs sont solitaires ou disposées en cimes ou en grappes rameuses. Le calice est formé de deux, très-rarement de trois sépales concaves et très-caducs. La corolle, qui manque quelquefois se compose de quatre, très-rarement de six pétales planes, chiffonnés et plissés avant leur épanouissement. Les étamines, en très-grand nombre, sont libres. L'ovaire est ovoïde ou globuleux, ou étroit et comme linéaire, à une seule loge, contenant un très-grand nombre d'ovules attachés à des trophospermes saillants sous la forme de lames ou de fausses cloisons. Le style très-court ou à peine distinct, se termine par autant de stigmates qu'il y a de trophospermes. Le fruit est une capsule ovoïde couronnée par le stigmate, indéhiscente, ou s'ouvrant par de simples pores au-dessous du stigmate, ou bien elle est allongée en forme de silique s'ouvrant en deux valves ou se rompant transversalement par des articulations. Les graines, ordinairement fort petites, se composent d'un tégument propre portant quelquefois une sorte de petite caroncule charnue, d'un endosperme également charnu, dans lequel est placé un très-petit embryon cylindrique.

Ant. Laurent de Jussieu avait réuni dans ses Papavéracées le genre *Fumaria*, qui, mieux étudié, est devenu le type d'une famille distincte. Les genres des Papavéracées sont : *Papaver*, *Argemone*, *Meconopsis*, *Sanguinaria*, *Eschscholtzia*, *Bocconia*, *Rœmeria*, *Glaucium*, *Chelidonium*, *Hypecoum*, etc.

Nous réunissons à cette famille le *Podophyllum* et le *Jeffersonia*, qui forment l'une des tribus de la famille des Podophyllées de M. de Candolle, famille dans laquelle ce professeur célèbre réunit, en outre des deux genres mentionnés ici, le *Cabomba* et l'*Hydropheltis*, qui forment une famille tout à fait distincte, celle des Cabombacées.

160ᵉ famille. *Fumariacées, *Fumariaceæ*.

Fumariæ, DC. *Théor.* 244. — *Fumariaceæ*, DC. *Syst.* II, 105. Ibid. *Prodr.* I, 125. Parlatore, *Monog. Firenze*, 1844.

Les Fumariacées sont toutes des plantes herbacées non lactescentes, ayant des feuilles alternes et décomposées en un grand nombre de segments étroits ; des fleurs généralement assez petites, disposées en épis terminaux. Leur calice se compose de deux sépales très-petits, opposés, planes et caducs. La corolle est irrégulière, tubuleuse, formée de quatre pétales inégaux, quelquefois légèrement soudés entre eux à leur base, dont deux extérieurs et deux plus intérieurs : le supérieur et externe, qui est le plus grand, se termine à sa partie inférieure par un éperon court et recourbé. Les étamines, au nombre de six, sont diadelphes, c'est-à-dire formant deux androphores, qui portent chacun à leur sommet trois anthères, savoir : une moyenne à deux loges, et deux latérales uniloculaires. L'ovaire est uniloculaire, et contient d'un à quatre, ou un grand nombre d'ovules campulitropes attachés à deux trophospermes longitudinaux, correspondant à chaque suture. Le style est court, surmonté d'un stigmate déprimé. Le fruit est tantôt un akène globuleux, monosperme par avortement, tantôt une capsule quelquefois vésiculeuse, polysperme, et s'ouvrant en deux valves. Les graines sont globuleuses, munies d'une caroncule, et contenant, dans un endosperme charnu, un embryon petit, un peu latéral, quelquefois recourbé et placé transversalement.

Cette famille, composée du genre *Fumaria* et des genres établis avec ses diverses espèces, comme *Corydalis*, *Diclytra*, *Cysticapnos*, etc., se distingue des Papavéracées par l'absence du suc laiteux, par la corolle irrégulière et les six étamines diadelphes, et par un port tout à fait différent.

Néanmoins quelques auteurs, MM. Lindley et Endlicher par exemple, considèrent les Fumariacées comme un simple sous-ordre des Papavéracées. Nous ne partageons pas cette opinion.

VINGTIÈME CLASSE. POLYPÉTALES HYPOGYNES, A PLACENTATION
AXILE.

† Endosperme double.

I. Carpelles polyspermes soudés........................ NYMPHÉACÉES.

II. Carpelles distincts.

    « Monospermes, dans un réceptacle charnu.... NÉLUMBIACÉES.

    «« Dispermes, sans réceptacle................ CABOMBACÉES.

†† Endosperme simple.

A. Embryon très-petit à la base d'un endosperme volumineux.

I. Carpelles distincts.

   a. Étamines nombreuses.

Calice 4-5 sépales { Graine sans arille...... RENONCULACÉES.
{ Graine arillée.......... DILLÉNIACÉES.

Calice 3 sépales.. { Feuilles stipulées....... MAGNOLIACÉES.
{ Pas de stipules.......... ANONACÉES.

   b. Étamines définies opposées............... LARDIZABALÉES.

II.   22

II. Carpelles soudés.
    a. Étamines alternes . . . . PITTOSPORACÉES.
    b. Étamines opposées { Anthères s'ouvrant par des valves . . . . BERBÉRIDACÉES.
                           Anthères s'ouvrant par des fentes . . . . AMPÉLIDACÉES.

B. Embryon axile, presque aussi long que l'endosperme.
    * Préfloraison du calice imbriquée.
I. Étamines définies.
    Embryon amphitrope; fl. unisexuées . . . . MÉNISPERMACÉES.
    Embr. orthotrop. . { Étam. libres. { 3-5 carpelles . . . . RUTACÉES.
                                1 seul carpelle . . . . OLACACÉES.
                 Étam. soudées { monadelp. { fr. pluriloc. log. 2-ov. { style simple . . MÉLIACÉES.
                                                    style multiple LINACÉES.
                                         loges multiovulées . . CÉDRÉLACÉES.
                                         fr. 1-loc. 1-sperme . . ÉRYTHROXYLACÉES.
                             diadelphes . . . . POLYGALACÉES.
II. Étam. indéfinies { Feuilles stipulées, étam. monadelphes . . . . CHLÉNACÉES.
                           Feuilles sans stipules, étam. libres TERNSTROEMIACÉES.

    ** Préfloraison du calice valvaire.
I. Pas de stipules. Étamines définies libres . . . . TRÉMANDRACÉES.
II. Feuilles stipulées.
    1. Étamines monadelphes.
        Anthères biloculaires . . . . BYTTNÉRIACÉES.
        Anthères uniloculaires . . . . BOMBACÉES.
    2. Étamines libres . . . . TILIACÉES.
    †† Pas d'endosperme.
        * Préfloraison du calice valvaire.
        Étamines monadelphes, anthères uniloculaires . . . . MALVACÉES.
        Étamines libres, anthères biloculaires . . DIPTÉRACÉES.
        ** Préfloraison du calice imbriquée.
I. Étamines indéfinies.
    Feuilles opposées { sans ponctuations . . . . GUTTIFÈRES.
                         ponctuées . . . . HYPÉRICACÉES.
    Feuilles alternes, fruit charnu . . . . AURANTIACÉES.
II. Étamines définies.
    Fleurs isostémonées { irrégulières . . . . BALSAMINACÉES.
                       régulières . . . . HIPPOCRATÉACÉES.
    Fleurs anisostémonées . . . . ÆSCULACÉES.
    Fleurs diplostémonées. . { feuilles stipulées { log. 1-ovul. . . . MALPIGHIACÉES.
                                         log. 2-ovul. . . . GÉRANIACÉES.
                         pas de stipules. { feuilles opposées ACÉRACÉES.
                                         — alternes. composées SAPINDACÉES.
                                                    simples . . . OCHNACÉES.

161e famille. *NYMPHÉACÉES, *Nympheaceæ*.

Nympheaceæ, Salisb. *in Kœnig. Ann. of Bot.* II, 69. DC. *Syst.* II, 39. Ibid. *Prodr.* I, 113. Lindl. *Nat. syst.* 10. Endlich. *gen.* 898. Trécul. *Mém. in Ann. Sc. nat.* 1846.

Grandes et belles plantes qui nagent à la surface des eaux, et dont la tige forme une souche souterraine rampante. Leurs feuilles alternes entières sont cordiformes ou orbiculées, portées sur de très-longs pétioles. Leurs fleurs sont très-grandes, solitaires et portées sur de longs pédoncules cylindriques. Le périanthe est formé d'un nombre variable, et quelquefois très-grand, de sépales et de pétales disposés sur plusieurs rangs. Les étamines sont très-nombreuses, insérées sur plusieurs rangs au-dessous de l'ovaire, ou même sur sa paroi externe, qui se trouve ainsi recouverte par les étamines et par les pétales intérieurs, qui ne sont probablement que des étamines transformées ; ce que prouve la dilatation graduelle des filaments à mesure qu'on les observe plus extérieurement. Les anthères sont introrses et à deux loges linéaires. L'ovaire est libre et sessile au fond de la fleur ou adhérent avec le calice, et par conséquent infère ; il est divisé intérieurement en autant de loges qu'il y a de lobes stigmatiques, par des cloisons membraneuses, ou plutôt par des trophospermes en forme de cloisons, sur les parois desquelles sont insérés sans ordre de nombreux ovules pendants. Le sommet de l'ovaire est couronné par autant de stigmates rayonnants qu'il y a de loges à l'ovaire. La réunion de ces stigmates forme une sorte de disque lobé et en étoile qui couronne l'ovaire. Le fruit est indéhiscent et charnu intérieurement, à plusieurs loges polyspermes. Les graines ont un tégument épais, quelquefois développé en forme de réseau, contenant un gros endosperme farineux, qui porte à son sommet un second endosperme extérieur (endosperme amniotique), beaucoup plus petit, hémisphérique ou conoïde et déprimé, dans l'intérieur duquel est placé l'embryon. Celui-ci offre à peu près la même forme que l'endosperme qui le contient, il est homotrope un peu adhérent par sa base avec le sac amniotique. Ses deux cotylédons sont épais et courts, sa radicule à peine distincte.

La famille des Nymphéacées a été l'objet de nombreuses contestations de la part des botanistes. Les uns en effet l'ont placée parmi les Monocotylédonés (Jussieu, L. C. Richard). Les autres l'ont mise au rang des Dicotylédonés. Cette dernière opinion est aujourd'hui généralement admise et l'embryon des Nymphéacées est en effet dicotylédoné. C'est M. R. Brown qui a fait bien connaître la nature de cette portion extérieure à l'embryon et qui avait à tort été considérée comme en faisant partie, tandis qu'elle n'est qu'un second endosperme formé par le développement du sac amniotique. Déjà nous avons vu une disposition tout à fait semblable dans les Pipéracées et les Saururées qui appartiennent aux Dicotylédonés apétales. Cependant nous ferons remarquer ici que la structure anatomique place les Nymphéacées dans l'embranchement des Monocotylédons, ainsi que M. A. Trécul l'a montré dans son mémoire sur l'anatomie du *Nuphar lutea* (voy. *Ann. sc. nat.* 1846).

Cette famille ne se compose que d'un petit nombre de genres divisés cependant en deux tribus :

1re tribu. EURYALÉES : ovaire adhérent : *Euryale*, *Victoria*.

2e tribu. NYMPHÉÉES : ovaire libre : *Nymphæa*, *Nuphar*.

Les Nymphéacées sont voisines des Nélumbiacées et des Cabombacées par leurs deux endospermes ; elles ont aussi des rapports avec les Papavéracées dont on les distingue par leur port, la structure de leur fruit et celle de leurs graines.

162e famille. NÉLUMBIACÉES, *Nelumbiaceæ*.

Nelumboneæ. Bartl. *ord.* 89. Endlich. *gen.* 902. — *Nymphæacearum trib.* DC. *Prodr.* I, 113. — *Nelumbiaceæ*, Lindl. *Nat. syst.* 13.

Pour le port, les Nélumbiacées ressemblent complétement aux Nymphéacées. Leur fleur offre la même structure générale que celle d'un *Nymphæa* ; la seule différence consiste dans les organes sexuels femelles. Ceux-ci se composent d'un nombre assez considérable de carpelles enfoncés dans la face supérieure d'un réceptacle ou gynophore commun obconoïde, déprimé, plane, l'extrémité supérieure du style et le stigmate étant seuls visibles à sa face supérieure. Chaque carpelle se compose d'un ovaire libre, complétement plongé dans la substance du gynophore, à une seule loge contenant un ovule pendant et anatrope. Le style est excessivement court, terminé par un stigmate simple, déprimé à son centre : ordinairement on trouve sur un des côtés de l'ovaire un second stigmate sessile, ce qui montre que l'ovaire se compose de deux carpelles confondus, et que quelquefois on peut trouver deux ovules collatéraux. Le fruit consiste en akenes coriaces engagés dans le réceptacle commun qui est devenu dur et spongieux, et a pris beaucoup d'accroissement. La graine contient sous son épisperme un gros embryon homotrope, dépourvu d'endosperme dont les deux cotylédons sont très-épais, obtus, recouvrant une gemmule très-développée, enveloppée elle-même par une membrane mince sous forme d'une sorte de sac.

Le genre *Nelumbium* compose à lui seul cette petite famille, si distincte des Nymphæacés par son gynophore, par la structure de ses carpelles et par son embryon dépourvu d'endosperme.

163ᵉ famille. CABOMBACÉES, *Cabombaceæ*.

Cabombeæ, Rich. *Anal. du fr.* 68.—*Hydropeltideæ*, A. Rich. *Elém.*—*Podophylleæ*, *trib.* DC. *Prodr.* I, 112.

Petite famille uniquement composée des deux genres *Calomba* et *Hydropeltis*, qui renferment des plantes herbacées vivaces croissant dans les eaux douces du nouveau continent. Leurs feuilles, qui nagent à la surface de l'eau, sont entières et peltées, ou divisées en lobes plus ou moins fins. Les fleurs sont solitaires et longuement pédonculées. Leur calice est à six divisions profondes ou à six sépales disposés sur deux rangées ; les étamines varient de six à trente-six. Le nombre des carpelles réunis au centre de la fleur est depuis deux ou trois jusqu'à dix-huit, c'est-à-dire en général moitié moindre que celui des étamines. Chaque carpelle, qui est plus ou moins allongé, offre une seule loge contenant deux ovules pariétaux et pendants ; le style est plus ou moins long, terminé par un stigmate simple. Le fruit est indéhiscent, à une ou à deux graines ; celles-ci contiennent sous leur tégument propre un très-gros endosperme charnu ou farineux, creusé à sa base d'une petite fossette dans laquelle repose un second endosperme déprimé discoïde contenant l'embryon.

Cette famille a été longtemps placée parmi les Monocotylédonés. Mais son embryon est tout à fait analogue à celui des Nymphéacées. De Candolle réunissait ces deux genres à sa famille des Podophyllées ; d'autres les ont placés dans les Nymphéacées. Nous pensons que par ses carpelles distincts, contenant chacun deux ovules superposés, par la structure de son fruit et de sa graine, cette petite famille est suffisamment distincte.

164ᵉ famille. *RENONCULACÉES, Ranunculaceæ.

Ranunculi, Juss. *gen.* — *Ranunculaceæ*, DC. *Syst.* I, 127. Ibid. *Prodr.* I, 2. Lindl. *Nat. syst.* 5. Endlich. *gen.* 843.

Cette grande famille se compose de plantes herbacées ou sous-frutescentes portant des feuilles alternes embrassantes à leur base, le plus souvent divisées en un grand nombre de segments, opposées dans le seul genre Clématite. Les fleurs varient beaucoup dans

leur disposition ; quelquefois elles sont accompagnées d'un involu-
cre formé de trois feuilles, éloigné des fleurs ou rapproché d'elles et caliciforme. Le calice est polysépale à préfloraison valvaire ou im-briquée, souvent coloré et pétaloïde, rare-ment persistant. La corolle est polypétale, quelquefois nulle. Les pétales sont planes (*fig.* 97, A), simples avec une petite fossette ou une lame glanduleuse à leur base interne, plus souvent difformes ou irrégulièrement creusés en cornet ou en éperon, et brusque-ment onguiculés à leur base. Les étamines sont généralement en grand nombre, libres, à anthères continues aux filets ; les car-pelles présentent deux modifications prin-

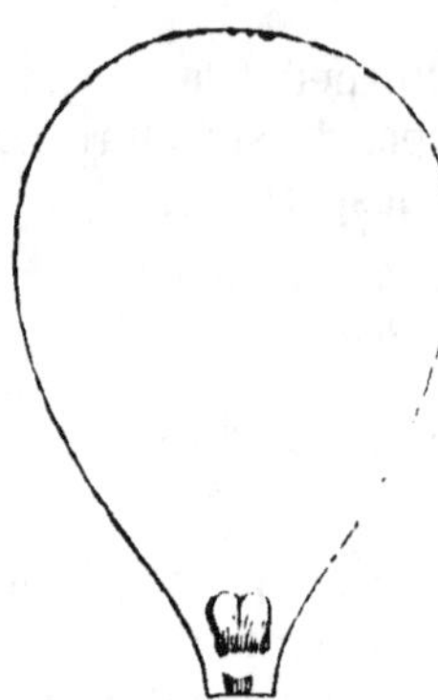

Fig. 97, A.

cipales : tantôt leur ovaire offre un seul ovule pendant (*fig.* 97, B); tantôt il en contient plusieurs superposés (*fig.* 97, C), attachés à un trophosperme sutural ; ces ovu-les sont anatro-pes. Les carpel-les sont dans le premier cas réu-nis en tête, dans lesecond ils sont disposés circu-lairement, très-rarement ils sont soudés entre eux. Le style est très-court, ordinairement laté-ral ; le stigmate simple. Les fruits sont monospermes indéhiscents, en capsule ou en épi ; ou bien ce sont des follicules agrégés, distincts ou soudés, quelque-fois solitaires, uniloculaires, po-lyspermes, s'ouvrant par leur suture interne qui porte les grai-nes ; très-rarement c'est une baie polysperme. Les graines ne sont pas arillées. L'embryon,

Fig. 97, B.

Fig. 97, C.

Fig. 97, A. Pétale du *Ranunculus acris*.
Fig. 97, B. Carpelles de l'*Hepatica triloba*.
Fig. 97, C. Deux carpelles et deux des pétales de l'*Isopyrum thalictroides*.

très-petit (*fig.* 97, D), a la même direction que la graine, et est renfermé dans la base d'un endosperme charnu ou dur.

Malgré des différences très-grandes cette famille forme cependant un groupe très-naturel, et qui mé-rite d'être étudié avec soin, pour se former une juste idée des modifications d'organisation que peu-vent présenter les divers genres d'un même groupe naturel. Les genres qui la composent réunissent en général des espèces presque toutes européennes. On peut les diviser en quatre tribus.

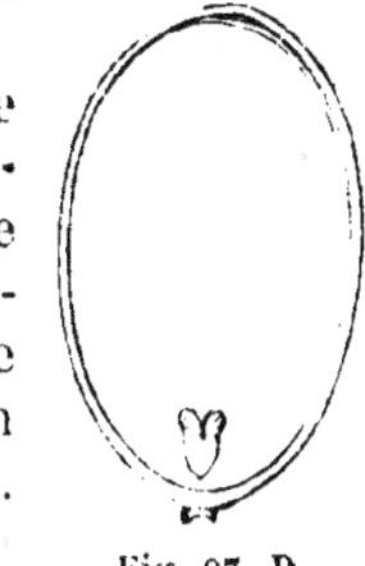

Fig. 97, D.

1re tribu. ANÉMONÉES : fruits monospermes indéhis-cents; périanthe simple : *Clematis, Atragene, Naravelia, Ane-mone, Thalictrum, Hepatica, Adonis.*

2e tribu. RENONCULÉES : fruits monospermes indéhiscents; périanthe double : *Ranunculus, Ceratocephalus, Ficaria.*

3e tribu. HELLÉBORÉES : fruits polyspermes déhiscents; pétales con-caves irréguliers : *Caltha, Trollius, Eranthis, Helleborus, Isopy-rum, Nigella, Aquilegia, Delphinium, Aconitum.*

4e tribu. PÆONIÉES : fruits polyspermes déhiscents; pétales planes : *Pæonia.*

165e famille. DILLÉNIACÉES, *Dilleniaceæ*.

Dilleniaceæ, DC. *Syst.* I, 395. Ibid. *Prodr.* I, 67. Lindl. *Nat. syst.* 20. Endlich. *gen.* 839.

Arbres ou arbustes tous exotiques, sarmenteux, ayant des feuilles alternes très-rarement opposées, sans stipules, souvent embrassan-tes à leur base : des fleurs solitaires ou en grappes quelquefois opposées aux feuilles. Leur calice est gamosépale, persistant, à cinq divisions profondes et imbriquées latéralement ; leur corolle ordinairement de cinq pétales. Leurs étamines, très-nombreuses, disposées sur plusieurs rangs, sont libres, quelquefois unilatérales ou disposées en plusieurs faisceaux. Les carpelles varient de deux à douze, généralement distincts ; ils sont quelquefois soudés en un seul. Leur ovaire est uniloculaire, contenant deux ou plusieurs ovules anatropes, attachés à la partie inférieure de leur angle interne et dressés. Les styles sont simples ou terminés chacun par un stigmate également simple. Les fruits sont distincts et soudés, charnus ou secs et déhiscents. Les graines, très-souvent accompa-

Fig. 97, D. Coupe longit. de la graine du *Myosurus minimus.*

gnées d'un arille charnu et cupuliforme, ont un tégument crustacé recouvrant un endosperme charnu dans lequel est un embryon très-petit, dressé, homotrope, placé vers la base.

On compte dans cette famille les genres *Tetracera*, *Davilla*, *Delima*, *Pachynema*, *Pleurandra*, *Dillenia*, *Hibbertia*, etc. Elle se distingue des Magnoliacées et des Anonacées par le nombre quinaire des parties de sa fleur.

166ᵉ famille. ANONACÉES, *Anonaceæ*.

Anoneæ, Juss. gen. Ibid. *Ann. Mus.* XVI, 338. — *Anonaceæ*, Dunal. *Monogr.* Paris, 1817. DC. *Syst.* I, 463. Ibid. *Prodr.* I, 83. Lindl. *Nat. syst.* 18. Alph. DC. *in Mém. soc. gén.* V, 177. Endlich. gen. 830. A. Rich. *Fl. Cuba*, I, 51.

Les Anonacées sont des arbres ou des arbrisseaux ayant les feuilles alternes simples, dépourvues de stipules, caractère qui les distingue surtout des Magnoliacées. Leur fleurs, ordinairement axil-

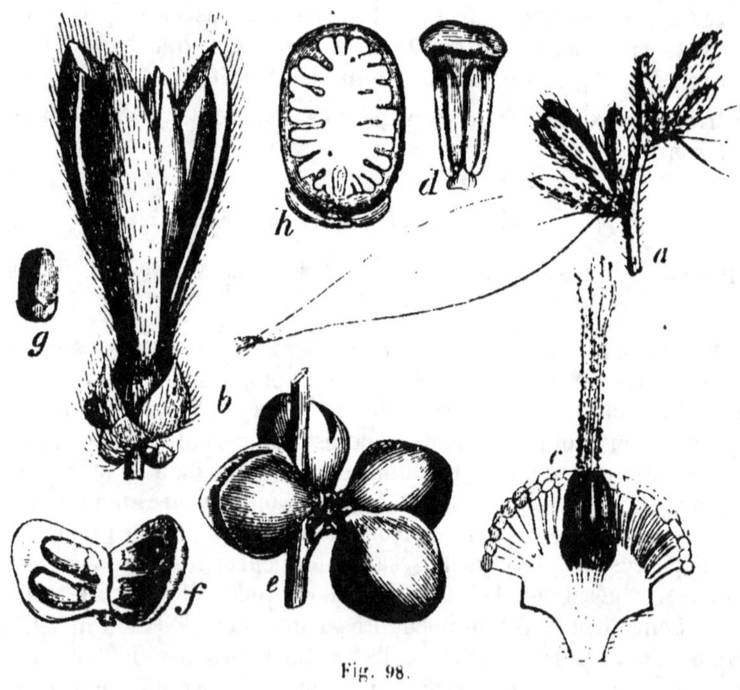

Fig. 98.

Fig. 98. *Xylopia sericea.* *a*, Rameau florifère. *b*, Fleur entière. *c*, Étamines et carpelles. *d*, Une étamine. *e*, Fruits. *f*, Un péricarpe ouvert. *g*, Graine enveloppée à sa base par un arille cupuliforme. *h*, Coupe longitudinale de la graine, montrant l'embryon très-petit placé à la base de l'endosperme.

laires (*a*), sont quelquefois terminales. Leur calice est persistant, formé de trois sépales (*b*). Leur corolle est formée de six pétales disposés sur deux rangs (*b*) à préfloraison valvaire ; les étamines sont fort nombreuses (*c*), formant plusieurs rangées. Leurs filets sont courts, et leurs anthères presque sessiles (*d*). Les carpelles, en général réunis en grand nombre au centre de la fleur, sont tantôt distincts (*c*), tantôt soudés entre eux ; chacun d'eux offre une seule loge qui contient un ou plusieurs ovules attachés à leur suture interne, et formant souvent deux rangées longitudinales. Ces carpelles constituent autant de fruits distincts (*e*) (rarement un seul par suite d'avortement), s'ouvrant en deux valves (*f*) ; quelquefois ils se soudent tous entre eux, et forment une sorte de cône charnu et écailleux. Les graines (*g*) ont leur tégument double ; elles sont ordinairement accompagnées d'un arille charnu et cupuliforme (*g*). Leur endosperme corné est profondément sillonné (*h*), contenant un très-petit embryon placé vers le point d'attache de la graine.

Cette famille, dans laquelle on trouve les genres *Anona*, *Xylopia*, *Kadsura*, *Asimina*, *Uvaria*, etc., est très-voisine des Magnoliacées, dont elle diffère surtout par l'absence des stipules, par les pétales, dont le nombre n'excède jamais six, à préfloraison valvaire, et par l'endosperme profondément et irrégulièrement sillonné, dur et corné.

167ᵉ famille. MAGNOLIACÉES, *Magnoliaceæ*.

Magnoliæ, Juss. *gen.* — *Magnoliaceæ*, DC. *Syst.* I, 439. Ibid. *Prodr.* I, 77. Lindl. *Nat. syst.* 16. Endlich. *gen.* 836.

Cette famille se compose de grands et beaux arbres ou d'arbrisseaux élégants ornés de belles feuilles alternes, souvent coriaces et persistantes, munies à leur base de stipules foliacées. Les fleurs, souvent très-grandes et répandant une odeur suave, sont en général axillaires ou terminales. Le calice se compose de trois à six sépales caducs ; les pétales varient de trois à vingt-sept formant plusieurs verticilles à préfloraison imbriquée. Les étamines, fort nombreuses et libres, sont disposées sur plusieurs rangées spirales et attachées au réceptacle qui porte les pétales. Les carpelles sont nombreux, tantôt réunis circulairement et sur une seule rangée au centre de la fleur, tantôt formant un capitule plus ou moins allongé : ils se composent d'un ovaire uniloculaire contenant un ou plusieurs ovules anatropes, d'un style à peine distinct et d'un stigmate simple. Les fruits sont des carpelles secs ou charnus, réunis circulairement et sous forme d'étoile, ou disposés en capitules, et quelquefois tous soudés entre eux : chaque carpelle est indéhiscent, ou s'ouvre par une suture longitudinale, et la graine est assez souvent portée sur un trophosperme sutural et filiforme, qui pend quelquefois en dehors quand le fruit s'ouvre : ces graines ont leur embryon dressé dans un endosperme charnu.

La famille des Magnoliacées se subdivise en deux tribus de la manière suivante :

1re tribu. ILLICIÉES : carpelles verticillés, rarement solitaires par avortement; feuilles marquées de points transparents. Ex. : *Illicium*, *Drimys*, *Tasmannia*.

2e tribu. MAGNOLIÉES : carpelles disposés en capitules, feuilles non ponctuées. Ex. : *Magnolia*, *Michelia*, *Talauma*, *Lyriodendron*, etc.

Cette famille est très-voisine des Anonacées, dont elle diffère surtout par ses stipules et son endosperme charnu. Elle a aussi des rapports avec les Dilléniacées, qui en diffèrent par le nombre quinaire des parties de la fleur, leurs graines arillées, et l'absence des stipules.

168e famille. PITTOSPORACÉES, *Pittosporaceæ*.

Pittosporeæ. R. Brown. *in Flind. voy.* II, 542. DC. *Prodr.* I, 345. Lindl. *Nat. syst.* 31. Putterlick. *Monog. Vienne*, 1839. Endlich. *gen.* 1081.

Arbrisseaux quelquefois sarmenteux et volubiles, à feuilles simples et alternes, sans stipules; à fleurs solitaires, fasciculées ou disposées en grappes terminales (*fig.* 99). Leur calice est formé de cinq sépales, peu soudés à la base; la corolle se compose de cinq pétales égaux, réunis et soudés par leur base, de manière à former une corolle gamopétale, tubuleuse et régulière (*a*), ou étalée et comme rotacée; les cinq étamines sont dressées, hypogynes (*b*), alternes, de même que la corolle; l'ovaire est libre, élevé sur une espèce de disque hypogyne (*b*); il présente une ou deux loges (*c*), séparées par des cloisons incomplètes, qui souvent ne se joignent pas au centre de l'ovaire, et de là l'unilocularité de cet organe. Les ovules sont nombreux, attachés sur deux rangées longitudinales et distinctes vers le milieu de la cloison. Le style est quelquefois très-court, terminé par un petit stigmate bilobé (*b*). Le fruit est une capsule à une ou à deux loges polyspermes, s'ouvrant en deux valves (*d*), ou un fruit charnu et indéhiscent. Les graines se composent d'un tégument propre un peu crustacé, d'un endosperme blanc et charnu, et d'un embryon extrèmement petit (*f*), placé vers le hile (*e*), et ayant sa radicule tournée vers ce point.

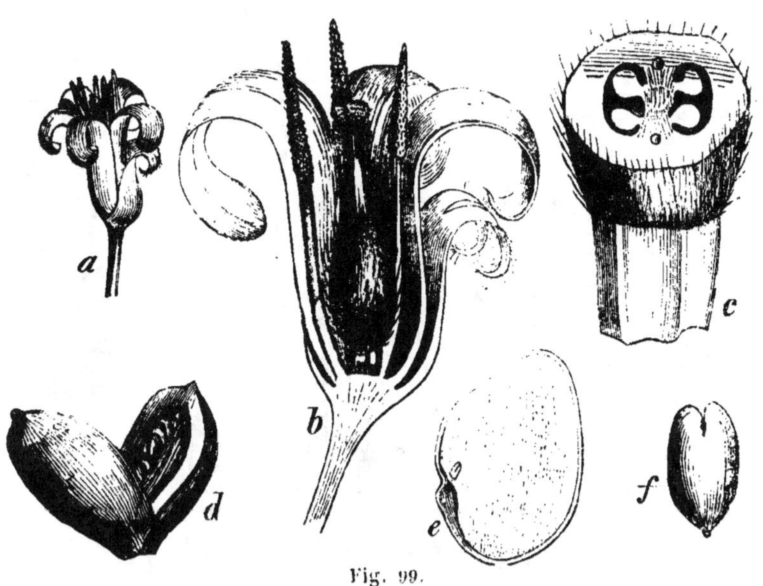

Fig. 99.

Les genres qui composent cette famille étaient placés auparavant parmi les Rhamnacées; mais leur insertion hypogynique, leurs étamines alternes les en éloignent de beaucoup. De Candolle place les Pittosporacées entre les Polygalacées et les Frankéniacées; mais il nous semble que cette famille doit être mise auprès des Rutacées, dont elle se rapproche singulièrement par une foule de caractères. Voici les genres principaux de cette famille : *Pittosporum*, *Billardiera*, *Bursaria*, *Senacia*, etc.

169ᵉ famille. BERBÉRIDACÉES, *Berberidaceæ*.

Berberideæ, Juss. *gen.* DC. *syst.* II, 1. Ibid. *Prodr.* 1, 105. Endlich. *gen.* 851. — *Berberaceæ*, Lindl. *Nat. syst.* 7.

Herbes ou arbrisseaux à feuilles alternes, simples ou composées, accompagnées à leur base de stipules qui sont souvent persistantes et épineuses. Leurs fleurs, généralement jaunes, sont disposées

Fig. 99. *Pittosporum undulatum*. *a*, Fleur entière. *b*, Coupe longitudinale de la fleur. *c*, Coupe transversale de l'ovaire. *d*, Fruit s'ouvrant en deux valves *e*. Coupe longitudinale d'une graine. *f*, Embryon.

en grappes simples ou rameuses (*fig.* 100). Elles ont un calice de trois (*a*), quatre à six sépales, rarement d'un nombre plus consi-

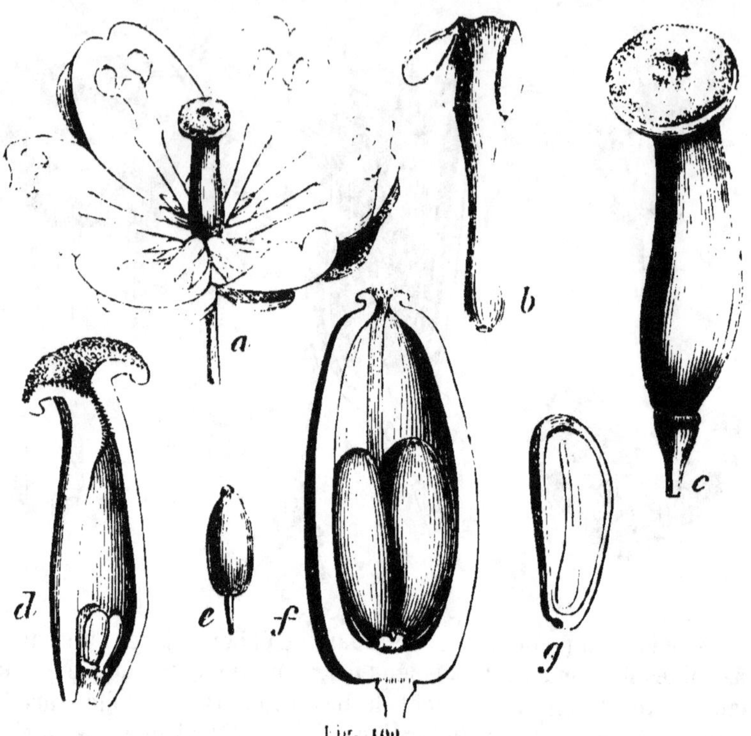

Fig. 100.

dérable ou moindre, accompagné extérieurement de plusieurs écailles. Leurs pétales, en même nombre que les sépales, sont planes ou concaves et irréguliers, mais constamment opposés aux sépales. Ils sont souvent munis à leur base interne de petites glandes ou d'écailles glanduleuses. Les étamines, en nombre égal aux pétales, leur sont opposées (*a*). Les anthères, sessiles ou portées sur un filet plus ou moins long, sont à deux loges qui chacune s'ouvrent (*b*) par une sorte de valve ou de panneau, ainsi que nous l'avons déjà observé dans la famille des Lauracées. L'ovaire est à une seule loge, qui renferme de deux (*d*) à douze ovules dressés ou attachés latéralement sur la paroi interne, et y formant une seule ou deux rangées. Le style, quelquefois latéral, est court, épais ou

Fig. 100. *Berberis vulgaris. a*, Fleur entière. *b*, Étamine dont les loges s'ouvrent. *c*, Pistil. *d*, Coupe longit. du même. *e*, Fruit. *f*, Coupe longit. du même. *g*. Coupe longit. de la graine.

nul. Le stigmate est généralement concave (*c*, *d*). Le fruit est sec ou charnu (*e*), uniloculaire et indéhiscent. Les graines se composent d'un tégument propre recouvrant un endosperme charnu ou corné, qui contient un embryon axile (*g*) et homotrope.

Cette famille, dont on a retiré plusieurs des genres qui y avaient été réunis par Jussieu, se compose des suivants : *Berberis*, *Mahonia*, *Nandinia*, *Leontice*, *Caulophyllum*, *Epimedium* et *Diphylleia*. Elle est très-distincte de toutes les autres familles voisines par ses étamines opposées aux pétales, et le mode de déhiscence de ses anthères.

Le nombre type de cette famille est trois pour les parties constituantes de chaque verticille floral. Nous avons déjà expliqué dans la première partie de cet ouvrage (pag. 233) la véritable structure des fleurs dans cette famille.

170ᵉ famille. AMPÉLIDACÉES, *Ampelidaceæ*.

Vites, Juss. *gen.* — *Ampelideæ*, Kunth, *in Humb. Nov. gen.* V, 223. DC. *Prodr.* I, 627. Endlich. *gen.* 796. — *Sarmentaceæ*, Vent. *tabl.* 167. — *Viniferæ*, Juss. *Mém. Mus.* III, 444. — *Vitaceæ*. Lindl. *Nat. syst.* 30.

Arbustes ou arbrisseaux volubiles, sarmenteux et munis de vrilles opposées aux feuilles. Celles-ci sont alternes, pétiolées, simples ou digitées, munies à leur base de deux stipules. Les fleurs sont disposées en grappes opposées aux feuilles (*fig.* 101). Le calice (*a*) est très-court, souvent entier et presque plane; la corolle, de cinq pétales

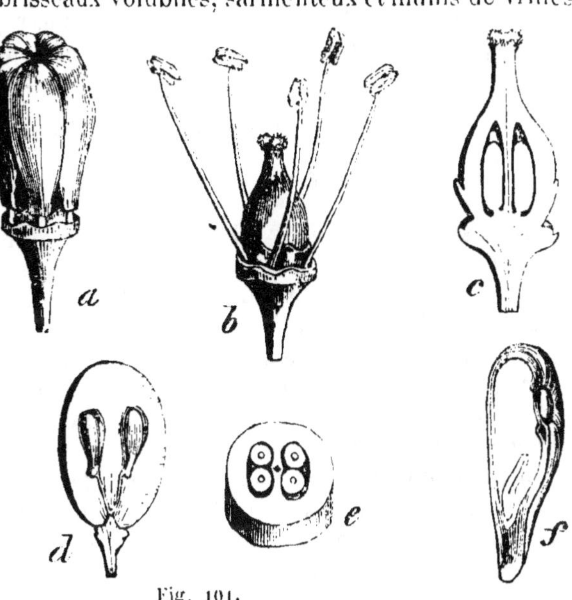

Fig. 101.

Fig. 101. *Vitis vinifera*. *a*, Fleur. entière. *b*, Fleur dont la corolle est détachée. *c*, Coupe longit. du pistil. *e*, Coupe transv. du même. *d*, Coupe longitudinale du fruit. *f*, Coupe longitud. de la graine.

valvaires, quelquefois cohérents entre eux par leur partie supérieure, et s'enlevant tous ensemble en forme de coiffe (*a*). Les étamines, au nombre de cinq (*b*), sont dressées, libres et opposées aux pétales; l'ovaire est appliqué sur un disque hypogyne (*b*), annulaire et lobé dans son contour; il offre constamment deux loges (*e*), contenant chacune deux ovules dressés (*c*) et anatropes; le style, qui est épais et très-court, se termine par un stigmate à peine bilobé (*b*). Le fruit est une baie globuleuse, contenant d'une à quatre graines dressées (*d*), ayant leur épisperme épais, leur endosperme corné, plus ou moins profondément sillonné, et contenant vers sa base (*f*) un très-petit embryon dressé et orthotrope.

Cette petite famille, composée des genres *Vitis*, *Cissus*, *Ampelopsis* et *Leea*, est très-distincte par ses feuilles munies de stipules, par ses vrilles opposées aux feuilles, ses étamines opposées aux pétales, et la structure de son fruit et de sa graine.

L'opposition des étamines aux pétales est un des caractères les plus saillants de cette famille. Dans le genre *Leea* ces étamines sont monadelphes, et entre chacune d'elles on trouve un appendice représentant une étamine avortée. Il y a donc dans les Ampélidacées dix étamines dont les cinq normales, c'est-à-dire celles qui sont alternes avec les pétales, avortent, n'étant plus représentées que par le disque, et il ne reste plus que celles qui sont opposées aux pétales.

174ᵉ famille. LARDIZABALACÉES . *Lardizabalaceæ*.

Lardizabaleæ. Decaisne. *Mém. in Arch. du Mus.* 1, p. 1.

Arbrisseaux sarmenteux glabres, à feuilles alternes sans stipules, composées, digitées; à fleurs unisexuées monoïques ou dioïques disposées en grappes axillaires. Les fleurs mâles se composent de six sépales disposés sur deux rangs, et de six pétales (manquant rarement) opposés aux sépales. Les étamines, au nombre de six, sont opposées aux pétales : elles sont monadelphes, à anthères biloculaires, s'ouvrant par des fentes longitudinales. Dans les fleurs femelles on trouve de trois à neuf carpelles distincts, uniloculaires, contenant un certain nombre d'ovules attachés à toute la paroi interne de l'ovaire. Ces carpelles (dont un certain nombre avorte presque constamment) deviennent des fruits charnus, polyspermes, très-rarement monospermes par avortement; quelquefois ces fruits sont secs et déhiscents. Leurs graines offrent un embryon axile très-petit dans un endosperme charnu et assez dur.

Lardizabala , *Boquila* , *Parvatia* , *Stauntonia* , *Holbollia* , *Burasaia*.

Établie par M. Decaisne, cette famille se distingue des Ménispermacées, à laquelle ses genres étaient primitivement rapportés, par ses fruits polyspermes, par son embryon droit excessivement petit, placé au dedans et à la base d'un endosperme charnu, et par ses feuilles composées.

172ᵉ famille. MÉNISPERMACÉES, *Menispermaceæ*.

Menisperma. Juss. *gen.* — *Menispermeæ*, DC. *Syst. nat.* I, 509. — *Menispermaceæ.* DC. *Prodr.* I, 95. Lindl. *Nat. syst.* 214. Endlich. *gen.* 825.

Cette famille se compose d'arbustes sarmenteux et grimpants, dont les feuilles alternes sont généralement simples et sans stipules. Les fleurs sont petites, unisexuées et le plus souvent dioïques. Le calice se compose de plusieurs sépales disposés par trois et formant plusieurs rangées. Il en est de même de la corolle, qui manque quelquefois. Les étamines sont monadelphes ou libres, en même nombre que les pétales, ou en nombre double ou triple. Les carpelles, souvent en grand nombre, libres ou soudés par leur côté interne, sont à une seule loge contenant un ou plusieurs ovules amphitropes. Les fruits sont des espèces de petites drupes monospermes, obliques et comme réniformes, comprimées. La graine qu'elles contiennent se compose d'un embryon recourbé sur lui-même et généralement dépourvu d'endosperme, ou offrant un endosperme très-peu développé.

Les Ménispermacées, qui se composent entre autres des genres *Menispermum*, *Cocculus*, *Cissampelos*, *Abuta*, etc., sont assez rapprochées des Anonacées; mais elles s'en distinguent par leur port, qui est tout à fait différent, par leurs étamines, généralement en nombre défini, et la structure de leurs fruits.

173ᵉ famille. RUTACÉES, *Rutaceæ*.

Rutæ, Juss. *gen.* — *Rutaceæ*, Ad. de Juss. *Monog. in Mém. Mus.* XII. — *Zygophylleæ* et *Diosmeæ*, Brown, *in Flinders roy.* II, 545. — *Simarubeæ*, Rich. *Anal. du fr.* 21. DC. *Ann. Mus.* XVII, 323. Ibid. *Prodr.* I, 733.

Grande famille composée d'arbres, d'arbustes ou de plantes herbacées ou frutescentes, ayant des feuilles opposées (*fig.* 102) ou alternes, très-souvent marquées de points translucides, avec ou sans stipules; des fleurs en général hermaphrodites, très-rarement unisexuées; un calice de trois à cinq sépales soudés par la base; une corolle de cinq pétales (*a*), quelquefois soudés ensemble, et formant une corolle pseudo-gamopétale, plus rarement nulle; cinq ou dix étamines, dont quelques-unes avortent parfois et offrent des formes variées. L'ovaire se compose de trois à cinq carpelles (*b*)

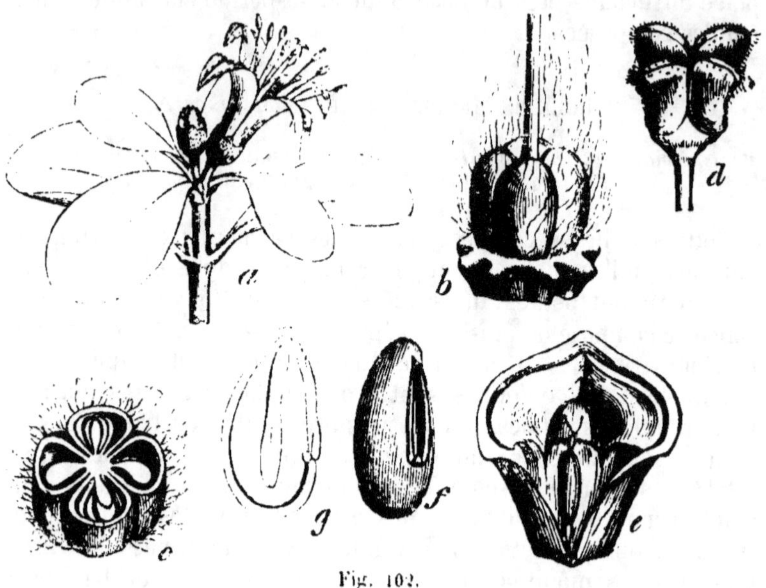

Fig. 102.

plus ou moins intimement soudés, et formant autant de côtes plus ou moins saillantes. Chaque loge contient souvent deux, plus rarement un, ou un assez grand nombre d'ovules, insérés à leur angle interne, et y formant deux rangées. Les styles sont libres ou soudés. Ces carpelles sont en général appliqués sur un disque hypogyne plus ou moins saillant (*b*), et quelquefois ils forment, par leur réunion, un ovaire gynobasique, dont le style semble naître d'une dépression très-profonde de sa partie centrale. Le fruit est tantôt simple, formant une capsule, s'ouvrant en autant de valves septifères qu'il y a de loges ; tantôt, et plus souvent, il se sépare en autant de coques ou de carpelles (*d*, *e*), le plus souvent monospermes, indéhiscents, et quelquefois légèrement charnus ou secs, et s'ouvrant en deux valves incomplètes. Les graines, dont le tégument propre est souvent crustacé, se composent d'un endosperme charnu ou corné (*g*), contenant un embryon à radicule supérieure rarement tournée vers le hile qui est latéral ; quelquefois l'embryon est dépourvu d'endosperme.

Fig. 102. *Correa alba*. *a*, Rameau florifère. *b*, Ovaire et disque. *c*, Coupe transversale de l'ovaire. *d*, Fruit. *e*, L'un des carpelles vu par sa face interne et s'ouvrant. *f*, Graine. *g*, Coupe longitudinale de la graine.

Nous avons adopté la famille des Rutacées telle qu'elle a été limitée par notre ami M. Adrien de Jussieu, dans son excellent travail sur cette famille. Il y a réuni, comme de simples tribus, les *Zygophyllées* de M. Brown, et les *Simaroubées* établies par mon père, et l'a divisée en cinq tribus naturelles, qui sont :

1re tribu. Les ZYGOPHYLLÉES : fleurs hermaphrodites ; loges de l'ovaire contenant deux ou plusieurs ovules ; endocarpe ne se séparant pas du sarcocarpe ; endosperme cartilagineux ; feuilles opposées. Exemple : *Tribulus*, *Fagonia*, *Guaiacum*, *Zygophyllum*, etc.

2e tribu. Les RUTÉES : fleurs hermaphrodites ; deux ou plusieurs ovules dans chaque loge ; endocarpe ne se séparant pas du sarcocarpe ; endosperme charnu, feuilles alternes. Exemple : *Ruta*, *Peganum*, etc.

3e tribu. Les DIOSMÉES : fleurs hermaphrodites ; deux ou plusieurs ovules ; endocarpe se séparant du sarcocarpe. Exemple : *Dictamnus*, *Diosma*, *Boronia*, *Ticorea*, *Galipea*, etc.

4e tribu. Les SIMAROUBÉES : fleurs hermaphrodites ou unisexuées ; loges à un seul ovule ; carpelles distincts, indéhiscents ; embryon sans endosperme. Exemple : *Simaruba*. *Quassia*, *Simaba*, etc.

5e tribu. Les ZANTHOXYLÉES : fleurs unisexuées ; loges contenant de deux à quatre ovules ; embryon placé au centre d'un endosperme charnu. Exemple : *Galvezia*, *Aylanthus*, *Brucea*, *Zanthoxylum*. *Toddalia*, *Ptelea*, etc.

Cette famille a beaucoup d'affinité avec les Ochnacées, surtout la section des Simaroubées, qui offre comme ces dernières des carpelles tout à fait distincts à leur maturité et légèrement charnus ; mais elle en diffère par son ovaire dont les loges sont soudées entre elles au sommet et portent un style unique et terminal, par ses graines renversées, ses feuilles composées, sans stipules, etc.

174e famille. LINACÉES, *Linaceæ*.

Lineæ, DC. *Théorie élém.* 89. Ibid. *Prodr.* I, 423. Endlich. *gen.* 1170. — *Linaceæ*, Lindl. *Nat. syst.* 89.

Plantes herbacées annuelles ou vivaces, ou quelquefois arbustes à feuilles simples, sans stipules, alternes, ou rarement opposées ou verticillées. Les fleurs (*fig.* 103), communément hermaphrodites, sont pédicellées (*a*) et souvent en corymbe terminal : calice persistant (*d*) de cinq sépales, à estivation quinconciale imbriquée, corolle de cinq pétales imbriqués et tordus, caducs (*a*). Dix étamines monadelphes par la base, dont cinq fertiles et alternes avec les pé-

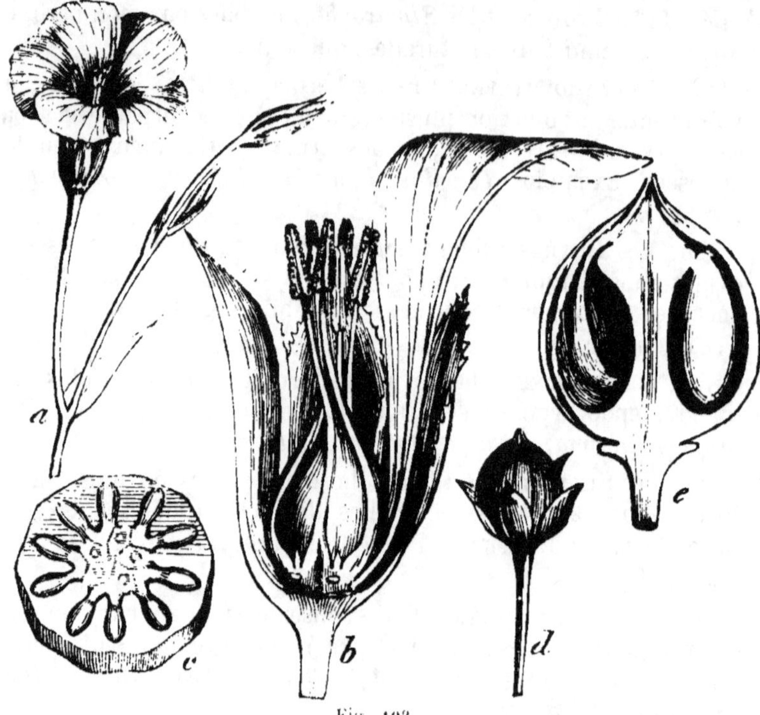

Fig. 103.

tales, à anthères introrses; ovaire à quatre ou cinq loges souvent partagées en deux par une cloison incomplète (*c*), de sorte qu'il paraît à huit ou dix loges : chaque vraie loge contient deux ovules pendants (*e*) collatéraux et anatropes. Les styles, en même nombre que les loges, se terminent chacun par un stigmate simple (*fig.* 103, *b*). Le fruit est une capsule accompagnée par le calice, et s'ouvrant en cinq ou dix valves ayant quatre ou cinq loges dispermes, avec cinq cloisons incomplètes et pariétales. Les graines contiennent un embryon homotrope et pendant.

Genres *Linum*, °*Radiola*.

Les Linacées se distinguent des Géraniacées par leurs feuilles dépourvues de stipules, par leur fruit capsulaire et déhiscent et par leur embryon droit et non courbé en arc.

Fig. 103. *Linum usitatissimum*. *a*, Fleurs. *b*, Coupe longit. d'une fleur. *c*, Coupe transversale de l'ovaire. *d*, Fruit. *e*, Coupe longit du fruit.

175ᵉ famille. Oxalidacées, *Oxalidaceæ*.

Oxalideæ, DC. *Prodr.* I, 889. Endlich. *gen.* 1171. — *Oxalidaceæ*, Lindl.
Nat. syst. 140.

Plantes herbacées annuelles ou vivaces, ou arbrisseaux, et même
quelquefois arbres plus ou moins élevés, à feuilles alternes sans stipules, composées et quelquefois mobiles sous l'influence des agents
extérieurs. Fleurs régulières hermaphrodites (*fig.* 104), très-variées

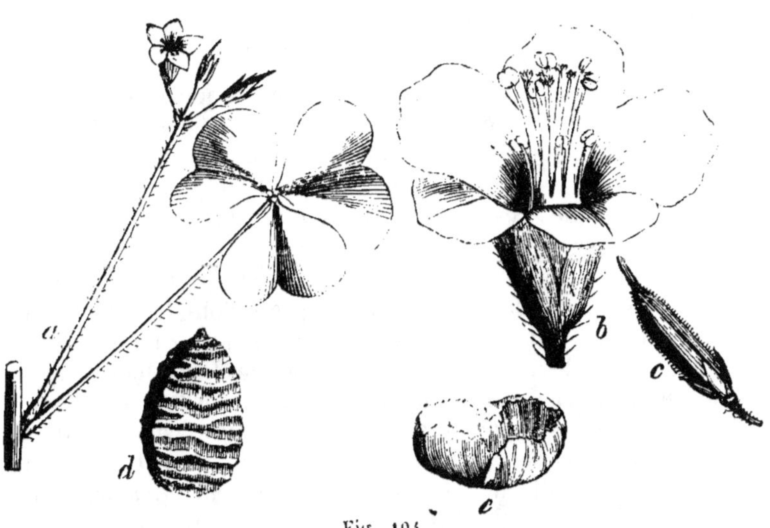

Fig. 104.

de couleur, ordinairement en sertule : calice de cinq sépales égaux
persistants, quelquefois un peu soudés par leur base, à préfloraison
imbriquée ; corolle de cinq pétales réguliers (*b*), alternes, tordus
dans le bouton, quelquefois un peu unis entre eux par leur base
(*fig.* 104, *b*) ; étamines au nombre de dix, souvent monadelphes
par leur base, dont cinq alternes et plus petites. Pistil composé de
cinq carpelles unis entre eux par toute la longueur de leur ovaire,
portant chacun un style terminé par un stigmate simple. Chaque
ovaire contient de six à huit ovules superposés attachés à son angle
interne, pendants et anatropes. Le fruit est en général une capsule (*c*) à cinq loges polyspermes, septicide et à cinq valves. Les

Fig. 104. *Oxalis stricta.* *a*, Rameau florifère. *b*, Fl. entière. *c*, Fruit. *d*, Graine
recouverte de son arille charnu. *e*, Arille détaché.

graines, enveloppées par un arille charnu (*d*, *e*), contiennent un embryon axile homotrope dans un endosperme charnu.

Cette famille, composée entre autres des deux genres *Oxalis* et *Averrhoa*, se distingue surtout des Géraniacées par ses feuilles composées sans stipules, par ses styles distincts, par ses loges pluriovulées et par ses graines arillées renfermant un embryon droit dans un endosperme charnu.

176ᵉ famille. ÉRYTHROXYLACÉES, *Erythroxylaceæ*.

Erythroxyleæ, Kunth. *in Humb. nor. gen.* V, 175. DC. *Prodr.* I, 573. Lindl. *Nat. syst.* 122. Endlich. *gen.* 1065.

Arbres ou arbrisseaux à feuilles alternes ou opposées, généralement glabres, munies de stipules axillaires. Les fleurs sont petites, pédicellées, ayant un calice persistant à cinq divisions profondes ; une corolle de cinq pétales, sans onglet et munis intérieurement d'une petite écaille. Les étamines, au nombre de dix, ont leurs filets dilatés à la base, unis entre eux et monadelphes intérieurement, ordinairement persistants. L'ovaire est uniloculaire, contenant un seul ovule pendant, ou bien il est à trois loges, dont deux sont vides. De l'ovaire naissent trois styles, tantôt distincts, tantôt soudés, presque jusqu'à leur sommet. Le fruit est une drupe monosperme, contenant un noyau osseux uniloculaire, monosperme, indéhiscent ou déhiscent, dans lequel la graine est pendante : celle-ci dans un endosperme dur et corné contient un embryon axile et homotrope.

Cette petite famille ne se compose que du genre *Erythroxylum*, placé jadis parmi les Malpighiacées, et d'un genre nouveau établi par M. Kunth sous le nom de *Sethia*. Elle diffère des Malpighiacées par ses pétales appendiculés, son fruit monosperme et son embryon muni d'un endosperme.

177ᵉ famille. MÉLIACÉES, *Meliaceæ*.

Meliæ. Juss. *gen.* — *Meliaceæ*, Juss. *Mém. Mus.* III, 436. DC. *Prod.* I, 819. Ad. de Juss. *Monog. in Mém. Mus.* XIX, 153. Lindl. *Nat. syst.* 101. Endlich. *gen.* 1046.

Arbres ou arbrisseaux à feuilles alternes sans stipules, simples ou composées, à fleurs tantôt solitaires et axillaires (*fig.* 105), tantôt diversement groupées en épis ou en grappes, ayant un calice gamosépale, à quatre ou à cinq divisions plus ou moins profondes ; une corolle de quatre à cinq pétales valvaires (*a*, *b*) ; des étamines généralement en nombre double des pétales, rarement en même nombre ou en nombre plus considérable. Ces étamines sont toujours monadelphes (*fig.* 105, *b*), et leurs filets forment un tube qui porte les anthères tantôt à son sommet, tantôt à sa face interne.

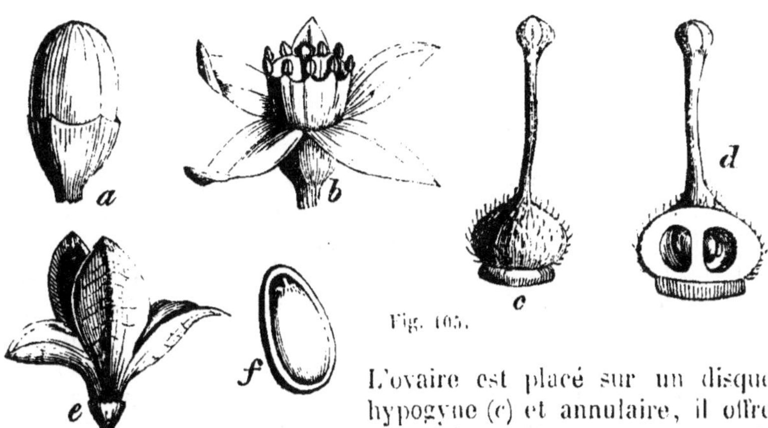

Fig. 105.

L'ovaire est placé sur un disque hypogyne (*c*) et annulaire, il offre quatre à cinq loges, contenant généralement deux ovules collatéraux (*d*) et superposés. Le style est simple, terminé par un stigmate plus ou moins profondément divisé en quatre à cinq lobes (*c, d*). Le fruit est tantôt sec., capsulaire, s'ouvrant en quatre (*e*) ou cinq valves septifères; tantôt il est charnu et drupacé, et parfois uniloculaire par suite d'avortement. Les graines, accompagnées souvent d'un arille charnu, sont dépourvues d'ailes et se composent d'un embryon (*f*), quelquefois enveloppé d'un endosperme mince ou charnu, qui manque dans d'autres genres.

Les genres *Ticorea* et *Cusparia*, d'abord placés dans cette famille, ont été transportés par M. Robert Brown dans les Rutacées Le même botaniste a formé des genres *Cedrela* et *Swietenia* une famille distincte, sous le nom de *Cédrélées*. Mais le professeur de Candolle en a simplement fait une tribu des Méliacées.

Cependant les différences qui existent entre ces deux groupes sont suffisants pour qu'ils demeurent distincts et séparés. Nous suivrons ici les divisions établies par notre ami M. Adrien de Jussieu, dans son mémoire sur les Méliacées, dont il a formé deux tribus :

1re tribu. MÉLIÉES : embryon placé dans un endosperme charnu, mince, radicule apparente : *Quivisia, Naregamia, Melia, Turræa, Azadirachta.*

2e tribu. TRICHILIÉES : embryon sans endosperme : *Aglaia, Milnea.*

Synoum, Hartigsœa, Epicharis, Sandoricum, Ekebergia, Trichilia, Guarea, Carapa.

178ᵉ famille. CÉDRÉLACÉES, *Cedrelaceæ*.

Cedreleæ, R. Brown, *gen. rem.* 64.—*Cedrelaceæ*, Ad. de Juss. *Mém. Mus.* XIX. 252. Lindl. *Nat. syst.* 103. Endlich. *gen.* 1053.

Grands arbres à feuilles alternes ou opposées, sans stipules, composées, pinnées. Les fleurs sont disposées en panicules axillaires ou terminales. Le calice est formé de quatre à cinq sépales plus ou moins soudés par leur base et à estivation imbriquée. La corolle se compose de cinq pétales alternes. Les étamines, au nombre de dix, sont alternativement plus courtes; celles qui sont opposées aux pétales avortent quelquefois complétement. Les filets sont monadelphes ou libres. L'ovaire est appliqué sur un disque hypogyne annulaire, il offre ordinairement cinq loges contenant chacune de quatre à douze ovules attachés à leur angle interne et formant deux rangées longitudinales. Le style simple se termine par un stigmate élargi, discoïde. Le fruit est une sorte de capsule ligneuse à trois ou à cinq loges, à autant de valves, laissant les cloisons adhérentes à l'axe. Les graines assez nombreuses dans chaque loge, sont ailées et contiennent un embryon ordinairement renfermé dans un endosperme charnu.

1ʳᵉ tribu. SWIÉTÉNIÉES : étamines monadelphes, préfloraison de la corolle contournée : *Swietenia*, *Khaya*, *Soymida*.

2ᵉ tribu. CÉDRÉLÉES : étamines libres, préfloraison convolutée : *Chloroxylon*, *Flindersia*, *Cedrela*.

Les Cédrélacées se distinguent surtout des Méliacées par les loges de leur fruit polyspermes, par leurs graines ailées, par leur embryon dressé, ordinairement placé dans un endosperme charnu.

179ᵉ famille. OLACACÉES, *Olacaceæ*.

Olacineæ, Mirbel. *in Bull. soc. phil.* 1813, p. 377. DC. *Prodr.* I, 531. Endlich. *gen.* 1041. — *Olacaceæ*, Lindl. *Nat. syst.* 32.

Cette petite famille, formée aux dépens des Aurantiacées, se compose de végétaux ligneux portant des feuilles simples, alternes, pétiolées, sans stipules, des fleurs très-petites, axillaires ou terminales. Celles-ci offrent un calice très-petit, gamosépale, persistant, entier ou denté, prenant souvent beaucoup d'accroissement et devenant charnu. La corolle est formée de trois à six pétales coriaces, sessiles, valvaires, libres ou soudés par leur base. Ces pétales, qui portent quelquefois les étamines, sont réunis souvent deux à deux, et seulement séparés à leur sommet. Les étamines sont en général au nombre de dix, dont plusieurs avortent quelquefois et existent sous la forme de filaments stériles. Ces étamines sont immédiatement hypogynes ou portées sur les pétales. L'ovaire est libre, à une seule loge, contenant en général trois ovules qui sont pendants au sommet d'un podosperme central et dressé. Le style est simple, terminé par un stigmate très-petit et trilobé. Le fruit est drupacé, indéhiscent, souvent recouvert par le calice devenu charnu et contenant une seule graine. Celle-ci se compose d'un gros endosperme charnu dans lequel est renfermé un petit embryon basilaire et homotrope.

Composée des genres *Olax*, *Fissilia*, *Opilia*, *Icacina*, etc., cette petite famille est très-distincte des Aurantiacées par ses feuilles non ponctuées, par ses étamines définies, par son ovaire constamment uniloculaire, et son embryon contenu dans un très-gros endosperme.

Selon le célèbre Rob. Brown, le genre *Olax* serait apétale, c'est-à-dire que sa fleur aurait un involucre caliciforme, et un calice formé de trois sépales ; et à cause de la structure intérieure de son ovaire, ce genre devrait être rapproché des Santalacées.

180ᵉ famille. TERNSTRŒMIACÉES, *Ternstrœmiaceæ*.

Ternstrœmieæ et *Theaceæ*, Mirbel, *in Bull. soc. phil.* 1813, p. 381. — *Ternstrœmiaceæ*, DC. *Mém. soc. gén.* I, 393. Ibid. *Prodr.* I, 523. Lindl. *Nat. syst.* 79. Endlich. *gen.* 1017. — *Camelliæ*, DC. *Prodr.* I, 529.

Arbres ou arbrisseaux à feuilles alternes, sans stipules, souvent coriaces et persistantes ; à fleurs quelquefois très-grandes, axillaires et terminales, ayant un calice formé de cinq sépales concaves inégaux et imbriqués ; une corolle composée de cinq ou d'un plus grand nombre de pétales imbriqués et tordus, quelquefois soudés à leur base, et formant une corolle gamopétale ; des étamines nombreuses, souvent réunies par la base de leur filets et soudées avec la corolle. L'ovaire est libre, sessile, le plus généralement appliqué sur un disque hypogyne ; il est divisé en deux à cinq loges, contenant chacune deux ou un plus grand nombre d'ovules pendants ou ascendants à l'angle interne de chaque loge. Le nombre des styles est le même que celui des loges ; ils se terminent chacun par un stigmate simple. Le fruit offre de deux à cinq loges ; il est tantôt coriace, indéhiscent, un peu charnu intérieurement ; d'autres fois il est sec, capsulaire, s'ouvrant en autant de valves. Les graines, souvent au nombre de deux seulement dans chaque loge, ont leur embryon nu ou recouvert d'un endosperme charnu souvent très-mince.

Nous avons cru devoir réunir les deux familles établies par M. le professeur Mirbel sous les noms de Théacées et de Ternstrœmiacées; ces deux familles en effet ne diffèrent pas sensiblement l'une de l'autre. Elles sont formées des genres *Ternstrœmia*, *Gordonia*, *Laplacea*, *Kielmeyera*, *Visnea*, *Thea*, *Camellia*, *Freziera*, etc., qui avaient été placés dans la famille des Aurantiées, dont ils diffèrent par leur calice polysépale, la pluralité des styles, par l'absence des points translucides, et par un endosperme, qui manque néanmoins quelquefois. D'un autre côté, cette famille a quelques rapports avec celle des Ébénacées, placée parmi les gamopétales.

181ᵉ famille. CHLÉNACÉES, *Chlenaceæ*.

Chlenaceæ, du Petit Th. *Vég. afr.* 46. DC. *Prodr.* I, 521. Lindl. *Nat. syst.* 90. Endlich. *gen.* 1014.

Cette petite famille se compose d'arbrisseaux, tous originaires de l'île de Madagascar. Leurs feuilles sont alternes, munies de stipules, entières et caduques. Les fleurs forment des grappes rameuses. Ces fleurs ont des involucres persistants, qui contiennent une ou deux fleurs. Leur calice est petit, formé de trois sépales : les pétales varient de cinq à six; ils sont sessiles, et quelquefois réunis par leur base. Les étamines, au nombre de dix, ou en nombre indéterminé, monadelphes par leurs filets, quelquefois cohérentes entre elles par leurs anthères. L'ovaire est à trois loges, surmonté d'un style simple et d'un stigmate trifide. Le fruit est une capsule à trois, rarement à une seule loge par avortement, contenant chacune une ou plusieurs graines, insérées à leur angle interne et pendantes. Ces graines offrent un embryon axile dans un endosperme charnu ou corné.

Les Chlénacées, composées des genres *Sarcolæna*, *Leptolæna*, *Schizolæna* et *Rhodolæna*, ont été rapprochées des Malvacées par du Petit-Thouars, à cause de leur calicule et de leurs étamines monadelphes, etc.; et par M. de Jussieu des Ébénacées, à cause de leurs pétales soudés et formant une sorte de corolle gamopétale, et de quelques autres caractères.

Les genres qui composent cette petite famille sont rares dans les herbiers et ont été peu observés.

182ᵉ famille. POLYGALACÉES, *Polygalaceæ*.

Polygaleæ, Juss. *Ann. Mus.* XIV. 386. Ibid. *Mém. Mus.* I, 385. DC. *Prodr.* I, 321. A. St-Hil. et Moq. *Mém. Mus.* XVII, 313. Endlich. *gen.* 1077. — *Polygalaceæ* et *Krameriaceæ*, Lindl. *Nat. syst.* 87.

Nous trouvons dans cette famille des plantes herbacées, ou des arbustes, à feuilles alternes, simples et entières, à fleurs solitaires, axillaires ou en épis. Chacune se compose d'un calice (*a*) de quatre

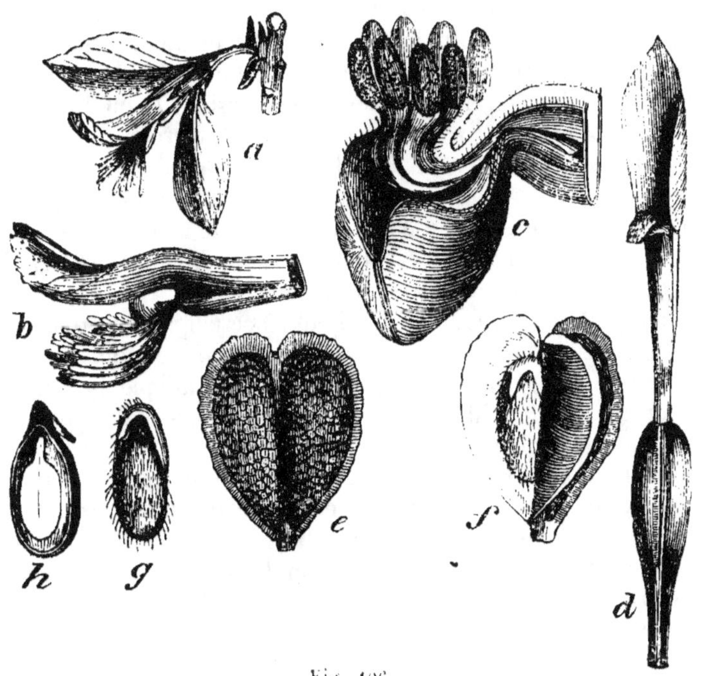

Fig. 106.

à cinq sépales, imbriqués latéralement avant l'épanouissement de la fleur, et dont deux, quelquefois plus, intérieurs, sont pétaloïdes et colorés. La corolle (*b*) est formée de deux à cinq pétales tantôt distincts, tantôt réunis ensemble par le moyen des filets staminaux, qui forment un tube fendu d'un côté. Ces pétales sont inégaux : l'un d'eux, placé à la partie antérieure, plus grand, concave, représentant en quelque sorte la carène des Papilionacées, est simple

Fig. 106. *Polygala vulgaris*. *a*, Fleur entière. *b*, Pétales supérieurs soudés. *c*, Étamines et pétales inférieurs. *d*, Pistil. *e*, Fruit. *f*, Le même s'ouvrant. *g*, Graine. *h*, Coupe longitud. de la graine.

ou trilobé, souvent muni de crêtes ou d'appendices et recouvrant les organes sexuels. Les étamines, généralement au nombre de huit, sont monadelphes (c); leur androphore est divisé supérieurement en deux phalanges portant chacune quatre anthères uniloculaires, et s'ouvrant en général à leur sommet par un pore ou une fente courte : d'autres fois les anthères sont biloculaires. Plus rarement les étamines sont au nombre de deux à quatre, et libres. L'ovaire (d) est quelquefois accompagné à sa base par un disque hypogyne et unilatéral, ou formé de deux appendices latéraux et lamelleux ; il est à une ou plus souvent à deux loges contenant chacune un, rarement deux ovules collatéraux, pendants et anatropes. Le style est long, ordinairement recourbé, et portant un stigmate creux, bilobé ou unilatéral. Le fruit est une capsule (e) ou une drupe. Dans le premier cas, il est à deux loges monospermes et s'ouvre en deux valves (f) septifères; dans le second cas, il est uniloculaire, monosperme et indéhiscent. Les graines sont pendantes, en général accompagnées d'une sorte de caroncule ou d'arille de forme variée (h). Leur embryon est tantôt placé dans un endosperme charnu, et tantôt dépourvu d'endosperme.

Le genre *Polygala* avait d'abord été placé par Jussieu dans la famille des Pédiculaires. Mon père, en faisant voir que sa corolle était véritablement polypétale, a le premier indiqué la nécessité d'en former une famille distincte, que Jussieu a établie plus tard sous le nom de Polygalées. Cette famille se rapproche par la forme générale de sa fleur des Légumineuses et des Fumariacées, mais, par ses caractères, elle doit être placée dans le voisinage des Droséracées et des Trémandrées de M. Rob. Brown. Outre le genre *Polygala*, on compte encore dans cette famille les genres *Salomomia*, *Comesperma*, *Badiera*, *Soulamea*, *Krameria*, etc.

Le genre *Krameria*, généralement rapporté à cette famille, offre des caractères tellement distincts que nous ne sommes pas loin de partager l'opinion de M. Lindley qui en fait le type d'une famille à part, les KRAMÉRIACÉES, distincte entre autres caractères par ses étamines libres, au nombre de trois à quatre seulement, par son ovaire uniloculaire contenant deux ovules collatéraux et par son embryon privé d'endosperme.

183ᵉ famille. TRÉMANDRACÉES, *Tremandraceæ*.

Tremandreæ, R. Brown, *in Flind. voy* II, 544. DC. *Prodr.* I, 343. Endlich. *gen.* 1176. — *Tremandraceæ*, Lindl. *Nat. syst.* 109.

Cette petite famille, formée des deux genres *Tremandra* et *Tetratheca*, se compose d'arbustes ayant le port des Bruyères, tous originaires de la Nouvelle-Hollande, portant des feuilles alternes ou verticillées, sans stipules, simples ou dentées, et souvent garnies de poils glanduleux. Leurs fleurs sont axillaires et solitaires, ayant un calice de quatre à cinq sépales inégaux, rapprochés en forme de valves avant l'épanouissement de la fleur, et caducs. La corolle se compose de quatre à cinq pétales égaux, alternes avec les sépales, plus longs que les étamines. Celles-ci, au nombre de huit à dix, sont placées par paire en face de chaque pétale; leurs anthères, qui offrent deux ou quatre loges, s'ouvrent à leur sommet par un petit trou ou une sorte de tube. L'ovaire est ovoïde, comprimé, à deux loges, contenant chacune deux à trois ovules pendants. Le style se termine par un ou deux stigmates, et le fruit est une capsule comprimée, biloculaire, s'ouvrant en deux valves septifères sur le milieu de leur face. Les graines, insérées au haut de la cloison, sont terminées par un appendice caronculiforme. L'embryon est dressé dans un endosperme charnu.

Cette famille a de nombreux rapports avec les Polygalacées, dont elle diffère par ses étamines libres, ses anthères à deux ou à quatre loges, sa corolle régulière, et avec les Droséracées, dont elle se distingue par ses anthères, les loges de son ovaire. qui ne contiennent que deux ou trois ovules, etc.

184e famille. * TILIACÉES, *Tiliaceæ*.

Tiliaceæ et *Elæocarpæ*, Juss. — *Tiliaceæ*, Kunth. *Malr.* 14. DC. *Prodr.* I, 503. Lindl. *Nat. syst.* 99. Endlich. gen. 1004.—*Elæocarpaceæ*. Lindl. *Nat. syst.* 97.

Presque toutes les Tiliacées sont des arbres ou des arbrisseaux. un petit nombre des plantes herbacées. Elles portent des feuilles alternes simples, accompagnées à leur base de deux stipules caduques. Leur fleurs sont axillaires, pédonculées, solitaires ou diversement groupées. Elles ont un calice simple, formé de quatre à cinq sépales, rapprochés en forme de valves avant l'épanouissement de la fleur ; une corolle d'un même nombre de pétales, qui manquent rarement, et sont souvent glanduleux à leur base ou frangés dans leur contour. Les étamines sont en grand nombre, libres, et ont leurs anthères biloculaires s'ouvrant par un sillon longitudinal ou un pore terminal ; on trouve souvent en face de chaque pétale une glande pédicellée. L'ovaire présente de deux à dix loges, contenant chacune un ou plusieurs ovules attachés sur deux rangs à leur angle interne. Le style est simple, terminé par un stigmate lobé. Le fruit est une capsule à plusieurs loges, contenant plusieurs graines ou c'est une drupe monosperme par avortement. Les graines contiennent un embryon droit ou un peu recourbé, dans un endosperme charnu. Ses cotylédons sont quelquefois découpés.

Nous réunissons à cette famille celle des Éléocarpées d'Ant. Laur. de Jussieu, qui n'en diffère que par deux caractères de peu d'importance, savoir : des pétales frangés à leur sommet, et des anthères s'ouvrant seulement par deux pores. Nous en faisons une simple tribu des Tiliacées, que nous divisons en deux sections, savoir :

1re tribu. Les TILIÉES, comprenant les genres *Tilia, Sparmannia, Heliocarpus, Corchorus, Triumfetta, Apeiba,* etc.

2e tribu. Les ÉLÉOCARPÉES, dans lesquelles sont les genres *Elæocarpus, Vallea, Decadia,* etc.

Les Tiliacées ont de l'affinité avec les Malvacées, dont elles diffèrent par leurs étamines libres, leurs anthères à deux loges, et leur embryon placé au centre d'un endosperme charnu ; avec les Byttnériacées, dont elles se distinguent par leurs étamines libres et nombreuses, leur style simple, etc.

185e famille. BYTTNÉRIACÉES, *Byttneriaceæ.*

Malvacearum gen. et Hermanniæ, Juss.— *Byttneriaceæ,* R. Brown, *Congo.* Kunth, *Malv.* 6. DC. *Prodr.* I, 481. — *Sterculiaceæ,* Vent. *Malm.* II, 91 Schott et Endlich. *Melet.* 30. Lindl. *Nat. syst.* 92. Endlich. *gen.* 987 — *Buttneriaceæ,* Endlich. *gen.* 995.

Arbres ou arbrisseaux à feuilles alternes, simples, munies de deux stipules opposées ; fleurs disposées en grappes plus ou moins rameuses, axillaires ou opposées aux feuilles. Le calice, nu ou accompagné d'un calicule, est formé de cinq sépales plus ou moins soudés par leur base, et valvaires ; la corolle, de cinq pétales planes, roulés en spirale avant leur épanouissement, ou plus ou moins concaves et irréguliers ; ces pétales manquent quelquefois. Les étamines, en même nombre, ou double ou multiple des pétales, sont en général monadelphes, et le tube qu'elles forment par leur réunion présente souvent des appendices pétaloïdes, placés entre les étamines anthérifères, et qui sont autant d'étamines avortées. Les anthères sont constamment à deux loges. Les carpelles, au nombre de trois à cinq, sont plus ou moins complétement soudés. Chaque loge renferme deux ou trois ovules ascendants, ou un plus grand nombre, attachés à l'angle interne de la loge. Les styles restent libres, ou sont plus ou moins soudés entre eux. Le fruit est en général une capsule globuleuse, accompagnée par le calice, à trois ou à cinq loges, s'ouvrant en autant de valves, qui souvent portent la cloison sur le milieu de leur face interne. Les graines offrent dans un endosperme charnu un embryon dressé.

Cette famille, qui se distingue surtout des Malvacées par ses anthères à deux loges, et ses graines en général munies d'un endosperme charnu, a été partagée en six sections ou tribus naturelles, savoir :

1re tribu. Les STERCULIÉES : fleurs souvent unisexuées, calice nu, pas de corolle ; ovaire pédicellé, formé de cinq carpelles distincts ; l'endosperme manque quelquefois. Ex : *Sterculia, Trifaca, Heritiera*, etc.

2e tribu. Les BYTTNÉRIÉES : les pétales sont irréguliers, concaves, souvent terminés à leur sommet par une sorte de ligule ; les étamines sont monadelphes, l'ovaire est à cinq loges, contenant en général deux ovules dressés : *Theobroma, Abroma, Guazuma, Byttneria, Ayenia*, etc.

3e tribu. Les LASIOPÉTALÉES : calice pétaloïde, pétales très-petits en forme d'écailles, ou nuls ; ovaire à trois ou à cinq loges, contenant chacune de deux à huit ovules : *Lasiopetalum, Seringia, Thomasia, Keraudrenia*, etc.

4e tribu. Les HERMANNIÉES : fleurs hermaphrodites, calice tubuleux, corolle de cinq pétales planes, roulés en spirale avant leur épanouissement ; cinq étamines monadelphes ou libres, opposées aux pétales ; loges polyspermes : *Melochia, Hermannia, Mahernia*, etc.

5e tribu. Les DOMBÉYACÉES : calice gamosépale, corolle de cinq pétales planes ; étamines égales, nombreuses et monadelphes ; ovaire à trois ou à cinq loges, contenant deux ou un plus grand nombre d'ovules : *Ruizia, Dombeya, Pentapetes*, etc.

6e tribu. Les WALLICHIÉES : calice environné d'un involucre de trois à cinq folioles ; pétales planes ; étamines très-nombreuses, monadelphes, inégales, et formant une colonne analogue à celle des Malvacées : *Eriolæna, Wallichia, Gœthea*, etc.

186e famille. BOMBACÉES, *Bombaceæ*.

Bombaceæ, Kunth, *Diss. Malv.* 5. DC. *Prodr.* I, 475. Schott et Endlich. *Meletem.* 36.

Ce sont des arbres ou des arbrisseaux, originaires des contrées intratropicales, ayant des feuilles alternes, simples ou digitées, munies à leur base de deux stipules persistantes. Le calice, quelquefois accompagné extérieurement de quelques bractées, est gamosépale, à cinq divisions imbriquées avant leur épanouissement, quelquefois entier ; la corolle, qui manque dans quelques genres, se compose de cinq pétales réguliers. Les étamines, au nombre de cinq, dix, quinze ou davantage, sont monadelphes par leur base, et forment supérieurement cinq faisceaux, qui portent chacun une ou plusieurs anthères uniloculaires. L'ovaire est formé de cinq carpelles, tantôt distincts, tantôt soudés entre eux, et terminés chacun par un style et un stigmate, qui quelquefois se soudent en un seul. Les fruits sont en général des capsules à cinq loges polyspermes, s'ouvrant en cinq valves, ou ils sont coriaces, charnus intérieurement, et restent indéhiscents. Les graines, souvent environnées de poils ou de duvet, ont tantôt un endosperme charnu, recouvrant un embryon dont les cotylédons sont planes ou chiffonés ; tantôt cet endosperme manque.

Cette famille, très-voisine de la précédente, en diffère surtout par son calice entier ou dont les lobes ne sont pas appliqués en forme de valves avant leur épanouissement, par les filets des étamines disposés en cinq faisceaux et la structure de son fruit. Les genres qui la composent sont : *Bombax*, *Helicteres*, *Matisia*, *Cavanillesia*, *Adansonia*, etc.

187ᵉ famille. MALVACÉES, *Malvaceæ*.

Malvacearum gen. Juss. *gen.* — *Malvaceæ*, Brown, *Congo*, 8. Kunth. *Diss. Malv.* 1822. p. 1. DC. *Prodr.* I, 429. Lindl. *Nat. syst.* Endlich. *gen* 978. Duchartre, *Organog. des Malv. Ann. sc. nat.* 3ᵉ sér. IV, p. 123.

Cette famille renferme à la fois des plantes herbacées, des arbustes et même des arbres, à feuilles alternes, simples ou lobées, munies de deux stipules à leur base. Les fleurs sont axillaires, solitaires ou diversement groupées, et formant des espèces d'épis. Le calice est souvent accompagné extérieurement d'un calicule formé de folioles variables en nombre, et diversement soudées. Le calice est gamosépale, à trois ou à cinq divisions, rapprochées en forme de valves avant leur épanouissement. La corolle se compose généralement de cinq pétales un peu obliques, alternes avec les lobes du calice, contournés en spirale avant leur déroulement, souvent réunis ensemble à leur base, au moyen de filets staminaux, de manière que la corolle tombe d'une seule pièce, et simule une corolle gamopétale. Les étamines sont généralement très-nombreuses, rarement en même nombre ou en nombre double des pétales. Leurs filets sont réunis ou monadelphes, leurs anthères réniformes et constamment uniloculaires. Le pistil se compose de plusieurs carpelles, tantôt verticillés autour d'un axe central, et plus ou moins soudés entre eux, tantôt réunis en une sorte de capitule ; ces carpelles sont uniloculaires, contenant un, deux ou un plus grand nombre d'ovules attachés à leur angle interne. Les styles sont distincts, ou plus ou moins soudés, et portent chacun un stigmate simple à leur sommet. Le fruit présente les mêmes modifications que les carpelles, c'est-à-dire que ceux-ci sont tantôt réunis circulairement autour d'un axe matériel, tantôt groupés en tête, ou formant par leur soudure une capsule pluriloculaire, qui s'ouvre en autant de valves qu'il y a de loges monospermes ou polyspermes ; d'autres fois les carpelles s'ouvrent seulement par leur côté interne. Les graines, dont le tégument propre est quelquefois chargé de poils cotonneux, se composent d'un embryon droit, généralement sans endosperme, ayant les cotylédons foliacés, repliés sur eux-mêmes.

La famille des Malvacées, telle qu'elle est aujourd'hui limitée par les botanistes, ne contient qu'une partie des genres qui y avaient d'abord été réunis par A. L. de Jussieu. Ventenat a d'abord séparé des Malvacées le genre *Sterculia*, dont il a formé le type des Sterculiacées. M Rob. Brown considère les Malvacées, non comme une famille, mais comme une grande tribu ou classe, composée des Malvacées de Jussieu, des Sterculiacées de Ventenat, des Chlénacées de du Petit-Thouars et des Tiliacées de Jussieu, et d'une famille qu'il nomme *Byttnériacées*. Notre savant ami, M. le professeur Kunth, n'a placé dans les Malvacées que les trois premières sections de Jussieu ; il a adopté les Byttnériacées de M. Rob. Brown, et y réunit les Sterculiacées de Ventenat ; enfin il a formé une famille nouvelle, sous le nom de *Bombacées*, des genres *Bombax*, *Cheirotemon*, *Pachira*, *Helicteres*, *Cavanillesia*, *Matisa* et *Chorisia*.

Ainsi limitée, la famille des Malvacées se distingue surtout par ses pétales simples, ses anthères constamment uniloculaires et ses graines généralement sans endosperme.

On divise les genres de cette famille en quatre tribus :

1re tribu. MALOPÉES : calice ordinairement caliculé ; fruits nombreux uniloculaires monospermes, réunis en capitule : *Palava*, *Malope*, *Kitaibelia*.

2e tribu. MALVÉES : calice caliculé ; carpelles libres ou soudés en une capsule pluriloculaire . *Lavatera*, *Althaa*, *Malva*, *Sphæralcea*.

3e tribu. HIBISCÉES : calice caliculé ; trois à cinq carpelles polyspermes, réunis en une capsule pluriloculaire : *Hibiscus*, *Malvaviscus*, *Fugosia*, *Laguncularia*, *Gossypium*.

4e tribu. SIDÉES : calice sans calicule ; carpelles soudés en une capsule à plusieurs loges : *Anoda*, *Sida*, *Gaya*, *Malachra*, *Abutilon*, *Bastardia*.

On doit à M. Duchartre un excellent mémoire sur le développement des différents organes des plantes qui constituent cette famille. Ce travail est plein de détails nouveaux et fort bien observés.

188ᵉ famille. DIPTÉRACÉES. *Dipteraceæ*.

Dipterocarpeæ, Blume, *bijdr.* 222. Ibid. *Fl. Jav. fasc.* 7, 8. Endlich. *gen.* 1012. — *Dipteraceæ*, Lindl. *Nat. syst.* 98.

Grands arbres résineux, à feuilles alternes, offrant des nervures parallèles partant de la côte moyenne, garnies à leur base de stipules caduques, oblongues et enroulées, et à fleurs généralement terminales, grandes, tantôt disposées en grappes, tantôt en panicules. Leur calice gamosépale et inégal est tubuleux et persistant, quelquefois formé de cinq sépales inégaux, étalés et seulement légèrement soudés par leur base. La corolle se compose de cinq pétales sessiles, entiers ou échancrés ; les étamines en nombre indéfini sont hypogynes et libres : les anthères allongées s'ouvrent longitudinalement. L'ovaire est libre, ordinairement à trois loges, contenant chacune deux ovules anatropes pendants. Le style et le stigmate sont simples. Le fruit est une capsule coriace indéhiscente ou s'ouvrant en trois valves, à une seule loge monosperme par avortement, environné par le calice persistant, dont deux des divisions ont pris plus d'accroissement, et sont sous la forme de deux ailes. La graine contient un embryon dépourvu d'endosperme.

Cette famille établie par M. Blume, contient des arbres élégants originaires des contrées chaudes de l'ancien continent. Elle a du rapport avec les Guttifères, mais elle en diffère surtout par son suc résineux, par son fruit sec, par son stigmate simple, etc.

On place dans cette famille le genre *Lophira*, qui par son port rappelle en effet les autres genres de ce groupe, mais par son organisation, que nous avons eu occasion de bien étudier, il nous paraît entièrement différent des Diptérocarpées. Ainsi, 1° son calice est formé de cinq sépales étalés ; 2° son ovaire est surmonté de deux stigmates ; 3° il est à une seule loge, contenant un très-gros trophosperme central sur lequel sont insérés de nombreux ovules recourbés en crochet. Ces caractères nous paraissent plus que suffisants pour séparer ce genre des Diptérocarpées, et peut-être serait-il nécessaire d'en former le type d'une nouvelle famille que l'on pourrait nommer LOPHIRACÉES. Les genres qui composent les Diptérocarpées sont : *Hopea*, *Shorea*, *Dipterocarpus* et *Valeria*.

189ᵉ famille. GUTTIFÈRES, *Guttiferæ*.

Guttiferæ, Juss. *gen.* Choisy, *Mém. soc. hist. nat. Paris*, I, 210. DC. *Prodr.* I, 557. — *Clusiaceæ*. Lindl. *Nat. syst.* 74. Endlich. *gen.* 1024.

Cette famille se compose d'arbres ou d'arbrisseaux quelquefois parasites, et tous remplis de sucs propres, jaunes et résineux. Leurs feuilles, opposées et plus rarement alternes, sont coriaces et persistantes, dépourvues de stipules. Leurs fleurs, disposées en grappes axillaires ou en panicules terminales, sont hermaphrodites ou unisexuées et polygames. Leur calice est persistant, formé de deux à six sépales arrondis, souvent colorés et imbriqués. La corolle est composée de quatre à dix pétales ; les étamines très-nombreuses, rarement en nombre défini, libres ; l'ovaire simple surmonté d'un style court qui manque quelquefois, et qui porte un stigmate pelté et radié ou à plusieurs lobes, offre d'une à cinq loges, rarement un plus grand nombre, contenant chacune un, deux ou quelquefois quatre ovules dressés, orthotropes ou anatropes. Le fruit est tantôt capsulaire, tantôt charnu ou drupacé, s'ouvrant quelquefois en plusieurs valves dont les bords, généralement rentrants, sont fixés à un placenta unique ou à plusieurs placentas épais. Les graines se composent d'un embryon homotrope ou quelquefois antitrope sans endosperme.

Les Guttifères comprennent un assez grand nombre de genres, tous exotiques : tels sont les *Clusia*, *Godoya*, *Mahurea*, *Garcinia*, *Calophyllum*, etc. Elles diffèrent surtout des Hypéricinées par leurs étamines complétement libres, les loges de leurs ovaires 1-2-ovulées, rarement 4-ovulées, leur suc propre laiteux, l'absence des points translucides, etc.

Les deux genres *Canella* et *Platonia*, qui sont pourvus d'un endosperme, ont été érigés en une petite famille à part sous le nom de CANELLEÆ, par M. le professeur Martius, de Munich. Nous avons indiqué dans un autre ouvrage (*Flore de Cuba*, I, p. 216) que ces deux genres n'avaient entre eux aucune analogie et que la famille des CANELLACÉES ne doit se composer que du seul genre *Canella* et doit être rapprochée de celle des Ternstrœmiacées. Quant au genre *Platonia*, il appartient, selon nous, à la famille des Guttifères, malgré la présence de son endosperme.

190ᵉ famille. HYPÉRICACÉES , *Hypericaceæ.*

Hyperica, Juss. *gen.* — *Hypericineæ,* DC. *Fl. fr.* IV, 869. Choisy, *Monog. Genève,*
1821. DC. *Prodr.* I, 541. Endlich. *gen.* 1031. — *Hypericaceæ*, Lindl. *Nat.*
syst. 77.

Plantes herbacées, arbustes ou même arbres souvent résineux
et parsemés de glandes transparentes, ayant des feuilles opposées,
très-rarement alternes, simples, dépourvues de stipules ; des fleurs
axillaires ou terminales, diversement groupées en cime. Leur calice
est à quatre ou à cinq divisions très-profondes, un peu inégales ; la
corolle se compose de quatre à cinq pétales, roulés en spirale avant
leur évolution. Les étamines sont très-nombreuses, réunies en plusieurs faisceaux par la base de leurs filets, quelquefois monadelphes
ou libres. L'ovaire est libre, globuleux, surmonté de plusieurs styles, quelquefois réunis et soudés en un seul ; il offre autant de loges
polyspermes que de styles, très-rarement les loges ne contiennent
qu'un seul ovule. Le fruit est une capsule ou une baie à plusieurs
loges polyspermes. Dans le premier cas, elle s'ouvre en autant de
valves continues par leurs bords avec les cloisons, qu'il y a de
loges. Les graines, très-nombreuses et très-petites, contiennent un
embryon homotrope sans endosperme.

Cette famille, composée d'un petit nombre de genres, tels que
Hypericum, Androsæmum, Ascyrum, Vismia, etc., porte aussi le
nom de *Millepertuis,* parce que la plupart des espèces présentent
dans l'épaisseur de leurs feuilles des glandes miliaires transparentes, qui vues entre l'œil et la lumière, semblent être autant de
petits trous. Ce caractère, joint à celui des étamines très-nombreuses, aux loges du fruit polyspermes, à ses styles distincts, distingue parfaitement les Hypéricacées des autres familles voisines, et
en particulier des Guttifères.

191ᵉ famille. AURANTIACÉES , *Aurantiaceæ.*

Aurantiorum genera, Juss. *gen.* — *Aurantiaceæ,* Correa, *in Ann. Mus.* VI, 376.
DC. *Prodr.* I, 535. Lindl. *Nat. syst.* 105. Endlich. *gen.* 1048.

Arbres ou arbrisseaux très-glabres, quelquefois épineux, portant
des feuilles alternes et articulées, simples, ou plus souvent pinnées,
munies de glandes vésiculeuses, remplies d'une huile volatile transparente ; des fleurs odorantes, généralement terminales, formant
des espèces de corymbes. Leur calice est gamosépale, persistant, à
trois ou cinq divisions plus ou moins profondes ; leur corolle, de
trois à cinq pétales sessiles, à estivation imbriquée. libres ou légè-

rement soudés entre eux ; les étamines, quelquefois en même nombre que les pétales, ou doubles ou multiples de ce nombre, sont libres, ou diversement réunies entre elles par leurs filets, et sont attachées au-dessous d'un disque hypogyne, sur lequel est appliqué l'ovaire. Celui-ci est globuleux, à plusieurs loges contenant un seul ovule suspendu, ou plusieurs ovules anatropes, attachés à l'angle interne de la loge. Le style, quelquefois très-court et très-épais, est toujours simple, terminé par un stigmate discoïde, simple ou lobé. Le fruit est en général charnu, intérieurement séparé en plusieurs loges par des cloisons membraneuses très-minces, contenant une ou plusieurs graines insérées à leur angle interne, et généralement pendantes. Extérieurement, le péricarpe est épais et indéhiscent, rempli de vésicules pleines d'huile volatile. Les graines ont un tégument membraneux offrant un raphé saillant et renferment un, quelquefois plusieurs embryons sans endosperme.

Les genres qui composent cette famille se distinguent surtout par des feuilles articulées, souvent composées, munies de glandes vésiculeuses, qui existent aussi dans l'épaisseur de leurs pétales et de leur péricarpe, par leur style simple et leurs graines sans endosperme.

On les a groupés en trois tribus :

1re tribu. Limoniées : fleurs diplostémonées ; ovules solitaires ou géminés collatéraux : *Atalantia, Triphasia, Limonia, Glycosmis, Rissoa, Bergera.*

2e tribu. Clausénées : fleurs diplostémonées ; ovules géminés superposés : *Murraya, Cookia, Clausena, Micromelum.*

3e tribu. Citrées : étamines au nombre de dix ou plus nombreuses ; ovules nombreux disposés sur deux rangs : *Feronia, Ægle, Citrus.*

192e famille. OCHNACÉES, *Ochnaceæ.*

Ochnaceæ, DC. *in Ann. Mus.* XVII, 398. Ibid. *Prodr.* I, 735. A. St-Hil. *in Mém. Mus.* X, 129. Lindl. *Nat. syst.* 129. Endlich. *gen.* 1141.

Végétaux ligneux très-glabres dans toutes leurs parties, ayant des feuilles alternes simples, munies de deux stipules à leur base, des fleurs pédonculées, très-rarement solitaires ou plus souvent disposées en grappes rameuses. Leurs pédoncules sont articulés vers le milieu de leur longueur. Elles ont un calice à cinq divisions profondes à préfloraison quinconciale ; une corolle de cinq à dix pétales étalés, imbriqués par leur côté extérieur ; leur côté interne allant s'enrouler autour du style. Les étamines varient de cinq à dix et même au delà, ayant leurs filets libres, insérés, ainsi que les pétales, au-dessous d'un disque hypogyne très-saillant, sur lequel est implanté l'ovaire. Celui-ci est déprimé à son centre, et paraît formé de plusieurs carpelles distincts rangés autour d'un style central qui semble naître immédiatement du disque. Le style est simple, et porte à son sommet un nombre variable de lanières stigmatifères. Le fruit se compose de carpelles drupacés portés sur le disque ou gynobase qui a pris de l'accroissement : ces carpelles, dont plusieurs avortent quelquefois, sont uniloculaires, monospermes et indéhiscents; ils paraissent, en quelque sorte, articulés sur le gynobase dont ils se séparent facilement. Leur graine renferme un gros embryon dressé dépourvu d'endosperme, ou ayant un endosperme très-mince.

A cette famille se rapportent les genres *Ochna*, *Gomphia*, *Walkera*, *Meesia*, etc. Elle a beaucoup d'affinité avec la famille des Rutacées, et plus particulièrement avec la tribu des Simaroubées, dont elle diffère par ses feuilles simples et munies de stipules, par ses graines dressées et ses carpelles indéhiscents; d'un autre côté, les Ochnacées se rapprochent des Magnoliacées, et en particulier du genre *Drymis*.

193ᵉ famille. GÉRANIACÉES, *Geraniacea*.

Gerania, Juss. *gen.* — *Geraniaceæ*, DC. *Fl. fr.* IV, 838. Ibid. *Prodr.* I, 673. Lindl. *Nat. syst.* 137. Endlich. *gen.* 1166.

Plantes herbacées ou sous-frutescentes à feuilles simples ou composées, alternes, ou quelquefois opposées, munies de stipules à leur base. Les fleurs sont axillaires ou terminales. Leur calice est formé de cinq sépales souvent inégaux et soudés ensemble par leur base, quelquefois prolongés en éperon; la corolle se compose de cinq pétales égaux ou inégaux, libres ou légèrement cohérents entre eux par leur base; ces pétales sont en général tordus en spirale avant leur épanouissement. Les étamines sont au nombre de cinq à dix, rarement sept; elles sont libres, ou plus souvent monadelphes par la base de leurs filets, leurs anthères sont à deux loges. Les carpelles sont au nombre de trois à cinq, plus ou moins intimement unis entre eux; ils offrent chacun une seule loge, contenant un ou deux ovules attachés à leur angle interne. Les styles, qui naissent du sommet de chaque ovaire, se soudent entre eux, et se terminent chacun par un stigmate simple. Le fruit se compose de cinq coques, contenant une ou deux graines, restant indéhiscentes, se séparant de la base vers le sommet de l'axe qui les supporte, et entraînant chacune avec elle le style qui se tord en spirale et reste adhérent à l'axe par son sommet. Les graines se composent d'un embryon plus ou moins recourbé, immédiatement recouvert par le tégument propre.

Cette famille constitue un groupe assez naturel pour qu'on reconnaisse facilement les plantes qui lui appartiennent. Quelques auteurs, M. Aug. de Saint-Hilaire entre autres, avaient rétabli la famille des Géraniacées telle à peu près qu'elle avait été d'abord fondée par Jussieu, en y réunissant les différents groupes qui en avaient été retirés, les Oxalidées et les Balsaminées. Nous avions nous-même partagé cette opinion. Néanmoins un examen plus attentif nous a porté à séparer de nouveau ces groupes. Nous indiquerons en traitant de chacune de ces familles les caractères qui les distinguent entre elles.

Les genres principaux composant cette famille sont : *Erodium*, *Geranium*, *Monsonia*, *Pelargonium*.

Faut-il réunir aux Géraniacées le genre *Tropæolum*, ou en faire le type d'une petite famille distincte? Nous sommes assez porté à admettre la première de ces opinions, et les TROPÉOLÉES me paraissent pouvoir être réunies ici comme simple tribu distincte par ses carpelles au nombre de trois, contenant chacun un seul ovule.

194ᵉ famille. BALSAMINACÉES, *Balsaminaceæ*.

Basalmineæ, A. Rich. *Dict. class.* II, 173. Rœper. *de fl. Balsam. Basil.* 1830. Endlich. *gen.* 1173. — *Balsaminaceæ*, Lindl. *Nat. syst.* 138.

Le genre Balsamine (*Impatiens*) forme le type de cette petite famille, composée de plantes herbacées, généralement annuelles, à feuilles alternes et sans stipules. Les fleurs sont axillaires, très-irrégulières dans leur forme générale. Leur calice est formé de cinq sépales inégaux dont un se prolonge en éperon à sa base : la corolle de cinq pétales inégaux, dont un plus grand concave, quelquefois bilobé, correspond au sépale éperonné et embrasse tous les autres dans la préfloraison. Étamines, cinq alternant avec les pétales, ordinairement soudées par leurs anthères, qui sont biloculaires et introrses. Le pistil est sessile, formé de cinq carpelles entièrement soudés. L'ovaire à cinq loges contenant chacune un grand nombre d'ovules redressés, attachés à leur angle interne, se termine par cinq petites dents aiguës représentant les cinq stigmates. Le fruit est une capsule à cinq loges s'ouvrant avec élasticité en cinq valves, qui se roulent, se détachent, en abandonnant l'axe central et une partie des cloisons. Les graines ascendantes se composent d'un gros embryon homotrope sans endosperme.

On a également placé dans cette famille le genre *Hydrocera* de Blume.

On distingue les Balsaminacées des Géraniacées par leurs feuilles sans stipules, par leurs fleurs constamment irrégulières, leurs étamines soudées par les anthères, et par leur capsule s'ouvrant avec élasticité et leur embryon droit.

195ᵉ famille. SAPINDACÉES, *Sapindaceæ*.

Sapindi, Juss. gen. — Sapindaceæ, Juss. *Ann. Mus.* XVIII, 376. DC. *Prodr.* I, 601. Cambessedes. *Monog. Mém. Mus.* XVIII, 1. Lindl. *Nat. syst.* 193. Endlich. *gen.* 1066.

Famille composée de grands arbres ou d'arbustes, quelquefois de plantes herbacées et volubiles, portant des feuilles alternes et généralement imparipinnées, munies quelquefois de vrilles et de stipules caduques. Leur calice, de quatre à cinq sépales libres ou légèrement soudés par leur base, est un peu oblique et inégal à sa base. La corolle, qui manque quelquefois, est formée en général de quatre à cinq pétales, tantôt nus, tantôt glanduleux, vers leur partie moyenne, où ils portent quelquefois une lame pétaloïde. Les étamines, en nombre double des pétales, sont libres et appliquées sur un disque hypogyne, plane, lobé, qui garnit tout le fond de la fleur. L'ovaire, quelquefois excentrique, est à trois loges, contenant en général deux ovules superposés et attachés à l'angle interne de chaque loge. Le style, simple à sa base, est trifide à son sommet, qui se termine par trois stigmates. Le fruit est une capsule quelquefois vésiculeuse, à une, deux ou trois loges, contenant chacune une seule graine, et s'ouvrant en trois valves. Les graines se composent d'un gros embryon ayant sa radicule recourbée sur les cotylédons, et dépourvu d'endosperme, et quelquefois même roulé en hélice.

Cette famille a été divisée en trois tribus de la manière suivante :

1ʳᵉ tribu. PAULLINIÉES : pétales appendiculés; disque formé de glandes distinctes, placées entre les pétales et les étamines; ovaire à trois loges monospermes; herbes ou arbustes volubiles, munis de vrilles. Ex. : *Cardiospermum*, *Urvillea*, *Serjania*, *Paullinia*.

2ᵉ tribu. SAPINDÉES : pétales non appendiculés, mais glanduleux ou barbus, rarement nus; disque annulaire, ou quelquefois glandes soudées entre elles; ovaire à deux ou à trois loges monospermes; arbres ou arbrisseaux non volubiles. Ex. : *Sapindus*, *Talisia*, *Schmidelia*, *Euphoria*, *Thouinia*, *Cupania*, etc.

3ᵉ tribu. DODONÉACÉES : pétales munis d'une écaille à leur base;

ovaire à deux ou à trois loges, contenant deux ovules; péricarpe vésiculeux ou ailé; embryon ayant ses cotylédons roulés en spirale. Ex. : *Kœlreuteria*, *Dodonæa*, etc.

Les Sapindacées peuvent être distinguées des Malpighiacées par leurs feuilles généralement composées et pinnées, par leurs sépales dépourvus de glandes à leur base, par leurs pétales appendiculés, par les loges de leur ovaire biovulées.

196ᵉ famille. ÆSCULACÉES, *Æsculaceæ*.

Hippocastaneæ, DC. *Théor.* 244. Ibid., *Prodr.* I, p. 597. — *Castaneaceæ*, Link. *Enum.* I, 354. — *Æsculaceæ*, Lindl. *Nat. syst.* 84.

Grands arbres à feuilles opposées sans stipules, composées-digitées, à fleurs hermaphrodites disposées en thyrse ou grappe rameuse, et dressée ; calice tubuleux, caduc, à cinq lobes ; corolle ordinairement de quatre pétales onguiculés et inégaux, à estivation imbriquée comme celle du calice : étamines de sept à neuf un peu inégales, insérées sur un disque hypogyne et annulaire. Ovaire à trois loges, contenant chacune deux ovules, l'un ascendant et l'autre pendant, attachés à l'angle interne de chaque loge. Style simple. terminé à son sommet par un stigmate à peine distinct, à trois sillons anguleux ; capsule ordinairement globuleuse, offrant d'une à trois loges et contenant d'une à six graines, et s'ouvrant en deux à trois valves septifères et inégales. Les graines, irrégulièrement globuleuses et luisantes, offrent un très-large hile de couleur plus pâle ; elles contiennent, sous un tégument épais, un embryon dont les deux cotylédons, excessivement épais, sont soudés ensemble, et la radicule conique allongée, repliée contre les cotylédons.

Cette petite famille, composée des genres *Æsculus*, *Pavia* (qui n'en est pas distinct) et *Ungnadia*, est parfaitement caractérisée par sa corolle irrégulière, ses fleurs anisostémonées, son fruit capsulaire et la structure de son embryon.

197ᵉ famille. ACÉRACÉES, *Aceraceæ*.

Acera, Juss. *gen.* — *Acerineæ*, DC. *Théor.* 244. Ibid. *Prod.* 1, 593. — *Aceraceæ*. Lindl. *Nat. syst.* 81.

Famille ayant pour type le genre érable (*acer*) et offrant les caractères suivants : fleurs hermaphrodites ou unisexuées; calice à cinq divisions, plus ou moins profondes, à estivation imbriquée, ou entier ; corolle de cinq (*b*) pétales alternes et à estivation imbriquée.

quelquefois nulle ; étamines en nombre double des pétales (*b*), insérées sur un disque hypogyne qui occupe tout le fond de la fleur (*b,c*),

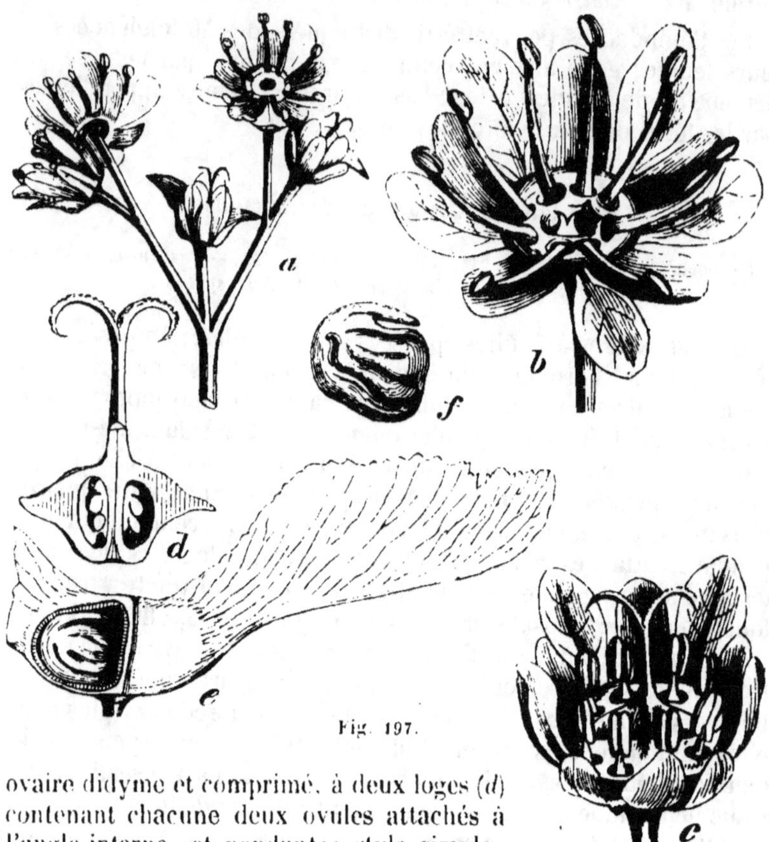

Fig. 197.

ovaire didyme et comprimé, à deux loges (*d*)
contenant chacune deux ovules attachés à
l'angle interne, et pendants ; style simple,
quelquefois très-court, terminé par deux stigmates subulés (*d*). Le
fruit se compose de deux samares indéhiscentes (*e*), prolongées en
ailes d'un côté. Les graines offrent sous leur tégument propre un
embryon homotrope recourbé sur lui-même (*e,f*), à cotylédons foliacés, irrégulièrement plissés.

Les Acéracées sont des arbres à feuilles opposées, simples ou
pinnées, et à fleurs disposées en grappes ou en cimes terminales.
Elles tiennent en quelque sorte le milieu entre les Malpighiacées et
les Æsculacées.

Fig. 439. *Acer platanoides*. *a*, Fleurs. *b*, Une fleur mâle. *c*, Fleur femelle.
d, Coupe longitudinale du pistil. *e*, Fruit ; on a ouvert une des loges et mis à nu
l'embryon. *f*, L'embryon.

Elles diffèrent des premières par leur calice caduc et dépourvu de glandes, par leur ovaire constamment à deux loges, contenant chacune deux ovules seulement, et enfin par la forme de ces ovules si caractéristiques dans la famille des Malpighiacées. Quant aux Æsculacées, elles se distinguent par leur corolle irrégulière, leur ovaire à trois loges, leur stigmate simple, et leur fruit capsulaire et déhiscent.

La petite famille des Acéracées contient les genres *Acer*, *Negundo* et *Dobinea*.

198ᵉ famille. MALPIGHIACÉES, *Malpighiaceæ*.

Malpighix, Juss. *gen.* — *Malpighiaceæ*, Juss. *Ann. Mus.* XVIII, 479. DC. *Prodr.* I, 577. Lindl. *Nat. syst.* 121. Grieschach. *in Linnæa* XIX. Ad. de Juss. *Monog.* Paris, 1843.

Famille composée d'arbres, d'arbrisseaux ou d'arbustes sarmenteux et grimpants, à feuilles opposées, rarement alternes ou verticillées, simples ou composées, souvent munies de poils en forme de navette (*pili malpighiacei*), accompagnées souvent à leur base de deux stipules; fleurs formant des grappes, des corymbes ou des sertules axillaires ou terminaux indéfinis. Les pédicelles qui supportent les fleurs sont souvent articulés et munis de deux petites bractées vers leur partie moyenne. Leur calice, souvent persistant, est formé de quatre à cinq sépales, munis chacun à leur base d'une ou plus souvent de deux grosses glandes, et à préfloraison quinconciale, quelquefois valvaire; leur corolle, qui manque quelquefois, se compose de cinq pétales longuement onguiculés, alternant avec les sépales, et à préfloraison convolutée. Les étamines, au nombre de dix, rarement moins, sont libres ou légèrement soudées par la base. Le pistil est tantôt simple, tantôt formé de trois carpelles, plus ou moins soudés entre eux. Chaque carpelle ou chaque loge contient un seul ovule redressé à l'extrémité d'un funicule qui pend de la partie supérieure de l'angle de la loge; cet ovule est orthotrope. Les styles, au nombre de trois, sont quelquefois soudés. Le fruit, qui est sec ou charnu, se compose de trois carpelles distincts, ou forme une capsule ou un nuculaine à trois, rarement à deux ou à une seule loge. La capsule est ordinairement relevée d'ailes membraneuses très-saillantes, ou de pointes épineuses. Le nuculaine renferme tantôt trois nucules uniloculaires, tantôt un noyau à trois loges monospermes. Chaque graine se compose d'un tégument propre peu épais, recouvrant immédiatement un embryon homotrope un peu recourbé ou roulé en spirale.

Cette famille, dont les espèces nombreuses habitent les régions chaudes de l'un et de l'autre continent, mais plus particulièrement l'Amérique méridionale, vient d'être l'objet d'un travail excessivement important de la part de mon ami **M. A.** de Jussieu, dans lequel il a décrit avec un soin extrême non-seulement les caractères des genres qui la composent, mais encore de toutes les espèces qui y ont été rapportées. Ces genres, au nombre d'une quarantaine, forment deux grandes divisions suivant que les fleurs sont diplostémonées ou méiostémonées.

I. MALPIGHIÉES DIPLOSTÉMONÉES : étamines en nombre double des pétales.

1re tribu. MALPIGHIACÉES : fruits secs et privés d'ailes : *Malpighia, Bunchosia, Duelta, Galphimia, Byrsonima.*

2e tribu. BANISTÉRIÉES : carpelles munis d'une aile dorsale : *Heteropteris, Acridocarpus, Lophopteris, Peixotoa, Banisteria, Stigmaphyllum, Thryallis.*

3e tribu. HIRÉÉES : carpelles munis d'une aile marginale : *Jublinia, Hiræa, Triaspis, Aspidopteris, Tristellateia, Triopterys, Tetrapterys.*

II. MALPIGHIACÉES MÉIOSTÉMONÉES : étamines en même nombre que les pétales.

4e tribu. GAUDICHAUDIÉES : *Gaudichaudia, Camarea, Janusia, Dinemandra.*

La famille des Malpighiacées a des rapports intimes avec les Acéracées, les Æsculacées et les Sapindacées. Elle diffère : 1° des premières par ses feuilles généralement munies de stipules, par les glandes placées à la base de ses sépales, par ses carpelles au nombre de trois, contenant un seul ovule, et enfin par plusieurs autres caractères; 2° des Æsculacées par ses feuilles simples et stipulées, par ses fleurs régulières, par ses fruits ailés ou charnus, par ses loges monospermes.

199e famille. HIPPOCRATÉACÉES, *Hippocrateaceæ.*

Hippocraticeæ, Juss. *Ann. Mus.* XVIII, 483. — *Hippocrateaceæ,* Kunth, *in Humb.* nov. *gen.* V, 136. DC. *Prodr.* 1, 567. Lindl. *Nat. syst.* 120. Endlich. *gen.* 1090.

Arbustes ou arbrissseaux généralement glabres et sarmenteux, portant des feuilles opposées, simples, coriaces, entières ou dentées; des fleurs petites, axillaires, fasciculées ou en corymbes. Leur calice est persistant, à cinq divisions; leur corolle se compose de cinq pétales égaux ; les étamines sont généralement au nombre de trois, rarement de quatre ou de cinq, ayant leurs filets réunis par leur base, et formant un androphore tubuleux. L'ovaire est trigone, à trois loges, contenant chacune quatre ovules attachés à leur angle interne. Le style est simple, terminé par un ou trois stigmates. Le fruit est tantôt capsulaire à trois angles membraneux, tantôt charnu; chaque loge contient en général quatre graines. Celles-ci ont un embryon dressé, dépourvu d'endosperme.

Cette famille, composée des genres *Hippocratea*, *Anthodon*, *Raddisia*, *Salacia*, etc., est, selon Jussieu, voisine des Acéracées et des Malpighiacées. Elle en diffère par ses étamines généralement au nombre de trois, dont les filets sont monadelphes, et par son fruit à trois loges contenant chacune quatre graines attachées à l'angle interne. D'un autre côté, M. R. Brown rapproche la famille des Hippocrateacées de celle des Célastracées, avec laquelle, elle a en effet de grands rapports. Mais les Célastracées s'en distinguent entre autres par leur insertion périgynique.

FIN DU SECOND ET DERNIER VOLUME.

TABLE ALPHABÉTIQUE
DES FAMILLES.

NOTA. Les noms en italique sont ceux des tribus et des synonymes des familles [1].

[1] L'astérisque placé avant un nom de famille ou de genre indique qu'ils appartiennent à la flore européenne.

O

R

P

S

AUTEURS

CITÉS EN ABRÉGÉ

DANS LA PHYTOGRAPHIE VÉGÉTALE.

Bartling, *ord. nat.* — Ordines naturales eorumque characteres et affinitates, auct. Fr. Th. BARTLING, Gotting., 1830.

Blume, *bijdr.* — Bijdragen tot de flora van Nederlandsch Indie, uitgegeven door C. L. BLUME, M. D. 3 vol. in-8°, Batavia, 1825 à 1826.

Blume, *fl. Jav.* — Flora Javæ, nec non insularum adjacentium, auctore C. L. BLUME, M. D., adjutore J. B. Fischer. In-folio, Bruxelles, fig., 1828 à 1830.

R. Br. ou R. Brown, *Congo.* — Observations on the herbarium collected by prof. Christian Smith in the vicinity of Congo, by R. BROWN, Londres, 1818.

R. Brown, *gen. rem.* — General remarks geographical and systematical, on the botany of terra australis, by R. BROWN, in the voyage commanded by captain Flinders. In-4°, Londres, 1814.

R. Brown, *Flind. voy.* — C'est l'ouvrage précédent.

R. Brown, *prodr.* — Prodromus floræ Novæ Hollandiæ et insulæ Van-Diemen, etc., auct. Rob. BROWN, vol. I, Londini, 1810.

DC. *bot. gall.* — Aug. Pyrami DE CANDOLLE botanicon gallicum, auct. J. E. DUBY, 2 vol. in-8°, Paris, 1828.

DC *fl. fr.* — Flore française ou descriptions succinctes de toutes les plantes qui croissent naturellement en France, 3e édit., par MM. DE LAMARCK et DE CANDOLLE. 4 vol. in-8°, Paris, 1805 ; supplément, 1 vol. in-8°, Paris, 1815.

DC. *mém.* — Collection de mémoires pour servir à l'histoire du règne végétal, par M. A. P. DE Candolle. In-4°, fig., Paris.

DC. *prodr.* — Prodromus systematis naturalis regni vegetabilis, auct. A. P. DE CANDOLLE, 9 vol. in-8°, Paris, 1824-1845.

DC. *théor.* — Théorie élémentaire de la botanique, etc., par A. P. DE CANDOLLE, 1 vol. in-8°, Paris, 2e édition.

DC. *syst.* — Regni vegetabilis systema naturale, etc., auct. A. P. DE CANDOLLE, 2 vol. in-8°, Paris, 1818-1821.

Alph. DC. *Camp.* — Monographie des Campanulacées, par Alphonse de CANDOLLE, 1 vol. in-4°, fig., Paris, 1830.

Alph. DC. *prodr.* — Les tomes 8 à 13 du *Prodromus* ont été rédigés par M. Alph. DE CANDOLLE, et publiés par lui, après la mort de son illustre père.

De J. ou Juss. *gen.* — Ant. Laur. DE JUSSIEU, Genera plantarum secundum ordines naturales disposita. Paris, 1789, 1 vol. in-8°.

De Juss. *mém.* — Les nombreux mémoires publiés par A. L. DE JUSSIEU, sur les familles, soit dans les Annales, soit dans les Mémoires du Muséum d'histoire naturelle.

Ad. de Juss. — Les importantes dissertations de M. Adrien de Jussieu, sur les Euphorbiacées, les Rutacées, les Méliacées, les Malpighiacées, etc.

Duchartre, *mém.* — Mémoires de M. DUCHARTRE, 1° sur les Malvacées ; 2° sur les familles à placenta central. Ces deux mémoires ont paru dans les Annales des sciences naturelles.

Du Petit-Th. *Afriq* — Description des végétaux les plus remarquables de l'Afrique australe, in-4°, par Aubert DUPETIT-THOUARS, in-4°, fig., Paris.

Endlich. *gen.* — Genera plantarum secundum ordines naturales disposita, auct. Stephan. ENDLICHER. Vol. in-4°, Vindobonæ, 1836-1840.

Endlich. *melet.* — Meletemata botanica, auctor. SCHOTT et ENDLICHER. 1 vol. in-fol. Vindobonæ, 1830.

Germ. et Coss. *fl. par.* — Flore analytique et descriptive des environs de Paris, par E. COSSON et E. GERMAIN. 1 vol. in-12, Paris, 1845.

Kunth, *enum.* — Enumeratio plantarum omnium hucusque cognitarum, etc., auct. Car. Sigismund. KUNTH. 4 vol. in-8°, Stuttgardiæ, 1833-1843.

Kunth, *nov. gen.* — Nova genera et species plantarum quas in peregrinatione ad plagam æquinoctialem orbis novi collegerunt A. Bonpland et Al. de Humboldt, auct. C. S. KUNTH, 7 vol. in-folio, fig., 1817-1825.

Kunth, *mém.* — Nous citons les nombreux mémoires de M. Kunth, sur plusieurs familles : *Malvacées, Térébinthacées, Bignoniacées, Bixinées*, etc.

Lindl. *nat. syst.* — A natural system of botany, by John LINDLEY. Second edition, 1 vol. in-8°, Londres, 1836

Lindl. *collect.* — Collectanea botanica, auct. J. LINDLEY, in-folio, fig., Londres.

Lindl. *orch.* — Genera and species of orchideous plants, auct. J. LINDLEY, in 8°, Londres, 1830-1840.

Link, *enum.* — Enumeratio plantarum horti regii Berolinensis, auctore LINK. 2 vol. in-8°, Berlin.

Mart. *consp.* — Conspectus regni vegetabilis, auct. MARTIUS. Vol. in-8°, Nürnberg, 1835.

Mart. *nov. gen.* — Nova genera et species plantarum Brasiliensium, etc., auct. MARTIUS, 4 vol. in-fol., fig., Monachi, 1823-1832.

Nuttal, *gen.* — Genera of North American plants, auct. Thomas NUTTAL. Philadelphia, 1823.

A. St. Hil. *pl. remarq.* — Histoire des plantes remarquables du Brésil et du Paraguay, etc., par M. Auguste SAINT-HILAIRE. In-fol., fig., Paris, 1824.

Schott. *melet.* — Voy. Endlicher et Schott, *Meletemata*.

L. C. Rich. *Anal.* — Démonstrations botaniques ou analyse du fruit, par Louis-Claude RICHARD. In-12, Paris, 1808.

L. C. Rich. *Conif.* — Commentatio botanica de Coniferis et Cycadeis, auct. L. C. RICHARD. In-fol., fig., Stuttgardiæ, 1826.

L. C. Rich. *Emb. end.* — Analyse botanique des embryons endorhizes ou monocotylédonés, par Louis-Claude RICHARD. In-4°, Paris, 1811.

L. C. Rich. *Mém.* — Les nombreux mémoires de mon père sur diverses familles, et et entre autres les *Hydrocharidées*, les *Butomées, Juncaginées, Boopidées, Musacées, Balanophorées, Orchidées*, etc.

A. Rich. — J'ai eu occasion de citer dans le cours de cet ouvrage plusieurs de mes mémoires ou ouvrages, entre autres les Éléments d'histoire naturelle médicale, partie botanique ; Mémoire sur les Éléagnées, Mémoires sur les Orchidées, la Flore de Cuba, etc.

Rœper, *de fl. bals.* — De Floribus et affinitatibus Balsaminearum, scripsit Joannes RŒPER. In-8°, Basileæ, 1830.

Trécul. — Mémoire de M. Aug. TRÉCUL, sur l'anatomie du *Nuphar lutea*. Ce Mémoire a été publié dans les Annales des sciences naturelles.

Vent. *Malm.* — Description des plantes de la Malmaison, par VENTENAT. In-fol., fig., 1805.

Vent. *Tab.* — Tableau du règne végétal, par E. P. VENTENAT. 4 vol. in-8°, fig., Paris, an VII.
